지적산업기사 필기

기출문제 해설

라용화, 신동현, 김정민, 김장현

2024
최신판

예몬에듀
EDU

현재 취업 준비생들은 공무원이나 공공기관 채용에 관심을 가지고 있지만, 경쟁이 치열하여 취업이 난해한 상황입니다. 그러나 효율적으로 공부하여 빠르게 지적산업기사 자격증을 취득한 후 취업을 희망하는 학생들도 많습니다.

모든 국가기술자격 검정에서 필기시험의 합격 결정기준은 100점을 만점으로 하여 5과목 중 한 과목이라도 40점 이하 과락 없이 평균 60점 이상을 받으면 합격입니다. 이러한 국가기술자격 검정은 절대평가로서 무엇보다 효율적인 학습이 필요합니다.

한국국토정보공사 국토정보교육원(구 지적연수원)에서 원장, 교수, 그리고 현직 지사장으로서 한국산업인력관리공단의 시험출제, 채점 및 문제검토 등의 경험이 있는 본 저자들은 지적산업기사 필기시험 과년도 기출문제의 해설을 쉽고 간단명료하게 기술하고자 노력하였습니다.

본서는 다음과 같이 2개의 편으로 구성하였습니다.

- 제1편 과년도 기출문제 풀이 : 최근 5년간(2016~2020년)의 필기시험 기출문제를 실어 수험생들이 이론서를 보지 않고 해설만으로도 쉽게 내용에 접근하고 이해할 수 있도록 간단명료하게 기술하였습니다.
- 제2편 CBT 모의고사 : 5년간 필기시험 기출문제의 출제 경향을 심도 있게 분석하여 출제 가능한 문제, 그리고 수험생이 과년도 기출문제에 대한 학습 정도를 파악해 볼 수 있는 문제로 구성하였습니다.

수험생들의 학습 효율을 높이기 위해 효과적인 학습 방법을 제시하고자 합니다.
1. 필기시험 기출문제를 전체적으로 읽어 본다.
2. 필기시험 기출문제를 꼼꼼하게 풀면서 외우고, 중요하고 이해가 안 되는 문제는 따로 체크해 둔다.
3. 체크해 둔 문제들은 이론서 등을 찾아서 다시 풀어본다.
4. CBT 모의고사를 풀어서 90점 이상 받으면 합격 점수로 본다.
5. 시험 1~2일 전, 체크해 둔 문제를 최종적으로 꼼꼼하게 풀어본다.

끝으로 본 교재가 발간되기까지 시종일관 섬세한 배려와 관련 기술을 지도해 주신 여러분들에게 감사의 말씀을 전하며, 지적산업기사 필기시험 수험생들에게 본 문제집이 희망의 지침서로 든든한 디딤돌이 되어 합격의 영광을 함께 나누기를 기원합니다.
감사합니다.

대표저자 라용화

- 인터넷에서 [예문사]를 검색하여 홈페이지에 접속합니다.
- PC, 휴대폰, 태블릿 등을 이용해 사용이 가능합니다.

STEP 1 회원가입 하기

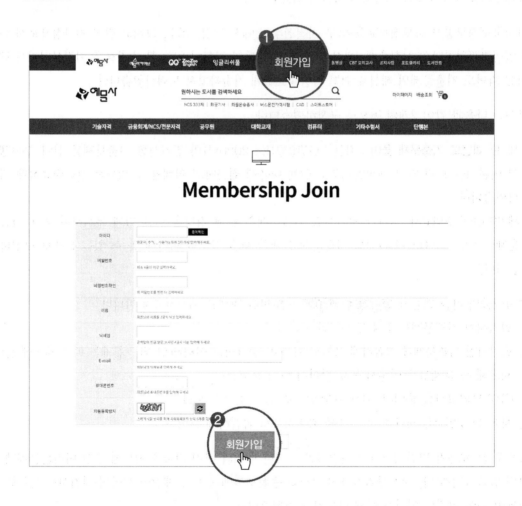

1. 메인 화면 상단의 [회원가입] 버튼을 누르면 가입 화면으로 이동합니다.
2. 입력을 완료하고 아래의 [회원가입] 버튼을 누르면 **인증절차 없이 바로 가입**이 됩니다.

STEP 2 시리얼 번호 확인 및 등록

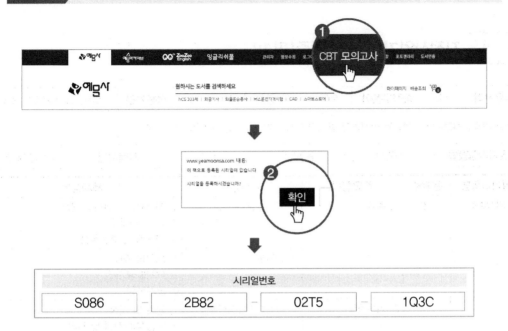

시리얼번호			
S086	2B82	02T5	1Q3C

1. 로그인 후 메인 화면 상단의 [CBT 모의고사]를 누른 다음 **수강할 강좌를 선택**합니다.
2. 시리얼 등록 안내 팝업창이 뜨면 [확인]을 누른 뒤 **시리얼 번호를 입력**합니다.

STEP 3 등록 후 사용하기

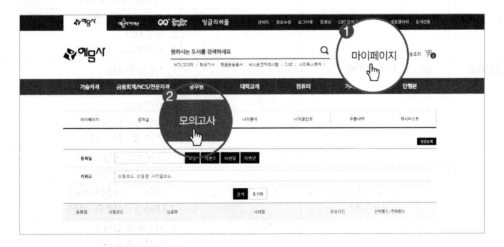

1. 시리얼 번호 입력 후 [마이페이지]를 클릭합니다.
2. 등록된 CBT 모의고사는 [모의고사]에서 확인할 수 있습니다.

SUMMARY

지적산업기사 출제기준(필기)

직무분야	건설	중직무분야	토목	자격종목	지적산업기사	적용기간	2021.1.1.~2024.12.31.

• 직무내용 : 지적도면의 정리와 면적측정 및 도면작성과 지적측량을 수행하는 직무이다.

필기검정방법	객관식	문제수	100	시험시간	2시간 30분

필기과목명	문제수	주요항목	세부항목	세세항목
지적측량	20	1. 총론	1. 지적측량 개요	1. 지적측량의 목적과 대상 2. 각, 거리 측량 3. 좌표계 및 측량원점
			2. 오차론	1. 오차의 종류 2. 오차발생 원인 3. 오차보정
		2. 기초측량	1. 지적삼각보조점측량	1. 관측 및 계산 2. 측량성과 작성 및 관리
			2. 지적도근점측량	1. 관측 및 계산 2. 오차와 배분 3. 측량성과 작성 및 관리
		3. 세부측량(변경)	1. 도해측량	1. 지적공부 정리를 위한 측량 2. 지적공부를 정리하지 않는 측량
		4. 면적측정 및 제도	1. 면적측정	1. 면적측정대상 2. 면적측정 방법과 기준 3. 면적오차의 허용범위 4. 면적의 배분 및 결정
			2. 제도	1. 제도의 기초이론 2. 제도기기 3. 지적공부의 제도방법
응용측량	20	1. 지상측량	1. 수준측량	1. 직접수준측량 2. 간접수준측량
			2. 지형측량	1. 지형표시 2. 지형측량 방법 3. 면적 및 체적 계산
			3. 노선측량	1. 노선측량 방법 2. 원곡선 및 완화곡선
		2. GNSS(위성측위) 및 사진측량	1. GNSS(위성측위) 측량	1. GNSS(위성측위) 일반 2. GNSS(위성측위) 응용
			2. 사진측량	1. 사진측량 일반 2. 사진측량 응용
		3. 지하공간정보 측량	1. 지하공간정보 측량	1. 관측 및 계산 2. 도면작성 및 대장정리

필기과목명	문제수	주요항목	세부항목	세세항목
토지정보체계론	20	1. 토지정보체계 일반	1. 총론	1. 정의 및 구성요소 2. 관련 정보 체계
		2. 데이터의 처리	1. 데이터의 종류 및 구조	1. 속성정보 2. 도형정보
			2. 데이터 취득	1. 기존 자료를 이용하는 방법 2. 측량에 의한 방법
			3. 데이터의 처리	1. 데이터의 입력 2. 데이터의 수정 3. 데이터의 편집
			4. 데이터 분석 및 가공	1. 데이터의 분석 2. 데이터의 가공
		3. 데이터의 관리	1. 데이터베이스	1. 자료관리 2. 데이터의 표준화
		4. 토지정보체계의 운용 및 활용	1. 운용	1. 지적공부 전산화 2. 지적공부관리 시스템 3. 지적측량 시스템
			2. 활용	1. 토지 관련 행정 분야 2. 정책 통계 분야
지적학	20	1. 지적일반	1. 지적의 개념	1. 지적의 기본이념 2. 지적의 기본요소 3. 지적의 기능
		2. 지적제도	1. 지적제도의 발달	1. 우리나라의 지적제도 2. 외국의 지적제도
			2. 지적제도의 변천사	1. 토지조사사업 이전 2. 토지조사사업 이후
			3. 토지의 등록	1. 토지등록제도 2. 지적공부정리 3. 지적관련 조직
			4. 지적재조사	1. 지적재조사 일반 2. 지적재조사 기법
지적 관계 법규	20	1. 지적관련법규	1. 공간정보구축 및 관리 등에 관한 법률	1. 총칙 2. 지적 3. 보칙 및 벌칙 4. 지적측량시행규칙 5. 지적업무 처리규정
			2. 지적재조사에 관한 특별법령	1. 지적재조사에 관한 특별법 2. 지적재조사에 관한 특별법 시행령 3. 지적재조사에 관한 특별법 시행규칙
			3. 도로명주소법령	1. 도로명주소법 2. 도로명주소법 시행령 3. 도로명주소법 시행규칙

지적산업기사 Part별 기출문제 빈도분석 및 분석표

1. 기출문제 빈도분석

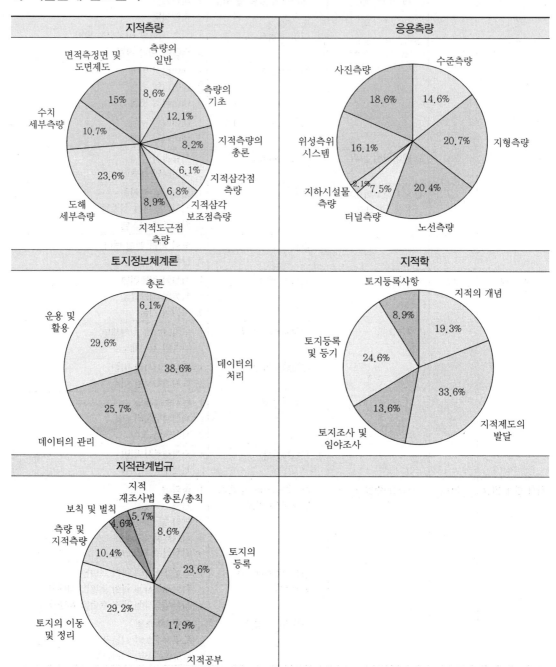

지적측량

- 측량의 일반 8.6%
- 측량의 기초 12.1%
- 지적측량의 총론 8.2%
- 지적삼각점 측량 6.1%
- 지적삼각 보조점측량 6.8%
- 지적도근점 측량 8.9%
- 도해 세부측량 23.6%
- 수치 세부측량 10.7%
- 면적측정면 및 도면제도 15%

응용측량

- 사진측량 18.6%
- 수준측량 14.6%
- 지형측량 20.7%
- 노선측량 20.4%
- 터널측량 7.5%
- 지하시설물 측량 2.1%
- 위성측위 시스템 16.1%

토지정보체계론

- 총론 6.1%
- 데이터의 처리 38.6%
- 데이터의 관리 25.7%
- 운용 및 활용 29.6%

지적학

- 토지등록사항 8.9%
- 지적의 개념 19.3%
- 지적제도의 발달 33.6%
- 토지조사 및 임야조사 13.6%
- 토지등록 및 등기 24.6%

지적관계법규

- 지적 재조사법 5.7%
- 총론/총칙 8.6%
- 토지의 등록 23.6%
- 지적공부 17.9%
- 토지의 이동 및 정리 29.2%
- 측량 및 지적측량 10.4%
- 보칙 및 벌칙 4.6%

2. 기출문제 빈도표

▶ 지적측량

시행연도 목차구분	2016년			2017년			2018년			2019년			2020년		빈도 (계)	빈도 (%)
	1회	2회	3회	1회	2회	3회	1회	2회	3회	1회	2회	3회	1·2회	3회		
측량의 일반	1	2	1	1	2	1	3	2	3	2	1	2	1	2	24	8.6
측량의 기초	2	2	3	2	2	4	1	2	1	4	4	2	3	2	34	12.1
지적측량의 총론	1	2	2	1	2	2	1	1	2	2	2	1	2	2	23	8.2
지적삼각점측량	1	1	1	2	1	1	2	1	1	1	2	1	1	1	17	6.1
지적삼각보조점측량	2	1	1	1	1	1	2	1	1	1	1	2	2	2	19	6.8
지적도근점측량	2	2	2	2	2	1	2	3	2	1	2	2	1	1	25	8.9
도해세부측량	5	5	4	5	5	4	4	5	4	4	5	5	6	5	66	23.6
수치세부측량	3	2	2	3	2	3	2	2	2	1	2	2	2	2	30	10.7
면적측정 및 도면제도	3	3	4	3	3	3	3	3	4	4	1	3	2	3	42	15.0
총 계	20	20	20	20	20	20	20	20	20	20	20	20	20	20	280	100.0

▶ 응용측량

시행연도 목차구분	2016년			2017년			2018년			2019년			2020년		빈도 (계)	빈도 (%)
	1회	2회	3회	1회	2회	3회	1회	2회	3회	1회	2회	3회	1·2회	3회		
수준측량	3	2	3	2	4	3	3	2	3	3	3	3	3	4	41	14.6
지형측량	4	4	5	4	4	4	4	4	5	3	5	4	5	3	58	20.7
노선측량	5	5	3	5	4	4	3	4	4	4	4	4	4	4	57	20.4
터널측량	1	2	2	2	1	1	2	2	2	2	1	1	1	1	21	7.5
지하시설물측량	1	0	1	0	0	1	1	0	0	0	0	1	0	1	6	2.1
위성측위시스템	3	4	3	3	3	3	3	4	3	4	3	3	3	3	45	16.1
사진측량	3	3	3	4	4	4	4	4	3	4	4	4	4	4	52	18.6
총 계	20	20	20	20	20	20	20	20	20	20	20	20	20	20	280	100.0

▶ 토지정보체계론

목차구분 \ 시행연도	2016년			2017년			2018년			2019년			2020년		빈도 (계)	빈도 (%)
	1회	2회	3회	1회	2회	3회	1회	2회	3회	1회	2회	3회	1·2회	3회		
총론	2	2	1	2	2	1	1	1	1	2	1	1	0	0	17	6.1
데이터의 처리	8	7	9	8	9	7	8	9	8	5	6	7	9	8	108	38.6
데이터의 관리	5	6	6	5	3	8	5	5	4	6	5	4	4	6	72	25.7
운용 및 활용	5	5	4	5	6	4	6	5	7	7	8	8	7	6	83	29.6
국가공간정보 기본법	0	0	0	0	0	0	0	0	0	0	0	0	0	0	0	0
총 계	20	20	20	20	20	20	20	20	20	20	20	20	20	20	280	100.0

▶ 지적학

목차구분 \ 시행연도	2016년			2017년			2018년			2019년			2020년		빈도 (계)	빈도 (%)
	1회	2회	3회	1회	2회	3회	1회	2회	3회	1회	2회	3회	1·2회	3회		
지적의 개념	4	5	4	6	6	3	2	2	3	3	5	5	3	3	54	19.3
지적제도의 발달	7	8	6	7	4	6	9	5	7	6	7	7	8	7	96	33.6
토지조사 및 임야조사	3	2	3	1	4	4	1	4	4	2	2	3	2	3	38	13.6
토지등록 및 등기	5	4	5	4	5	4	5	6	5	7	5	4	5	5	69	24.6
토지등록사항	1	1	2	2	1	3	3	3	1	2	1	1	2	2	25	8.9
총 계	20	20	20	20	20	20	20	20	20	20	20	20	20	20	280	100.0

▶ 지적관계법규

목차구분 \ 시행연도	2016년			2017년			2018년			2019년			2020년		빈도 (계)	빈도 (%)
	1회	2회	3회	1회	2회	3회	1회	2회	3회	1회	2회	3회	1·2회	3회		
총론/총칙	1	3	1	2	2	1	2	2	1	1	2	3	1	2	24	8.6
토지의 등록	5	6	5	5	4	5	6	4	5	4	4	4	5	4	66	23.6
지적공부	5	3	2	4	4	4	3	3	5	3	3	3	4	4	50	17.9
토지의 이동 및 지적공부 정리	6	4	7	6	5	6	5	6	6	6	7	7	6	5	82	29.2
측량 및 지적측량	2	3	3	2	2	1	2	2	2	3	1	2	2	2	29	10.4
보칙 및 벌칙	1	1	2	1	1	1	1	1	0	1	1	0	1	1	13	4.6
지적재조사법	0	0	0	0	2	2	1	2	1	2	2	1	1	2	16	5.7
총 계	20	20	20	20	20	20	20	20	20	20	20	20	20	20	280	100.0

CBT 필기시험 방법

지적산업기사 필기시험은 2022년 3회 시험부터 컴퓨터를 이용하여 평가하는 CBT(Computer Based Test) 방식으로 시행되고 있습니다.

CBT 준비물

- 신분증
- 수험표
- 공학용 계산기
  - 계산기 케이스는 탈거한 후 시험 응시
  - 간단한 계산은 CBT 메뉴에서 가능
- 필기구 : 연습장에 문제풀이할 필기구
  - 컴퓨터용 사인펜은 필요하지 않으며, 문제풀이 시 필요한 필기구 지참
- 연습장 이용방법
  - 연습장은 시험 응시 전에 미리 시험감독관이 필요 여부 확인 후 배포한다.
  - 개인 지참 연습장은 사용하실 수 없다.
  - 연습장 사이즈는 A4용지 절반 정도이고 퇴실 시 반드시 반납해야 한다.

CBT(Computer Based Test) 시험 응시 절차

▶ 큐넷(www.q-net.or.kr)에서 제공하는 자격검정 CBT 웹체험 서비스 내용을 요약 정리하였으며 큐넷홈페이지에서 "자격검정 CBT 웹체험 서비스"에서 가상 체험을 할 수 있습니다.

1단계 수험자 정보 확인

시험장 감독위원이 컴퓨터에 나온 수험자 정보와 신분증이 일치하는지를 확인하는 단계입니다.

2단계 안내사항

자격검정에 대한 내용을 안내합니다.

- 시험은 총 100문제로 구성되어 있으며, 2시간 30분간 진행됩니다.
- 시험 도중 수험자 PC 장애 발생 시 손을 들어 시험감독관에게 알리면 긴급장애조치 또는 자리이동을 할 수 있습니다.
- 시험이 끝나면 채점결과(점수)를 바로 확인할 수 있습니다.
- 응시자격서류 제출 및 서류심사가 완료되어야 최종합격처리되며, 실기시험 원서접수가 가능하오니 유의하시기 바랍니다.
- 공학용 계산기는 큐넷에 공지된 허용기종 외에는 사용이 불가함을 알려드립니다.
- 과목 면제자 수험자의 경우 면제과목의 시험문제를 확인할 수 없습니다.

3단계 유의사항

- 부정행위가 발각될 경우 감독관의 지시에 따라 퇴실 조치되고, 시험은 무효로 처리되며, 3년간 국가기술자격검정에 응시할 자격이 정지됩니다.
- 국가기술자격 시험문제 저작권 보호와 관련된 주요 내용을 안내합니다.

4단계 메뉴 설명

문제풀이 메뉴 설명을 합니다.

글자크기, 화면배치, 전체 문제 수, 안 푼 문제 수, 제한 시간, 남은 시간, 계산기, 안 푼 문제 확인, 답안제출, 과목변경, 답안 표기, 페이지 이동 등의 메뉴가 있습니다.

5단계 문제풀이 연습

실제 시험과 동일한 방식의 자격검정 CBT 문제풀이 연습을 통해 CBT 시험을 준비합니다.

6단계 시험준비완료

시험 안내사항 및 문제풀이 연습까지 모두 마친 수험자는 [시험준비완료] 버튼을 클릭한 후 잠시 대기합니다.

CONTENTS 목차

제1편 과년도 기출문제

제2편 CBT 실전모의고사

과년도
기출문제

제1회 지적산업기사

1과목 **지적측량**

01 평판측량에서 발생하는 오차 중 도상에 가장 큰 영향을 주는 오차는?

① 소축척지도의 구심오차　　　　② 방향선의 제도오차

③ 표정오차　　　　　　　　　　④ 한 눈금의 수평오차

해설 평판측량에서 발생하는 오차 중 도상에 가장 큰 영향을 주는 오차는 표정오차이다.

02 측량기준점을 구분할 때 지적기준점에 해당하지 않는 기준점은?

① 위성기준점　　　　　　　　　② 지적삼각점

③ 지적도근점　　　　　　　　　④ 지적삼각보조점

해설 지적기준점에는 지적삼각점, 지적삼각보조점, 지적도근점 등이 있다.

03 지적측량의 구분으로 옳은 것은?

① 삼각측량, 도해측량　　　　　② 수치측량, 기초측량

③ 기초측량, 세부측량　　　　　④ 수치측량, 세부측량

해설 지적측량은 지적기준점을 정하기 위한 기초측량과 일필지의 경계와 면적을 정하는 세부측량으로 구분한다.

04 지적기준점성과표의 기록·관리사항 중 반드시 등재하지 않아도 되는 것은?

① 경계점좌표

② 소재지와 측량연월일

③ 지적삼각점의 명칭과 기준 원점명

④ 자오선수차

해설 지적기준점성과표의 기록 · 관리사항

지적삼각점성과표	지적삼각보조점 및 지적도근점성과표
• 지적삼각점의 명칭과 기준 원점명 • 좌표 및 표고 • 경도 및 위도(필요한 경우로 한정한다.) • 자오선수차 • 시준점의 명칭, 방위각 및 거리 • 소재지와 측량연월일 • 그 밖의 참고사항	• 번호 및 위치의 약도 • 좌표와 직각좌표계 원점명 • 경도와 위도(필요한 경우로 한정한다.) • 표고(필요한 경우로 한정한다.) • 소재지와 측량연월일 • 도선등급 및 도선명 • 표지의 재질 • 도면번호 • 설치기관 • 조사연월일, 조사자의 직위 · 성명 및 조사 내용

05 상한과 종횡선차의 부호에 대한 설명으로 옳은 것은?(단, Δx : 종선차, Δy : 횡선차)

① 1상한에서 Δx는 $(-)$, Δy는 $(+)$이다.

② 2상한에서 Δx는 $(+)$, Δy는 $(-)$이다.

③ 3상한에서 Δx는 $(-)$, Δy는 $(-)$이다.

④ 4상한에서 Δx는 $(+)$, Δy는 $(+)$이다.

해설 상한별 종횡선차의 부호는 1상한 $(+, +)$, 2상한 $(-, +)$, 3상한 $(-, -)$, 4상한 $(+, -)$이다.

상한	종선차 (Δx)	횡선차 (Δy)	방위각(V)	방위	그림
1상한(Ⅰ)	+	+	$V=\theta$	N(θ)E	
2상한(Ⅱ)	−	+	$V=180°-\theta$	S(θ)E	
3상한(Ⅲ)	−	−	$V=180°+\theta$	S(θ)W	
4상한(Ⅳ)	+	−	$V=360°-\theta$	N(θ)W	

06 축척이 1/500인 도면 1매의 면적이 1,000m²라면, 도면의 축척을 1/1,000로 하였을 때 도면 1매의 면적은 얼마인가?

① 2,000m²   ② 3,000m²   ③ 4,000m²   ④ 5,000m²

해설 $A=\left(\dfrac{L}{S}\right)^2\times c=\left(\dfrac{1,000}{500}\right)^2\times 1,000=4,000\text{m}^2$

07 그림과 방위각이 다음과 같을 때, $\angle ABC$는?(단, $V_A{}^B = 38°15'30''$, $V_C{}^B = 316°18'20''$)

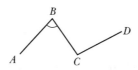

① 78°02′50″   ② 81°57′10″   ③ 181°57′10″   ④ 278°02′50″

해설 출발방위각 $V_A{}^B = 38°15'30''$, $V_A{}^B$의 역방위각 $V_B{}^A = V_A{}^B \pm 180° = 38°15'30'' + 180° = 218°15'30''$

C점에서 B점의 방위각 $V_C{}^B = 316°18'20''$, $V_C{}^B$의 역방위각 $V_B{}^C = V_C{}^B \pm 180° = 316°18'20'' - 180° = 136°18'20''$

임의의 수평각의 내각 = 앞의 각 − 뒤의 각

$\therefore \angle ABC = V_B{}^A - V_B{}^C = 218°15'30'' - 136°18'20'' = 81°57'10''$

역방위각의 계산
- 전방위각이 180°보다 작을 경우 : 180°를 더하여(+) 계산한다.
- 전방위각이 180°보다 클 경우 : 180°를 감하여(−) 계산한다.

---

08 축척 1/600 지역에서 지적도근점측량 계산 시 각 측선의 수평거리의 총 합계가 2,210.52m일 때 2등 도선일 경우 연결오차의 허용한계는?

① 약 0.62m   ② 약 0.42m   ③ 약 0.22m   ④ 약 0.02m

해설 지적도근점측량에서 연결오차의 공차

측량방법	등급	연결오차의 공차
배각법	1등 도선	$M \times \dfrac{1}{100}\sqrt{n}$ cm 이내
	2등 도선	$M \times \dfrac{1.5}{100}\sqrt{n}$ cm 이내

※ M : 축척분모, n : 각 측선의 수평거리의 총합계를 100으로 나눈 수

2등 도선의 연결오차 $= M \times \dfrac{1.5}{100}\sqrt{n} = 600 \times \dfrac{1.5}{100}\sqrt{\dfrac{2,210.52}{100}} = 42.3\text{cm} \fallingdotseq 0.42\text{m}$

---

09 지적기준점측량의 작업순서로 가장 적합한 것은?

① 선점 → 관측 → 조표 → 계산   ② 선점 → 계산 → 조표 → 관측
③ 조표 → 선점 → 관측 → 계산   ④ 선점 → 조표 → 관측 → 계산

해설 지적기준점측량의 절차는 계획의 수립 → 준비 및 현지답사 → 선점 및 조표 → 관측 및 계산 → 성과표의 작성 순으로 한다.

10 다음 중 지적측량의 방법으로 옳지 않은 것은?

① 지적삼각점측량
② 지적도근점측량
③ 세부측량
④ 일반측량

> **해설** 지적측량은 지적기준점을 정하기 위한 기초측량과 일필지의 경계와 면적을 정하는 세부측량으로 구분한다.
> 기초측량에는 지적삼각점측량, 지적삼각보조점측량, 지적도근점측량이 있다.

11 등록전환을 하는 경우 임야대장의 면적과 등록전환될 면적의 오차허용범위에 대한 계산식은?
(단, A : 오차허용면적, M : 임야도의 축척분모, F : 등록전환될 면적)

① $A = 0.026MF$
② $A = 0.026^2 MF$
③ $A = 0.026M\sqrt{F}$
④ $A = 0.026^2 M\sqrt{F}$

> **해설** 등록전환 또는 분할에 따른 면적 오차허용범위 $A = 0.026^2 M\sqrt{F}$
> (A : 오차 허용면적, M : 임야도 축척분모, F : 등록전환될 면적)

12 지적도근점측량에서 지적도근점의 구성 형태가 아닌 것은?

① 결합도선
② 폐합도선
③ 다각망도선
④ 개방도선

> **해설** 지적도근점은 결합도선 · 폐합도선 · 왕복도선 및 다각망도선으로 구성하여야 한다.

13 광파기측량방법에 따라 다각망도선법으로 지적삼각보조점측량을 할 때의 기준으로 옳은 것은?

① 1도선의 거리는 8km 이하로 할 것
② 1도선의 거리는 6km 이하로 할 것
③ 1도선의 점의 수는 기지점과 교점을 포함하여 7점 이하로 할 것
④ 1도선의 점의 수는 기지점과 교점을 포함하여 5점 이하로 할 것

> **해설**
> • 1도선(기지점과 교점 간 또는 교점과 교점 간을 말한다)의 점의 수는 기지점과 교정을 포함하여 5점 이하로 한다.
> • 1도선의 거리(기지점과 교점 또는 교점과 교점 간의 점간거리의 총합계를 말한다)는 4km 이하로 한다.

14 그림과 같은 지적도근점측량의 결합도선에서 관측값의 오차는 얼마인가?(단, 보1에서 출발방위 각은 33°20′20″이고, 보2에서 폐색방위각은 320°40′40″이었다.)

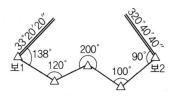

① 0°39′40″ ② 0°49′40″ ③ 1°39′40″ ④ 1°49′40″

해설 지적도근점측량의 결합도선에서 관측값의 오차

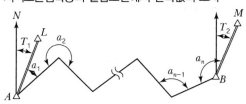

$\Delta\varepsilon = (T_1 - T_2) + \Sigma\alpha - 180°(n-1)$

($\Delta\varepsilon$: 측각오차, $\Sigma\alpha$: 관측값의 합, T_1 : 출발방위각, T_2 : 도착방위각, n : 폐색변을 포함한 변수)

$\Sigma\alpha = 138° + 120° + 200° + 100° + 90° = 648°$

∴ $\Delta\varepsilon = (33°20′20″ - 320°40′40″) + 648° - 180°(5-3) = 0°39′40″$

---

15 두 점 간의 거리가 100m이고 경사도가 60°일 때의 수평거리는?

① 30m ② 40m ③ 50m ④ 60m

해설 수평거리 = 경사거리 × $\cos\theta$ = 100m × $\cos60°$ = 50m

---

16 지적측량성과와 검사성과의 연결교차가 일정허용범위 이내일 때에는 그 지적측량성과에 관하여 다른 입증을 할 수 있는 경우를 제외하고는 그 측량성과로 결정하여야 한다. 다음 중 허용범위에 대한 기준으로 옳은 것은?

① 지적삼각점 : 0.40m ② 지적삼각점 : 0.60m
③ 지적삼각보조점 : 0.45m ④ 지적삼각보조점 : 0.25m

해설 지적측량성과와 검사성과의 연결교차 허용범위

구분	분류		허용범위
기초측량	지적삼각점		0.20m
	지적삼각보조점		0.25m
	지적도근점	경계점좌표등록부 시행지역	0.15m
		그 밖의 지역	0.25m

17 지적복구측량에 대한 설명으로 옳은 것은?

① 수해지역의 측량
② 축척변경지역의 측량
③ 지적공부 멸실지역의 측량
④ 임야대장 등록지를 토지대장에 옮기는 측량

해설 지적공부의 전부 또는 일부가 멸실, 훼손되었을 때 하는 것을 '지적공부복구'라 하며, 이를 복구하기 위해 복구측량을 실시한다.

18 세부측량의 기준 및 방법에 대한 내용으로 옳지 않은 것은?

① 평판측량방법에 있어서 도상에 영향을 미치지 아니하는 지상거리의 축척별 허용범위는 $\frac{M}{20}$ mm로 한다(M : 축척분모).
② 평판측량방법에 따른 세부측량을 교회법으로 하는 경우 3방향 이상의 교회에 따른다.
③ 평판측량방법에 따른 세부측량에서 측량결과도는 그 토지가 등록된 도면과 동일한 축척으로 작성한다.
④ 평판측량방법에 따른 세부측량을 도선법으로 하는 경우 도선의 변은 20개 이하로 한다.

해설 평판측량방법에 있어서 도상에 영향을 미치지 아니하는 지상거리의 축척별 허용범위는 $\frac{M}{10}$ mm로 한다(M : 축척분모).

19 다음 중 지오이드(Geoid)에 대한 설명으로 옳은 것은?

① 지정된 점에서 중력방향에 직각을 이룬다.
② 수준원점은 지오이드면에 일치한다.
③ 지구타원체의 면과 지오이드면은 일치한다.
④ 기하학적인 타원체를 이루고 있다.

해설 지오이드는 평균해수면으로 전 지구를 덮었다고 생각할 때 가상적인 곡면으로 지정된 점에서 중력방향에 직각을 이룬다.

20 평면직각종횡선의 종축의 북방향을 기준으로 시계방향으로 측정한 각으로, 지적측량에서 주로 사용하는 방위각은?

① 진북방위각
② 도북방위각
③ 자북방위각
④ 천북방위각

해설 평면직각종횡선의 종축의 북방향을 기준으로 시계방향으로 측정한 각으로, 지적측량에서 주로 사용하는 방위각은 도북방위각이다.

① 진북방위각 : 진북방향(자오선)을 기준으로 하여 어느 측선까지 시계방향으로 측정한 각이다.
③ 자북방위각 : 도면상의 자침방향(자북선)을 기준으로 어느 측선까지 시계방향으로 측정한 각이다.

21 초점거리 150mm, 경사각이 30°일 때 주점으로부터 등각점까지의 길이는?

① 20mm   ② 40mm   ③ 60mm   ④ 80mm

 해설

$$mj = f\tan\frac{i}{2} = 150 \times \tan\frac{30°}{2} = 40\text{mm}$$

(f : 초점거리, i : 경사각)

22 등고선의 성질에 대한 설명으로 틀린 것은?

① 높이가 다른 등고선은 서로 교차하거나 합쳐지지 않는다.
② 동일한 등고선 상의 모든 점의 높이는 같다.
③ 등고선은 반드시 폐합하는 폐곡선이다.
④ 등고선과 분수선은 직각으로 교차한다.

해설 등고선의 성질에는 ②, ③, ④ 외에 "등고선은 분수선과 평행하다.", "평면을 이루는 지표의 등고선은 서로 수직한 직선이다." 등이 있다.

① 높이가 다른 두 등고선은 동굴이나 절벽의 지형이 아닌 곳에서는 교차하지 않으며, 동굴이나 절벽에서는 반드시 두 점에서 교차한다.

23 수준측량 관련 용어에 대한 설명으로 옳지 않은 것은?

① 진시 : 표고를 알고자 하는 곳에 세운 표척의 읽음값
② 중간점 : 그 점의 표고만을 구하고자 표척을 세워 전시만 취하는 점
③ 후시 : 측량해 나가는 방향을 기준으로 기계의 후방을 시준한 값
④ 기계고 : 기준면에서 시준선까지의 높이

해설 ③ 후시(B.S)란 알고 있는 점에 표척을 세워 읽은 값을 말한다.

24 다음 중 완화곡선에 사용되지 않는 것은?

① 클로소이드 곡선   ② 렘니스케이트 곡선
③ 2차 포물선   ④ 3차 포물선

해설 수평곡선은 원곡선, 완화곡선, 수직곡선으로 나뉜다. 이 중 완화곡선에는 클로소이드 곡선 · 렘니스케이트 곡선 · 3차 포물선 · sin 체감곡선 등이 있다.

③ 2차 포물선은 수직곡선으로 그 외에도 원곡선 등이 있으며, 종단곡선 설치에는 수직곡선을 사용한다.

25 중간점이 많은 종단수준측량에 적합한 야장기입방법은?

① 고차식   ② 기고식

③ 승강식   ④ 종란식

> **해설** • 기고식은 기계고를 이용하여 표고를 결정하며, 도로의 종횡단측량처럼 중간점이 많을 때 적합한 야장기입방법이다.
> • 고차식은 전시 합과 후시 합의 차로서 고저차를 구하는 방법으로 시작점과 최종점 간의 고저차나 지반고를 계산하는 것이 주목적이며, 중간의 지반고를 구할 필요가 없을 때 사용한다.
> • 승강식은 높이차(전시 – 후시)를 현장에서 계산하여 작성하며 정확도가 높은 측량에 적합하다.

26 위성측량으로 지적삼각점을 설치하고자 할 때 가장 적합한 측량방법은?

① 실시간 이동측량(Real Time Kinematic Survey)

② 이동측량(Kinematic Survey)

③ 정지측량(Static Survey)

④ 방향관측법

> **해설** 위성측량 시 지적삼각점은 높은 정도를 요하므로 정지측량(Static Survey) 방법으로 관측해야 한다.

27 직접수준측량 시 주의사항에 대한 설명으로 틀린 것은?

① 작업 전에 기기 및 표척을 점검 및 조정한다.

② 전후의 표척거리는 등거리로 하는 것이 좋다.

③ 표척을 세우고 나서는 표척을 움직여서는 안 된다.

④ 기포관의 기포는 똑바로 중앙에 오도록 한 후 관측을 한다.

> **해설** 표척을 세울 경우 표척이 기울어지는 것에 대한 오류를 방지하기 위해 앞뒤로 흔들어서 최솟값을 읽는다.

28 항공사진측량용 사진기 중 피사각이 90° 정도로 일반도화 및 판독용으로 많이 사용하는 것은?

① 보통각사진기   ② 광각사진기

③ 초광각사진기   ④ 협각사진기

> **해설** 항공사진촬영용 카메라의 성능 중 초광각카메라의 피사각(화각)은 120°, 광각카메라의 피사각은 90°, 보통각카메라의 피사각은 60°이다.

29 그림과 같은 △ABC에서 $\overline{AD}$로 △ABD : △ABC = 1 : 3으로 분할하려고 할 때, $\overline{BD}$의 거리는?(단, $\overline{BC}$ = 42.6m)

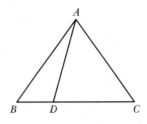

① 2.66m　　　② 4.73m　　　③ 10.65m　　　④ 14.20m

> **해설** 비례법에 의하면, 42.6 : 4 = $\overline{BD}$: 1
> ∴ $\overline{BD}$ = 10.65m

30 노선의 결정에 고려하여야 할 사항으로 옳지 않은 것은?

① 가능한 한 경사가 완만할 것　　　② 절토의 운반거리가 짧을 것
③ 배수가 완전할 것　　　④ 가능한 한 곡선으로 할 것

> **해설** 노선의 결정 시 고려사항에는 ①, ②, ③ 외에 가능한 한 직선일 것, 토공량이 적을 것, 성토량과 절토량이 같을 것 등이 있다.

31 노선측량의 일반적 작업순서로 옳은 것은?

(1) 지형측량	(2) 중심선측량	(3) 공사측량	(4) 노선 선정

① (4) → (1) → (2) → (3)　　　② (1) → (3) → (2) → (4)
③ (4) → (3) → (2) → (1)　　　④ (2) → (1) → (3) → (4)

> **해설** 노선측량은 일반적으로 노선 선정 → 계획조사측량(지형측량) → 실시설계측량(중심선측량) → 용지측량 → 공사측량 순으로 한다.

32 사진측량에서 표정 중, 촬영 당시의 광속의 기하 상태를 재현하는 작업으로 기준점 위치, 렌즈의 왜곡, 사진기의 초점거리와 사진의 주점을 결정하는 작업은?

① 내부표정　　　② 상호표정　　　③ 절대표정　　　④ 접합표정

> **해설** 내부표정이란 도화기의 투영기에 촬영 당시와 똑같은 상태로 양화 건판을 정착시키는 작업으로, 주점의 위치결정, 화면거리의 결정, 건판의 신축보정 등을 실시한다.

33 경사진 터널 내에서 2점 간의 표고차를 구하기 위하여 측량한 결과 아래와 같은 결과를 얻었다. AB의 고저차 크기는?(단, $a = 1.20\text{m}$, $b = 1.65\text{m}$, $\alpha = -11°$, $S = 35\text{m}$)

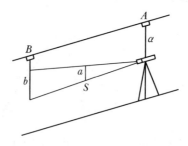

① 5.32m 　② 6.23m 　③ 7.32m 　④ 8.23m

해설 고저차 $H = S\sin\alpha + a - 5$
$= 35 \times \sin 11° + 1.20 - 1.65$
$= 6.23\text{m}$

34 다음 중 항공사진의 판독만으로 구별하기 가장 어려운 것은?

① 능선과 계곡 　　　　　② 밀밭과 보리밭
③ 도로와 철도선로 　　　④ 침엽수와 활엽수

해설 항공사진측량에서 사진판독요소로는 크기, 형태, 색조, 모양, 질감, 음영, 과고감, 상호 위치관계 등이 있다. 항공사진의 판독은 삼림의 판독, 지형의 판독, 지물의 판독, 환경오염지 조사, 토양의 판독, 군사적 판독에 쓰인다. 따라서 ② 밀밭과 보리밭은 사진측량으로는 구별할 수 없다.

35 자침편차가 동편 3°20″인 터널 내에서 어느 측선의 방위 S24°30′W를 관측했을 경우 이 측선의 진북방위각은?

① 152°10′ 　② 158°50′ 　③ 201°10′ 　④ 207°50′

해설 자침편차는 진북과 자북의 편차를 말하며, 진북(N)을 기준으로 시계방향일 때는 (+)값, 반시계방향일 때는 (-)값을 갖는다. 또는 서편은 (+)값, 동편은 (-)값이다.
∴ 측선의 진북방위각 = 자북방위각 + (±자침편차) = 204°3′ - 3°20′ = 201°10′

36 등고선도로서 알 수 없는 것은?

① 산의 체적 　② 댐의 유수량 　③ 연직선편차 　④ 지형의 경사

해설 등고선도로는 토지현황(경사도), 토공량 측정, 구조물 설계, 저수지측량, 지질도의 지형측량, 노선측량의 예측 등을 할 수 있다.

③ 연직선편차란 타원체의 법선(수직선)과 지오이드법선(연직선)이 이루는 각을 의미하며, 등고선도와는 관련이 없다.

37 사진측량의 특수 3점이 아닌 것은?

① 주점   ② 연직점   ③ 수평점   ④ 등각점

해설 항공사진의 특수 3점은 주점, 등각점, 연직점을 말한다.

38 노선연장 2km를 결합도선으로 측량할 때 폐합비를 1/100,000으로 제한하려면 폐합오차의 허용한계는 얼마로 해야 하는가?

① 0.2cm   ② 0.5cm   ③ 1.0cm   ④ 2.0cm

해설 폐합비 $= \dfrac{\triangle l}{L} = \dfrac{1}{100,000} \rightarrow \triangle l = 2.0\text{cm}$

39 비고 50m의 구릉지에서 초점거리 210cm의 사진기로 촬영한 사진의 크기가 23cm×23cm이고, 축척이 1/25,000이었다. 이 사진의 비고에 의한 최대변위량은?

① 1.5mm   ② 3.2mm   ③ 4.8mm   ④ 5.2mm

해설 최대화면 연직선에서의 거리$(r_{\max}) = \dfrac{\sqrt{2}}{2} \cdot a = \dfrac{\sqrt{2}}{2} \times 23 = 16.26\text{cm} = 0.1626\text{m}$

비행촬영고도$(H) = m \times f = 25,000 \times 0.21 = 5,250\text{m}$

기복변위$(\triangle r) = \dfrac{h}{H} \cdot r$

∴ 최대기복변위$(\triangle r_{\max}) = \dfrac{h}{H} \cdot r_{\max}$

$$= \dfrac{50}{5,250} \times 0.1626 = 0.0015\text{m} = 1.5\text{mm}$$

(a : 한 변의 사진 크기, h : 비고, H : 비행촬영고도, r : 주점에서 측정점까지의 거리, m : 축척분모, f : 초점거리)

40 GNSS(위성측위) 관측 시 주의할 사항으로 거리가 먼 것은?

① 측정점 주위에 수신을 방해하는 장애물이 없도록 하여야 한다.
② 충분한 시간 동안 수신이 이루어져야 한다.
③ 안테나의 높이, 수신시간과 마침시간 등을 기록한다.
④ 온도의 영향을 많이 받으므로 5℃ 이하에서는 관측을 중단한다.

해설 GNSS 관측은 기상조건이나 온도에 영향을 받지 않는다.

41 토지의 고유번호는 총 몇 자리로 구성하는가?

① 10자리　　　　② 15자리　　　　③ 19자리　　　　④ 21자리

해설 토지 고유번호의 코드 구성
- 전국을 단위로 하나의 필지에 하나의 번호를 부여하는 가변성 없는 번호이다.
- 총 19자리로 구성된다.
  - 행정구역 10자리(시·도 2자리, 시·군·구 3자리, 읍·면·동 3자리, 리 2자리)
  - 대장 구분 1자리 및 지번표시 8자리(본번 4자리, 부번 4자리)

시·도	시·군·구	읍·면·동	리	대장	본번	부번
2자리	3자리	3자리	2자리	1자리	4자리	4자리

42 토지정보체계와 지리정보체계에 대한 설명으로 옳지 않은 것은?

① 토지정보체계의 공간정보단위는 필지이다.
② 지리정보체계의 축척은 소축척이다.
③ 토지정보체계의 기본도는 지형도이다.
④ 지리정보체계는 경사, 고도, 환경, 토양, 도로 등이 기반 정보로 운영된다.

해설 토지정보체계는 지적도를 기본도로 하며, 지리정보체계는 지형도를 기본도로 한다.

43 지적전산정보시스템에서 사용자권한 등록파일에 등록하는 사용자번호 및 비밀번호에 관한 사항으로 옳지 않은 것은?

① 사용자의 비밀번호는 변경할 수 없다.
② 한 번 부여된 사용자번호는 변경할 수 없다.
③ 사용자번호는 사용자권한 등록관리청별로 일련번호로 부여하여야 한다.
④ 사용자권한 등록번호를 따로 관리할 수 있다.

해설 사용자의 비밀번호는 다른 사람에게 누설하여서는 아니 되며, 사용자는 비밀번호가 누설되거나 누설될 우려가 있는 때에는 즉시 이를 변경하여야 한다.

44 다음 중 중첩분석의 일반적인 유형에 해당하지 않는 것은?

① 점과 폴리곤의 중첩　　　　② 선과 폴리곤의 중첩
③ 폴리곤과 폴린곤의 중첩　　　　④ 점과 선의 중첩

해설 중첩기능은 도형과 속성자료가 각기 구축된 레이어를 동일 좌표계를 이용하여 중첩시켜 새로운 형태의 도형과 속성레이어를 생성하는 기능이다. 중첩분석의 일반적인 유형에는 폴리곤 내 점의 중첩, 폴리곤 위 선의 중첩, 폴리곤과 폴리곤의 중첩 등이 있다.

45 GPS 측량의 장단점으로 옳지 않은 것은?

① 직접적인 관찰이 불가능한 지점 간의 측량이 가능하다.

② 기후에 좌우되지 않으나 야간측량은 불가능하다.

③ 위성에 의한 전파를 이용한 방식이므로 건물 사이, 수중, 숲속에서의 측량은 불가능하다.

④ 고정밀도 측위를 위해서는 별도로 기준국을 필요로 한다.

해설 GPS 측량은 야간에도 측량할 수 있다.

46 다음 중 점, 선, 면으로 표현된 객체들 간의 공간관계를 설정하여 각 객체들 간의 인접성, 연결성, 포함성 등에 관한 정보를 파악하기 쉬우며, 다양한 공간분석을 효율적으로 수행할 수 있는 자료구조는?

① 스파게티(Spaghetti) 구조   ② 래스터(Raster) 구조

③ 위상(Topology) 구조   ④ 그리드(Grid) 구조

해설 위상 구조는 점, 선, 면으로 객체 간의 공간 관계를 파악할 수 있으며, 위상관계는 공간상에서 대상물들의 위치나 관계를 나타내는 것으로서 연결성(Connectivity), 인접성(Adjacency), 포함성(Containment) 등의 관점에서 묘사되고 다양한 공간분석이 가능하다.

47 파일처리 방식과 비교하여 데이터베이스관리시스템(DBMS) 구축의 장점으로 옳은 것은?

① 하드웨어 및 소프트웨어의 초기 비용이 저렴하다.

② 시스템의 부가적인 복잡성이 완전히 제거된다.

③ 검증된 통제에 따른 위험이 완전히 제거된다.

④ 자료의 중복을 방지하고 일관성을 유지할 수 있다.

해설 데이터베이스관리시스템(DBMS)의 장단점

장점	• 데이터의 독립성 • 데이터의 일관성 유지 • 데이터의 표준화 • 직접적인 사용자 접근 가능	• 데이터의 공유 • 데이터의 무결성 • 통제의 집중화 • 효율적인 자료 분리 가능	• 데이터의 중복성 배제 • 데이터의 보안성 • 응용의 용이성
단점	• 고가의 장비 및 운용비용 부담 • 시스템과 자료구조의 복잡성 • 중앙집중식 구조의 위험성		

48 다음 중 한국토지정보시스템의 약자로 옳은 것은?

① LMIS   ② KMIS   ③ KLIS   ④ PBLIS

해설 한국토지정보시스템(KLIS : Korea Land Infonnation System)은 (구)행정자치부(현 행정안전부)의 필지중심토지정보시스템(PBLIS)과 (구)건설교통부(현 국토교통부)의 토지종합정보망(LMIS)을 하나로 통합한 시스템이다.

49 다음 중 토지기록 전산화 작업의 목적과 거리가 먼 것은?

① 토지 관련 정책자료의 다목적 활용   ② 민원의 신속하고 정확한 처리
③ 토지 소유현황의 파악   ④ 중앙 통제형 행정전산화의 촉진

해설 지적공부 전산화의 목적에는 ①, ②, ③ 외에 지방행정전산화 촉진, 체계적이고 효율적인 지적사무와 지적행정의 실현 등이 있다.

50 다음 중 토지소유권에 대한 정보를 검색하고자 하는 경우 식별자로 사용하기에 가장 적절한 것은?

① 주소   ② 성명
③ 주민등록번호   ④ 생년월일

해설 토지소유권에 대한 정보를 검색할 경우 주민등록번호를 이용하는 것이 가장 효과적이다. 식별자(識別子)는 어떤 대상을 유일하게 식별 및 구별할 수 있는 이름을 뜻한다.

51 벡터데이터의 구조에 대한 설명으로 틀린 것은?

① 점은 하나의 좌표로 표현된다.
② 선은 여러 개의 좌표로 구성된다.
③ 면은 3개 이상의 점의 집합체로 폐합된 다각형 형태의 구조를 갖는다.
④ 점 · 선 · 면의 형태를 이용한 지리적 객체는 4차원의 지도 형태이다.

해설 시간 개념까지 포함된 것이 4차원 지도이다.

52 효율적으로 공간데이터를 분석 · 처리하기 위한 고려사항으로 가장 거리가 먼 것은?

① 공간데이터의 분포 및 군집성   ② 하드웨어 설치장소
③ 변화하는 공간데이터의 갱신   ④ 효율적인 저장구조

해설 공간데이터의 분석 · 처리 시 고려사항에는 공간데이터의 분포 및 군집성, 변화하는 공간데이터의 갱신, 효율적인 저장구조 등이 있다.

53 DBMS의 기능 중 하나의 데이터베이스 형태로 여러 사용자들이 요구하는 대로 데이터를 기술해 줄 수 있도록 데이터를 조작하는 기능은 무엇인가?

① 저장기능
② 정의기능
③ 제어기능
④ 조작기능

해설 DBMS의 기능에는 정의기능, 조작기능, 제어기능이 있다. 그중 정의기능은 하나의 데이터베이스 형태로 여러 사용자들이 요구하는 대로 데이터를 기술해 줄 수 있도록 데이터를 조작하는 기능이다.

54 검색방법 중 찾고자 하는 레코드 키가 있음직한 위치를 추정하여 검색하는 방법은?

① 보간(Interpolation) 검색
② 피보나치(Fibonacci) 검색
③ 이진(Binary) 검색
④ 순차(Sequential) 검색

해설 자료구조의 검색방법에는 보간 검색, 피보나치 검색, 이진 검색, 순차 검색 등이 있다.
① 보간(Interpolation) 검색 : 처음 비교할 레코드를 선택할 때 찾으려는 자료 레코드가 있음직한 위치를 예측하여 탐색을 수행하는 방법이다.
② 피보나치(Fibonacci) 검색 : 이진 검색과 유사한 방식이나 검색대상을 피보나치 수열을 이용해 선정한다.
③ 이진(Binary) 검색 : 자료의 가운데에 있는 항목을 키값과 비교하여 키값이 더 크면 오른쪽 부분을 검색하고 키값이 더 작으면 왼쪽 부분을 검색하는 방법이다.
④ 순차(Sequential) 검색 : 주어진 자료 파일에서 처음부터 검색키에 해당하는 레코드를 순차적으로 비교하여 찾는 가장 단순한 검색방법이다.

55 다음 중 연속도면의 제작 편집에 있어 도곽선 불일치의 원인에 해당하지 않는 것은?

① 통일된 원점의 사용
② 도면 축척의 다양성
③ 지적도면의 관리 부실
④ 지적도면 재작성의 부정확

해설 도곽선 불일치의 원인에는 ②, ③, ④ 외에 다양한 원점 사용 등이 있다.

56 토지정보체계의 구성요소에 해당하지 않는 것은?

① 기준점
② 데이터베이스
③ 소프트웨어
④ 조직과 인력

해설 토지정보시스템의 구성요소에는 자료, 하드웨어, 소프트웨어, 조직과 인력(인적 자원)이 있다.

57 래스터데이터와 벡터데이터에 대한 설명으로 틀린 것은?

① 래스터데이터의 정밀도의 격자간격에 의하여 결정된다.

② 벡터데이터의 자료구조는 래스터데이터보다 복잡하다.

③ 벡터데이터의 자료 입력에는 스캐너가 주로 이용된다.

④ 래스터데이터의 도형 표면은 면(화소, 셀)으로 표현된다.

해설 래스터데이터의 자료 입력에는 스캐너가 주로 이용된다.

58 다음 중 공개된 상업용 소프트웨어와 자료구조의 연결이 잘못된 것은?

① AutoCAD − DXF

② ArcView − SHP/SHX/DBF

③ MicroStation − IFS

④ Mapinfo − MED/MIF

해설 상업용 소프트웨어와 자료구조
- AutoCAD − DXF
- ArcView − SHP/SHX/DBF
- MicroStation − ISFF
- Maplnfo − MID/MIF
- Arcinfo − E00

59 지적도와 시 · 군 · 구 대장 정보를 기반으로 하는 지적행정 시스템의 연계를 통해 각종 지적 업무를 수행할 수 있도록 만들어진 정보시스템은?

① 지리정보시스템

② 시설물관리시스템

③ 도시계획정보시스템

④ 필지중심토지정보시스템

해설 필지중심토지정보시스템(PBLIS : Parcel Based Land Information)
토지대장과 임야대장 등 대장의 속성정보를 기반으로 하는 지적행정시스템과 전산화된 지적도면의 연계를 통해 토지의 소유권을 보호하고 국토의 효율적 이용과 개발 및 의사결정을 지원하는 등 각종 지적업무 수행할 수 있는 시스템이다.

60 GIS의 필요성과 관계가 없는 것은?

① 전문부서 간 업무의 유기적 관계를 갖기 위하여

② 정보의 신뢰도를 높이기 위하여

③ 자료의 중복조사 방지를 위하여

④ 행정환경 변화에 수동적 대응을 하기 위하여

해설 GIS는 행정환경 변화에 능동적으로 대응하여야 한다.

61 다음 중 지적과 등기를 비교하여 설명한 내용으로 옳지 않은 것은?

① 지적은 실질적 심사주의를 채택하고 등기는 형식적 심사주의를 채택한다.

② 등기는 토지의 표시에 관하여는 지적을 기초로 하고 지적의 소유자 표시는 등기를 기초로 한다.

③ 지적과 등기는 국정주의와 직권등록주의를 채택한다.

④ 지적은 토지에 대한 사실관계를 공시하고 등기는 토지에 대한 권리관계를 공시한다.

해설 지적은 직권등록주의를, 등기는 신청주의를 채택하고 있다.

62 다음 중 다목적지적제도의 구성요소에 해당하지 않는 것은?

① 측지기준망   ② 행정조직도

③ 지적중첩도   ④ 필지식별번호

해설 • 다목적지적의 3대 요소 : 측지기본망, 기본도, 지적중첩도

• 다목적지적의 5대 요소 : 측지기본망, 기본도, 지적중첩도, 필지식별번호, 토지자료파일

63 우리나라 지적제도의 기원으로 균형 있는 촌락의 설치와 토지분급 및 수확량의 파악을 위해 실시한 고조선시대의 지적제도로 옳은 것은?

① 정전제(井田制)   ② 경무법(頃畝法)

③ 결부제(結負制)   ④ 과전법(科田法)

해설 우리나라 지적제도의 기원으로 균형 있는 촌락의 설치와 토지분급 및 수확량의 파악을 위해 실시한 고조선시대(상고시대)의 지적제도는 정전제(井田制)이다.

64 토지조사사업 당시 지역선의 대상이 아닌 것은?

① 소유자가 같은 토지와의 구획선

② 소유자가 다른 토지 간의 사정된 경계선

③ 토지조사 시행지와 미시행지의 지계선

④ 소유자를 알 수 없는 초지와의 구획선

해설 토지조사사업 당시 지역선은 소유자가 같은 토지와의 구획선 또는 소유자를 알 수 없는 토지와의 구획선 및 토지조사사업의 시행지와 미시행지의 지계선이다.

65 토지조사령이 제정된 시기는?

① 1898년　　　　② 1905년　　　　③ 1912년　　　　④ 1916년

> **해설** 지적 관련 법령의 변천은 토지조사법(1910.08.23.) → 토지조사령(1912.08.13.) → 지세령(1914.03.06.) → 조선임야조사령(1918.05.01.) → 조선지세령(1943.03.31.) → 지적법(1950.12.01.) → 측량·수로 조사 및 지적에 관한 법률(2009.06.09.) → 공간정보의 구축 및 관리 등에 관한 법률(2017.10.24.) 순으로 제정되었다.

66 정약용이 『목민심서』를 통해 주장한 양전개정론의 내용이 아닌 것은?

① 망척제의 시행　　　　　　　　② 어린도법의 시행
③ 경무법의 시행　　　　　　　　④ 방량법의 시행

> **해설** 정약용의 양전 개정방안
> - 정전제(井田制)의 시행을 전제로 방량법과 어린도법을 시행해야 함(목민심서)
> - 결부제하의 양전법은 전지의 측도가 어렵기 때문에 경무법으로 개정
> - 일자오결제도와 사표의 부정확성을 시정하기 위해 어린도(魚鱗圖)를 작성
> - 정전제(井田制)나 어린도(魚鱗圖)와 같은 국토의 조직적 관리가 필요
> - 전국의 전(田)을 사방 100척으로 된 정방형의 1결의 형태로 구분
>
> ① 망척제는 이기가 주장한 제도이다.

67 토지의 표시사항 중 면적을 결정하기 위하여 먼저 결정되어야 할 사항은?

① 토지소재　　　② 지번　　　③ 지목　　　④ 경계

> **해설** 면적을 결정하기 위해서는 경계와 좌표가 먼저 결정되어야 한다.

68 내두좌평(內頭佐平)이 지적을 담당하고 산학박사(算學博士)가 측량을 전담하여 관리하도록 했던 시대는?

① 백제시대　　　② 신라시대　　　③ 고려시대　　　④ 조선시대

> **해설** 백제의 측량 전담기구
>
> | 구분 | | 담당부서 | 업무내용 |
> | --- | --- | --- | --- |
> | 한성 시기 | | 내두좌평 | 재무 |
> | 사비(부여) | 내관 | 곡내부 | 양정 |
> | | | 목부 | 토목 |
> | | 외관 | 점구부 | 호구, 조세 |
> | | | 사공부 | 토목, 재정 |

69 지적에 관련된 행정조직으로 중앙에 주부(主簿)라는 직책을 두어 전부(田簿)에 관한 사항을 관장하게 하고 토지측량 단위로 경무법을 사용한 국가는?

① 백제   ② 신라   ③ 고구려   ④ 고려

해설 지적에 관련된 행정조직으로 중앙에 주부(主薄)라는 직책을 두어 전부(田薄)에 관한 사항을 관장하게 하고 토지측량단위로 경무법을 사용한 국가는 고구려이다.

70 다음 중 토렌스시스템(Torrens System)이 창안된 국가는?

① 영국   ② 프랑스   ③ 네덜란드   ④ 오스트레일리아

해설 토렌스시스템(Torrens System)
적극적 등록제도의 발전된 형태로서 토지의 권원을 등록함으로써 토지등록의 완전성을 추구하고 선의의 제3자를 완벽하게 보호하는 것을 목표로 오스트레일리아의 로버트 토렌스(Robert Torrens)에 의하여 창안되었다.

71 토지조사사업 당시 지적공부에 등록되었던 지목의 분류에 해당하지 않는 것은?

① 지소   ② 성첩   ③ 염전   ④ 잡종지

해설 토지조사사업 당시 지목의 분류
- 과세지 : 전 · 답 · 대 · 지소 · 임야 · 잡종지
- 면세지 : 사사지(社寺地) · 분묘지 · 공원지 · 철도용지 · 수도용지
- 비과세지 : 도로 · 하천 · 구거 · 제방 · 성첩 · 철도선로 · 수도선로

③ 염전은 1943년 3월 31일 조선지세령에 의하여 신설된 지목으로 잡종지에서 분리되었다.

72 다음의 토지 표시사항 중 지목의 역할과 가장 관계가 적은 것은?

① 토지 형질변경의 규제   ② 사용현황의 표상(表象)
③ 구획정리지의 토지용도 유지   ④ 사용목적의 추측

해설 지목의 역할에는 ②, ③, ④ 등이 있다. ① 토지 형질변경의 규제는 지목의 역할과 관계가 없다.

73 통일신라시대 촌락단위의 토지 관리를 위한 장부로 조세의 징수와 부역(賦役) 징발을 위한 기초자료로 활용하기 위한 문서는?

① 결수연명부   ② 장적문서   ③ 지세명기장   ④ 양안

해설 장적문서(815년, 신라 경덕왕 7년)
현존하는 우리나라 최고(最古)의 지적기록으로 신라 말기 서원경 부근 4개 촌락의 토지 문서로서 통일신라의 토지제도에 관한 확실한 인식을 알 수 있으며, 세금 징수의 목적으로 작성되었다. 지적공부 중 토지대장의 성격을 가진다.

74 다음 중 토지조사사업 당시 일반적으로 지번을 부여하지 않았던 지목에 해당하는 것은?

① 성첩   ② 공원지   ③ 지소   ④ 분묘지

해설 문제 71번 해설 참조

75 우리나라 임야조사사업 당시의 재결기관은?

① 고등토지조사위원회   ② 임시토지조사국
③ 도지사   ④ 임야심사위원회

해설 사정에 대하여 불복이 있는 경우의 재결기관은 토지조사사업에서는 고등토지조사위원회이며, 임야조사사업에서는 임야심사위원회(또는 임야조사위원회)이다.

76 지목의 설정에서 우리나라가 채택하지 않는 원칙은?

① 지목법정주의   ② 복식지목주의
③ 주지목추종주의   ④ 1필1지목주의

해설 지목의 설정원칙에는 ①, ③, ④ 외에 사용목적추종의 원칙, 일시변경 불변의 원칙 등이 있다.

77 다음 중 근대적 지적제도의 효시가 되는 나라는?

① 한국   ② 대만   ③ 일본   ④ 프랑스

해설 프랑스와 독일의 경우 지적도에 건물을 등록하여 관리하고 있으며, 이것은 근대적 지적제도의 효시가 되었다.

78 토지조사사업에서 일필지조사의 내용과 가장 거리가 먼 것은?

① 지목의 조사   ② 지주의 조사
③ 지번의 조사   ④ 미개간지의 조사

해설 일필지조사의 내용에는 지주의 조사, 강계 및 지역의 조사, 지목의 조사, 증명 및 등기필지의 조사, 각종 특별조사 등이 있다.

79 다음 중 일자오결제에 대한 설명이 옳지 않은 것은?

① 양전의 순서에 따라 1필지마다 천자문의 자번호를 부여하였다.
② 천자문의 각 자내(字內)에 다시 제일(第一), 제이(第二), 제삼(第三) 등의 번호를 붙였다.
③ 천자문의 1자는 기경전의 경우만 5결이 되면 부여하고 폐경전에는 부여하지 않았다.
④ 숙종 35년 해서양전사업에서는 일자오결의 양전방식이 실시되었으나 폐단이 있었다.

일자오결제(一字五結制)는 천자문의 1자의 부여를 위한 결수(結數)를 구성한 것으로, 주요 내용은 다음과 같다.
- 양안(量案)의 토지표시는 양전(量田)의 순서에 의하여 1필지마다 천자문(千字文)의 자번호(字番號)를 부여하였다.
- 자번호는 자(字)와 번호(番號)로서 천자문의 1자(字)는 폐경전(閉耕田), 기경전(起耕田)을 막론하고 5결(結)이 되면 부여하였다.
- 1결(結)의 크기는 1등전(等田)의 경우 사방 1만 척(尺)으로 정하였다.

80 다목적지적의 구성요소와 가장 거리가 먼 것은?

① 측지기준망　　　② 기본도　　　③ 지적도　　　④ 지형도

문제 62번 해설 참조

5과목 지적관계법규

81 도시개발사업 등으로 인한 토지의 이동은 언제를 기준으로 그 토지의 이동이 이루어진 것으로 보는가?

① 토지의 형질변경 등의 공사가 준공된 때
② 토지의 형질변경 등의 공사를 착공한 때
③ 토지의 형질변경 등의 공사를 허가한 때
④ 토지의 형질변경 등의 공사가 중지된 때

도시개발사업 등으로 인한 토지의 이동은 토지의 형질변경 등의 공사가 준공된 때 토지이동이 있는 것으로 본다.

82 다음 중 지목을 "도로"로 볼 수 없는 것은?

① 고속도로의 휴게소 부지
② 2필지 이상에 진입하는 통로로 이용되는 토지
③ 「도로법」 등 관계법령에 의하여 도로로 개설된 토지
④ 아파트, 공장 등 단일용도의 일정한 단지 안에 설치된 통로

아파트, 공장 등 단일용도의 일정한 단지 안에 설치된 통로는 도로로 보지 않는다.

83 우리나라의 지목은 총 몇 개의 종류로 구분하여 정하는가?

① 24개　　　　　② 26개　　　　　③ 28개　　　　　④ 30개

해설　**지목의 종류(총 28종)**
전 · 답 · 과수원 · 목장용지 · 임야 · 광천지 · 염전 · 대(垈) · 공장용지 · 학교용지 · 주차장 · 주유소용지 · 창고용지 · 도로 · 철도용지 · 제방(提防) · 하천 · 구거(溝渠) · 유지(溜池) · 양어장 · 수도용지 · 공원 · 체육용지 · 유원지 · 종교용지 · 사적지 · 묘지 · 잡종지

---

84 지적측량수행자가 손해배상책임을 보장하기 위하여 보증보험에 가입하여야 하는 보증금액 기준이 모두 옳은 것은?(단, 지적측량업자의 경우 보장기간은 10년 이상이다.)

① 지적측량업자 : 1억 원 이상, 한국국토정보공사 : 10억 원 이상

② 지적측량업자 : 1억 원 이상, 한국국토정보공사 : 20억 원 이상

③ 지적측량업자 : 3억 원 이상, 한국국토정보공사 : 10억 원 이상

④ 지적측량업자 : 3억 원 이상, 한국국토정보공사 : 20억 원 이상

해설　**지적측량수행자의 손해배상책임 보장기준**
- 지적측량업자 : 보장기간이 10년 이상이고 보증금액이 1억 원 이상인 보증보험
- 한국국토정보공사 : 보증금액이 20억 원 이상인 보증보험

---

85 지목을 지적도면에 등록하는 때 표기하는 지목 부호가 옳지 않은 것은?

① 주차장 → 차　　　　　　　② 공장용지 → 장

③ 유원지 → 원　　　　　　　④ 주유소용지 → 유

해설　**지목의 표기방법**
- 두문자(頭文字) 표기 : 전, 답, 대 등 24개 지목
- 차문자(次文字) 표기 : 장(공장용지), 천(하천), 원(유원지), 차(주차장) 등 4개 지목

---

86 다음 중 토지소유자를 대신하여 토지의 이동신청을 할 수 없는 자는?(단, 등록사항 정정 대상토지는 제외한다.)

① 행정자치부 차관

②「민법」제404조의 규정에 의한 채권자

③ 국가 또는 지방자치단체가 취득하는 토지의 경우에는 그 토지를 관리하는 지방자치단체의 장

④ 공공사업 등으로 인해 학교, 도로, 철도, 제방, 하천, 구거, 유지, 수도용지 등의 지목으로 되는 토지의 경우에는 그 사업시행자

해설　토지소유자의 신청을 대신(등록사항정정 토지는 제외) 하는 신청의 대위에는 ②, ③, ④ 외에 「민법」제404조에 따른 채권자 등이 있다.

87 중앙지적위원회는 위원장 1명과 부위원장 1명을 포함하여 몇 명으로 구성하는가?

① 3명 이상 7명 이하   ② 5명 이상 10명 이하

③ 7명 이상 12명 이하   ④ 15명 이상 20명 이하

해설 중앙지적위원회는 위원장 1명과 부위원장 1명을 포함하여 5명 이상 10명 이내의 위원으로 구성한다.

88 지적소관청은 복구자료의 조사 또는 복구측량 등이 완료되어 지적공부를 복구하려는 경우, 복구하려는 토지의 표시 등을 시·군·구 게시판 및 인터넷 홈페이지에 며칠 이상 게시하여야 하는가?

① 5일   ② 7일   ③ 10일   ④ 15일

해설 지적소관청은 복구자료의 조사 또는 복구측량 등이 완료되어 지적공부를 복구하려는 경우 복구하려는 토지의 표시 등을 시·군·구 게시판 및 인터넷 홈페이지에 15일 이상 게시하여야 한다.

89 행정구역의 변경, 도시개발사업의 시행. 지번변경, 축척변경, 지번정정 등의 사유로 지번에 결번이 생긴 때의 지적소관청의 결번 처리방법으로 옳은 것은?

① 결번된 지번은 새로이 토지이동이 발생하면 지번을 부여한다.

② 지체 없이 그 사유를 결번대장에 적어 영구히 보존한다.

③ 결번된 지번은 토지대장에서 말소하고 토지대장을 폐기한다.

④ 행정구역의 변경으로 결번된 지번은 새로이 지번을 부여할 경우에 지번을 부여한다.

해설 지적소관청은 결번이 발생하면 지체 없이 그 사유를 결번대장에 적어 영구히 보존한다.

90 축척변경 시행에 따른 청산금의 납부 및 교부에 관한 설명으로 옳지 않은 것은?

① 지적소관청은 청산금의 결정을 공고한 날부터 20일 이내에 토지소유자에게 납부고지 또는 수령통지를 해야 한다.

② 납부고지를 받은 자는 고지를 받은 날부터 3개월 이내에 청산금을 축척변경위원회에 납부해야 한다.

③ 청산금에 관한 이의신청은 납부고지 또는 수령통지를 받은 날부터 1개월 이내에 지적소관청에 할 수 있다.

④ 지적소관청은 청산금을 지급받을 자가 행방불명 등으로 받을 수 없거나 받기를 거부할 때에는 그 청산금을 공탁할 수 있다.

해설 납부고지를 받은 자는 고지를 받은 날부터 3개월 이내에 청산금을 지적소관청에 납부해야 한다.

91 다음 중 지적도의 등록사항이 아닌 것은?

① 주요 지형표시   ② 삼각점의 위치
③ 건축물의 위치   ④ 지적도면의 색인도

해설 지적도면의 등록사항

법률 규정	국토교통부령 규정
• 토지의 소재 • 지번 • 지목 • 경계 • 그 밖에 국토교통부령이 정하는 사항	• 도면의 색인도 • 도면의 제명 및 축척 • 도곽선 및 그 수치 • 좌표에 의하여 계산된 경계점 간 거리(경계점좌표등록부를 갖춰두는 지역으로 한정한다.) • 삼각점 및 지적기준점의 위치 • 건축물 및 구조물 등의 위치 • 그 밖에 국토교통부장관이 정하는 사항

92 경계점좌표등록부의 등록사항이 아닌 것은?

① 경계   ② 부호도
③ 지적도면의 번호   ④ 토지의 고유번호

해설 경계점좌표등록부의 등록사항

법률 규정	국토교통부령 규정
• 토지의 소재 • 지번 • 좌표	• 토지의 고유번호 • 도면번호 • 필지별 경계점좌표등록부의 장번호 • 부호 및 부호도 : 왼쪽 → 오른쪽으로

93 신규등록하는 토지의 소유자에 관한 사항을 지적공부에 등록하는 방법으로 옳은 것은?

① 등기부등본에 의하여 등록   ② 지적소관청의 조사에 의하여 등록
③ 법원의 최초 판결에 의하여 등록   ④ 토지소유자의 신고에 의하여 등록

해설 소유자에 관한 사항은 소유권을 증명하는 서면을 지적소관청에 제출하며, 신규등록하는 토지의 소유자는 지적소관청이 직접 조사하여 등록한다.

94 다음 중 토지의 합병을 신청할 수 없는 경우에 해당하지 않는 것은?

① 합병하려는 토지의 지목이 서로 다른 경우
② 합병하려는 토지의 등급이 서로 다른 경우
③ 합병하려는 토지의 지번부여지역이 서로 다른 경우
④ 합병하려는 토지의 지적도 및 임야도의 축척이 서로 다른 경우

해설 토지의 등급은 합병요건과 관련이 없다.

95 토지소유자가 지목변경을 신청하고자 하는 때에 지목변경사유가 기재된 신청서에 첨부해야 할 서류가 아닌 것은?

① 건축물의 용도가 변경되었음을 증명하는 서류의 사본

② 토지의 용도가 변경되었음을 증명하는 서류의 사본

③ 토지의 형질변경 등의 개발행위허가를 증명하는 서류의 사본

④ 국유지·공유지의 경우에는 용도폐지되었거나 사실상 공공용으로 사용되고 있지 아니함을 증명하는 서류의 사본

해설 지목변경의 첨부서류에는 ①, ②, ④ 외에 토지의 형질변경 등의 공사가 준공되었음을 증명하는 서류의 사본 등이 있다.

96 지상경계를 새로이 결정하고자 하는 경우, 그 기준으로 옳지 않은 것은?

① 토지가 수면에 접하는 경우 : 최소만조위가 되는 선

② 연접되는 토지 간에 높낮이 차이가 있는 경우 : 그 구조물 등의 하단부

③ 도로·구거 등의 토지에 절토(切土)된 부분이 있는 경우 : 그 경사면의 상단부

④ 공유수면매립지의 토지 중 제방 등을 토지에 편입하여 등록하는 경우 : 바깥쪽 어깨부분

해설 지상경계설정의 기준
• 토지가 해면 또는 수면에 접하는 경우 : 최대만조위 또는 최대만수위가 되는 선
• 연접되는 토지 간에 높낮이 차이가 있는 경우 : 그 구조물 등의 하단부
• 도로·구거 등의 토지에 절토(切土)된 부분이 있는 경우 : 그 경사면의 상단부
• 공유수면매립지의 토지 중 제방 등을 토지에 편입하여 등록하는 경우 : 바깥쪽 어깨부분
• 연접되는 토지 간에 높낮이 차이가 없는 경우 : 그 구조물 등의 중앙

97 다음 중 1필지를 정함에 있어 주된 용도의 토지에 편입하여 1필지로 할 수 없는 종된 용도 토지의 지목은?

① 대   ② 전   ③ 구거   ④ 도로

해설 용도의 토지에 편입하여 1필지로 할 수 있는 경우

양입지 조건	양입지 예외 조건
• 주된 용도의 토지의 편의를 위하여 설치된 도로·구거(溝渠, 도랑) 등의 부지 • 주된 용도의 토지에 접속되거나 주된 용도의 토지로 둘러싸인 토지로서 다른 용도로 사용되고 있는 토지 • 소유자가 동일하고 지반이 연속되지만, 지목이 다른 경우	• 종된 토지의 지목이 "대(垈)"인 경우 • 종된 용도의 토지면적이 주된 용도의 토지면적의 10%를 초과하는 경우 • 종된 용도의 토지면적이 주된 용도의 토지면적의 330m²를 초과하는 경우 ※ 염전, 광천지는 면적에 관계없이 양입지로 하지 않는다.

98 다음 축척변경위원회의 설명 중 (   ) 안에 적합한 것은?

> 축척변경위원회는 (   )의 위원으로 구성하되, 위원의 2분의 1 이상을 토지소유자로 하여야 한다.

① 5명 이상 10명 이하
② 10명 이상 15명 이하
③ 15명 이상 25명 이하
④ 25명 이상 30명 이하

해설 축척변경위원회는 (5명 이상 10명 이하)의 위원으로 구성하되, 위원의 2분의 1 이상을 토지소유자로 하여야 한다.

99 다음 중 지적공부의 복구자료가 될 수 없는 것은?

① 지적편집도
② 측량결과도
③ 복제된 지적공부
④ 토지이동정리결의서

해설 지적공부 복구자료
지적공부의 등본, 측량결과도, 토지이동정리결의서, 부동산등기부등본 등 등기사실을 증명하는 서류, 지적소관청이 작성하거나 발행한 지적공부의 등록내용을 증명하는 서류, 복제된 지적공부, 법원의 확정판결서 정본 또는 사본 등

100 지적서고의 설치 및 관리기준에 관한 설명으로 옳지 않은 것은?

① 연중 평균습도는 65±5%를 유지하도록 한다.
② 전기시설을 설치하는 때에는 이중퓨즈를 설치한다.
③ 지적공부 보관상자는 벽으로부터 15cm 이상 띄워야 한다.
④ 지적관계 서류와 함께 지적측량장비를 보관할 수 있다.

해설 지적서고의 설치 및 관리기준에는 ①, ③, ④ 외에 지적서고는 지적사무를 처리하는 사무실과 연접(連接)하여 설치할 것, 골조는 철근콘크리트 이상의 강질로 할 것, 바닥과 벽은 2중으로 하고 영구적인 방수설비를 할 것 등이 있다.

② 전기시설을 설치하는 때에는 단독퓨즈를 설치하고 소화장비를 비치해야 한다.

1과목 지적측량

01 지적기준점표지의 설치 · 관리 및 지적기준점 성과의 관리 등에 관한 설명으로 옳은 것은?

① 지적삼각보조점 성과는 지적소관청이 관리하여야 한다.
② 지적기준점표지의 설치권자는 국토지리정보원장이다.
③ 지적소관청은 지적삼각점 성과가 다르게 된 때에는 그 내용을 국토교통부 장관에게 통보하여야 한다.
④ 지적도근점표지의 관리는 토지소유자가 하여야 한다.

해설 지적기준점 성과의 관리자(기관)

구분	관리 기관
지적삼각점	시 · 도지사
지적삼각보조점 지적도근점	지적소관청

02 다음 중 직각좌표의 기준이 되는 직각좌표계 원점에 해당하지 않는 것은?

① 동부좌표계(동경 129°00′ 북위 38°00′)
② 중부좌표계(동경 127°00′ 북위 38°00′)
③ 서부좌표계(동경 125°00′ 북위 38°00′)
④ 남부좌표계(동경 123°00′ 북위 38°00′)

해설 평면직각좌표의 원점

구분	원점	
	경도(동경)	위도(북위)
서부좌표계	125°	38°
중부좌표계	127°	38°
동부좌표계	129°	38°
동해좌표계	131°	38°

03 도선법에 의하여 지적도근점측량을 하였다. 지형상 부득이한 경우 1도선 점의 수를 최대 몇 점까지 할 수 있는가?

① 20점　　　　② 30점　　　　③ 40점　　　　④ 50점

> **해설** 1도선의 점의 수는 40점 이하로 한다. 다만, 지형상 부득이한 경우에는 50점까지로 할 수 있다.

04 100m의 천줄자를 사용하여 A, B 두 점 간의 거리를 측정하였더니 3.5km이었다. 이 천줄자가 표준길이와 비교하여 30cm가 짧았다면 실제거리는?

① 3,510.5m　　　② 3,489.5m　　　③ 3,499.0m　　　④ 3,501.0m

> **해설** 실제거리$(L_0) = L \pm \left(\dfrac{\triangle l}{l} \times L \right) = 3,500 - \left(\dfrac{0.3}{100} \times 3,500 \right) = 3,489.5\text{m}$

05 토지조사사업 당시의 삼각측량에서 기선은 전국에 몇 개소를 설치하였는가?

① 7개소　　　　② 10개소　　　　③ 13개소　　　　④ 16개소

> **해설** 토지조사사업 당시의 삼각측량에서 기선은 전국에 13개의 기선을 설치하고 삼각형의 평균변장을 약 30km로 하여 23개의 삼각망을 구성하였다.

06 지적 관련 법규에 따른 면적측정 방법에 해당하는 것은?

① 지상삼사법　　② 도상삼사법　　③ 스타디아법　　④ 좌표면적계산법

> **해설** 필지별 면적측정은 경계점좌표등록부에 등록된 지역(좌표면적계산법) 및 도상경계(전자면적측정기)에 의한다.

07 어떤 두 점 간의 거리를 같은 측정방법으로 n회 측정하였다. 그 참값을 L, 최확값을 L_0라 할 때 참오차(E)를 구하는 방법으로 옳은 것은?

① $E = L \div L_0$　　② $E = L \times L_0$　　③ $E = L - L_0$　　④ $E = L + L_0$

> **해설** 참오차＝관측값－참값, 편의＝참값－평균값(최확값), 잔차＝관측값－평균값(최확값)이다. 일반적으로 참값은 알 수 없는 값이므로 참값에 가장 가까운 의미로 최확값 또는 평균값을 사용한다.

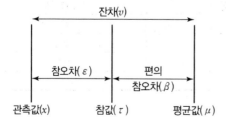

08 지적삼각보조점측량에 대한 설명이 틀린 것은?

① 지적삼각보조점측량을 할 때에 필요한 경우에는 미리 지적삼각보조점표지를 설치하여야 한다.
② 지적삼각보조점의 일련번호 앞에는 "보" 자를 붙인다.
③ 영구표지를 설치하는 경우에는 시·군·구별로 일련번호를 부여한다.
④ 지적삼각보조점은 교회망, 유심다각망 또는 삽입망으로 구성하여야 한다.

해설　지적삼각보조점은 교회망 또는 교점다각망으로 구성하여야 한다.

09 다음 중 측량기준에 대한 설명으로 옳지 않은 것은?

① 수로조사에서 간출지(干出地)의 높이와 수심은 기본수준면을 기준으로 측량한다.
② 지적측량에서 거리와 면적은 지평면상의 값으로 한다.
③ 보통 측량의 원점은 대한민국 경위도원점 및 수준원점으로 한다.
④ 보통 위치는 세계측지계에 따라 측정한 지리학적 경위도와 평균해 수면으로부터의 높이를 말한다.

해설　지적측량에서 면적은 수평면상의 값으로 한다.

10 평판측량의 장점으로 옳지 않은 것은?

① 내업이 적어 작업이 신속하다.
② 고저측량이 용이하게 이루어진다.
③ 측량장비가 간편하고 사용이 편리하다.
④ 측량결과를 현장에서 직접 제도할 수 있다.

해설　평판측량의 장점에는 ①, ③, ④ 외에 "현지에서 직접 측량결과를 제도하므로 필요한 사항을 누락하는 경우가 없다.", "과실 발견이 쉽고 즉시 수정이 가능하다." 등이 있다.

② 평판측량은 고저측량이 불편하다.

11 지적도근점의 연직각을 관측하는 경우 올려본 각과 내려본 각을 관측하여 그 교차가 최대 얼마 이내일 때에 그 평균치를 연직각으로 하는가?

① 30초 이내　　② 40초 이내　　③ 60초 이내　　④ 90초 이내

해설　경위의측량방법, 전파기 또는 광파기측량방법과 도선법 또는 다각망도선법에 따른 지적도근점측량에서 연직각을 관측하는 경우에는 올려본 각과 내려본 각을 관측하여 그 교차가 90초 이내일 때에는 그 평균치를 연직각으로 한다.

12 도선법에 따른 지적도근점의 각도 관측을 할 때 오차의 배분방법 기준으로 옳은 것은?(단, 배각법에 따르는 경우)

① 측선장에 비례하여 각 측선의 관측각에 배분한다.
② 측선장에 반비례하여 각 측선의 관측각에 배분한다.
③ 변의 수에 비례하여 각 측선의 관측각에 배분한다.
④ 변의 수에 반비례하여 각 측선의 관측각에 배분한다.

해설 지적도근점측량에서 연결오차의 배분방법

배각법	방위각법
각 측선의 종횡선차 길이에 비례하여 배분한다. $$T = -\frac{e}{L} \times n$$ (T : 각 측선의 종횡선차에 배분할 cm 단위의 보정치, e : 종선오차(또는 횡선오차), L : 종횡선차의 절대치 합계, n : 각 측선의 종횡선차)	각 측선장에 비례하여 배분한다. $$T_n = -\frac{e}{L} \times n$$ (T_n : 각 측선의 종선차(또는 횡선차)에 배분할 cm 단위의 보정치, e : 종선오차(또는 횡선오차), L : 각 측선장의 총합계, n : 각 측선의 측선장)

13 축척 1/1,000지역의 지적도에서 도상거리가 각각 2cm, 3cm, 4cm일 때 실제면적은?

① 200.1m^2
② 290.5m^2
③ 350.9m^2
④ 400.3m^2

해설 실제면적(지상면적) 계산

$$s = \frac{a+b+c}{2} = \frac{2+3+4}{2} = 4.5\text{cm}$$

- 면적$(A) = \sqrt{s(s-a)(s-b)(s-c)} = \sqrt{4.5(4.5-2)(4.5-3)(4.5-4)} = 2.905\text{cm}^2$
- 실제면적(지상면적)

$$\left(\frac{1}{m}\right)^2 = \frac{\text{도상면적}}{\text{실제면적}}, \quad \left(\frac{1}{1,000}\right)^2 = \frac{2.905}{\text{실제면적}}$$

∴ 실제면적 $= 290.5\text{m}^2$

14 지적측량에서 기초측량에 해당하지 않는 것은?

① 지적삼각보조점측량
② 지적삼각점측량
③ 지적도근점측량
④ 세부측량

해설 기초측량에는 지적삼각점측량, 지적삼각보조점측량, 지적도근점측량 등이 있다.

15 축척 1/600인 지적도 시행지역에서 일람도를 작성할 때 일반적인 축척은?

① 1/600
② 1/1,200
③ 1/3,000
④ 1/6,000

16 지적삼각보조점측량에서 2개의 삼각점으로부터 산출한 종선교차가 0.40m, 횡선교차가 0.30m 일 때 연결교차는 얼마인가?

① 0.30m   ② 0.40m

③ 0.50m   ④ 0.60m

17 평판측량방법에 따른 세부측량을 도선법으로 하는 경우 도선의 변은 몇 개 이하로 하여야 하는 가?

① 10개   ② 15개

③ 20개   ④ 30개

18 광파기측량방법에 따라 다각망도선법으로 지적삼각보조점측량을 하는 경우 1도선의 거리는 최 대 얼마 이하로 하여야 하는가?

① 1km   ② 2km

③ 3km   ④ 4km

19 세부측량을 평판측량방법으로 시행할 때 지적도를 갖춰 두는 지역에서의 거리측정단위 기준은?

① 2cm   ② 5cm

③ 10cm   ④ 20cm

20 지적삼각보조점측량의 기준에 대한 내용이 옳은 것은?

① 지적삼각보조점은 삼각망 또는 교점다각망으로 구성한다.

② 교회법으로 지적삼각보조점측량을 할 때에 삼각형의 각 내각은 30° 이상 120° 이하로 한다.

③ 다각망도선법으로 지적삼각보조점측량을 할 때 1도선의 거리는 5km 이하로 한다.

④ 지적삼각보조점은 영구표지를 설치하는 경우에는 시 · 도별로 일련번호를 부여한다.

해설 ① 3점 이상의 기지점을 포함한 결합다각방식에 따른다.
③ 1도선의 거리(기지점과 교점 또는 교점과 교점 간의 점간거리의 총합계)는 4km 이하로 한다.
④ 지적삼각보조점은 영구표지를 설치하는 경우에는 시 · 군 · 구별로 일련번호를 부여한다.

2과목 응용측량

21 폭이 120m이고 양안의 고저차가 1.5m 정도인 하천을 횡단하여 정밀하게 고저측량을 실시할 때 양안의 고저차를 관측하는 방법으로 가장 적합한 것은?

① 교호고저측량　　　　　　　　② 직접고저측량

③ 간접고저측량　　　　　　　　④ 약고저측량

해설 교호수준측량은 계곡 · 하천 · 바다 등 접근이 곤란하여 중간에 기계를 세우기 어려운 경우 2점 간의 고저차를 직접 또는 간접수준측량으로 구하는 방법이다.

---

22 등고선의 성질에 대한 설명으로 옳은 것은?

① 등고선은 분수선과 평행하다.

② 평면을 이루는 지표의 등고선은 서로 수직한 직선이다.

③ 수원(水原)에 가까운 부분은 하류보다도 경사가 완만하게 보인다.

④ 동일한 경사의 지표에서 두 등고선 간의 수평거리는 서로 같다.

해설 ① 등고선은 분수선과 직각이다.
② 평면을 이루는 지표의 등고선은 서로 평행한 직선이다.
③ 수원(水原)에 가까운 부분은 하류보다 경사가 급하게 보인다.

---

23 항공사진에서 기복변위량을 구하는 데 필요한 요소가 아닌 것은?

① 지형의 비고　　　　　　　　② 촬영고도

③ 사진의 크기　　　　　　　　④ 연직점으로부터의 거리

24 GNSS 오차 중 손실된 신호를 동기화하는 데 발생하는 시계오차와 전기적 잡음에 의한 오차는?

① 수신기 오차   ② 위성의 시계 오차
③ 다중 전파경로에 의한 오차   ④ 대기조건에 의한 오차

25 BM에서 출발하여 No.2까지 수준측량한 야장이 다음과 같다. BM와 No.2의 고저차는?

측점	후시(m)	전시(m)
BM	0.365	
No.1	1.242	1.031
No.2		0.391

① 1.350m   ② 1.185m   ③ 0.350m   ④ 0.185m

26 터널측량에 관한 설명으로 옳지 않은 것은?

① 터널 내에서의 곡선 설치는 지상의 측량방법과 다른 방법으로 한다.
② 터널 내의 측량기기에는 조명이 필요하다.
③ 터널 내의 측점은 천정에 설치하는 것이 좋다.
④ 터널측량은 터널 내 측량, 터널 외 측량, 터널 내외 연결측량으로 구분할 수 있다.

27 다음 중 절대표정(대지표정)과 관계가 먼 것은?

① 경사 조정　　　　　　　　　　② 축척 조정

③ 위치 결정　　　　　　　　　　④ 초점거리 결정

> **해설** 절대표정(대지표정)은 축척의 결정, 수준면의 결정(표고, 경사결정), 위치의 결정(위치, 방위의 결정)을 하며 대체로 축척을 결정한 다음 수준면을 결정하고 시차가 생기면 다시 상호표정으로 돌아가서 표정을 해나간다.
>
> ④ 초점거리의 결정은 내부표정 단계에서 이루어진다.

28 등고선의 간접측정방법이 아닌 것은?

① 사각형 분할법(좌표점법)　　　　② 기준점법(종단점법)

③ 원곡선법　　　　　　　　　　　④ 횡단점법

> **해설** 등고선 간접측정법에는 사각형 분할법(좌표점법), 기준점법(종단점법), 횡단점법 등이 있다.

29 클로소이드 곡선에서 매개번호 $A = 400$, 곡선반지름 $R = 150$m일 때 곡선의 길이 L은?

① 560.2m　　　　　　　　　　　② 898.4m

③ 1,066.7m　　　　　　　　　　　④ 2,066.7m

> **해설** 클로소이드의 파라미터(매개변수) $A = \sqrt{RL} \rightarrow L = \dfrac{A^2}{R} = \dfrac{400^2}{150} = 1,066.7$m

30 일반 사진기와 비교한 항공사진측량용 사진기의 특징에 대한 설명으로 틀린 것은?

① 초점길이가 짧다.　　　　　　　② 렌즈 지름이 크다.

③ 왜곡이 적다.　　　　　　　　　④ 해상력과 선명도가 높다.

> **해설** 항공사진측량용 사진기는 일반 사진기보다 초점길이가 길다.

31 사거리가 50m인 경사터널에서 수평각을 측정한 시준선에 직각으로 5mm의 시준오차가 생겼다면 수평각에 미치는 오차는?

① 21″　　　　　② 30″　　　　　③ 35″　　　　　④ 41″

> **해설** $\dfrac{\triangle l}{l} = \dfrac{\theta}{\rho''} \rightarrow$ 수평각 오차$(\theta) = \dfrac{\triangle l}{l} \times 206,265'' = \dfrac{0.005}{50} \times 206,265'' \fallingdotseq 21''$

32 축척 1/25,000 지형도에서 A, B 지점 간의 경사각은?(단, AB 간의 도상거리는 4cm이다.)

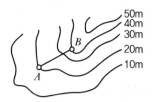

① 0°01′41″ ② 1°08′45″ ③ 1°43′06″ ④ 2°12′26″

해설 AB 간의 지상거리(L)=4cm×25,000=1,000m

경사각(θ)=$\tan^{-1}\left(\dfrac{h}{L}\right)$=$\tan^{-1}\left(\dfrac{20}{1,000}\right)$≒1°08′45″

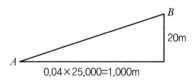

33 표고에 대한 설명으로 옳은 것은?

① 두 점 간의 고저차를 말한다.
② 지구 중력 중심에서부터의 높이를 말한다.
③ 삼각점으로부터의 고저차를 말한다.
④ 기준면으로부터의 연직거리를 말한다.

해설 표고란 기준면으로부터 어느 점까지의 연직거리를 말한다.

34 항공삼각측량의 3차원 항공삼각측량 방법 중에서 공선조건식을 이용하는 해석법은?

① 블록조정법 ② 에어로 폴리곤법
③ 독립모델법 ④ 번들조정법

해설 항공삼각측량 조정법에는 다항식조정법(Polymonial Method), 독립모델법(IMT : Independent Model Triangulation), 광속조정법(Bundle Adjustment Method), DLT법(Direct Liner Transformation)이 있다. 이 중 번들조정법은 사진을 기본단위로 사용하여 다수의 광속을 공선조건에 따라 표정하며, 각 점의 사진좌표가 관측값에 이용되고 가장 조정능력이 높은 방법이다.

35 종중복도 60%로 항공사진을 촬영하여 밀착사진을 인화했을 때 주점과 주점 간의 거리가 9.2cm 였다면 이 항공사진의 크기는?

① 23cm×23cm ② 18.4cm×18.4cm
③ 18cm×18cm ④ 15.3cm×15.3cm

해설 주점기선길이 $b_0 = a\left(1 - \dfrac{p}{100}\right)$, $9.2 = a\left(1 - \dfrac{60}{100}\right) \rightarrow a = 15.3\text{cm}$

$\therefore$ 15.3cm × 15.3cm

36 다음 중 완화곡선에 사용되지 않는 것은?

① 클로소이드   ② 2차 포물선

③ 렘니스케이트   ④ 3차 포물선

해설 완화곡선에는 클로소이드 곡선 · 렘니스케이트 곡선 · 3차 포물선 · sin 체감곡선 등이 있다. 2차 포물선은 도로에서 수직곡선(종곡선)을 설치할 때 사용한다.

37 항송사진의 특수 3점이 아닌 것은?

① 주점   ② 연직점

③ 등각점   ④ 지상기준점

해설 항공사진의 특수 3점에는 주점, 등각점, 연직점 등이 있다.

38 교각 $I = 80°$, 곡선반지름 $R = 140\text{m}$인 단곡선 교점(I.P)의 추가거리가 1,427.25m일 때 곡선 시점(B.C)의 추가거리는?

① 633.27m   ② 982.87m

③ 1,309.78m   ④ 1,567.25m

해설 곡선길이(T.L) $= R \times \tan\left(\dfrac{I}{2}\right) = 140 \times \tan\left(\dfrac{80°}{2}\right) = 117.47\text{m}$

곡선의 시점(B.C) $= \text{I.P} - \text{T.L} = 1,427.25 - 117.47 = 1,309.78\text{m}$

39 정확한 위치에 기준국을 두고 GPS 위성신호를 받아 기준국 주위에서 움직이는 사용자에게 위성 신호를 넘겨주어 정확한 위치를 계산하는 방법은?

① DOP   ② DGPS

③ SPS   ④ S/A

해설 DGPS는 정확한 위치에 기준국을 두고 GPS 위성신호를 받아 기준국 주위에서 움직이는 사용자에게 위성신호를 넘겨주어 정확한 위치를 계산하는 방법이다.

40 단곡선을 그림과 같이 설치되었을 때 곡선반지름 R은?(단, $I=30°30'$)

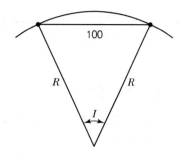

① 197.00m ② 190.09m ③ 187.01m ④ 180.08m

 현장$(L)=2R\times\sin\dfrac{I}{2}$, $100=2R\times\sin\dfrac{30°30'}{2}$

∴ $R=190.09$m

3과목 **토지정보체계론**

41 지적속성자료를 입력하는 장치는?

① 스캐너 ② 키보드 ③ 디지타이저 ④ 플로터

해설 지적자료 중 속성자료는 키보드를 이용하여 입력한다.

---

42 개방형 지리정보시스템(Open Gis)에 대한 설명으로 옳지 않은 것은?

① 시스템 상호 간의 접속에 대한 용이성과 분산처리기술을 확보하여야 한다.
② 국가 공간정보 유통기구를 통해 유통할 경우 개방형 GIS 구축이 필수적이다.
③ 서로 다른 GIS 데이터의 혼용을 막기 위하여 같은 종류의 데이터만 교환이 가능하도록 해야 한다.
④ 정보의 교환 및 시스템의 통합과 다양한 분야에서 공유할 수 있어야 한다.

해설 OGIS(Open Geodata Interoperability Specification)는 서로 다른 기종 또는 원격지 시스템에 접속하고 자료를 공유하여 처리할 수 있는 통로가 필요하다는 의미에서 시작한다.

---

43 4개의 타일(Tile)로 분할된 지적도 레이어를 하나의 레이어로 편집하기 위해서는 다음의 어떤 기능을 이용하여야 하는가?

① Map Join ② Map Overlay
③ Map Filtering ④ Map Loading

맵조인(Map Join, 지도정합)

인접한 두 지도를 하나의 지도로 접합하는 과정으로 하나의 연속지적도를 만들기 위해 여러 도면파일의 인접조사 및 수정 · 병합을 실시하여 모든 자료를 하나의 파일로 만드는 작업이다.

44 공간자료에 대한 설명으로 옳지 않은 것은?

① 공간자료는 일반적으로 도형자료와 속성자료로 구분된다.

② 도형자료는 점, 선, 면의 형태로 구성된다.

③ 도형자료에는 통계자료, 보고서, 범례 등이 포함된다.

④ 속성자료는 일반적으로 문자나 숫자로 구성되어 있다.

통계자료, 보고서, 범례 등이 포함되는 것이 속성자료이다.

45 수치표고데이터를 취득하고자 한다. 다음 중 DEM 보간법의 종류와 보간방식의 설명이 틀린 것은?

① Bilinear : 거리값으로 가중치를 적용한 보간법

② Inverse Weighted Distance : 거리값의 역으로 가중치를 적용한 보간법

③ Inverse Weighted Square Distance : 거리의 제곱값에 역으로 가중치를 적용한 보간법

④ Nearest Neighbor : 가까운 거리에 있는 표고값으로 대체하는 보간법

• Bilinear은 보간점과 표본점 간 거리에 따른 면적에 대한 가중값을 주어서 보간하는 방식으로 영상처리에서 보편적으로 사용하는 보간방식이다.

• 역거리가중값(Inverse Weighted Distance) 보간법은 표본점과 보간점 간 거리의 역수를 가중값으로 하여 보간하는 방법이다.

46 다음 중 다목적지적의 3대 구성요소에 해당되지 않는 것은?

① 층별 권원도   ② 측지기준망   ③ 기본도   ④ 지적중첩도

• 다목적지적(제도)의 3대 기본요소 : 측지기준망, 기본도, 지적도

• 다목적지적(제도)의 5대 구성요소 : 측지기준망, 기본도, 지적중첩도, 필지식별자, 토지자료파일

47 지적공부 정리 중에 잘못 정리하였음을 즉시 발견하여 정정할 때 오기정정할 지적전산자료를 출력하여 확인을 받아야 하는 사람은?

① 시장 · 군수 · 구청장   ② 시 · 도지사

③ 지적전산자료 책임관   ④ 국토교통부장관

48 기준좌표계의 장점이라고 볼 수 없는 것은?

① 자료의 수집과 정리를 분산적으로 할 수 있다.
② 전 세계적으로 이해할 수 있는 표현방법이다.
③ 공간데이터의 입력을 분산적으로 할 수 있다.
④ 거리와 면적에 대한 기준이 분산된다.

49 필지단위로 토지정보체계를 구축할 경우 적합하지 않은 것은?

① 원격탐사　　　② GPS측량　　　③ 항공사진측량　　　④ 디지타이저

50 토지정보시스템의 구성요소에 해당하지 않는 것은?

① 하드웨어　　　② 조직 및 인력　　　③ 지리정보지식　　　④ 소프트웨어

51 데이터베이스관리시스템의 장점으로 틀린 것은?

① 자료구조의 단순성　　　　　② 데이터의 독립성
③ 데이터 중복 저장의 감소　　　④ 데이터의 보안 보장

52 토지정보시스템에 대한 설명으로 가장 거리가 먼 것은?

① 법률적 · 행정적 · 경제적 기초하에 토지에 관한 자료를 체계적으로 수집한 시스템이다.
② 협의의 개념은 지적을 중심으로 지적공부에 표시된 사항을 근거로 하는 시스템이다
③ 지상 및 지하의 공급시설에 대한 자료를 효율적으로 관리하는 시스템이다.
④ 토지 관련 문제의 해결과 토지정책의 의사결정을 보조하는 시스템이다.

해설 지상 및 지하의 공급시설에 대한 자료를 효율적으로 관리하는 시스템은 시설물관리(Facilities Management) 시스템이다.

53 다음은 토지기록 전산화사업과 관련된 설명으로 틀린 것은?

① 시 · 군 · 구 온라인화 ② 지적도의 임야도의 구조화
③ 자료의 무결성 ④ 업무처리 절차의 표준화

해설 토지기록 전산화사업 시 지적도와 임야도의 구조화 작업은 하지 않는다.

54 지리정보의 유형을 도형정보와 속성정보로 구분할 때 도형정보에 포함되지 않는 것은?

① 필지 ② 교통사고 지점
③ 행정구역 경계선 ④ 도로 준공날짜

해설 개체와 연관된 정보로서 개체의 성질이나 상태를 나타낸 것이 속성정보이다. 따라서 도로 준공날짜는 속성정보에 해당한다.

55 다음 중 2차적으로 자료를 이용하여 공간데이터를 취득하는 방법은?

① 디지털 원격탐사 영상 ② 디지털 항공사진 영상
③ GPS 관측 데이터 ④ 지도로부터 추출한 DEM

해설 2차원 공간객체 영역은 선에 의해 폐합된 형태(Area, Polygon)이고, 1차원인 선이 모여서 만들어진 닫힌 형태로, 면적을 가지고 있다.

56 래스터데이터에 관한 설명으로 옳은 것은?

① 객체의 형상을 다소 일반화시키므로 공간적인 부정확성과 분류의 부정확성을 가지고 있다.
② 데이터의 구조가 복잡하지만 데이터 용량이 작다.
③ 셀 수를 줄이면 공간해상도를 높일 수 있다.
④ 원격탐사자료와의 연계가 어렵다.

장점	단점
• 데이터 구조가 간단하다. • 다양한 레이어의 중첩분석이 용이하다. • 영상자료(위성 및 항공사진 등)와 연계가 용이하다. • 셀의 크기와 형태가 동일하여 시뮬레이션이 용이하다.	• 이미지 자료이기 때문에 자료 양이 크다. • 셀의 크기를 확대하면 정보손실을 초래한다. • 시각적 효과가 떨어진다. • 관망분석이 불가능하다. • 좌표변환(벡터화) 시 절차가 복잡하고 시간이 소요된다.

57 지적전산정보시스템의 사용자권한 등록파일에 등록하는 사용자의 권한 구분으로 틀린 것은?

① 사용자의 신규등록

② 법인의 등록번호 업무관리

③ 개별공시지가 변동의 관리

④ 토지등급 및 기준수확량 변동의 관리

해설 법인이 아닌 사단·재단 등록번호의 업무관리이다.

58 토지정보시스템의 도형정보 구성요소인 점·선·면에 대한 설명으로 옳지 않은 것은?

① 점은 x, y좌표를 이용하여 공간위치를 나타낸다.

② 선은 속성데이터와 링크할 수 없다.

③ 면은 일정한 영역에 대한 면적을 가질 수 있다.

④ 선은 도로, 하천, 경계 등 시작점과 끝점을 표시하는 형태로 구성된다.

해설 공간데이터와 속성데이터는 다른 자료구조를 가지고 있으며, 관리하는 체계도 다른 경우가 있다. 따라서 이를 통합하여 관리하기 위해서는 공통이 되는 식별자를 사용하여야 한다. 따라서 선은 속성데이터와 링크할 수 있다.

59 토지정보시스템 구축에 있어 지적도와 지형도를 중첩할 때 비연속도면을 수정하는 데 가장 효율적인 자료는?

① 정사항공사진

② TIN 모형

③ 수치표고모델

④ 토지이용현황도

해설 정사항공사진 위에 지적도나 지형도를 중첩하면 지상경계나 토지이용사항을 쉽게 확인할 수 있다.

60 토지정보시스템에서 속성정보로 취급할 수 있는 것은?

① 토지 간의 인접관계

② 토지 간의 포함관계

③ 토지 간의 위상관계

④ 토지의 지목

해설 토지정보체계를 구성하는 토지의 표시 중 토지소재, 지번, 지목, 면적 등은 속성자료에 해당한다.

61 다음 중 토지조사사업의 토지사정 당시 별필(別筆)로 하였던 사유에 해당되지 않는 것은?

① 도로, 하천 등에 의하여 자연구획을 이룬 것
② 토지의 소유자와 지목이 동일하고 연속된 것
③ 지반의 고저차가 심한 것
④ 특히 면적이 광대한 것

해설 토지조사사업의 토지사정 당시 별필(別筆) 기준에는 ①, ③, ④ 외에 형상이 만곡(灣曲, 활 모양으로 굽음)하거나 협장(좁고 길다)한 것, 지력, 기타 사항이 현저히 다른 것, 분쟁에 관계되는 것, 시가지로서 기와, 담장, 돌담장, 기타 영구적 구축물로 구획된 지구 등이 있다.

② 토지의 소유자와 지목이 동일하고 연속된 것은 1필지로 할 수 있다.

62 지적공부를 토지대장 등록지와 임야대장 등록지로 구분하여 비치하고 있는 이유는?

① 토지이용 정책
② 정도(精度)의 구분
③ 조사사업 근거의 상이
④ 지번(地番)의 번잡성 해소

해설 우리나라는 토지조사사업(1910~1918년)에 의해 토지대장과 지적도가 작성되었고, 임야조사사업(1916~1924년)에 의해 임야대장과 임야도가 작성되었다.

63 둠즈데이북(Domesday Book)과 관계 깊은 나라는?

① 프랑스
② 이탈리아
③ 영국
④ 이집트

해설 둠즈데이북(Domesday Book)은 윌리엄(William) 1세가 정복지인 영국의 국토를 대상으로 조직적으로 작성한 토지에 대한 기록으로서, 현재의 토지대장과 같은 개념이다.

64 조선시대의 결부제에 의한 면적단위에 대한 설명 중 틀린 것은?

① 1결은 100부이다.
② 1부는 1,000파이다.
③ 1속은 10파이다.
④ 1파는 곡식 한 줌에서 유래하였다.

해설 결부제에 의한 면적단위는 1결=100부, 1부=10속, 1속=10파, 1파=곡식 한 줌으로 하였다. 따라서 1부는 100파이다.

65 다음 중 1910년대의 토지조사사업에 따른 일필지조사의 업무 내용에 해당하지 않는 것은?

① 지번조사
② 지주조사
③ 지목조사
④ 역둔토조사

해설 일필지조사의 내용에는 지주의 조사, 강계 및 지역의 조사, 지목의 조사, 증명 및 등기필지의 조사, 각종 특별조사 등이 있다.

66 다음 중 지적업무의 전산화 이유와 거리가 먼 것은?

① 민원처리의 신속성

② 국토 기본도의 정확한 작성

③ 자료의 효율적 관리

④ 지적공부 관리의 기계화

해설 지적업무의 전산화는 대장전산화와 도면전산화로 대별된다. 도면전산화의 경우 전산화 당시의 지적도와 임야 도를 단순 전산화하였을 뿐 도면의 정확한 작성과는 관계가 없다.

67 다음 중 지목 설정 시 기본원칙이 되는 것은?

① 토지의 모양

② 토지의 주된 사용목적

③ 토지의 위치

④ 토지의 크기

해설 지목은 토지의 주된 사용목적 또는 용도에 따라 토지의 종류를 구분하여 표시하는 명칭이며, 우리나라의 경우 토지의 현실적 용도에 따라 결정한 지목인 용도지목을 채택하고 있다.

68 일반적으로 지적제도와 부동산 등기제도의 발달과정을 볼 때 연대적 또는 업무절차상으로의 선 후관계는?

① 두 제도가 같다.

② 등기제도가 먼저이다.

③ 지적제도가 먼저이다.

④ 불분명하다.

해설 지적제도와 부동산 등기제도의 관계
• 등기와 등록대상이 동일 토지라는 점에서 밀접한 관계가 있다.
• 등기와 등록은 그 목적물의 표시 및 소유권의 표시가 항상 부합되어야 한다.
• 등기에 있어서 토지표시에 관한 사항은 지적공부, 등록의 경우 소유권에 관한 사항은 등기부를 기초로 한다.
• 미등기 토지의 소유자 표시에 관한 사항은 지적공부를 기초로 한다.

③ 업무절차상으로 지적제도가 먼저이며, 실제 우리나라도 지적제도가 창설된 이후에 등기제도가 도입되었다.

69 일필지에 대한 설명 중 틀린 것은?

① 물권이 미치는 범위를 지정하는 구획이다.

② 하나의 지번이 붙는 토지의 등록단위이다.

③ 자연현상으로서의 지형학적 단위이다.

④ 폐합 다각형으로 나타낸다.

해설 부동산학적인 개념에서 일필지는 인위적 · 자연적 · 행정적 조건에 의해 다른 토지와 구별되는 가격수준이 비슷한 일단의 토지이다.

70 토지조사 시 소유자 사정(査定)에 불복하여 고등토지조사위원회에서 사정과 다르게 재결(裁決)이 있는 경우 재결에 따른 변경의 효력 발생시기는?

① 사정일에 소급　　　　　　　　　② 재결일
③ 재결서 발송일　　　　　　　　　④ 재결서 접수일

해설 토지 사정이란 토지조사부와 지적도에 의하여 토지의 소유자 및 그 강계를 확정하는 행정처분이다. 사정은 원시취득의 효력을 가지며, 재결 시에도 효력 발생일을 사정일로 소급한다.

71 다음 중 지적제도의 특성으로 가장 거리가 먼 것은?

① 안전성　　　② 간편성　　　③ 정확성　　　④ 유사성

해설 지적제도의 특징에는 안정성, 간편성, 정확성과 신속성, 저렴성, 적합성, 등록의 완전성 등이 있다.

72 우리나라 토지조사사업 당시 토지소유권의 사정원부로 사용하기 위하여 작성한 공부는?

① 지세명기장　　　　　　　　　　② 토지조사부
③ 역둔토대장　　　　　　　　　　④ 결수연명부

해설 토지조사부는 토지소유권의 사정원부로 사용되었다가 토지조사가 완료되고 토지대장이 작성됨으로써 그 기능을 상실하였다.

73 다음 중 개별 토지를 중심으로 등록부를 편성하는 토지대장의 편성방법은?

① 물적 편성주의　　　　　　　　　② 인적 편성주의
③ 연대적 편성주의　　　　　　　　④ 물적 · 인적 편성주의

해설 **토지등록(부)의 편성방법**
① 물적 편성주의 : 토지 중심으로 대장을 작성한다.
② 인적 편성주의 : 동일 소유자 중심으로 대장을 작성한다.
③ 연대적 편성주의 : 신청순서에 따라 순차적으로 대장을 작성하며, 이는 리코딩시스템(Recording System)이 이에 해당한다.
④ 물적 · 인적 편성주의 : 물적 편성주의에 인적 편성주의 가미하여 작성한다.

74 지적국정주의는 "표지표시사항의 결정권한은 국가만이 가진다."는 이념으로 그 취지와 가장 거리가 먼 것은?

① 처분성   ② 통일성   ③ 획일성   ④ 일관성

해설   지적국정주의를 채택하는 이유는 통일성, 일관성, 획일성을 확보하기 위함이다.

75 양지아문에서 양전 사업에 종사하는 실무진에 해당되지 않는 것은?

① 양무감리   ② 양무위원   ③ 조사위원   ④ 총재관

해설   양지아문

1898년 7월 6일에 설치된 양전 독립 중앙기구로서 지계아문에 업무를 이관하기 전인 1901년 9월 9일까지 존재하였으며, 조직은 본부(제반사무 총괄 및 정리), 실무진(각 지방의 양전사무 주관, 업무 수행 및 양전에 대한 조사), 기술진(양전 실무 수행)으로 구성되었다.

※ 총재관은 본부에 해당한다.

76 지적의 역할에 해당하지 않는 것은?

① 토지평가의 자료   ② 토지정보의 관리
③ 토지소유권의 보호   ④ 부동산의 적정한 가격 형성

해설   지적의 역할에는 ①, ②, ③ 외에 토지등기의 자료, 토지과세의 자료, 토지거래의 자료, 토지이용계획의 자료, 주소표기의 자료 등이 있다.

77 다음 중 토지조사사업 당시 일필지조사의 내용에 해당되지 않는 것은?

① 지주조사   ② 강계조사   ③ 지목조사   ④ 관습조사

해설   문제 65번 해설 참조

78 필지의 배열이 불규칙한 지역에서 뱀이 기어가는 모습과 같이 지번을 부여하는 방식으로, 과거 우리나라에서 지번 부여방법으로 가장 많이 사용된 것은?

① 단지식   ② 절충식   ③ 사행식   ④ 기우식

해설   지번 부여방법 중 진행방향에 따른 분류에는 사행식·기우식 또는 교호식·단지식[블록(Block)식]·절충식 등이 있다. 이 중 사행식은 필지의 배열이 불규칙한 지역에서 뱀이 기어가는 모습과 같이 지번을 부여하는 방식으로, 과거 우리나라에서 지번 부여방법으로 가장 많이 사용하였다. 기우식(또는 교호식)은 로를 중심으로 한쪽은 홀수인 기수, 반대쪽은 짝수인 우수로 지번을 부여하는 방식이다.

79 다음 중 근세 유럽 지적제도의 효시가 되는 국가는?

① 프랑스   ② 독일

③ 스위스   ④ 네덜란드

해설   프랑스의 나폴레옹 지적은 근대적 지적제도의 효시로서 둠즈데이북 등과 세지적의 근거로 제시되고 있다.

80 결번의 원인이 되지 않는 것은?

① 토지 분할   ② 토지의 합병

③ 토지의 말소   ④ 행정구역의 변경

해설   토지의 지번이 결번되는 사유에는 토지의 합병, 등록전환, 행정구역의 변경, 도시개발사업의 시행, 토지구획정리사업, 경지정리사업, 지번변경, 축척변경, 바다로 된 토지의 등록말소, 지번정정 등이 있다.

5과목 지적관계법규

81 지적도 및 임야도에 등록하는 지목의 부호가 모두 옳은 것은?

① 하천−하, 제방−방, 구거−구, 공원−공

② 하천−하, 제방−제, 구거−거, 공원−공

③ 하천−천, 제방−제, 구거−구, 공원−원

④ 하천−천, 제방−제, 구거−구, 공원−공

해설   지목의 표기방법

- 두문자(頭文字) 표기 : 전, 답, 대 등 24개 지목
- 차문자(次文字) 표기 : 장(공장용지), 천(하천), 원(유원지), 차(주차장) 등 4개 지목

82 「공간정보의 구축 및 관리 등에 관한 법률」상 "토지의 표시"의 정의가 아래와 같을 때 ( ) 안에 들어갈 내용으로 옳지 않은 것은?

> 토지의 표시란 지적공부에 토지의 ( )를(을) 등록한 것을 말한다.

① 지번   ② 지목   ③ 지가   ④ 면적

해설   토지의 표시란 지적공부에 토지의 (소재 · 지번 · 지목 · 면적 · 경계 또는 좌표)를 등록한 것을 말한다.

83 토지의 이동에 따른 면적 결정방법으로 옳지 않은 것은?

① 합병 후 필지의 면적은 개별적인 측정을 통하여 결정한다.
② 합병 후 필지의 경계는 합병 전 각 필지의 경계 중 합병으로 필요 없게 된 부분을 말소하여 결정한다.
③ 합병 후 필지의 좌표는 합병 전 각 필지의 좌표 중 합병으로 필요 없게 된 부분을 말소하여 결정한다.
④ 등록전환이나 분할에 따른 면적을 정할 때 오차가 발생하는 경우 그 오차의 허용범위 및 처리방법 등에 필요한 사항은 대통령령으로 정한다.

> **해설** 합병의 경우 합병으로 인한 불필요한 경계와 좌표는 말소하며, 면적은 각 필지의 면적을 합산하며 별도로 면적을 측정하지 아니한다.

84 시 · 군 · 구(자치구가 아닌 구를 포함한다) 단위의 지적전산자료를 이용하거나 활용하는 경우 승인권자는?

① 지적소관청
② 시 · 도지사
③ 행정자치부장관
④ 국토교통부장관

> **해설** 지적전산자료의 이용 및 활용에 관한 승인권자

구분	승인권자
전국 단위	국토교통부장관, 시 · 도지사 또는 지적소관청
시 · 도 단위	시 · 도지사 또는 지적소관청
시 · 군 · 구 단위	지적소관청

85 토지대장이나 임야대장에 등록하는 토지가 「부동산등기법」에 따라 대지권 등기가 되어 있는 경우 대지권등록부에 등록하여야 하는 사항이 아닌 것은?

① 토지의 소재
② 대지권 비율
③ 토지의 고유번호
④ 토지의 이동사유

> **해설** 대지권등록부의 등록사항
>
> | 법률 규정 | 국토교통부령 규정 |
> |---|---|
> | • 토지의 소재
• 지번
• 대지권 비율
• 소유자의 성명 또는 명칭, 주소 및 주민등록번호 | • 토지의 고유번호
• 전유부분의 건물표시
• 건물명칭
• 집합건물별 대지권등록부의 장번호
• 토지소유자가 변경된 날과 그 원인
• 소유권 지분 |
>
> ④ 토지의 이동사유는 토지(임야)대장에 등록한다.

86 다음 중 일람도의 등재사항에 해당하지 않는 것은?

① 도곽선과 그 수치　　　　　　② 도면의 제명 및 축척

③ 토지의 지번 및 면적　　　　　④ 지형지물의 표시

해설　일람도 및 지번색인표의 등재사항

일람도	지번색인표
• 지번부여지역의 경계 및 인접지역의 행정구역명칭 • 도면의 제명 및 축척 • 도곽선과 그 수치 • 도면번호 • 도로 · 철도 · 하천 · 구거 · 유지 · 취락 등 주요 지형지물의 표시	• 제명 • 지번 · 도면번호 및 결번

87 다음 중 용어의 정의가 틀린 것은?

① "경계"란 필지별로 경계점들을 직선으로 연결하여 지적공부에 등록한 선을 말한다.

② "지번부여지역"이란 지번을 부여하는 단위지역으로서 동 · 리 또는 이에 준하는 지역을 말한다.

③ "토지의 이동(異動)"이란 임야대장 및 임야도에 등록된 토지를 토지대장 및 지적도에 옮겨 등록하는 것을 말한다.

④ "축척변경"이란 지적도에 등록된 경계점의 정밀도를 높이기 위하여 작은 축척을 큰 축척으로 변경하여 등록한 것을 말한다.

해설　"토지의 이동"이란 토지의 표시를 새로 정하거나 변경 또는 말소하는 것을 말한다.

88 지적측량업자의 업무 범위가 아닌 것은?

① 경계점좌표등록부가 있는 지역에서의 지적측량

② 도시개발사업 등이 끝남에 따라 하는 지적확정측량

③ 도해지역의 분할측량 결과에 대한 지적성과검사측량

④ 「지적재조사에 관한 특별법」에 따른 사업지구에서 실시하는 지적재조사측량

해설　지적측량업자의 업무범위에는 ①, ②, ④ 등이 있다.

89 중앙지적위원회에 관한 설명으로 옳지 않은 것은?

① 중앙지적위원회의 위원장은 국토교통부의 지적업무 담당 국장이 된다.

② 중앙지적위원회의 부위원장은 국토교통부의 지적업무 담당 과장이 된다.

③ 위원장 및 부위원장을 포함한 위원의 임기는 2년으로 한다.

④ 위원은 지적에 관한 학식과 경험이 풍부한 사람 중에서 국토교통부장관이 임명하거나 위촉한다.

해설 중앙지적위원회의 위원장은 국토교통부 지적업무 담당국장, 부위원장은 국토교통부 지적업무 담당과장으로 구성한다. 위원은 지적에 관한 학식과 경험이 풍부한 자 중에서 국토교통부장관이 임명하거나 위촉하며, 임기는 2년이다.

90 지적소관청이 지적공부에 등록된 지번을 변경할 필요가 있다고 인정하여 지번부여지역의 전부 또는 일부에 대하여 지번을 새로 부여하는 경우 누구의 승인을 받아야 하는가?

① 대통령
② LX 한국국토정보공사장
③ 시 · 도지사 또는 대도시 시장
④ 행정자치부장관 또는 국토교통부장관

해설 지적소관청은 지적공부에 등록된 지번을 변경할 필요가 있다고 인정되면 시 · 도지사나 대도시 시장의 승인을 받아 지번부역지역의 전부 또는 일부에 대하여 지번을 새로 부여한다.

91 다음 중 지적도의 축척에 해당하지 않는 것은?

① 1/1,000   ② 1/1,500   ③ 1/3,000   ④ 1/6,000

해설
• 지적도의 축척 : 1/500, 1/600, 1/1,000, 1/1,200, 1/2,400, 1/3,000, 1/6,000
• 임야도의 축척 : 1/3,000, 1/6,000

92 토지소유자가 하여야 하는 신청을 대신할 수 있는 자가 아닌 것은?(단, 등록사항 정정 대상 토지는 고려하지 않는다.)

① 「민법」 제404조에 따른 채권자
② 공공사업 등에 따라 학교용지의 지목으로 되는 토지인 경우 해당 사업의 시행자
③ 「주택법」에 따른 공공주택의 부지인 경우 「집합건물의 소유 및 관리에 관한 법률」에 따른 관리인
④ 국가나 지방자치단체가 취득하는 토지인 경우 해당 토지의 매도인

해설 토지소유자의 신청을 대신(등록사항정정 토지는 제외)하는 신청의 대위에는 ①, ②, ③ 외에 국가나 지방자치단체가 취득하는 토지인 경우 해당 토지를 관리하는 행정기관의 장 또는 지방자치단체의 장 등이 있다.

93 지적측량을 하여야 하는 경우가 아닌 것은?

① 토지를 합병하는 경우   ② 축척을 변경하는 경우
③ 지적공부를 복구하는 경우   ④ 토지를 등록전환하는 경우

해설 지적측량을 수반하지 않는 경우에는 합병, 지목변경, 행정구역 변경 등이 있다.

94 「공간정보의 구축 및 관리 등에 관한 법률」상 측량기술자의 의무에 해당하지 않는 것은?

① 측량기술자는 신의와 성실로써 공정하게 측량을 하여야 한다.

② 측량기술자는 정당한 사유 없이 그 업무상 알게 된 비밀을 누설하여서는 아니 된다.

③ 측량기술자는 둘 이상의 측량업자에게 소속되어야 한다.

④ 측량기술자는 정당한 사유 없이 측량을 거부하여서는 아니 된다.

> **해설** 지적측량수행자의 성실의무에는 ①, ②, ④ 외에 "측량기술자는 둘 이상의 측량업자에게 소속될 수 없다.", "측량기술자는 다른 사람에게 측량기술경력증을 빌려주거나 자기의 성명을 사용하여 측량 업무를 수행하게 하여서는 아니 된다." 등이 있다.

95 지적소관청은 복구자료의 조사 또는 복구측량 등이 완료되어 지적공부를 복구하려는 경우에는 복구하려는 토지의 표시 등을 시 · 군 · 구 게시판 및 인터넷 홈페이지에 며칠 이상 게시하여야 하는가?

① 5일 이상

② 7일 이상

③ 10일 이상

④ 15일 이상

> **해설** 지적소관청은 복구자료의 조사 또는 복구측량 등이 완료되어 지적공부를 복구하려는 경우에는 복구하려는 토지의 표시 등을 시 · 군 · 구 게시판 및 인터넷 홈페이지에 15일 이상 게시여야 한다.

96 다음 중 1필지로 정할 수 있는 기준으로 옳은 것은?

① 종된 용도의 토지의 지목(地目)이 "대(垈)"인 경우

② 종된 용도의 토지 면적이 330m²를 초과하는 경우

③ 주된 용도의 토지의 편의를 위하여 설치된 구거 등의 부지인 경우

④ 종된 용도의 토지 면적이 주된 용도의 토지 면적의 10%를 초과하는 경우

> **해설** 용도의 토지에 편입하여 1필지로 할 수 있는 경우
>
> | 양입지 조건 | 양입지 예외 조건 |
> |---|---|
> | • 주된 용도의 토지의 편의를 위하여 설치된 도로 · 구거(溝渠, 도랑) 등의 부지
• 주된 용도의 토지에 접속되거나 주된 용도의 토지로 둘러싸인 토지로서 다른 용도로 사용되고 있는 토지
• 소유자가 동일하고 지반이 연속되지만, 지목이 다른 경우 | • 종된 토지의 지목이 "대(垈)"인 경우
• 종된 용도의 토지면적이 주된 용도의 토지면적의 10%를 초과하는 경우
• 종된 용도의 토지면적이 주된 용도의 토지면적의 330 m²를 초과하는 경우
※ 염전, 광천지는 면적에 관계없이 양입지로 하지 않는다. |

97 지적소관청은 특정 사유로 지번에 결번이 생긴 때에는 지체 없이 그 사유를 결번대장에 적어 영구히 보존하여야 한다. 다음 중 특정 사유에 해당하지 않는 것은?

① 축척변경   ② 지구계 분할

③ 행정구역 변경   ④ 도시개발사업 시행

해설 토지의 지번이 결번되는 사유에는 토지의 합병, 등록전환, 행정구역의 변경, 도시개발사업의 시행, 토지구획정리사업, 경지정리사업, 지번변경, 축척변경, 바다로 된 토지의 등록말소, 지번정정 등이 있다.

※ 결번이 발생한 경우에는 지체 없이 그 사유를 결번대장에 등록하여 영구히 보존한다.

98 다음 중 지목이 임야에 해당하지 않는 것은?

① 수림지   ② 죽림지

③ 간석지   ④ 모래땅

해설 임야란 산림 및 원야를 이루고 있는 수림지 · 죽림지 · 암석지 · 자갈땅 · 모래땅 · 습지 · 황무지 등의 토지를 말한다.

③ 간석지는 갯벌의 다른 이름이다.

99 다음 중 「공간정보의 구축 및 관리 등에 관한 법률」의 목적으로 옳지 않은 것은?

① 국토의 효율적 관리   ② 국민의 소유권 보호에 기여

③ 해상교통의 안전에 기여   ④ 국토의 계획 및 이용에 기여

해설 「공간정보의 구축 및 관리 등에 관한 법률」은 측량의 기준 및 절차와 지적공부 · 부동산종합공부의 작성 및 관리 등에 관한 사항을 규정함으로써 국토의 효율적 관리 및 국민의 소유권 보호에 기여함을 목적으로 한다.

100 「지적측량 시행규칙」상 지적도근점측량을 시행하는 경우, 지적도근점을 구성하는 도선이 아닌 것은?

① 개방도선   ② 결합도선

③ 폐합도선   ④ 왕복도선

해설 지적도근점은 결합도선 · 폐합도선 · 왕복도선 및 다각망도선으로 구성하여야 한다.

1과목 지적측량

01 지적측량수행자가 지적소관청에 지적측량 수행계획서를 제출하여야 하는 시기는 언제까지를 기준으로 하는가?

① 지적측량 신청을 받은 날

② 지적측량 신청을 받은 다음 날

③ 지적측량을 실시하기 전날

④ 지적측량을 실시한 다음 날

해설 지적측량수행자는 지적측량 신청을 받은 다음 날 지적소관청에 지적측량 수행계획서를 제출해야 한다.

02 지적도근점측량을 교회법으로 시행하는 경우에 따른 설명으로서 타당하지 않은 것은?

① 방위각법으로 시행할 때는 분위(分位)까지 독정한다.

② 시가지에서는 보통 배각법으로 실시한다.

③ 지적도근점은 기준으로 하지 못한다.

④ 삼각점, 지적삼각점, 지적삼각보조점 등을 기준으로 한다.

해설 지적도근점측량은 지적도근점을 기준으로 한다.

03 평판측량으로 지적세부측량을 실시할 경우 한 점에서 많은 점을 관측하기에 적합한 측량방법은?

① 교회법　　　　② 방사법　　　　③ 배각법　　　　④ 도선법

해설 한 점에서 많은 점을 관측하기에 적합한 측량방법은 방사법이다.

04 경위의측량방법에 따른 세부측량에서 토지의 경계가 곡선인 경우, 직선으로 연결하는 곡선의 중앙종거의 길이 기준으로 옳은 것은?

① 5cm 이상 10cm 이하　　　　　② 10cm 이상 15cm 이하

③ 15cm 이상 20cm 이하　　　　　④ 20cm 이상 25cm 이하

해설 직선으로 연결하는 곡선의 중앙종거(中失縱距)의 길이는 5cm 이상 10cm 이하로 한다.

05 다음 중 일람도에 관한 설명으로 틀린 것은?

① 제명의 일람도와 축척 사이는 20mm를 띄운다.

② 축척은 당해 도면 축척의 10분의 1로 한다.

③ 도면의 장수가 5장 미만일 때에는 일람도를 작성하지 않아도 된다.

④ 도면번호는 지번부여지역 · 축척 및 지적도 · 임야도 · 경계점좌표등록부 시행지별로 일련번호를 부여한다.

해설 도면의 장수가 4장 미만인 경우에는 일람도의 작성을 하지 아니할 수 있다.

06 도선법에 의한 지적도근점측량을 시행할 때에, 배각법과 방위각법을 혼용하여 수평각을 관측할 수 있는 지역은?

① 시가지지역　　　　　　　　　② 축척변경 시행지역

③ 농촌지역　　　　　　　　　　④ 경계점좌표등록부 시행지역

해설 수평각의 관측은 시가지지역, 축척변경지역 및 경계점좌표등록부 시행지역에 대하여는 배각법에 따르고, 그 밖의 지역에 대하여는 배각법과 방위각법을 혼용한다.

07 경계점좌표등록부를 갖춰 두는 지역에서 각 필지의 경계점을 측정할 때 사용하는 측량방법으로 옳지 않은 것은?

① 교회법　　　　② 배각법　　　　③ 방사법　　　　④ 도선법

해설 경계점좌표등록부를 갖춰 두는 지역에 있는 각 필지의 경계점을 측정할 때에는 도선법 · 방사법 또는 교회법에 따라 좌표를 산출한다.

08 평판측량방법에 의하여 작성된 도면에서 수평거리 90m인 지점을 경사분획이 25인 경사지에 표시하고자 한다. 이때의 경사거리는?(단, 앨리데이드를 사용한 경우)

① 80.89m　　　② 83.78m　　　③ 85.64m　　　④ 87.31m

해설

$$수평거리(D) = l \times \frac{1}{\sqrt{1 + \left(\dfrac{n}{100}\right)^2}}$$

$$\rightarrow 경사거리(l) = \frac{D}{\sqrt{1 + \left(\dfrac{n}{100}\right)^2}} = \frac{90}{\sqrt{1 + \left(\dfrac{25}{100}\right)^2}} = 87.31\text{m}$$

(D : 수평거리, l : 경사거리, n : 경사분획)

09 다음 중 조준의를 사용하여 독정할 수 있는 경사분획수는?

① -10 내지 $+60$

② -30 내지 $+75$

③ -75 내지 $+75$

④ -80 내지 $+80$

해설 조준위를 사용하여 독정할 수 있는 경사분획수는 -75에서 $+75$ 사이이다.

10 축척변경 시행공고가 있은 후 원칙적인 경계점표지의 설치자는?

① 소관청

② 측량자

③ 사업시행자

④ 토지소유자

해설 축척변경 시행지역의 토지소유자 또는 점유자는 시행공고가 된 날(이하 "시행공고일"이라 한다)부터 30일 이내에 시행공고일 현재 점유하고 있는 경계에 국토교통부령으로 정하는 경계점표지를 설치하여야 한다.

11 어떤 도선의 거리가 140m, 방위각이 240°일 때 이 도선의 종선 값은?

① -70m

② 70m

③ -140.0m

④ 140.0m

해설 도선의 종선 $X = l \times \cos\theta = l \times \cos\theta = 140\text{m} \times \cos 240° = -70\text{m}$

12 다음 중 지적측량의 방법이 아닌 것은?

① 사진측량방법

② 광파기측량방법

③ 위성측량방법

④ 수준측량방법

해설 지적측량은 평판측량, 전자평판측량, 경위의측량, 전파기 또는 광파기측량, 사진측량 및 위성측량 등의 방법에 따른다.

13 착오를 방지하기 위한 방법으로 틀린 것은?

① 시준점과 기록부를 검증 · 확인한다.
② 장비의 작동방법을 확인하고 검증한다.
③ 삼각형의 내각은 180°이므로 내각을 확인한다.
④ 수평분도원이 중심과 일치하는가를 확인한다.

해설 수평분도원이 중심과 일치하는지 여부는 기계적 오차를 검증하는 방법이다.

14 신규측량에서 보조점을 측정하기 위하여 교회법을 이용할 때 교회각으로서 가장 좋은 것은?

① 30°　　　　② 60°　　　　③ 90°　　　　④ 120°

해설 신규측량에서 보조점을 측정하기 위해 교회법을 사용할 경우 교회각은 90°일 때가 가장 좋다.

15 지적측량에서 기준점을 설치하기 위한 측량으로 기초측량에 해당되지 않는 것은?

① 일필지측량　　　　　　　　② 지적삼각점측량
③ 지적삼각보조점측량　　　　④ 지적도근점측량

해설 기초측량에는 지적삼각점측량, 지적삼각보조점측량, 지적도근점측량 등이 있다.

16 다음 중 경계복원측량을 가장 잘 설명한 것은?

① 지적도상 경계의 수정을 위한 측량이다.
② 경계점을 지표상에 복원하기 위한 측량이다.
③ 지상의 토지구획선을 지적도에 등록하기 위한 측량이다.
④ 지적도 도곽선에 걸쳐 있는 필지를 도곽선 안에 제도하기 위한 측량이다.

해설 경계복원측량은 경계점을 지표상에 복원하기 위해서 실시하는 측량이다.

17 축척 1/1,200 도상에서 그림과 같은 토지의 면적은?

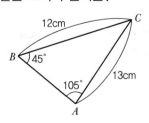

① 5,526m²　　　② 5,616m²　　　③ 5,726m²　　　④ 5,826m²

해설 토지의 면적

- $\angle BAC(\theta) = 180° - (105° + 45°) = 30°$
- 도상면적 : $A = \dfrac{1}{2}ab \cdot \sin\theta = \dfrac{1}{2} \times 12 \times 13 \times \sin 30° = 39\text{cm}^2$
- 실제면적 : $\left(\dfrac{1}{1,200}\right)^2 = \dfrac{39}{\text{실제면적}}$

  $\therefore$ 실제면적 $= 5,616\text{m}^2$

18 지적도의 축척이 1/600인 지역에 필지의 면적이 50.55m²일 때 지적공부에 등록하는 결정면적은?

① 50m²　　　　② 50.5m²　　　　③ 50.6m²　　　　④ 51m²

해설 지적도의 축척이 1/600인 지역과 경계점좌표등록부에 등록하는 지역의 토지 면적은 m² 이하 한 자리 단위로 하되, 0.1m² 미만의 끝수가 있는 경우 0.05m² 미만일 때에는 버리고 0.05m²를 초과할 때에는 올리며, 0.05m²일 때에는 구하려는 끝자리의 숫자가 0 또는 짝수면 버리고 홀수면 올린다.
따라서 축척이 1/600인 지역에서 필지의 면적이 50.55m²일 때 결정면적은 50.6m²로 결정하여 등록한다.

19 측선 AB의 방위가 N 50°E일 때 측선 BC의 방위는?(단, $\angle ABC = 120°$이다.)

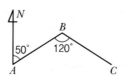

① N 70°E　　　　② S 70°E　　　　③ S 60°W　　　　④ N 60°W

해설 임의 측선의 방위각 = 전 측선의 방위각 + 180° - 해당 측선의 내각
측선 BC의 방위각 = 50° + 180° - 120° = 110°(2상한)
$\therefore$ 180° - 110° = 70°, 측선 BC의 방위는 S 70°E이다.

20 다음 중 최소제곱법으로 조정 가능한 오차는?

① 정오차　　　　② 기계오차　　　　③ 착오　　　　④ 우연오차

해설 부정오차(우연오차, 상차)는 발생 원인이 불명확하고 부호와 크기가 불규칙하게 발생하는 오차로서 서로 상쇄되므로 상차라고도 하며, 원인을 알아도 소거가 불가능하고, 최소제곱법에 의한 확률법칙에 의해 보정할 수 있다.

21 수준측량의 용어에 대한 설명으로 틀린 것은?

① F.S(전시) : 표고를 구하려는 점에 세운 표척의 읽음값
② B.S(후시) : 기지점에 세운 표척의 읽음값
③ T.P(이기점) : 전시와 후시를 같이 취할 수 있는 점
④ I.P(중간점) : 후시만을 취하는 점으로 오차가 발생하여도 측량결과에 전혀 영향을 주지 않는 점

해설 I.P(중간점)은 표고를 알기 위해 전시만 취하는 점으로서, 이 점의 오차는 다른 점에 영향을 미치지 않는다.

22 완화곡선에 대한 다음 설명의 (   ) 안의 내용으로 옳은 것은?

완화곡선의 접선은 시점에서는 (A)에, 종점에서는 (B)에 접한다.

① A : 원호, B : 직선
② A : 원호, B : 원호
③ A : 직선, B : 원호
④ A : 직선, B : 진선

해설 완화곡선
• 차량이 직선부에서 곡선부분으로 방향을 바꾸면 반지름이 달라지기 때문에 완화곡선을 설치한다.
• 곡선반경은 완화곡선의 시점에서 무한대, 종점에서 원곡선의 반지름과 같다.
• 완화곡선의 접선은 시점에서 (직선)에, 종점에서 (원호)에 접한다.
• 완화곡선에 연한 곡선반경의 감소율은 칸트의 증가율과 동률(다른 부호)로 된다. 또 종점에 있는 칸트는 원곡선의 칸트와 같게 된다.

23 원곡선에서 곡선의 길이가 79.05m이고, 곡선반지름이 150m일 때 교각은?

① 30°12′
② 43°05′
③ 45°25′
④ 53°35′

해설 곡선길이$(C.L) = 0.01745 \times 150 \times I \rightarrow I = \dfrac{C.L}{0.01745 \times R}$

$\therefore I = \dfrac{79.05}{0.01745 \times 150} = 30°12′$

24 지형측량에서 지성선(Topographical Line)에 관한 설명으로 틀린 것은?

① 지성선은 지표면이 다수의 평면으로 이루어졌다고 가정할 때 이 평면의 접합부를 말하며 지세선이라고도 한다.

② 능선은 지표면의 가장 높은 곳을 연결한 선으로 분수선이라고도 한다.

③ 합수선은 지표면의 가장 낮은 곳을 연결한 선으로 계곡선이라고도 한다.

④ 동일 방향의 경사면에서 경사의 크기가 다른 두 면의 교선을 최대경사선 또는 유하선이라 한다.

해설 동일 방향의 경사면의 크기가 다른 두 면의 교선을 경사변환선이라 한다.

25 항공사진의 축척에 대한 설명으로 옳은 것은?

① 초점거리에 비례하고 촬영고도에 반비례한다.

② 초점거리에 반비례하고 촬영고도에 비례한다.

③ 초점거리와 촬영고도에 모두 비례한다.

④ 초점거리에는 무관하고 촬영고도에는 반비례한다.

해설 항공사진의 축척은 $\dfrac{1}{m} = \dfrac{f}{H}$ 이므로, 축척은 초점거리(f)에 비례하고 촬영고도(H)에 반비례한다.

26 GNSS측량의 정확도에 영향을 미치는 요소와 가장 거리가 먼 것은?

① 기지점의 정확도

② 위성 정밀력의 정확도

③ 안테나의 높이 측정 정확도

④ 관측 시의 온도 측정 정확도

해설 GNSS측량은 기상상태와 관계없이 관측 수행이 가능하다.

27 곡선부 통과 시 열차의 탈선을 방지하기 위하여 레일 안쪽을 움직여 곡선부 궤간을 넓히는데, 이때 넓힌 폭의 크기를 무엇이라 하는가?

① 캔트(Cant)   ② 확폭(Slack)

③ 편경사(Super Elevation)   ④ 클로소이드(Clothoid)

해설 확폭(Slack)
자동차 등이 곡선부를 주행할 경우 뒷바퀴는 앞바퀴보다도 항상 안쪽을 지나므로 곡선부에서 그 내측 부분을 직선부에 비하여 넓게 하는 것을 말한다.

28 지름이 5m, 깊이가 150m인 수직터널을 설치하려 할 때에 지상과 지하를 연결하는 측량방법으로 가장 적당한 것은?

① 직접접 ② 삼각법

③ 트래버스법 ④ 추선에 의하는 법

> **해설** 수갱에 의한 갱 내외 측량으로 가장 효율적인 측량방법은 데오돌라이트나 트랜싯의 추선에 의한 방법이 있으며, 한 개의 수갱(수직갱)에 의한 연결측량은 수직갱에 2개의 추를 매달아서 이것에 의해 연직면을 정하고 그 방위각을 지상에서 관측하여 지하의 측량으로 연결하는 방식이다.

29 그림과 같이 지성선 방향이나 주요 방향의 여러 개의 관측선에 대하여 *A*로부터의 거리와 높이를 관측하여 등고선을 삽입하는 방법은?

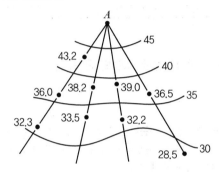

① 직접법 ② 횡단점법

③ 종단점법(기준점법) ④ 좌표점법(사각형 분할법)

> **해설** 종단점법(기준점법)은 지성선의 방향이나 주요 방향의 여러 개의 측선에 대하여 기준점에서 필요한 점까지의 높이를 관측하고 등고선을 삽입하는 방법으로 주로 소축척의 산지에 주로 사용된다.
> ※ 횡단점법은 노선측량의 평면도에 등고선을 삽입할 경우에 이용한다.

30 수준측량기의 기포관 감도와 기포관의 곡률반지름에 대한 설명으로 틀린 것은?

① 기포관의 곡률반지름 크기는 기포관의 감도에 영향을 미친다.

② 감도라 하면 기포관 한 눈금 사이의 곡률중심각의 변화를 초(″)로 나타낸 것이다.

③ 기포관의 이동이 민감하려면 곡률반지름은 되도록 커야 한다.

④ 기포관 1눈금이 2mm이고 반지름이 13.751m이면 그 감도는 30″이다.

> **해설** 수준기의 감도는 기포가 1눈금 움직일 때 수준기축이 경사되는 각도로서 한 눈금 사이에 끼인 각을 말한다. 주로 수준기의 곡률반경에 좌우되고 곡률반경이 클수록 감도는 좋다. 따라서 곡률반경(R)이 작을수록 기포관의 이동은 민감하게 된다.
>
> ※ 기포관의 감도$(\alpha) = \dfrac{\triangle h}{nD(=R)} \times \rho'' = \dfrac{0.002}{13.751} \times 206,265'' = 30''$

31 항공사진측량의 특징에 대한 설명으로 옳지 않은 것은?

① 정성적인 관측이 가능하다.

② 좁은 지역의 측량일수록 경제적이다.

③ 분업화에 의한 능률적 작업이 가능하다.

④ 움직이는 물체의 상태를 분석할 수 있다.

해설 항공사진측량의 장단점

장점	단점
• 사진은 정량적 · 정성적 측정이 가능하다. • 거시적으로 관찰할 수 있으며, 재측이 용이하다. • 측정대상의 범위가 넓으며, 정도가 균일하다. • 작업이 능률적이며, 동적인 것도 측정이 가능하다. • 넓은 지역에 경제성이 높고 기록 보전이 용이하다.	• 일기의 영향을 많이 받는다. • 좁은 지역에서는 비경제적이다. • 기자재가 고가라서 초기 시설 비용이 많이 든다. • 피사대상에 대한 식별의 난해가 있으므로 현장 작업으로 보완이 필요하다.

32 대지표정이 끝났을 때 사진과 실제 지형의 관계는?

① 대응   ② 상사   ③ 역대칭   ④ 합동

해설 대지표정(절대표정)은 축척의 결정, 수준면의 결정(표고, 경사결정), 위치의 결정(위치, 방위의 결정)을 하며 대체로 축척을 결정한 다음 수준면을 결정하고 시차가 생기면 다시 상호표정으로 돌아가서 표정을 해나가며 사진과 실제 지형의 관계는 상사 관계이다.

33 GPS에서 채택하고 있는 타원체는?

① Hayford   ② WGS84   ③ Bessel1841   ④ 지오이드

해설 GPS는 WGS84라고 하는 기준좌표계와 WGS84 타원체를 이용한다.

34 경사진 터널의 고저차를 구하기 위한 관측값이 다음과 같을 때 A, B 두 점 간의 고저차는?(단, 측점은 천정에 설치)

$$a = 2.00\text{m}, \ b = 1.50\text{m}, \ \alpha = 20°30', \ S = 60\text{m}$$

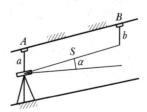

① 20.51m   ② 21.01m   ③ 21.51m   ④ 23.01m

해설 $H = S \sin a + \mathrm{I.H} - \mathrm{H.P} = 60 \times \sin 20°30' + (-2.0) - (-1.50) = 20.51\mathrm{m}$
(S : 경사거리, α : 경사각, I.H : 기계고, H.P : 측표높이)

35 지형을 표현하는 방법 중에서 음영법(Shading)에 대한 설명으로 옳은 것은?

① 비교적 정확한 지형의 높이를 알 수 있어 하천, 호수, 항만의 수심을 표현하는 경우에 사용된다.
② 지형이 높아질수록 색을 진하게, 낮아질수록 연하게 채색의 농도를 변화시켜 고저를 표현한다.
③ 짧은 선으로 지표의 기복을 나타내는 것으로 우모법이라고도 한다.
④ 태양광선이 서북쪽에서 경사 45° 각도로 비춘다고 가정했을 때 생기는 명암으로 표현한다.

해설 음영법
빛의 방향을 일치시켜 입체감을 갖는 데 용이한 지형표시방법으로 태양광선이 서북쪽에서 경사 45°의 각도로 비친다고 가정하여 지표의 기복에 대하여 그 명암을 2~3색 이상으로 도면에 채색해 기복의 모양을 표시하는 방법이다.

36 촬영고도 1,500m에서 촬영한 항공사진의 연직점으로부터 10cm 떨어진 위치에 찍힌 굴뚝의 변위가 2mm였다면 굴뚝의 실제 높이는?

① 20m   ② 25m   ③ 30m   ④ 35m

해설 기복변위$(\triangle r) = \dfrac{h}{H} \cdot r \rightarrow h = \dfrac{\triangle r \times H}{r} = \dfrac{0.002 \times 1,500}{0.1} = 30\mathrm{m}$
(h : 비고, H : 비행촬영고도, r : 주점에서 측정점까지의 거리)

37 다음 중 상호표정인자로 구성되어 있는 것은?

① $by,\ bz,\ \kappa,\ \phi,\ \omega$ ② $by,\ \kappa,\ \phi,\ \omega,\ \omega_1$
③ $\kappa,\ \varphi,\ \omega,\ \lambda,\ \Omega,\ \omega_1,\ \omega_2$ ④ $by,\ \kappa,\ \phi,\ \omega.\ \lambda,\ \Omega,\ \omega_1$

해설 상호표정인자는 $by,\ bz,\ \kappa,\ \phi,\ \omega$의 5개 인자이다.

38 수준측량에서 작업자의 유의사항에 대한 설명으로 틀린 것은?

① 표척수는 표척의 눈금이 잘 보이도록 양손으로 표척의 측면을 잡고 세운다.
② 표척과 레벨의 거리는 10m를 넘어서는 안 된다.
③ 레벨의 전방에 있는 표척과 후방에 있는 표척의 중간의 거리가 같도록 레벨을 세우는 것이 좋다.
④ 표척을 전후로 기울여 관측할 때에는 최소 읽음값을 취하여야 한다.

해설 레벨과 표척의 거리를 길게 취하면 취한 만큼 레벨의 거치점 수가 적어지므로 정밀도가 좋고 능률적이다. 따라서 표척과 레벨의 거리는 10m를 넘어도 상관없다.

39 반지름(R)=215m인 원곡선을 편각법으로 설치하여야 할 때 중심말뚝 간격=20m에 대한 편각(δ)은?

① I°42′54″ ② 2°39′54″ ③ 5°37′54″ ④ 7°24′54″

해설 $편각(\delta)=1,718.87' \times \dfrac{l}{R}=1,718.87' \times \dfrac{20}{215}=2°39'53.69'' \fallingdotseq 2°39'54''$

40 GNSS의 활용분야와 거리가 먼 것은?

① 위성영상의 지상기준점(Ground Control Point)측량
② 항공사진의 촬영 순간 카메라 투영중심점의 위치 측정
③ 위성영상의 분광특성조사
④ 지적측량에서 기준점측량

해설 GNSS측량은 인공위성을 이용한 범지구위치측정시스템으로 정확한 위치를 알고 있는 위성에서 발사한 전파를 수신하여 관측점까지의 소요시간을 측정하여 위치를 구한다.

③ GNSS측량은 위성영상의 분광특성조사 분야에는 활용할 수 없다.

3과목 토지정보체계론

41 공간데이터 처리 시 위상구조로 가능한 공간관계의 분석 내용에 해당하지 않는 것은?

① 연결성 ② 포함성 ③ 인접성 ④ 차별성

해설 위상관계는 공간상에서 대상물들의 위치나 관계를 나타내는 것으로서 연결성(Connectivity), 인접성(Adjacency), 포함성(Containment) 등의 관점에서 묘사되며 다양한 공간분석이 가능하다.

42 다음 중 '사용자권한등록관리청'이 사용자권한 등록파일에 등록하여야 하는 사항에 해당하지 않는 것은?

① 사용자의 비밀번호 ② 사용자의 사용자번호
③ 사용자의 이름 ④ 사용자의 소속

해설 신청을 받은 사용자권한등록관리청은 신청내용을 심사하여 사용자권한 등록파일에 사용자의 이름 및 권한과 사용자번호 및 비밀번호를 등록하여야 한다.

43 3차원 토지정보체계 구축을 위한 측량기술의 설명으로 옳지 않은 것은?

① 위성측량기술 – 광역지역에 대한 반복적인 시계열 3차원 자료 구축에 유리하다.
② 항공사진측량기술 – 균질한 정확도와 원하는 축척의 수치지도 제작에 유리하다.
③ GNSS측량기술 – 기존의 평판이나 트랜싯측량에 비해 정확도가 떨어져 지적재조사사업에 불리하다.
④ 모바일매핑시스템 – LIDAR, GPS, INS 등을 탑재하여 도로시설물의 3차원 정보 구축에 유리하다.

> **해설** 「지적재조사에 관한 특별법 시행규칙」상 지적재조사측량의 방법으로 위성측량은 위성기준점, 통합기준점, 삼각점 또는 지적기준점을 기준으로 네트워크 RTK 위성측량, 단일기준국 RTK 위성측량, 정지측위(Static) 위성측량 방법으로 한다.

44 필지중심토지정보시스템(PBLIS)에 해당하지 않는 것은?

① 지적측량시스템
② 부동산행정시스템
③ 지적공부관리시스템
④ 지적측량성과작성시스템

> **해설** 필지중심토지정보체계의 구성은 지적공부관리시스템, 지적측량시스템, 지적측량성과작성시스템으로 구성되어 상호 유기적으로 운영된다.

45 토지정보시시스템(LIS)과 지리정보시스템(GIS)을 비교한 내용 중 틀린 것은?

① LIS는 필지를, GIS는 구역·지역을 단위로 한다.
② LIS는 지적도를, GIS는 지형도를 기본도면으로 한다.
③ LIS는 대축척을, GIS는 소축척을 사용한다.
④ LIS는 자료분석이, GIS는 자료관리 및 처리가 장점이다.

> **해설** GIS는 자료분석이, LIS는 자료관리 및 처리가 장점이다.

46 지형이나 기온, 강수량 등과 같이 지표상에 연속적으로 분포되어 있는 현상을 표현하기 위한 방법으로 적합한 것은?

① 폴리곤화
② 점, 선, 면
③ 표면모델링
④ 자연모델링

> **해설** 표면모델링(Surface Modeling)은 지형이나 기온, 강수량 등과 같이 지표상에 연속적으로 분포되어 있는 현상을 표현하기 위한 방법이다.

47 수치지적도에서 인접필지와의 경계선이 작업 오류로 인하여 하나 이상일 경우 원하지 않는 필지가 생기는 오류를 무엇이라 하는가?

① Undershoot

② Overshoot

③ Dangle

④ Sliver Polygon

> **해설** ① 언더슈트(Undershoot) : 어떤 선이 다른 선과의 교차점까지 연결되어야 하는데 완전히 연결되지 못하고 선이 끝나는 경우이다.
> ② 오버슈트(Overshoot) : 어떤 선분까지 그려야 하는데 그 선분을 지나쳐 그려진 경우이다.
> ③ 댕글(Dangle) : 한쪽 끝이 다른 연결점이나 절점에 완전히 연결되지 않은 상태의 연결선이다.
> ④ 슬리버 폴리곤(Sliver Polygon) : 지적필지를 표현할 때 필지가 아닌데도 경계불일치로 조그만 폴리곤이 생겨 필지로 인식되는 오류이다.

48 지적전산자료를 전산매체로 제공하는 경우의 수수료 기준은?

① 1필지당 20원

② 1필지당 30원

③ 1필지당 50원

④ 1필지당 100원

> **해설** 지적전산자료의 사용료
>
> | 지적전산자료 제공방법 | 수수료 |
> |---|---|
> | 전산매체로 제공하는 때 | 1필지당 20원 |
> | 인쇄물로 제공하는 때 | 1필지당 30원 |

49 다음 중 토지정보시스템(LIS)의 질의어(Query Language)에 대한 설명으로 옳지 않은 것은?

① SQL은 비절차언어이다.

② 질의어란 사용자가 필요한 정보를 데이터베이스에서 추출하는 데 사용되는 언어를 말한다.

③ 질의를 위하여 사용자가 데이터베이스의 구조를 알아야 하는 언어를 과정질의어라 한다.

④ 계급형(Hierarchical)과 관계형(Relational) 데이터베이스 모형은 사용하는 질의를 위해 데이터베이스의 구조를 알아야 한다.

> **해설** 계급형과 관계형 데이터베이스의 경우 사용하는 질의를 위해 데이터베이스 구조를 알지 못해도 상관없다.

50 래스터데이터에 대한 설명으로 틀린 것은?

① 일정한 격자모양의 셀이 데이터의 위치와 값을 표현한다.

② 해상력을 높이면 자료의 크기가 커진다.

③ 격자의 크기를 확대할 경우 객체의 경계가 매끄럽지 못하다.

④ 네트워크와 연계구현이 용이하여 좌표변환이 편리하다.

> **해설** 래스터데이터는 네트워크와 연계가 불가능하며 좌표변환 시 시간이 많이 소요된다.

51 한국토지정보시스템(KLIS)에 대한 설명으로 옳은 것은?(단, 중앙행정부서의 명칭은 해당 시스템의 개발 당시 명칭을 기준으로 한다.)

① 건설교통부의 토지관리정보시스템과 행정자치부의 필지중심토지정보시스템을 통합한 시스템이다.

② 건설교통부의 토지관리정보시스템과 행정자치부의 시·군·구 지적행정시스템을 통합한 시스템이다.

③ 행정자치부의 시·군·구 지적행정시스템과 필지중심토지정보시스템을 통합한 시스템이다.

④ 건설교통부의 토지관리정보시스템과 개별공시지가관리시스템을 통합한 시스템이다.

해설 한국토지정보시스템(KLIS : Korea Land Information System)은 (구)건설교통부(현 국토교통부)의 토지 관련 업무를 다루는 시스템(토지관리정보시스템, LMIS)과 (구)행정자치부(현 행정안전부)의 지적 관련 업무처리 시스템(필지중심토지정보시스템, PBLIS)이 분리되어 운영됨에 따른 자료의 이중 관리 및 정확성 문제 등을 해결하기 위하여 구축된 통합정보시스템이다.

52 벡터 데이터의 기본요소와 거리가 먼 것은?

① 면   ② 높이   ③ 점   ④ 선

해설 벡터자료 구조는 현실 세계의 객체 및 객체와 관련되는 모든 형상을 점(0차원), 선(1차원), 면(2차원)을 이용하여 표현하는 것이다. 또한 객체들의 지리적 위치를 방향성과 크기로 나타낸다.

53 다음 중 벡터데이터의 장점으로 옳지 않은 것은?

① 정확한 형상묘사가 가능하다.

② 중첩기능을 수행하기에 용이하다.

③ 객체의 위치가 직접 지도좌표로 저장된다.

④ 객체별로 속성테이블과 연결될 수 있다.

해설 벡터자료 구조의 장단점

장점	단점
• 복잡한 현실 세계의 묘사가 가능하다. • 압축된 자료구조를 제공하므로 데이터 용량의 축소가 용이하다. • 위상에 관한 정보가 제공되므로 관망분석과 같은 다양한 공간분석이 가능하다. • 그래픽의 정확도가 높고 그래픽과 관련된 속성정보의 추출, 일반화, 갱신 등이 용이하다.	• 자료구조가 복잡하다. • 여러 레이어의 중첩이나 분석에 기술적으로 어려움이 수반된다. • 각각의 그래픽 구성요소는 각기 다른 위상구조를 가지므로 분석에 어려움이 크다. • 일반적으로 값비싼 하드웨어와 소프트웨어가 요구되므로 초기 비용이 많이 든다.

54 다음 중 1필지를 중심으로 한 토지정보시스템을 구축하고자 할 때 시스템의 구성요건으로 옳지 않은 것은?

① 파일처리방식을 이용하여 데이터 관리를 설계한다.
② 확장성을 고려하여 설계한다.
③ 전국적으로 통일된 좌표계를 사용한다.
④ 개방적 구조를 고려하여 설계한다.

해설 토지정보시스템은 파일처리방식이 아닌 데이터베이스관리시스템(DBMS)을 이용하여 데이터 관리를 설계한다.

55 다음의 지적정보를 도형정도와 속성정보로 구분할 때 성격이 다른 하나는?

① 지번   ② 면적
③ 지적도   ④ 개별공시지가

해설 지번, 면적, 개별공시지가는 속성정보이며, 지적도의 등록사항은 도형정보에 해당한다.

56 위성영상으로부터의 데이터 수집에 대한 설명으로 옳지 않은 것은?

① 원격탐사는 항공기나 위성에 탑재된 센서를 통해 자료를 수집한다.
② 위성영상은 GIS 공간데이터에 대한 자료원이 풍부한 나라들에게 매우 유용하다.
③ 인공위성은 항공사진의 관측영역보다 광대한 영역을 한번에 관측할 수 있다.
④ 시간과 노동을 감안하면 지상작업에 비해 단위비용이 적게 들기 때문에 GIS에 있어서 중요한 자료원이 된다.

해설 위성영상은 GIS 공간데이터에 대한 자료원이 풍부한 나라에서는 유용하지 않다.

57 토지관리정보시스템(LMIS)의 관리 데이터가 아닌 것은?

① 공시지가자료   ② 연속지적도
③ 지적기준점   ④ 용도지역지구

해설 토지관리정보시스템(LMIS)의 자료
• 공간도형자료
  - 지적도 DB : 개별 · 연속 · 편집 지적도
  - 지형도 DB : 도로, 건물, 철도 등의 주요 지형지물
  - 용도지역 · 지구 DB : 「도시계획법」 등 81개 법률에서 지정하는 용도지역 · 지구 자료
• 속성자료 : 토지관리업무에서 생산 · 활용 · 관리하는 대장 및 조서 자료와 관련 법률자료 등

58 속성데이터에서 동영상은 다음 어느 유형의 자료로 처리되어 관리될 수 있는가?

① 숫자형　　　　② 문자형　　　　③ 날짜형　　　　④ 이진형

해설 속성자료의 형식적 유형은 숫자형, 문자형, 날짜형, 이진형으로 구분한다. 동영상은 이 중 이진형 자료로 처리된다.

59 데이터베이스에서 자료가 실제로 저장되는 방법을 기술한 물리적 데이터의 구조를 무엇이라 하는가?

① 개념 스키마　　　　　　　　② 내부 스키마
③ 외부 스키마　　　　　　　　④ 논리 스키마

해설 스키마(Schema)
DB 내에 어떤 구조로 데이터가 저장되는가를 나타내는 데이터베이스 구조를 말한다. 이 스키마에는 개념 스키마, 내부 스키마, 외부 스키마(서브 스키마) 등 3단계로 구분한다.
• 내부 스키마 : 자료가 실제로 저장되는 방법을 기술한 물리적인 데이터의 구조이다.
• 개념 스키마 : 데이터베이스의 전체적인 논리적 구조이다.
• 외부 스키마(서브 스키마) : 사용자나 응용 프로그래머가 개인의 입장에서 필요한 데이터베이스의 논리적 구조이다.

60 토지정보체계의 자료관리 과정 중 가장 중요한 단계는?

① 자료검색 방법　　　　　　　② 데이터베이스 구축
③ 조작 처리　　　　　　　　　④ 부호화(Code화)

해설 토지정보체계의 자료관리 과정 중 가장 중요한 단계는 데이터베이스 구축이다.

4과목 **지적학**

61 다음 중 구한말에 운영된 지적업무 부서의 설치 순서가 옳은 것은?

① 탁지부 양지국 → 탁지부 양지과 → 양지아문 → 지계아문
② 양지아문 → 탁지부 양지국 → 탁지부 양지과 → 지계아문
③ 양지아문 → 지계아문 → 탁지부 양지국 → 탁지부 양지과
④ 지계아문 → 양지아문 → 탁지부 양지국 → 탁지부 양지과

해설 구한말에 운영한 지적업무부서는 양지아문 → 지계아문 → 탁지부 양지국 → 탁지부 양지과 순서로 설치되었다.

62 지적제도의 발전단계별 특징으로서 중요한 등록사항에 해당하지 않는 것은?

① 세지적 - 경계

② 법지적 - 소유권

③ 법지적 - 경계

④ 다목적지적 - 등록사항 다양화

해설 세지적은 과세의 목적에서 도입된 것으로 경계보다 면적을 중시한다.

63 우리나라의 토지등록제도에 대하여 가장 잘 표현한 것은?

① 선등기, 후이전의 원칙

② 선등기, 후등록의 원칙

③ 선이전, 후등록의 원칙

④ 선등록, 후등기의 원칙

해설 우리나라의 토지등록은 선등록, 후등기를 원칙으로 한다.

64 물권설정 측면에서 지적의 3요소로 볼 수 없는 것은?

① 국가 　　② 토지 　　③ 등록 　　④ 공부

해설 지적의 3대 구성요소

• 협의적 개념 : 토지, 등록, 공부

• 광의적 개념 : 소유자, 권리, 필지

65 지계 발행 및 양전사업의 전담기구인 지계아문을 설치한 연도로 옳은 것은?

① 1895년 　　② 1901년 　　③ 1907년 　　④ 1910년

해설 지계아문은 1901년 10월에 설치되어 1904년 4월에 폐지되었다.

66 토지조사사업 당시 인적 편성주의에 해당되는 공부로 알맞은 것은?

① 토지조사부

② 지세명기장

③ 대장, 도면, 집계부

④ 역둔토대장

해설 지세명기장은 과세지에 대한 인적 편성주의에 따라 성명별로 목록을 작성한 것이다.

67 다음 중 토지의 사정(査定)에 대한 설명으로 가장 옳은 것은?

① 소유자와 강계를 확정하는 행정처분이다.

② 소유자가 강계를 결정하는 사법처분이다.

③ 소유권에 불복하여 신청하는 소송 행위였다.

④ 경계와 면적을 결정하는 지적조사 행위였다.

사정이란 토지조사부와 지적도에 의하여 토지의 소유자 및 그 강계를 확정하는 행정처분으로서 토지조사국장이 지방토지조사위원회의 자문을 받아 실시하였으며, 원시취득의 효력이 있다.

68 고려시대에 토지업무를 담당하던 기관과 관리에 관한 설명으로 틀린 것은?

① 정치도감은 전지를 개량하기 위하여 설치된 임시관청이었다.

② 토지측량업무는 이조에서 관장하였으며, 이를 관리하는 사람을 양인·전민계정사(田民計定使)라 하였다.

③ 찰리변위도감은 전국의 토지분급에 따른 공부 등에 관한 불법을 규찰하는 기구였다.

④ 급전도감은 고려 초 전시과를 시행할 때 전지분급과 이에 따른 토지측량을 담당하는 기관이었다.

해설 고려시대에는 토지측량업무를 호조에서 관장하였다.

69 지번의 진행방향에 따른 분류 중 도로를 중심으로 한쪽은 홀수로, 반대쪽은 짝수로 지번을 부여하는 방법은?

① 기우식　　　　② 사행식　　　　③ 단지식　　　　④ 혼합식

해설 지번 부여방법은 진행방향에 따라 사행식, 기우식(교호식), 단지식(블록식), 절충식으로 분류된다. 이 중 기우식(교호식)은 도로를 중심으로 한쪽은 홀수로, 다른 한쪽은 짝수로 부여하는 방법이다. 사행식은 필지의 배열이 불규칙한 지역에서 필지의 진행순서에 따라 연속적으로 지번을 부여하는 방법으로서 농촌지역에 적합하여 토지조사사업 당시 가장 많이 사용되었다.

70 토지조사사업 당시의 일필지조사에 해당되지 않는 것은?

① 소유자조사　　　② 지목조사　　　③ 지주조사　　　④ 강계조사

해설 일필지조사의 내용에는 지주의 조사, 강계 및 지역의 조사, 지목의 조사, 증명 및 등기필지의 조사, 각종 특별조사 등이 있다.

71 다음 중 지번의 기능과 가장 관련이 적은 것은?

① 토지의 특정화　　　　　　② 토지의 식별

③ 토지의 개별화　　　　　　④ 토지의 경제화

해설 **지번**
지리적 위치의 고정성과 토지의 특정화, 개별성을 확보하기 위해 리/ 동의 단위로 필지마다 아라비아숫자를 순차적으로 부여하여 지적공부에 등록한 번호를 말한다.

지번의 역할	지번의 기능(특성)
• 장소의 기준 • 물권표시의 기준 • 공간계획의 기준	• 토지의 고정화 • 토지의 특정화 • 토지의 개별화 • 토지의 식별화 • 토지위치의 확인 • 행정주소표기, 토지이용의 편리성 • 토지관계 자료의 연결매체 기능

72 다음 설명 중 틀린 것은?

① 공유지연명부는 지적공부에 포함되지 않는다.

② 지적공부에 등록하는 면적단위는 [m²]이다.

③ 지적공부는 소관청의 영구보존 문서이다.

④ 임야도의 축척에는 1/3,000, 1/6,000 두 가지가 있다.

해설 우리나라 지적공부에는 토지대장, 임야대장, 공유지연명부, 대지권등록부, 지적도, 임야도, 경계점좌표등록부, 지적전산파일 등이 있다.

73 지적제도의 유형을 등록차원에 따라 분류한 경우 3차원 지적의 업무영역에 해당하지 않는 것은?

① 지상　　　　② 지하　　　　③ 지표　　　　④ 시간

해설 3차원 지적은 토지의 이용이 다양화됨에 따라 토지의 경계, 지목 등 지표의 물리적 현황은 물론 지상과 지하에 설치된 시설물 등을 수치의 형태로 등록공시 또는 관리를 지원하는 제도로서 일명 입체지적이라고도 한다.

④ 시간은 4차원 지적의 영역이다.

74 다음 중 토지조사사업에서의 사정 결과를 바탕으로 작성한 토지대장을 기초로 등기부가 작성되어 최초로 전국에 등기령을 시행하게 된 시기는?

① 1910년　　　② 1918년　　　③ 1924년　　　④ 1930년

해설 1910년 조선민사령 발포로 일본 「민법」 및 기타 법률을 한반도에 의용하고, 부동산등기는 조선부동산등기령을 발표하여 동령에 특별한 규정이 없는 한 일본 「부동산등기법」에 의한다고 규정하였다. 또한 토지대장을 기초로 등기부가 작성되어 1918년 전국에 등기령이 실시되었다.

75 우리나라 임야조사사업 당시의 재결기관으로 옳은 것은?

① 고등토지조사위원회　　　　② 세부측량검사위원회

③ 임야조사위원회　　　　　　④ 도지사

사정에 대하여 불복이 있는 경우의 재결기관은 토지조사사업에서는 고등토지조사위원회이며, 임야조사사업에 서는 임야심사위원회(또는 임야조사위원회)이다.

76 토지 등록사항 중 지목이 내포하고 있는 역할로 가장 옳은 것은?

① 합리적 도시계획　　　　　　　　② 용도 실상 구분

③ 지가 평정기준　　　　　　　　　④ 국토 균형 개발

지목은 토지의 주된 사용목적 또는 용도에 따라 토지의 종류를 구분하여 표시하는 명칭이다.

77 우리나라에서 토지를 토지대장에 등록하는 절차상 순서로 옳은 것은?

① 지목별 순으로 한다.　　　　　　② 소유자명의 "가, 나, 다" 순으로 한다.

③ 지번 순으로 한다.　　　　　　　④ 토지등급 순으로 한다.

우리나라 토지대장은 물적 등록주의에 의하여 토지를 중심으로 지번 순으로 편성한다.

78 조선시대 양안에서 소유자의 변동이 있을 경우 소유자의 등재 시기로 맞는 것은?

① 입안을 받을 때 등재한다.

② 양안을 새로 작성할 때 등재한다.

③ 소유자의 변동과 동시 등재한다.

④ 임의적인 시기에 등재한다.

조선시대 양안에서 소유자의 변동이 있을 경우 소유자의 등재 시기는 입안을 받을 때이다.

79 백문매매(白文賣買)에 대한 설명이 옳은 것은?

① 백문매매란 입안을 받지 않은 매매계약서로, 임진왜란 이후 더욱 더 성행하였다.

② 백문매매로 인하여 소유자를 보호할 수 있게 되었다.

③ 백문매매로 인하여 소유권에 대한 확정적 효력을 부여받게 되었다.

④ 백문매매란 토지거래에서 매도자, 매수자, 해당 관서 등이 각각 서명함으로써 이루어지는 거래 를 말한다.

백문매매(白文賣買)

• 문기의 일종으로 입안(立案)을 받지 않는 매매계약서를 의미한다.

• 백문매매는 관습상 성행하였으며 후에 관에서도 합법화되었다.

• 백문매매의 성행은 입안(立案)의 폐지 사유가 되었다.

80 다음 중 토지조사사업의 주요 목적과 거리가 먼 것은?

① 토지소유의 증명제도 확립

② 조세 수입체계 확립

③ 토지에 대한 면적단위의 통일성 확보

④ 전문 지적측량사의 양성

> 해설 토지조사사업의 목적에는 ①, ②, ③ 외에 토지소유의 합리화, 조선총독부의 소유지 확보, 토지점유 보장의 법률적 제도 확립 등이 있다.

5과목 지적관계법규

81 지적소관청이 정확한 지적측량을 시행하기 위하여 국가기준점을 기준으로 정하는 측량기준점은?

① 공공기준점　　② 수로기준점　　③ 지적기준점　　④ 위성기준점

> 해설 지적기준점은 특별시장 · 광역시장 · 도지사 또는 특별자치도지사(이하 "시 · 도지사"라 한다)나 지적소관청이 지적측량을 정확하고 효율적으로 시행하기 위하여 국가기준점을 기준으로 하여 따로 정하는 측량기준점이다.

82 지적공부에 등록하는 경계(境界)의 결정권자는 누구인가?

① 행정자치부장관　　　　　② 국토교통부장관

③ 지적소관청　　　　　　　④ 시 · 도지사

> 해설 지적공부에 등록하는 지번 · 지목 · 면적 · 경계 또는 좌표는 토지의 이동이 있을 때 토지소유자(법인이 아닌 사단이나 재단의 경우에는 그 대표자나 관리인을 말한다. 이하 같다)의 신청을 받아 지적소관청이 결정한다. 다만, 신청이 없으면 지적소관청이 직권으로 조사 · 측량하여 결정할 수 있다. 이 경우 조사 · 측량의 절차 등에 필요한 사항은 국토교통부령으로 정한다.

83 다음 중 300만 원 이하의 과태료 부과 대상인 자는?

① 무단으로 측량성과 또는 측량기록을 복제한 자

② 심사를 받지 아니하고 지도 등을 간행하여 판매하거나 배포한 자

③ 정당한 사유 없이 측량을 방해한 자

④ 측량기술자가 아님에도 불구하고 측량을 한 자

> 해설 ①, ②, ④에 해당하는 자는 1년 이하의 징역 또는 1천만 원 이하의 벌금에 처한다.

84 지적소관청이 축척변경을 할 때 축척변경 승인 신청서에 첨부하는 서류가 아닌 것은?

① 축척변경의 사유   ② 지번 등 명세
③ 토지대장 사본   ④ 토지소유자의 동의서

해설 축척변경의 첨부서류에는 ①, ②, ④ 외에 축척변경위원회의 의결서 사본 등이 있다.

85 "주차장" 지목을 지적도에 표기하는 부호로 옳은 것은?

① 주   ② 차   ③ 장   ④ 주차

해설 지목의 표기방법
- 두문자(頭文字) 표기 : 전, 답, 대 등 24개 지목
- 차문자(次文字) 표기 : 장(공장용지), 천(하천), 원(유원지), 차(주차장) 등 4개 지목

86 다음 중 지적기준점에 해당하지 않는 것은?

① 지적삼각점   ② 지적도근점
③ 지적삼각보조점   ④ 위성기준점

해설 지적기준점에는 지적삼각점, 지적삼각보조점, 지적도근점이 있다.

87 등록사항의 정정에 대한 다음 설명 중 ( ) 안에 해당하지 않는 것은?

> 지적소관청이 제1항 또는 제2항에 따라 등록사항을 정정할 때 그 정정사항이 토지소유자에 관한 사항인 경우에는 ( ) 또는 등기관서에서 제공한 등기전산 정보자료에 따라 정정하여야 한다.

① 등기부등본   ② 등기필증
③ 등기완료통지서   ④ 등기사항증명서

해설 지적소관청이 등록사항을 정정할 때 그 정정사항이 토지소유자에 관한 사항인 경우에는 등기필증, 등기완료통지서, 등기사항증명서 또는 등기관서에서 제공한 등기전산정보자료에 따라 정정하여야 한다.

88 다음 중 토지소유자가 토지이동이 발생환 경우 지적소관청에 신청하는 기간 기준이 다른 하나는?

① 등록전환 신청   ② 지목변경 신청
③ 신규등록 신청   ④ 바다로 된 토지의 등록말소 신청

해설 등록전환, 지목변경, 신규등록 신청은 사유가 발생한 날부터 60일 이내에 지적소관청에 신청한다. 바다로 된 토지의 등록말소는 신청 통지를 받은 날부터 90일 이내에 지적소관청에 신청한다.

89 축척변경에 따른 청산금을 산정한 결과 증가된 면적에 대한 청산금의 합계와 감소된 면적에 대한 청산금의 합계에 차액이 생긴 경우 이에 대한 처리방법으로 옳은 것은?

① 그 행정자치부장관의 부담 또는 수입으로 한다.
② 그 시 · 도지사의 부담 또는 수입으로 한다.
③ 그 지방자치단체의 부담 또는 수입으로 한다.
④ 그 토지소유자의 부담 또는 수입으로 한다.

해설 청산금을 산정한 결과 증가된 면적에 대한 청산금의 합계와 감소된 면적에 대한 청산금의 합계에 차액이 생긴 경우 초과액은 그 지방자치단체의 수입으로 하고, 부족액은 그 지방자치단체가 부담한다.

90 합병에 따른 경계 · 좌표 또는 면적은 따로 지적측량을 하지 아니하고 별도의 구분에 따라 결정한다. 다음 중 합병 후 필지의 면적 결정방법으로 옳은 것은?

① 소관청의 직권으로 결정한다.
② 면적은 삼사법으로 계산한다.
③ 합병한 후에는 새로이 측량하여 면적을 결정한다.
④ 합병 전 각 필지의 면적을 합산하여 결정한다.

해설 토지를 합병하는 경우에는 면적을 측정하지 않고 합병 전 각 필지의 면적을 합산하여 결정한다.

91 지번의 구성 및 부여방법에 관한 설명(기준)이 틀린 것은?

① 시 · 도지사가 지번부여지역별로 북동에서 남서로 지번을 순차적으로 부여한다.
② 본번(本番)과 부번(副番)으로 구성하되, 본번과 부번 사이에 "-" 표시로 연결한다.
③ 신규등록의 경우에는 그 지번부여지역에서 인접 토지의 본번에 부번을 붙여서 지번을 부여한다.
④ 합병의 경우에는 합병대상지번 중 선순위의 지번을 그 지번으로 하되, 본번으로 된 지번이 있을 때에는 본번 중 선순위의 지번을 합병 후의 지번으로 한다.

해설 지번은 지적소관청이 지번부여지역을 기준으로 북서에서 남동쪽으로 차례대로 부여한다.

92 토지소유자는 토지를 합병하려면 대통령령으로 정하는 바에 따라 지적소관청에 합병을 신청하여야 한다. 다음 중 토지의 합병을 신청할 수 있는 조건이 아닌 것은?

① 합병하려는 토지의 지번부여지역이 같은 경우
② 합병하려는 토지의 지목이 같은 경우
③ 합병하려는 토지의 소유자가 서로 같은 경우
④ 합병하려는 토지의 지적도의 축척이 서로 다른 경우

해설 합병을 신청할 수 있는 토지에는 ①, ②, ③ 외에 토지의 지반이 연속되어 있는 경우 등이 있다. 합병하려는 토지의 지적도 및 임야도의 축척이 서로 다른 경우에는 토지의 합병을 신청을 할 수 없다.

93 도시개발사업 등 시행지역의 토지이동 신청에 관한 특례와 관련하여, 대통령령으로 정하는 토지개발사업에 해당하지 않는 것은?

① 「지역 개발 및 지원에 관한 법률」에 따른 농지기반사업
② 「택지개발촉진법」에 따른 택지개발사업
③ 「산업입지 및 개발에 관한 법률」에 따른 산업단지개발사업
④ 「도시 및 주거환경정비법」에 따른 정비사업

해설 대통령령으로 정하는 토지개발사업에는 ②, ③, ④ 외에 「주택법」에 따른 주택건설사업, 「지역 개발 및 지원에 관한 법률」에 따른 지역개발사업, 「체육시설의 설치·이용에 관한 법률」에 따른 체육시설 설치를 위한 토지개발사업, 「관광진흥법」에 따른 관광단지 개발사업, 「공유수면 관리 및 매립에 관한 법률」에 따른 매립사업 등이 있다.

94 다음 중 지적 관련 법령상 용어에 대한 설명이 옳은 것은?

① 지적소관청이란 지적공부를 관리하는 시장을 말하며 자치구가 아닌 구를 두는 시의 시장 또한 포함한다.
② 면적이란 지적공부에 등록한 필지의 지표면상의 넓이를 말한다.
③ 일반측량이란 기본측량, 공공측량, 지적측량 및 수로측량을 말한다.
④ 지목변경이란 지적공부에 등록된 지목을 다른 지목으로 바꾸어 등록하는 것을 말한다.

해설 ① 지적소관청이란 지적공부를 관리하는 특별자치시장, 시장(「제주특별자치도 설치 및 국제자유도시 조성을 위한 특별법」에 따른 행정시의 시장을 포함하며, 「지방자치법」에 따라 자치구가 아닌 구를 두는 시의 시장은 제외한다)·군수 또는 구청장(자치구가 아닌 구의 구청장을 포함한다)을 말한다.
② 면적이란 지적공부에 등록한 필지의 수평면상 넓이를 말한다.
③ 일반측량이란 기본측량, 공공측량, 지적측량 및 수로측량 외의 측량을 말한다.

95 지목의 설정이 바르게 연결된 것은?

① 염전 : 동력에 의한 제조공장시설의 부지

② 도로 : 1필지 이상에 진입하는 통로로 이용되는 토지

③ 공원 : 「도시공원 및 녹지 등에 관한 법률」에 따라 묘지공원으로 결정 · 고시된 토지

④ 유지(流地) : 연 · 왕골 등이 자생하는 배수가 잘 되지 아니하는 토지

해설 ① 동력에 의한 제조공장시설의 부지는 염전으로 보지 않는다.
② 1필지 이상에 진입하는 통로로 이용되는 토지의 지목은 "대"이다.
③ 묘지공원의 지목은 "묘지"이다.

96 다음 중 지적소관청이 지적공부의 등록사항에 잘못이 있는지를 직권으로 조사 · 측량하여 정정할 수 있는 경우에 해당하지 않는 것은?

① 지적공부의 등록사항이 잘못 입력된 경우

② 지적공부의 작성 당시 잘못 정리된 경우

③ 지적도에 등록된 필지가 면적의 증감이 있고 경계의 위치가 잘못된 경우

④ 토지이동정리결의서의 내용과 다르게 정리된 경우

해설 지적도의 등록된 필지의 면적의 증감을 가져오는 경우에는 지적소관청이 등록사항을 직권으로 정정할 수 없다.

97 다음 중 지적공부에 해당하지 않는 것은?

① 대지권등록부   ② 공유지연명부

③ 일람도   ④ 경계점좌표등록부

해설 지적공부는 토지대장, 임야대장, 공유지연명부, 대지권등록부, 지적도, 임야도 및 경계점좌표등록부 등 지적측량 등을 통하여 조사된 토지의 표시와 해당 토지의 소유자 등을 기록한 대장 및 도면(정보처리시스템을 통하여 기록 · 저장된 것을 포함한다)을 말한다.

98 일반 공중이 종교의식을 위하여 법요를 하기 위한 사찰 등 건축물의 부지와 이에 접속된 부속시설물의 부지 지목은?

① 사적지   ② 종교용지

③ 잡종지   ④ 공원

해설 일반 공중의 종교의식을 위하여 예배 · 법요 · 설교 · 제사 등을 하기 위한 교회 · 사찰 · 향교 등 건축물의 부지와 이에 접속된 부속시설물의 부지는 "종교용지"로 한다.

99 현재 시행되고 있는 지목의 종류는 몇 종인가?

① 25종 　　　② 26종 　　　③ 27종 　　　④ 28종

> **해설** 지목의 종류(총 28종)
> 전 · 답 · 과수원 · 목장용지 · 임야 · 광천지 · 염전 · 대 · 공장용지 · 학교용지 · 주차장 · 주유소용지 · 창
> 고용지 · 도로 · 철도용지 · 제방 · 하천 · 구거 · 유지 · 양어장 · 수도용지 · 공원 · 체육용지 · 유원지 · 종
> 교용지 · 사적지 · 묘지 · 잡종지

100 지적측량업자가 손해배상책임을 보장하기 위하여 가입하여야 하는 보증보험의 보증금액 기준
으로 옳은 것은?(단, 보장기간은 10년 이상으로 한다.)

① 1억 원 이상 　　　　　　　② 5억 원 이상
③ 10억 원 이상 　　　　　　 ④ 20억 원 이상

> **해설** 지적측량수행자의 손해배상책임 보장기준
> • 지적측량업자 : 보장기간이 10년 이상이고 보증금액이 1억 원 이상인 보증보험
> • 한국국토정보공사 : 보증금액이 20억 원 이상인 보증보험

제1회 지적산업기사

01 경위의측량방법에 따른 세부측량의 관측 및 계산 기준이 옳은 것은?

① 교회법 또는 도선법에 따른다.

② 관측은 30초독 이상의 경위의를 사용한다.

③ 수평각의 관측은 1대회의 방향관측법에 따른다.

④ 연직각의 관측은 정 · 반으로 2회 관측하여 그 교차가 5분 이내인 때에는 그 평균치로 한다.

해설 ① 도선법 또는 방사법에 따른다.

② 관측은 20초독 이상의 경위의를 사용한다.

④ 연직각의 관측은 정 · 반으로 1회 관측하여 그 교차가 5분 이내일 때에는 그 평균치를 연직각으로 하되, 분단위로 독정(讀定)한다.

02 광파기측량방법으로 지적삼각보조점의 점간거리를 5회 측정한 결과 평균치가 2,420m였다. 이때 평균치를 측정거리로 하기 위한 측정치의 최대치와 최소치의 교차는 얼마 이하이어야 하는가?

① 0.2m　　　　② 0.02m　　　　③ 0.1m　　　　④ 2.4m

해설 전파기 또는 광파기측량방법에 따른 지적삼각점의 관측과 계산에서 점간거리는 5회 측정하여 그 측정치의 최대치와 최소치의 교차가 평균치의 10만분의 1 이하일 때에는 그 평균치를 측정거리로 한다.

$$\therefore \frac{2,420}{100,000} ≒ 0.02\text{m}$$

03 지적도근점측량에서 지적도근점을 구성하는 기준 도선에 해당하지 않는 것은?

① 개방도선　　　② 다각망도선　　　③ 결합도선　　　④ 왕복도선

해설 지적도근점은 결합도선 · 폐합도선 · 왕복도선 및 다각망도선으로 구성하여야 한다.

04 지적도 및 임야도가 갖추어야 할 재질의 특성이 아닌 것은?

① 내구성 ② 명료성 ③ 신축성 ④ 정밀성

해설 지적도와 임야도는 종이이므로 신축성이 적어야 한다.

05 평판측량방법에 따른 세부측량을 교회법으로 하는 경우 그 기준으로 틀린 것은?(단, 광파조준의 또는 광파측거기를 사용하는 경우는 고려하지 않는다.)

① 전방교회법 또는 측방교회법에 따른다.
② 3방향 이상의 교회에 따른다.
③ 방향각의 교각은 30° 이상 150° 이하로 한다.
④ 방향선의 도상길이는 평판의 방위표정에 사용한 방향선의 도상길이 이하로서 30m 이하로 한다.

해설 방향선의 도상길이는 평판의 방위표정에 사용한 방향선의 도상길이 이하로서 10m 이하로 한다.

06 다각망도선법에 따르는 경우, 지적도근점표지의 점간거리는 평균 얼마 이하로 하여야 하는가?

① 500m ② 300m ③ 100m ④ 50m

해설 지적기준점표지의 점간거리는 지적삼각점은 평균 2km 이상 5km 이하, 지적삼각보조점은 평균 1km 이상 3km 이하(다각망도선법은 평균 0.5km 이상 1km 이하), 지적도근점은 평균 50m 이상 300m 이하(다각망도선법은 평균 500m 이하)로 한다.

07 다각망도선법에 의하여 지적삼각보조점측량을 실시할 경우 도선별 각오차는?

① 기지방위각－산출방위각 ② 출발방위각－도착방위각
③ 평균방위각－기지방위각 ④ 산출방위각－평균방위각

해설 다각망도선법에 의하여 지적삼각보조점측량을 실시할 경우 도선별 각오차는 산출방위각－평균방위각으로 구한다.

08 경위의측량방법으로 세부측량을 시행할 때 관측방법으로 옳은 것은?

① 교회법 · 지거법 ② 도선법 · 방사법
③ 방사법 · 교회법 ④ 지거법 · 도선법

해설 경위의측량방법으로 세부측량을 시행할 때 관측방법은 도선법 또는 방사법에 따른다.

09 앨리데이드를 이용하여 측정한 두 점 간의 경사거리가 80m, 경사분획이 +15.5일 때, 두 점 간의 수평거리는?

① 약 78.0m   ② 약 79.1m   ③ 약 79.5m   ④ 약 78.5m

해설
$$수평거리(D) = l \times \frac{1}{\sqrt{1 + \left(\frac{n}{100}\right)^2}} = 80 \times \frac{1}{\sqrt{1 + \left(\frac{15.5}{100}\right)^2}} = 79.1m$$

(D : 수평거리, l : 경사거리, n : 경사분획)

10 지적측량 중 기초측량에서 사용하는 방법이 아닌 것은?

① 경위의측량방법   ② 평판측량방법
③ 위성측량방법   ④ 광파기측량방법

해설 기초측량방법은 위성측량, 경위의측량, 전파·광파기측량 등 국토교통부장관이 승인한 방법으로 한다.

11 지적세부측량에서 광파조준의를 이용한 교회법을 실시할 경우 도상길이는 얼마 이하인가?

① 3cm   ② 5cm   ③ 10cm   ④ 30cm

해설 평판측량을 교회법으로 하는 경우 방향선의 도상길이는 측판의 방위표정에 사용한 방향선의 도상길이 이하로서 10cm 이하(광파조준의 또는 광파측거기를 사용하는 경우에는 30cm 이하)로 한다.

12 교회법으로 측점의 위치를 결정할 때 베셀법은 다음 중 어느 경우에 사용되는가?

① 후방교회 시   ② 측방교회 시
③ 전방교회 시   ④ 원호교회 시

해설 평판측량에서 후방교회법에는 베셀법, 레만법, 투사지법 등이 사용된다.

13 구소삼각점인 계양원점의 좌표가 옳은 것은?

① X=200,000m, Y=500,000m   ② X=500,000m, Y=200,000m
③ X=20,000m, Y=50,000m   ④ X=0m, Y=0m

해설 원점별 평면종횡선직각좌표

원점명	X(종선)	Y(횡선)
통일원점	500,000m(제주지역 : 550,000m)	200,000m
구소삼각원점	0m	0m
특별소삼각원점	10,000m	30,000m

14 삼각형의 세 변을 측정한바 각 변이 10m, 12m, 14m였다. 이 토지의 면적은?

① 52.72m²   ② 54.81m²   ③ 55.26m²   ④ 58.79m²

> **해설** $s = \dfrac{a+b+c}{2} = \dfrac{10+12+14}{2} = 18m$
>
> 토지의 면적$(A) = \sqrt{s(s-a)(s-b)(s-c)} = \sqrt{18(18-10)(18-12)(18-14)} = 58.79m^2$

15 지적도근점의 설치와 관리에 대한 설명이 틀린 것은?

① 영구표지를 설치한 지적도근점에는 시행지역별로 일련번호를 부여한다.
② 지적도근점에 부여하는 번호는 아라비아숫자의 일련번호를 사용한다.
③ 지적도근점의 표지는 소관청이 직접 관리하거나 위탁관리한다.
④ 지적도근점측량을 하는 때에는 미리 지적도근점표지를 설치하여야 한다.

> **해설**   지적도근점의 번호는 영구표지를 설치하는 경우에는 시·군·구별로, 영구표지를 설치하지 아니하는 경우에는 시행지역별로 설치순서에 따라 일련번호를 부여한다. 이 경우 각 도선의 교점은 지적도근점의 번호 앞에 "교" 자를 붙인다.

16 오차의 부호와 크기가 불규칙하게 발생하여 관측자가 아무리 주의하여도 소거할 수 없으며, 오차 원인의 방향이 일정하지 않은 것은?

① 착오   ② 정오차   ③ 우연오차   ④ 누적오차

> **해설**   부정오차(우연오차, 상차)는 발생 원인이 불명확하고 부호와 크기가 불규칙하게 발생하는 오차로서 서로 상쇄되므로 상차라고도 하며, 원인을 알아도 소거가 불가능하고, 최소제곱법에 의한 확률법칙에 의해 보정할 수 있다.

17 「지적측량 시행규칙」에 의한 면적측정의 대상이 아닌 것은?

① 축척변경을 하는 경우
② 지적공부의 복구 및 토지합병을 하는 경우
③ 도시개발사업 등으로 인해 토지의 표시를 새로 결정하는 경우
④ 경계복원측량에 면적측정이 수반되는 경우

> **해설**   면적측정의 대상에는 ①, ③, ④ 외에 지적공부의 복구·신규등록·등록전환·분할 및 축척변경을 하는 경우, 등록사항 정정에 따른 면적 또는 경계를 정정하는 경우 등이 있다.
> ※ 경계복원측량과 지적현황측량을 하는 경우에는 필지마다 면적을 측정하지 않는다.

18 지적도면의 정리방법으로서 틀린 것은?

① 도곽선은 붉은색

② 도곽선수치는 붉은색

③ 축척변경 시 폐쇄된 지번은 다시 사용 불가능

④ 정정사항은 덮어서 고쳐 정리하지 못함

해설 지적확정측량·축척변경 및 지번변경에 따른 토지이동의 경우를 제외하고는 폐쇄 또는 말소된 지번을 다시 사용할 수 없다.

19 지적측량성과와 검사성과의 연결교차의 허용범위 기준으로 틀린 것은?(단, M은 축척분모이며, 경계점좌표등록부 시행지역의 경우는 고려하지 않는다.)

① 지적도근점 : 0.2m 이내

② 지적삼각점 : 0.2m 이내

③ 경계점 : 10분의 $3M$mm 이내

④ 지적삼각보조점 : 0.25m 이내

해설 지적측량성과와 검사성과의 연결교차 허용범위

구분	분류		허용범위
기초측량	지적삼각점		0.20m
	지적삼각보조점		0.25m
	지적도근점	경계점좌표등록부 시행지역	0.15m
		그 밖의 지역	0.25m
세부측량	경계점	경계점좌표등록부 시행지역	0.10m
		그 밖의 지역	10분의 $3M$mm (M은 축척분모)

20 지적기준점측량의 절차를 순서대로 바르게 나열한 것은?

① 계획의 수립 → 준비 및 현지답사 → 선점 및 조표 → 관측 및 계산과 성과표의 작성

② 준비 및 현지답사 → 계획의 수립 → 선점 및 조표 → 관측 및 계산과 성과표의 작성

③ 준비 및 현지답사 → 계획의 수립 → 관측 및 계산과 성과표의 작성 → 선점 및 조표

④ 계획의 수립 → 준비 및 현지답사 → 관측 및 계산과 성과표의 작성 → 선점 및 조표

해설 지적기준점측량은 계획의 수립 → 준비 및 현지답사 → 선점(選點) 및 조표(調標) → 관측 및 계산과 성과표의 작성 순으로 한다.

21 GNSS와 관련이 없는 것은?

① GALILEO   ② GPS   ③ GLONASS   ④ EDM

해설 GNSS측량은 인공위성을 이용한 위치측정시스템으로 정확한 위치를 알고 있는 위성에서 발사한 전파를 수신하여 관측점까지의 소요시간을 측정하여 위치를 구한다. EDM은 전자파거리측거기를 의미하며, GNSS측량과는 관련이 없다.

22 등고선의 간격이 가장 큰 것부터 바르게 연결된 것은?

① 주곡선 – 조곡선 – 간곡선 – 계곡선
③ 주곡선 – 간곡선 – 조곡선 – 계곡선
② 계곡선 – 주곡선 – 조곡선 – 간곡선
④ 계곡선 – 주곡선 – 간곡선 – 조곡선

해설 등고선의 종류 및 간격   (단위 : m)

등고선의 종류	등고선의 간격			
	1/5,000	1/10,000	1/25,000	1/50,000
계곡선	25	25	50	100
주곡선	5	5	10	20
간곡선	2.5	2.5	5	10
조곡선	1.25	1.25	2.5	5

23 곡선반지름(R)이 500m, 곡선의 단현길이(l)가 20m일 때 이 단현에 대한 편각은?

① 1°08′45″   ② 1°18′45″   ③ 2°08′45″   ④ 2°18′45″

해설 편각(δ) $= 1{,}718.87' \times \dfrac{l}{R} = 1{,}718.87' \times \dfrac{20}{500} = 1°08′45″$

24 GNSS측량 시 유사거리에 영향을 주는 오차와 거리가 먼 것은?

① 위성시계의 오차   ② 위성궤도의 오차
③ 전리층의 굴절오차   ④ 지오이드의 변화오차

해설 GNSS측량의 오차에는 크게 구조적 원인에 의한 오차, 위성의 배치 상황에 따른 오차(DOP), 선택적 가용성에 의한 오차(SA), 주파단절(Cycle Slip)이 있으며, 여기서 구조적 원인에 의한 오차에는 위성시계오차, 위성궤도오차, 전리층과 대류층의 전파지연, 수신기에서 발생하는 오차가 있다.

25 사진판독 시 과고감에 의하여 지형지물을 판독하는 경우에 대한 설명으로 옳지 않은 것은?

① 과고감은 촬영 시 사용한 렌즈의 초점거리와 사진의 중복도에 따라 다르다.
② 낮고 평탄한 지형의 판독에 유용하다.
③ 경사면이나 계곡산지 등에서는 오판하기 쉽다.
④ 사진에서의 과고감은 실제보다 기복이 완화되어 나타난다.

> **해설** 과고감(Vertical Exaggeration)이란 지표면의 기복을 과장하여 나타낸 것을 말한다. 과고감에 의하여 지형지물의 판독 시 주의사항에는 ①, ②, ③ 외에 "산지는 실제보다 돌출하여 높고 기복이 심하다.", "계곡은 실제보다 깊고 산 복사면은 실제의 경사보다 급하다." 등이 있다.

26 경사터널에서의 관측결과가 그림과 같을 때, AB의 고저차는?(단, $a=0.50$m, $b=1.30$m, $S=22.70$m, $\alpha=30°$)

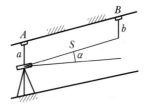

① 13.91m   ② 12.31m   ③ 12.15m   ④ 10.55m

> **해설** 천정에 측점이 있는 것에 주의한다.
> $$\triangle H + 기계고(I.H) = 시준고(S) + 경사거리(L) \times \sin\alpha$$
> $$\triangle H = S + L \times \sin\alpha - I.H = 1.3 + 22.7 \times \sin30° - 0.5 = 12.15m$$

27 항공사진의 특수 3점 중 렌즈 중심으로부터 사진면에 내린 수선의 발은?

① 주점   ② 연직점   ③ 등각점   ④ 부점

> **해설** 항공사진의 특수 3점에는 주점, 등각점, 연직점 등이 있다.
> • 주점 : 사진의 중심점으로 렌즈의 중심으로부터 화면상에 내린 수선의 발을 말한다.
> • 연직점 : 렌즈의 중심으로부터 지표면에 내린 수선의 발로 지표면과 수직이다.
> • 등각점 : 주점과 연직점을 2등분하여 교차하는 점을 말한다.

28 곡선반지름 $R=300$m, 교각 $I=50°$인 단곡선의 접선길이(T.L)와 곡선길이(C.L)는?

① T.L=126.79m, C.L=261.75m   ② T.L=139.89m, C.L=261.75m
③ T.L=126.79m, C.L=361.75m   ④ T.L=139.89m, C.L=361.75m

> **해설** • 접선길이$(T.L) = R\tan\left(\dfrac{I}{2}\right) = 300 \times \tan\left(\dfrac{50°}{2}\right) = 139.89m$

- 곡선길이$(C.L)=0.01745RI=0.01745\times300\times50°=261.75\text{m}$

29 노선측량의 종횡단측량과 같이 중간점이 많은 경우에 사용하기 적합한 수준측량의 야장 기입방법은?

① 기고식　　　　② 고차식　　　　③ 열거식　　　　④ 승강식

> **해설** 노선측량 야장기입법 중에서 종단측량이나 횡단측량에 많이 쓰이며 중간점이 많을 때 가장 적당한 방법은 기고식이다.

30 높이가 150m인 어떤 굴뚝이 축척 1/20,000인 수직사진상에서 연직점으로부터의 거리가 40mm일 때, 비고에 의한 변위량은?(단, 초점거리＝150mm)

① 1mm　　　　② 2mm　　　　③ 5mm　　　　④ 10mm

> **해설**
> $\dfrac{1}{m}=\dfrac{f}{H},\ H=m\times f=20,000\times0.15=3,000\text{m}$
>
> 기복변위$(\triangle r)=\dfrac{h}{H}\cdot r=\dfrac{150}{3,000}\times0.04=0.002\text{m}=2\text{mm}$
>
> (h : 비고, H : 비행촬영고도, r : 주점에서 측정점까지의 거리)

31 터널 양쪽 입구의 두 점 A, B의 수평위치 및 표고가 각각 A(4,370.60, 2,365.70, 465.80), B(4,625.30, 3,074.20, 432.50)일 때 AB 간의 경사거리는?(단, 좌표의 단위 : m)

① 254.73m　　　② 708.52m　　　③ 753.63m　　　④ 823.51m

> **해설** AB의 경사거리 $=\sqrt{(X_b-X_a)^2+(Y_b-Y_a)^2+(Z_b-Z_a)^2}$
> $$=\sqrt{(4,625.30-4,370.60)^2+(3,074.20-2,365.70)^2+(432.50-465.80)^2}$$
> $$=753.63\text{m}$$

32 등경사지 $\overline{AB}$에서 A점의 표고가 32.10m, B점의 표고가 52.35m, $\overline{AB}$의 도상길이가 70mm이다. 표고 40m인 지점과 A점과의 도상길이는?

① 20.2mm　　　② 27.3mm　　　③ 32.1mm　　　④ 52.3mm

> **해설** 비례식으로 풀어 보면,
> $(52.35-32.1):0.7$
> $=(40-32.1):x$
> $=20.25:0.07=7.9:x$
> $\therefore\ x=0.0273076\text{m}≒27.3\text{mm}$

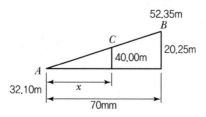

33 완화곡선에 해당하지 않는 것은?

① 3차 포물선

② 복심곡선

③ 클로소이드 곡선

④ 렘니스케이트 곡선

해설 완화곡선에는 클로소이드 곡선, 렘니스케이트 곡선, 3차 포물선, sin 체감곡선 등이 있다.

34 지형의 표시방법으로 옳지 않은 것은?

① 음영법   ② 교회법   ③ 우모법   ④ 등고선법

해설 지형의 표시방법은 크게 자연적 도법과 부호적 도법으로 구분한다. 자연적 도법에는 영선법(우모법), 음영법 등이 있고, 부호적 도법에는 점고법, 등고선법, 채색법 등이 있다.

35 항공사진측량의 기복변위 계산에 직접적인 영향을 미치는 인자가 아닌 것은?

① 지표면의 고저차

② 사진의 촬영고도

③ 연직점에서의 거리

④ 주점 기선거리

해설 기복변위(起伏變位)란 기복이 있는 지표면을 항공기나 인공위성에서 연직 방향으로 촬영하여도 촬영된 사진에서 연직점을 중심으로 방사상으로 생기는 변위를 말한다. 이 기복변위 계산에 직접적인 영향을 미치는 인자에는 ①, ②, ③ 외에 변위량, 비행고도, 비고 등이 있다.

36 수준측량에 관한 용어의 설명으로 틀린 것은?

① 수평면(Level Surface)은 정지된 해수면을 육지까지 연장하여 얻은 곡면으로 연직방향에 수직인 곡면이다.

② 이기점(Turning Point)은 높이를 알고 있는 지점에 세운 표척을 시준한 점을 말한다.

③ 표고(Elevation)는 기준면으로부터 임의의 지점까지의 연직거리를 의미한다.

④ 수준점(Bench Mark)은 수직위치결정을 보다 편리하게 하기 위하여 정확하게 표고를 관측하여 표시해 둔 점을 말한다.

해설 이기점(Turning Point)은 기계를 옮기기 위한 점으로 전시와 후시를 동시에 취하는 점이다.

37 등고선의 성질에 대한 설명으로 틀린 것은?

① 등고선이 능선을 횡단할 때 능선과 직교한다.
② 지표의 경사가 완만하면 등고선의 간격은 넓다.
③ 등고선은 어떠한 경우라도 교차하거나 겹치지 않는다.
④ 등고선은 도면 안 또는 밖에서 폐합하는 폐곡선이다.

해설 등고선의 성질에는 ①, ②, ④ 외에 "평면을 이루는 지표의 등고선은 서로 평행한 직선이다.", "등고선은 절벽 또는 동굴에서는 교차할 수 있다.", "동일 등고선 상에 있는 모든 점은 같은 높이다." 등이 있다.

38 수준측량에서 왕복거리 4km에 대한 허용오차가 20mm였다면 왕복거리 9km에 대한 허용오차는?

① 45mm　　　　② 40mm　　　　③ 30mm　　　　④ 25mm

해설 수준측량 오차는 거리의 제곱근에 비례하므로,

$\sqrt{4}\,\text{km} : 20\text{mm} = \sqrt{9}\,\text{km} : x$

$\therefore x = \dfrac{20\sqrt{9}}{\sqrt{4}} = 30\text{mm}$

39 GNSS측량에서 지적기준점측량과 같이 높은 정밀도를 필요로 할 때 사용하는 관측방법은?

① 스태틱(Static) 관측
② 키네마틱(Kinematic) 관측
③ 실시간 키네마틱(Real Time Kinematic) 관측
④ 1점 측위 관측

해설 스태틱(Static)측량은 GPS측량에서 지적기준점측량과 같이 높은 정밀도를 필요로 할 때 사용하는 관측방법으로 후처리 과정을 통하여 위치를 결정한다.

40 캔트(Cant)가 C인 원곡선에서 설계속도와 반지름을 각각 2배씩 증가시키면 새로운 캔트의 크기는?

① 1C　　　　② 1.5C　　　　③ 2C　　　　④ 2.5C

해설 캔트$(C) = \dfrac{V^2 S}{gR}$ [V : 속도(m/sec), S : 궤도간격, g : 중력가속도(9.81m/sec), R : 반경]으로서 설계속도의 제곱에 비례하고, 곡선반지름(R)에 반비례하므로, 설계속도는 4배, 곡선반지름은 2배 증가되므로 캔트(C)는 2배가 된다.

41 토털스테이션으로 얻은 자료를 컴퓨터에 입력하는 방법으로 옳은 것은?

① 입력을 디지타이저로 한다.

② 입력을 스캐너로 한다.

③ 관측된 수치자료를 키인(Key-in)하거나 메모리카드에 저장된 자료를 컴퓨터에 전송하여 처리한다.

④ 전산화하는 방법은 존재하지 않는다.

해설 토털스테이션에 저장된 거리, 방향각 등 관측값은 유선 또는 통신(블루투스)으로 컴퓨터에 전송하여 처리할 수 있다.

42 도형자료의 위상관계에서 관심 대상의 좌측과 우측에 어떤 사상이 있는지를 정의하는 것은?

① 근접성(Proximity) ② 연결성(Comectivity)

③ 인접성(Adjacency) ④ 위계성(Hierarchy)

해설 위상관계

공간상에서 대상물들의 위치나 관계를 나타내는 것으로서 연결성(Connectivity), 인접성(Adjacency), 포함성(Containment) 등의 관점에서 묘사되며 다양한 공간분석이 가능하다. 이 중 인접성은 두 개의 객체가 좌측과 우측에 어떤 사상이 있는지를 정의한다. 즉, 두 개의 객체가 서로 인접하는지를 판단한다. 연결성은 특정 사상이 어떤 사상과 연결되어 있는지를 정의한다. 즉, 두 개 이상의 객체가 연결되어 있는지를 판단한다.

43 토지대장, 지적도, 경계점좌표등록부 중 하나의 지적공부에만 등록되는 사항으로만 묶인 것은?

① 지목, 면적, 경계, 소유권 지분 ② 면적, 경계, 좌표, 소유권 지분

③ 지목, 경계, 좌표 ④ 지목, 면적, 좌표, 소유권 지분

해설 지적공부의 등록사항에는 지목(토지대장, 지적도), 면적(토지대장), 경계(지적도), 좌표(경계점좌표등록부), 소유권 지분(공유지연명부) 등이 있다.

44 각종 토지 관련 정보시스템의 한글 표기가 틀린 것은?

① KLIS : 한국토지정보시스템 ② LIS : 토지정보체계

③ NGIS : 국가지리정보시스템 ④ UIS : 교통정보체계

해설 • 도시정보체계(UIS : Urban Information System)

• 교통정보체계(TIS : Transpoitation Information System)

45 다음 객체 간의 공간특성 중 위상관계에 해당하지 않는 것은?

① 연결성   ② 인접성   ③ 위계성   ④ 포함성

해설 문제 42번 해설 참조

46 지도와 지형에 관한 정보에서 사용되는 형식(Data Format) 중 AutoCAD의 제작자에 의해 제안된 ASCⅡ 형태의 그래픽 자료 파일 형식은?

① DIME   ② DXF   ③ IGES   ④ ISIF

해설 AutoCAD의 DXF(Drawing exchange Format) 파일은 서로 다른 CAD 프로그램 간에 설계도면 파일을 교환하는 데 사용되는 파일 형식으로 AutoCAD의 제작자에 의해 제안된 ASCII 코드 형태의 그래픽 자료 파일 형식이다.

47 스캐너로 지적도를 입력하는 경우 입력한 도형자료의 유형으로 옳은 것은?

① 속성데이터   ② 래스터데이터
③ 벡터데이터   ④ 위성데이터

해설 래스터데이터는 일정한 격자모양의 셀이 데이터의 위치와 그 값을 표현하므로 격자데이터라고 하며, 도면을 스캐닝하여 취득한 자료와 위성영상자료들에 의해 구성된다.

48 GIS의 공간데이터에서 필지의 인접성 또는 도로의 연결성 등을 규정하는 것은?

① 위상관계   ② 공간관계   ③ 상호관계   ④ 도형관계

해설 위상관계(Topology)
• 연결되어 있는 인접한 요소 간의 공간적 관계이다.
• 객체들은 점들을 직선으로 연결하여 정확하게 표현할 수 있다.
• 점, 선, 면으로 객체 간의 공간관계를 파악할 수 있다.

49 각종 행정업무의 무인 자동화를 위해 가판대와 같이 공공시설, 거리 등에 설치하여 대중들이 쉽게 사용할 수 있도록 설치한 컴퓨터로 무인자동단말기를 가리키는 용어는?

① Touch Screen   ② Kiosk
③ PDA   ④ PMP

해설 Kiosk는 각종 행정업무의 무인자동화를 위해 가판대와 같이 공공시설, 거리 등에 설치하여 대중들이 쉽게 사용할 수 있도록 설치한 컴퓨터로 무인자동단말기이다.

50 중첩분석에 대한 설명으로 틀린 것은?

① 레이어를 중첩하여 각각의 레이어가 가지고 있는 정보를 합칠 수 있다.
② 각종 주제도를 통합 또는 분산 관리할 수 있다.
③ 각각의 레이어가 서로 다른 좌표계를 사용하는 경우에는 별도의 작업 없이 분석이 가능하다.
④ 사용자가 필요한 정보만을 추출할 수 있어 편리하다.

해설 중첩분석은 각기 구축된 레이어를 동일 좌표계를 이용하여 중첩시켜 새로운 형태의 도형과 속성레이어를 생성하는 것으로 서로 다른 좌표계를 사용하는 경우에는 선행 좌표체계를 일치시키는 작업을 수행하여야 한다.

51 대규모의 공장, 관로망 또는 공공시설물 등에 대한 제반 정보를 처리하는 시스템은?

① 시설물관리시스템 ③ 도로정보관리시스템
② 교통정보시스템 ④ 측량정보시스템

해설 시설물관리(FM : Facilities Management)
도로, 상하수도, 전기 등의 자료를 수치지도화하고 시설물의 속성을 입력하여 데이터베이스를 구축함으로써 시설물관리 활동을 효율적으로 지원하는 시스템이다.

52 관계형 데이터 모델의 단점을 보완한 데이터베이스로 CAD, GIS, 사무정보시스템 분야에서 활용하는 데이터베이스는?

① 객체지향형 ② 계층형 ③ 관계형 ④ 네트워크형

해설 데이터베이스의 모형에는 계층형(계급형), 네트워크(관망)형, 관계형, 객체지향형, 객체관계형 등이 있다. 이 중 객체지향형은 관계형 데이터 모델의 단점을 보완한 데이터베이스로 CAD, GIS, 사무정보시스템 분야에서 활용한다.

53 토지정보시스템에서 필지식별번호의 역할로 옳은 것은?

① 공간정보와 속성정보의 링크
② 공간정보에서 지호의 작성
③ 속성정보의 자료량의 감소
④ 공간정보의 자료량 감소

해설 필지식별자(PID : Parcel Identifier)
각 필지에 부여하는 가변성 없는 번호로서 필지에 관련된 자료의 공통적인 색인 역할과 필지별 대장과 도면의 등록사항을 연결 및 각 필지별 등록사항의 저장과 수정 등을 용이하게 처리할 수 있어야 하며, 지적정보에서 대장(속성)정보와 도면(도형)정보를 연계하는 역할을 수행한다.

54 LIS에서 사용하는 공간자료의 중첩 유형인 UNION과 INTERSECT에 대한 설명으로 틀린 것은?

① UNION : 두 개 이상의 레이어에 대하여 OR 연산자를 적용하여 합병하는 방법이다.

② UNION : 기준이 되는 레이어의 모든 속성정보는 결과레이어에 포함된다.

③ INTERSECT : 불린(Boolean)의 AND 연산자를 적용한다.

④ INTERSECT : 입력레이어의 모든 속성정보는 결과레이어에 포함된다.

해설 INTERSECT(교집합)

대상레이어에서 적용레이어를 AND 연산자를 사용하여 중첩시켜 적용레이어에 각 폴리곤과 중복되는 도형 및 속성정보만을 추출한다.

55 벡터데이터 모델의 장점이 아닌 것은?

① 다양한 모델링 작업을 쉽게 수행할 수 있다.

② 위상관계 정의 및 분석이 가능하다.

③ 고해상력의 높은 공간적 정확성을 제공한다.

④ 공간 객체에 대한 속성정보의 추출, 일반화, 갱신이 용이하다.

해설 벡터데이터의 장단점

장점	단점
• 사용자 관점에 가까운 자료구조이다. • 자료 압축율이 높다. • 위상에 대한 정보가 제공되어 관망분석과 같은 다양한 공간분석이 가능하다. • 위치와 속성에 대한 검색, 갱신, 일반화가 가능하다. • 정확도가 높다. • 지도와 비슷한 도형 제작이다.	• 데이터 구조가 복잡하다. • 중첩의 수행이 어렵다. • 동일하지 않은 위상구조로 분석이 어렵다.

56 지적정보 전산화에 있어 속성정보를 취득하는 방법으로 옳지 않은 것은?

① 민원인이 직접 조사하는 경우

② 관련 기관의 통보에 의한 경우

③ 민원 신청에 의한 경우

④ 담당공무원의 직권에 의한 경우

해설 지적정보 취득방법은 속성정보 취득방법과 도형정보 취득방법으로 구분한다. 이 중 속성정보 취득방법에는 ②, ③, ④ 외에 현지조사에 의한 경우 등이 있다.

57 메타데이터의 내용에 해당하지 않는 것은?

① 개체별 위치좌표　　　　　　　　② 데이터의 정확도
③ 데이터의 제공포맷　　　　　　　④ 데이터가 생성된 일자

해설 메타데이터의 내용(기본요소)
- 개요 및 자료소개 : 데이터의 지리적 영역 및 내용, 데이터의 획득방법
- 데이터 질에 대한 정보 : 데이터의 정확도, 정보출처, 데이터 생성방법
- 자료의 구성 : 데이터모형(벡터나 래스터모형 등), 공간위치의 표시방법
- 공간참조를 위한 정보 : 지도투영법의 명칭, 격자좌표체계 및 기법
- 공간 · 속성정보 : 공간정보(도로, 가옥, 대기 등) 및 속성정보
- 정보획득방법 : 정보의 획득장소 및 획득형태, 정보의 가격
- 참조정보 : 메타데이터의 작성자 및 일시

58 지적전산화의 목적으로 틀린 것은?

① 업무처리의 능률 및 정확도 향상
② 신속하고 정확한 지적민원의 처리
③ 토지 관련 정책자료의 다목적 활용
④ 토지가격와 현장 파악

해설 지적전산화의 목적에는 ①, ②, ③ 외에 관련 업무의 능률과 정확도 향상, 지적민원처리의 신속성, 토지기록업무의 이중성 제거 등이 있다.

59 필지중심토지정보시스템(PBLIS)에 관한 설명으로 옳은 것은?

① PBLIS는 지형도 기반으로 각종 행정업무를 수행하고 관련 부처 및 타 기관에 제공할 정책 정보를 생산하는 시스템이다.
② PBLIS를 구축한 후 연계업무를 위해 지적도 전산화사업을 추진하였다.
③ 필지식별자는 각 필지에 부여되어야 하고 필지의 변동이 있을 경우에는 언제나 변경, 정리가 용이해야 한다.
④ PBLIS의 자료는 속성정보만으로 구성되며 속성정보에는 과세대장, 상수도대장, 도로대장, 주민등록, 공시지가, 건물대장, 등기부, 토지대장 등이 포함된다.

해설 필지중심토지정보시스템(PBLIS)
- PBLIS는 지적도(지번, 경계)와 토지대장(지목, 면적)을 기반으로 지적행정업무 수행과 관련 부처에 정책정보 및 일반 사용자에게 토지 관련 정보를 제공하는 것이다.
- PBLIS는 지적도를 기반으로 지적공부관리 및 정책지원, 지적측량업무, 지적측량성과 작성업무를 운영하였다.
- 사용데이터에는 토지 · 임야대장, 지적도, 지적 관련 도면, 기준점 표석대장 등이 있다.

60 지적공부정리 신청이 있을 때에 검토하여 정리하여야 할 사항에 속하지 않는 것은?

① 신청사항과 지적전산자료의 일치 여부

② 지적측량성과 자료의 적정 여부

③ 지적측량 입회와 확인 여부

④ 첨부된 서류의 적정 여부

해설 지적공부정리신청서의 검토대상에는 ①, ②, ④ 외에 각종 코드의 적정 여부, 그 밖에 지적공부정리를 하기 위하여 필요한 사항 등이 있다.

4과목 지적학

61 현재의 토지대장과 같은 것은?

① 문기(文記)　　　② 양안(量案)　　　③ 사표(四標)　　　④ 입안(立案)

해설 ① 문기(文記) : 조선시대에 토지 및 가옥을 매수 또는 매도할 때 작성한 매매 계약서를 말하며 '명문 문권' 이라고도 하였다.

② 양안(量案) : 고려시대부터 시작되어 조선시대를 거쳐 일제시대의 토지조사사업 전까지 세금의 징수를 목적 으로 양전에 의해 작성된 토지기록부 또는 토지대장이다.

③ 사표(四標) : 고려와 조선의 양안에 수록된 사항으로서, 토지의 위치를 간략하게 표시한 것이다.

④ 입안(立案) : 토지가옥의 매매를 국가에서 증명하는 제도로서, 현재의 등기권리증과 같은 지적의 명의 변경 절차이다.

62 토지의 표시사항 중 토지를 특정할 수 있도록 하는 가장 단순하고 명확한 토지식별자는?

① 지번　　　　② 지목　　　　③ 소유자　　　　④ 경계

해설 지번이란 지리적 위치의 고정성과 토지의 특정화, 개별성을 확보하기 위해 리 · 동의 단위로 필지마다 아라비아 숫자로 순차적으로 부여하여 지적공부에 등록한 번호로서 우리나라에서 가장 일반적인 토지식별자로 사용된다.

63 지적에 관한 설명으로 틀린 것은?

① 일필지 중심의 정보를 등록 · 관리한다.

② 토지표시사항의 이동사항을 결정한다.

③ 토지의 물리적 현황을 조사 · 측량 · 등록 · 관리 · 제공한다.

④ 토지와 관련한 모든 권리의 공시를 목적으로 한다.

해설 지적은 공신력을 인정하고, 등기는 공신력을 인정하지 않는다.

64 우리나라 법정 지목의 성격으로 옳은 것은?

① 경제지목　　　② 지형지목　　　③ 용도지목　　　④ 토성지목

해설 토지의 현황에 따른 지목의 분류
- 용도지목 : 토지의 현실적 용도에 따라 결정하며, 우리나라 및 대부분의 국가에서는 용도지목을 사용한다.
- 지형지목 : 지표면의 형상, 토지의 고저 등 토지의 모양에 따라 결정한다.
- 토성지목 : 지층, 암석, 토양 등 토지의 성질에 따라 결정한다.

---

65 토지조사사업 당시의 지목 중 비과세지에 해당하는 것은?

① 전　　　　　② 하천　　　　　③ 임야　　　　　④ 잡종지

해설 토지조사사업 당시 지목의 분류
- 과세지 : 전 · 답 · 대 · 지소 · 임야 · 잡종지
- 면세지 : 사사지(社寺地) · 분묘지 · 공원지 · 철도용지 · 수도용지
- 비과세지 : 도로 · 하천 · 구거 · 제방 · 성첩 · 철도선로 · 수도선로

---

66 토지조사사업 시 사정한 경계의 직접적인 사항은?

① 토지 과세의 촉구　　　　　② 측량기술의 확인
③ 기초 행정의 확립　　　　　④ 등록단위인 필지획정

해설 사정이란 토지조사부와 지적도에 의하여 토지의 소유자 및 그 강계(=경계)를 확정하는 행정처분으로서, 경계의 사정에 의해 필지가 획정된다(지역선은 사정선이 아니지만 지적도에 강계선과 같이 제도됨).

---

67 1필지의 특징으로 틀린 것은?

① 자연적 구획인 단위토지이다.
② 폐합다각형으로 구성한다.
③ 토지등록의 기본단위이다.
④ 법률적인 단위구역이다.

해설 토지에 대한 물권의 효력이 미치는 범위를 정하고 거래단위로서 개별화, 특정화시키기 위하여 인위적으로 구획한 법적 등록단위이다.

---

68 양전의 결과로 민간인의 사적 토지소유권을 증명해 주는 지계를 발행하기 위해 1901년에 설립된 것으로, 탁지부에 소속된 지적사무를 관장하는 독립된 외청 형태의 중앙행정기관은?

① 양지아문(量地衙門)　　　　　② 지계아문(地契衙門)
③ 양지과(量地課)　　　　　　　④ 통감부(統監府)

해설 지계아문은 양전의 결과로 민간인의 사적 토지소유권을 증명해주는 지계를 발행하기 위해 1901년에 설립된 것으로, 탁지부에 소속된 지적사무를 관장하는 독립된 외청 형태의 중앙행정기관이다.

69 지적의 3요소와 가장 거리가 먼 것은?

① 토지   ② 등록   ③ 등기   ④ 공부

해설 지적의 3요소는 토지, 등록, 공부이다.

70 우리나라의 토지소유권에 대한 설명으로 옳은 것은?

① 절대적이다.
② 무제한 사용, 수익, 처분할 수 있다.
③ 신성불가침이다.
④ 법률의 범위 내에서 사용, 수익, 처분할 수 있다.

해설 우리나라에서 소유권은 소유물을 사용, 수익, 처분할 수 있는 물권이라고 규정하고 있지만, 토지의 소유권은 정당한 이익이 있는 범위 내에서 토지의 상하에 미친다고 규정함으로써 일정한 범위 내로 제한하고 있다.

71 토지합병의 조건과 무관한 것은?

① 동일 지번지역 내에 있을 것
② 등록된 도면의 축척이 같을 것
③ 경계가 서로 연접되어 있을 것
④ 토지의 용도지역이 같을 것

해설 합병신청을 할 수 있는 토지에는 ①, ②, ③ 외에 토지의 소유자가 서로 같은 경우, 토지의 지목이 같은 경우 등이 있다.

72 지적과 등기를 일원화된 조직의 행정업무로 처리하지 않는 국가는?

① 독일   ② 네덜란드   ③ 일본   ④ 대만

해설 우리나라와 독일은 지적제도는 행정부, 등기제도는 사법부에서 관리하는 이원화 체제로 처리한다.

73 경국대전에서 매 20년마다 토지를 개량하여 작성했던 양안의 역할은?

① 가옥 규모 파악　　　　　　　　② 세금징수
③ 상시 소유자 변경 등재　　　　　④ 토지거래

해설　양안은 고려시대부터 시작되어 조선시대를 거쳐 일제 강점기 토지조사사업 전까지 세금 징수를 목적으로 양전에 의해 작성된 토지기록부 또는 토지대장이다.

74 등록전환으로 인하여 임야대장 및 임야도에 결번이 생겼을 때의 일반적인 처리방법은?

① 결번을 그대로 둔다.
② 결번에 해당하는 지번을 다른 토지에 붙인다.
③ 결번에 해당하는 임야대장을 빼내어 폐기한다.
④ 지번설정지역을 변경한다.

해설　결번 발생 시에는 지체 없이 그 사유를 결번대장에 등록하여 영구히 보존한다.

75 지적도에 등록된 경계의 뜻으로서 합당하지 않은 것은?

① 위치만 있고 면적은 없음
② 경계점 간 최단거리 연결
③ 측량방법에 따라 필지 간 2개 존재 가능
④ 필지 간 공통작용

해설　경계는 지역을 구분하여 표시하는 선으로서 일반적으로 토지소유권의 범위를 표시하는 구획선을 의미한다. 따라서 경계는 필지 사이에 하나의 선으로 존재한다.

76 고구려에서 토지측량단위로 면적 계산에 사용한 제도는?

① 결부법　　　　② 두락제　　　　③ 경무법　　　　④ 정전제

해설　삼국시대의 지적제도

구분	고구려	백제	신라
길이단위	척(尺)	척(尺)	척(尺)
면적단위	경무법	두락제, 전부제	결부제
지적도면	봉역도, 요동성총도	도적	방전, 직전, 제전, 규전, 구고전, 원전, 호전, 환전
측량방법	구장산술	구장산술	구장산술
지적사무 담당	• 사자(使者) • 주부(主簿) : 면적 측정	• 내두좌평(內頭佐平) • 산학박사 : 지적 · 측량담당 • 산사(算師) : 측량 시행 • 화사(畫師) : 도면 작성	• 조부(調部) : 토지세수 파악 • 산학박사 : 토지측량 및 면적 측정

77 지적의 어원을 "Katastikhon", "Capitastrum"에서 찾고 있는 견해의 주요 쟁점이 되는 의미는?

① 세금 부과　　　② 지적공부　　　③ 지형도　　　④ 토지측량

> **해설** Katastikhon과 Capitastrum 또는 Catastrum은 모두 "세금 부과"의 뜻을 내포하고 있고, Katastichon은 Kata(위에서 아래로)와 Stikhon(부과)의 합성어로 조세등록이란 의미이기 때문에 지적의 어원은 조세에서 출발한 것으로 보는 것이 보편적인 견해이다.

78 우리나라에서 적용하는 지적의 원리가 아닌 것은?

① 적극적 등록주의　　　　　　② 형식적 심사주의
③ 공개주의　　　　　　　　　　④ 국정주의

> **해설** 우리나라는 등기제도에서는 형식적 심사주의, 지적에서는 실질적 심사주의를 채택하고 있다.

79 다음 중 지적의 기능으로 가장 거리가 먼 것은?

① 재산권의 보호　　　　　　　② 공정과세의 자료
③ 토지관리에 기여　　　　　　④ 쾌적한 생활환경의 조성

> **해설** 쾌적한 생활환경의 조성은 지적의 기능과 직접적인 관계가 없다.

80 하천의 연안에 있던 토지가 홍수 등으로 인하여 하천부지로 된 경우 이 토지를 무엇이라 하는가?

① 간석지　　　② 포락지　　　③ 이생지　　　④ 개재지

> **해설** 포락지(浦落地)와 이생지(浪生地)
> • 과거 하천 연안의 토지가 홍수 등으로 멸실되어 하천부지가 되는 경우 이를 "포락지"라 하고, 그 하류 또는 대안에 새로운 토지가 생긴 경우 이를 "이생지"라고 한다.
> • 멸실한 토지의 소유자가 새로 생긴 토지의 소유권을 얻는 관습이 있는데 이를 "포락이생"이라 한다.
> • 대전회통에 따르면 포락지는 면세하고 이생지는 과세한다.

5과목 **지적관계법규**

81 토지 등의 출입 등에 따라 손실이 발생하였으나 협의가 성립되지 아니한 경우 손실을 보상할 자 또는 손실을 받은 자가 재결을 신청할 수 있는 기관은?

① 시 · 도지사　　　　　　　　② 국토교통부장관
③ 행정자치부장관　　　　　　④ 관할 토지수용위원회

해설 지적소관청이 측량기준점의 설치를 위해 토지 등의 출입 등에 따라 손실이 발생하여 손실을 받은 자와 협의가 성립되지 아니한 경우 관할 토지수용위원회에 재결을 신청할 수 있다.

82 복구측량이 완료되어 지적공부를 복구하려는 경우 복구하려는 토지의 표시 등을 시·군·구 게시판 및 인터넷 홈페이지에 최소 며칠 이상 게시하여야 하는가?

① 7일 이상 ② 10일 이상
③ 15일 이상 ④ 30일 이상

해설 지적소관청은 복구자료의 조사 또는 복구측량 등 이 완료되어 지적공부를 복구하려는 경우에는 복구하려는 토지의 표시 등을 시·군·구 게시판 및 인터넷 홈페이지에 15일 이상 게시하여야 한다.

83 지적기준점에 해당하지 않는 것은?

① 위성기준점 ② 지적삼각점
③ 지적도근점 ④ 지적삼각보조점

해설 지적기준점에는 지적삼각점, 지적삼각보조점, 지적도근점이 있다.

84 도시개발사업과 관련하여 지적소관청에 제출하는 신고 서류로 옳지 않은 것은?

① 사업인가서 ② 지번별 조서
③ 사업계획도 ④ 환지 설계서

해설 도시개발사업과 관련하여 지적소관청에 제출하는 신고서류

착수 및 변경신고 시	완료신고 시
• 사업인가서 • 지번별 조서 • 사업계획도	• 확정될 토지의 지번별 조서 및 종전 토지의 지번별 조서 • 환지처분과 같은 효력이 있는 고시된 환지계획서(다만, 환지를 수반하지 않는 사업인 경우에는 사업의 완료를 증명하는 서류)

85 측량업의 등록을 하려는 자가 신청서에 첨부하여 제출하여야 할 서류가 아닌 것은?

① 보유하고 있는 측량기술자의 명단
② 보유한 인력에 대한 측량기술경력증명서
③ 보유하고 있는 장비의 명세서
④ 등기부등본

구분	서류
기술인력을 갖춘 사실을 위한 증명서류	• 보유하고 있는 측량기술자의 명단 • 인력에 대한 측량기술 경력증명서
보유장비를 증명하기 위한 서류	• 보유하고 있는 장비의 명세서 • 장비의 성능검사서 사본 • 소유권 또는 사용권을 보유한 사실을 증명할 수 있는 서류

86 지적서고의 설치기준 등에 관한 설명으로 틀린 것은?

① 골조는 철근콘크리트 이상의 강질로 할 것

② 바닥과 벽은 2중으로 하고 영구적인 방수설비를 할 것

③ 전기시설을 설치하는 때에는 단독퓨즈를 설치하 고소화장비를 갖춰 둘 것

④ 열과 습도의 영향을 적게 받도록 내부공간은 좁고 천정을 낮게 설치할 것

해설 지적서고의 설치기준

• 골조는 철근콘크리트 이상의 강질로 할 것
• 바닥과 벽은 2중으로 하고 영구적인 방수설비를 할 것
• 전기설비를 설치할 때에는 단독퓨즈를 설치하고 고소화장비를 갖춰 둘 것
• 지적서고는 저적사무를 처리하는 사무실과 연접(連接)하여 설치할 것
• 온도 및 습도의 자동조절장치를 설치하고 연중 평균온도는 섭씨 $20\pm5℃$를, 연중 평균습도는 $65\pm5℃$를 유지할 것
• 창문과 출입문은 2중으로 하되, 바깥쪽 문은 반드시 철체로 하고 안쪽 문은 곤충, 쥐 등의 침입을 막을 수 있도록 철망 등을 설치할 것

87 지적측량업의 등록을 취소해야 하는 경우에 해당되지 않는 것은?

① 거짓이나 그 밖의 부정한 방법으로 지적측량업의 등록을 한 때

② 법인의 임원 중 형의 집행유예선고를 받고 그 유예기간이 경과된 자가 있는 때

③ 다른 사람에게 자기의 등록증을 빌려준 때

④ 영업정지기간 중에 지적측량업을 영위한 때

해설 금고 이상의 형의 집행유예를 선고받고 그 집행유예기간 중에 있는 자 및 임원, 이에 해당하는 자가 있는 법인은 측량업의 등록을 할 수 없으며, 이를 위반하는 경우 측량업의 등록취소 및 영업정지의 사유가 되지만, 유예기간이 경과되었다면 해당되지 않는다.

88 지적도의 등록사항으로 틀린 것은?

① 전유 부분의 건물표시
② 도면의 색인도
③ 건물 및 구조물 등의 위치
④ 삼각점 및 지적측량기준점의 위치

해설 지적도의 등록사항

법률상 규정	국토교통부령 규정
• 토지의 소재 • 지번 • 지목 • 경계 • 그 밖에 국토교통부령이 정하는 사항	• 도면의 색인도 • 도면의 제명 및 축척 • 도곽선 및 그 수치 • 좌표에 의하여 계산된 경계점 간 거리(경계점좌표등록부를 갖춰두는 지역으로 한정한다.) • 삼각점 및 지적기준점의 위치 • 건축물 및 구조물 등의 위치 • 그 밖에 국토교통부장관이 정하는 사항

① 전유 부분의 표시는 대지권등록부에 등록해야 한다.

89 토지소유자에게 지적정리사항을 통지하지 않아도 되는 때는?

① 신청의 대위 시
② 직권 등록사항 정정 시
③ 등기촉탁 시
④ 신규등록 시

해설 신규등록을 직권으로 하였다면 토지소유자에게 통지를 해야 하지만, 토지소유자의 신청에 의한 것이라면 통지 대상에 해당하지 않는다.

90 지적공부의 복구에 관한 관계 자료에 해당하지 않는 것은?

① 지적공부의 등본
② 측량결과도
③ 토지이용계획확인서
④ 토지이동정리 결의서

해설 지적공부 복구자료에는 ①, ②, ④ 외에 부동산등기부등본 등 등기사실을 증명하는 서류, 지적소관청이 작성하거나 발행한 지적공부의 등록내용을 증명하는 서류, 복제된 지적공부, 법원의 확정판결서 정본 또는 사본 등이 있다.

91 경계점좌표등록부에 등록하는 지역의 토지면적 결정(제곱미터)의 기준으로 옳은 것은?

① 소수점 세 자리로 한다.
② 소수점 두 자리로 한다.
③ 소수점 한 자리로 한다.
④ 정수로 한다.

해설 지적도의 축척이 1/600인 지역과 경계점좌표등록부에 등록하는 지역의 토지 면적은 m^2 이하 한 자리 단위로 하되, $0.1m^2$ 미만의 끝수가 있는 경우 $0.05m^2$ 미만일 때에는 버리고 $0.05m^2$를 초과할 때에는 올리며, $0.05m^2$ 일 때에는 구하려는 끝자리의 숫자가 0 또는 짝수면 버리고 홀수면 올린다. 다만, 1필지의 면적이 $0.1m^2$ 미만인 때에는 $0.1m^2$로 한다.

92 지번 10-1, 10-2, 11, 12번지의 4필지를 합병하는 경우 새로 설정하는 지번으로 옳은 것은?

① 10-1　　　　② 10-2　　　　③ 11　　　　④ 12

해설 합병의 경우 합병대상지번 중 선순위의 지번을 그 지번으로 하되, 본번으로 된 지번이 있는 때에는 본번 중 선순위의 지번을 합병 후의 지번으로 한다. 따라서 11로 지번을 결정하여야 한다.

93 국가가 국가를 위하여 하는 등기로 보는 등기촉탁 사유가 아닌 것은?

① 신규등록　　　　　　　　　② 지번변경
③ 축척변경　　　　　　　　　④ 등록사항정정(직권)

해설 등기촉탁 대상에는 ②, ③, ④ 외에 바다로 된 토지의 등록말소, 행정구역 명칭변경 등이 있다.

94 지적측량 적부심사의결서를 받은 시·도지사는 며칠 이내에 지적측량적부심사 청구인 및 이해관계인에게 그 의결서를 통지하여야 하는가?

① 5일　　　　　② 7일　　　　　③ 30일　　　　　④ 60일

해설 지적측량 적부심사의결서를 받은 시·도지사는 7일 이내에 지적측량적부심사 청구인 및 이해관계인에게 그 의결서를 통지하여야 한다.

95 지적확정측량에 관한 설명으로 틀린 것은?

① 지적확정측량을 하는 경우 필지별 경계점은 위성기준점, 통합기준점, 삼각점, 지적삼각점, 지적삼각보조점 및 지적도근점에 따라 측정하여야 한다.
② 지적확정측량을 할 때에는 미리 사업계획도와 도면을 대조하여 각 필지의 위치 등을 확인하여야 한다.
③ 도시개발사업 등으로 지적확정측량을 하려는 지역에 임야도를 갖춰두는 지역의 토지가 있는 경우에는 등록전환을 하지 아니할 수 있다.
④ 도시개발사업 등에는 막대한 예산이 소요되기 때문에 지적확정측량은 지적측량수행자 중에서 전문적인 노하우를 갖춘 한국국토공사가 전담한다.

해설 지적확정측량은 시 · 도지사에게 등록한 지적측량업자와 한국국토정보공사가 수행한다.

96 토지를 지적공부에 1필지로 등록하는 기준으로 옳은 것은?

① 지번부여지역의 토지로서 용도와 관계없이 소유자가 동일하면 1필지로 등록할 수 있다.
② 지번부여지역의 토지로서 소유자와 용도가 같고 지반이 연속된 토지는 1필지로 등록할 수 있다.
③ 행정구역을 달리할지라도 지목과 소유자가 동일하면 1필지로 등록한다.
④ 종된 용도의 토지면적이 $100m^2$를 초과하면 1필지로 등록한다.

해설 용도의 토지에 편입하여 1필지로 할 수 있는 경우

양입지 조건	양입지 예외 조건
• 주된 용도의 토지의 편의를 위하여 설치된 도로 · 구거(溝渠, 도랑) 등의 부지 • 주된 용도의 토지에 접속되거나 주된 용도의 토지로 둘러싸인 토지로서 다른 용도로 사용되고 있는 토지 • 소유자가 동일하고 지반이 연속되지만, 지목이 다른 경우	• 종된 토지의 지목이 "대(垈)"인 경우 • 종된 용도의 토지면적이 주된 용도의 토지면적의 10%를 초과하는 경우 • 종된 용도의 토지면적이 주된 용도의 토지면적의 330 m^2를 초과하는 경우 ※ 염전, 광천지는 면적에 관계없이 양입지로 하지 않는다.

97 축척 1/600지역에서 1필지의 산출면적이 $76.55m^2$였다면 결정면적은?

① $76m^2$ ② $76.5m^2$ ③ $76.6m^2$ ④ $77m^2$

해설 문제 91번 해설 참조

축척 1/600지역에서 1필지의 산출면적이 $76.55m^2$였다면 결정면적은 $76.6m^2$이다.

98 신규등록 대상 토지가 아닌 것은?

① 공유수면매립 준공 토지   ② 도시개발사업 완료 토지
③ 미등록 하천   ④ 미등록 공공용 토지

해설 신규등록의 대상토지에는 ①, ③, ④ 외에 미등록 섬, 미등록 토지 등이 있다. 도시개발사업 완료 토지는 이미 지적공부에 등록된 토지를 도시개발사업에 의하여 새로이 토지의 표시를 정한 것으로 신규등록대상은 아니다.

99 지적공부에 등록된 토지의 표시사항이 토지의 이동으로 달라지는 경우 이를 결정하는 권한을 가진 자는?

① 지적소관청
② 시 · 도지사
③ 토지권리자
④ 지적측량업자

해설 지적공부에 등록하는 지번 · 지목 · 면적 · 경계 또는 좌표는 토지의 이동이 있을 때 토지소유자(법인이 아닌 사단이나 재단의 경우에는 그 대표자나 관리인을 말한다. 이하 같다)의 신청을 받아 지적소관청이 결정한다. 다만, 신청이 없으면 지적소관청이 직권으로 조사 · 측량하여 결정할 수 있다.

100 지적공부의 복구자료에 해당하지 않는 것은?

① 복제된 지적공부
② 측량준비도
③ 부동산 등기부등본
④ 지적공부의 등본

해설 지적공부의 복구자료에는 부동산 등기부등본, 지적공부의 등본, 측량결과도, 토지이동정리결의서, 복제된 지적공부, 법원의 확정판결서 정본 또는 사본 등이 있다.

1과목 **지적측량**

01 경위의측량방법에 따른 세부측량에서 거리측정단위는?

① 0.1cm　　　　② 1cm　　　　③ 5cm　　　　④ 10cm

해설 거리측정단위는 지적도를 갖춰 두는 지역에서는 5cm로 하고, 임야도를 갖춰두는 지역에서는 50cm로 한다.
또한 경위의측량방법에 따른 세부측량에서 거리측정단위는 1cm로 한다.

02 축척 1/600 도면을 기초로 하여 축척 1/3,000 도면을 작성할 때 필요한 1/600 도면의 매수는?

① 10매　　　　② 15매　　　　③ 20매　　　　④ 25매

해설 $축척비 = \dfrac{3,000}{600} = 5 \rightarrow 면적비 = 5 \times 5 = 25매$

03 축척이 1/1,200인 지역에서 전자면적측정기에 따른 면적을 도상에서 2회 측정한 결과가 654.8m², 655.2m²였을 때 평균치를 측정면적으로 하기 위하여 교차는 얼마 이하이어야 하는가?

① 16.2m²　　　② 17.2m²　　　③ 18.2m²　　　④ 19.2m²

해설 전자면적측정기에 따른 면적 측정은 도상에서 2회 측정하여 그 교차가 다음 계산식에 따른 허용면적 이하일 때에는 그 평균치를 측정면적으로 한다.

$허용면적(A) = 0.023^2 M\sqrt{F} = 0.023^2 \times 1,200 \sqrt{\dfrac{654.8 + 655.2}{2}} = 16.25m^2$

(M : 축척분모, F : 2회 측정한 면적의 합계를 2로 나눈 수)
따라서 16.2m² 이하로 하여야 한다.

04 다음 중 지적측량을 하여야 하는 경우로 옳지 않은 것은?

① 지적측량성과를 검사하는 경우

② 지적기준점을 정하는 경우

③ 분할된 도로의 필지를 합병하는 경우

④ 경계점을 지상에 복원하는 경우

해설 지적측량을 하지 않는 경우에는 합병, 지번변경, 지목변경, 행정구역 명칭변경 등이 있다.

05 평판측량의 오차 중 표정오차에 해당하는 것은?

① 구심오차　　　　　　　② 외심오차

③ 시준오차　　　　　　　④ 경사분획오차

해설 표정(標定)은 평판을 일정한 방향에 고정시키는 것으로 평판을 지상의 다른 측점(測點)으로 옮겼을 때 항상 일정한 방향으로 유지시키기 위해 후시(後視)에 의한 표정이 있다. 구심(求心)은 방향선을 바르게 그릴 수 있도록 구심기로 지상의 실제 위치점과 평면상의 측점을 일치시키는 것이다.

06 정오차에 대한 설명으로 틀린 것은?

① 원인과 상태를 알면 일정한 법칙에 따라 보정할 수 있다.

② 수학적 또는 물리적 법칙에 따라 일정하게 발생한다.

③ 조건과 상태가 변화하면 그 변화량에 따라 오차의 양도 변화하는 계통오차이다.

④ 일반적으로 최소제곱법을 이용하여 조정한다.

해설 정오차(계통오차, 누차)는 일정한 조건에서 같은 방향과 같은 크기로 발생되는 오차로서 누적되므로 "누차"라고 도 하며 원인과 상태를 파악하면 제거가 가능하다.

④ 최소제곱법을 이용하여 조정하는 것은 부정오차(우연오차, 상차)이다.

07 지적삼각보조점측량 시 기초가 되는 점이 아닌 것은?

① 지적도근점　　　　　　② 위성기준점

③ 지적삼각점　　　　　　④ 지적삼각보조점

해설 지적삼각보조점측량 시 기초가 되는 점에는 위성기준점, 통합기준점, 삼각점, 지적삼각점, 지적삼각보조점 등이 있다.

08 지적도의 축척이 1/600인 지역에서 0.7m²인 필지의 지적공부 등록면적은?

① 0m²　　　　　② 0.5m²　　　　　③ 0.7m²　　　　　④ 1m²

지적도의 축척이 1/600인 지역과 경계점좌표등록부에 등록하는 지역의 토지 면적은 m^2 이하 한 자리 단위로 하되, $0.1m^2$ 미만의 끝수가 있는 경우 $0.05m^2$ 미만일 때에는 버리고 $0.05m^2$를 초과할 때에는 올리며, $0.05m^2$ 일 때에는 구하려는 끝자리의 숫자가 0 또는 짝수면 버리고 홀수면 올린다. 따라서 축척이 1/600인 지역에서 $0.7m^2$인 필지의 지적공부 등록면적은 $0.7m^2$이다.

09 지적도 일람도에서 지방도로 이상을 나타내는 선은?

① 검은색 0.1mm

② 남색 0.1mm

③ 검은색 0.2mm

④ 붉은색 0.2mm

지방도로 이상은 검은색 0.2mm 폭의 2선으로, 그 밖의 도로는 0.1mm의 폭으로 제도한다.

10 배각법에 의한 지적도근점측량을 실시한 결과, 출발방위각이 47°32′52″, 변의 수가 11, 도착방위각이 251°24′20″, 관측값의 합이 2,003°50′40″일 때 측각오차는?

① 38초

② −38초

③ 48초

④ −48초

측각오차 $= W_a + \sum\alpha - 180(n-1) - W_b$

$\qquad = 47°32′52″ + 2,003°50′40″ - 180(11-1) - 251°24′20″ = -48$초

(W_a : 출발기지방위각, W_b : 도착기지방위각, $\sum\alpha$: 관측값의 합계, n : 변의 수)

11 경위의측량방법에 따른 지적삼각점의 관측에서 수평각의 측각공차 중 기지각과의 차에 대한 기준은?

① ±30초 이내

② ±40초 이내

③ ±50초 이내

④ ±60초 이내

지적삼각점을 관측하는 경우 수평각의 측각공차

종별	1방향각	1측회 폐색	삼각형 내각관측치의 합과 180°의 차	기지각과의 차
공차	30초 이내	±30초 이내	±30초 이내	±40초 이내

12 축척 1/500인 지역에서 측판측량을 교회법으로 실시할 때 방향선의 지상거리는 최대 얼마 이하로 하여야 하는가?

① 25m

② 50m

③ 75m

④ 100m

측판측량을 교회법으로 실시할 때 방향선의 도상길이는 10cm 이하로 한다.

따라서, 10cm×500=50m

13 기지점 A를 측점으로 하고 전방교회법의 요령으로 다른 기지에 의하여 평판을 표정하는 측량 방법은?

① 방향선법　　　② 원호교회법　　　③ 측방교회법　　　④ 후방교회법

> **해설** • 측방교회법 : 기지점에 평판을 세울 수 없는 경우에 적합한 방식이며, 전방교회법과 후방교회법의 원리를 혼합한 것으로서 2개 이상의 기지점을 사용하여 기지점에 평판을 세워 미지점을 관측한 후 직접 미지점에 평판을 세워 기지점을 관측하여 미지점의 위치를 구한다.
> • 후방교회법 : 구하고자 하는 미지점에 평판을 세우고 기지점의 방향선에 의하여 미지점의 위치를 결정하는 방법으로 2점법, 3점법, 자침에 의한 방법 등이 있다.

14 「지적측량 시행규칙」에 따른 지적측량의 구분으로 옳은 것은?

① 지적삼각점측량과 세부측량
② 경위의측량과 평판측량
③ 지적삼각점측량과 지적도근점측량
④ 기초측량과 세부측량

> **해설** 지적측량은 지적기준점을 정하기 위한 기초측량과 일필지의 경계와 면적을 정하는 세부측량으로 구분한다.

15 광파기측량방법과 다각망도선법에 의한 지적삼각보조점의 관측에 있어 도선별 평균방위각과 관측방위각의 폐색오차 한계는?(단, n은 폐색변을 포함한 변의 수를 말한다.)

① $\pm\sqrt{n}$ 초 이내　　　　　　② $\pm1.5\sqrt{n}$ 초 이내
③ $\pm10\sqrt{n}$ 초 이내　　　　　④ $\pm20\sqrt{n}$ 초 이내

> **해설** 광파기측량방법과 다각망도선법에 의한 지적삼각보조점의 관측에 있어 도선별 평균방위각과 관측방위각의 폐색오차는 $\pm10\sqrt{n}$ 초 이내로 한다(단, n은 폐색변을 포함한 변의 수를 말한다).

16 경계점좌표등록부 시행지역에서 경계점의 지적측량성과와 검사성과의 연결교차 허용범위기준으로 옳은 것은?

① 0.01m 이내　　　　　　② 0.10m 이내
③ 0.15m 이내　　　　　　④ 0.20m 이내

> **해설** 지적측량성과와 검사성과의 연결교차 허용범위

구분		분류	허용범위
세부측량	경계점	경계점좌표등록부 시행지역	0.10m
		그 밖의 지역	10분의 3Mmm (M은 축척분모)

17 지적도근점측량의 도선 구분으로 옳은 것은?

① 1등 도선은 가·나·다 순으로 표기하고, 2등 도선은 ㄱ·ㄴ·ㄷ 순으로 표기한다.
② 1등 도선은 가·나·다 순으로 표기하고, 2등 도선은 (1)·(2)·(3) 순으로 표기한다.
③ 1등 도선은 ㄱ·ㄴ·ㄷ 순으로 표기하고, 2등 도선은 가·나·다 순으로 표기한다.
④ 1등 도선은 (1)·(2)·(3) 순으로 표기하고, 2등 도선은 가·나·다 순으로 표기한다.

> **해설** 1등 도선은 가·나·다 순으로 표기하고, 2등 도선은 ㄱ·ㄴ·ㄷ 순으로 표기한다.

18 표고(H)가 5m인 두 지점 간 수평거리를 구하기 위해 평판측량용 조준의로 두 지점 간 경사도를 측정하여 경사분획 +6을 구했다면, 이 두 지점 간 수평거리는?

① 62.5m　　　② 63.3m　　　③ 82.5m　　　④ 83.3m

> **해설** $\dfrac{h}{D} = \dfrac{n}{100}$ → 수평거리(D) $= \dfrac{100 \times h}{n} = \dfrac{100 \times 5}{6} = 83.3\text{m}$
>
> (D : 수평거리, h : 표고, n : 경사분획)

19 평판측량방법으로 세부측량을 하는 경우, 축척 1/1,200인 지역에서 도상에 영향을 미치지 않는 지상거리의 허용범위는?

① 5cm　　　② 12cm　　　③ 15cm　　　④ 20cm

> **해설** 평판측량방법에 있어서 도상에 영향을 미치지 아니하는 지상거리의 축척별 허용범위는 $\dfrac{M}{10}$ mm로 한다(M : 축척분모).
>
> ∴ $\dfrac{M}{10}$ mm $= \dfrac{1,200}{10} = 12$cm

20 다각망도선법으로 지적도근점측량을 실시하는 경우 옳지 않은 것은?

① 3점 이상의 기지점을 포함한 폐합다각방식에 의한다.
② 1도선의 점의 수는 20점 이하로 한다.
③ 경위의 측량방법이나 전파기 또는 광파기 측량방법에 의한다.
④ 1도선이란 기지점과 교점 간 또는 교점과 교점 간을 말한다.

> **해설** 다각망도선법으로 지적도근점측량을 실시하는 경우에는 3점 이상의 기지점을 포함한 결합다각방식에 의한다.

21 교호수준측량을 통해 소거할 수 있는 오차로 옳은 것은?

① 레벨의 불완전 조정으로 인한 오차

② 표척의 이음매 불완전에 의한 오차

③ 관측자의 오독에 의한 오차

④ 표척의 기울기 오차

> **해설** 교호수준측량은 계곡·하천·바다 등 접근이 곤란하여 중간에 기계를 세우기 어려운 경우에 두 점 간의 고저차를 직접 또는 간접수준측량으로 구하는 방법이다. 이 교호수준측량으로 소거되는 오차에는 기계적 오차(시준축 오차, 레벨의 불완전 조정에 의한 오차), 지구 곡률오차(구차), 대기 굴절오차(기차) 등이 있다.

22 도로에 사용하는 클로소이드(Clothoid) 곡선에 대한 설명으로 틀린 것은?

① 완화곡선의 일종이다.

② 일종의 유선형 곡선으로 종단곡선에 주로 사용된다.

③ 곡선길이에 반비례하여 곡률반지름이 감소한다.

④ 차가 일정한 속도로 달리고 그 앞바퀴의 회전속도를 일정하게 유지할 경우의 운동궤적과 같다.

> **해설** 클로소이드 곡선은 곡률이 곡선장에 비례하는 곡선으로서 나선의 일종이다. 자동차가 일정속도로 달리고 그 앞바퀴의 회전속도를 일정하게 유지할 경우 그리는 운동궤적은 클로소이드가 되며 고속주행도로에 적합하다.

23 단일 노선의 폐합수준측량에서 생긴 오차가 허용오차 이하일 때, 폐합오차를 각 측점에 배부하는 방법으로 옳은 것은?

① 출발점에서 그 측점까지의 거리에 비례하여 배부한다.

② 각 측점 간의 관측거리의 제곱근에 반비례하여 배부한다.

③ 관측한 측점 수에 따라 등분배하여 배부한다.

④ 측점 간의 표고에 따라 비례하여 배부한다.

> **해설** 폐합수준측량에서 허용오차 이하일 때 폐합오차는 출발점에서 그 측점까지의 거리에 비례하여 배부한다.

24 내부표정에 대한 설명으로 옳은 것은?

① 입체 모델을 지상 기준점을 이용하여 축척 및 경사 등을 조정하여 대상물의 좌표계와 일치시키는 작업이다.

② 독립적으로 이루어진 입체 모델을 인접 모델과 축척 등을 일치시키는 작업이다.

③ 동일 대상을 촬영한 후 한 쌍의 좌우 사진 간에 촬영 시와 같게 투영관계를 맞추는 작업을 말한다.

④ 사진 좌표의 정확도를 향상시키기 위해 카메라의 렌즈와 센서에 대한 정확한 제원을 산출하는 과정이다.

···

해설 내부표정이란 도화기의 투영기에 촬영 당시와 똑같은 상태로 양화건판을 정착시키는 작업으로, 즉 화면 거리 조정과 주점의 표정작업이며 카메라의 렌즈와 센서에 대한 정확한 제원을 산출하고 내용으로는 주점의 위치 결정, 화면거리의 결정, 건판의 신축보정 등이 있다.

25 삼각형 세 변의 길이가 $a = 30$m, $b = 15$m, $c = 20$m일 때 이 삼각형의 면적은?

① 32.50m^2 ② 133.32m^2

③ 325.00m^2 ④ 1333.20m^2

···

해설
$$s = \frac{a+b+c}{2} = \frac{30+15+14}{2} = 24.5\text{m}$$
$$면적(A) = \sqrt{s(s-a)(s-b)(s-c)} = \sqrt{24.5(24.5-30)(24.5-15)(24.5-20)} = 133.32\text{m}^2$$

26 도로에서 경사가 5%일 때 높이차 2m에 대한 수평거리는?

① 20m   ② 25m

③ 40m   ④ 50m

···

해설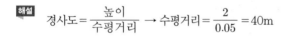
$$경사도 = \frac{높이}{수평거리} \rightarrow 수평거리 = \frac{2}{0.05} = 40\text{m}$$

27 지형측량의 등고선에 대한 설명으로 틀린 것은?

① 주곡선은 기본이 되는 등고선으로 가는 실선으로 표시한다.

② 간곡선의 간격은 조곡선 간격의 1/2로 한다.

③ 조곡선은 주곡선과 간곡선 사이에 짧은 파선으로 표시한다.

④ 계곡선은 주곡선 5개마다 굵은 실선으로 표시한다.

(단위 : m)

등고선의 종류	표시	등고선의 간격			
		1/5,000	1/10,000	1/25,000	1/50,000
계곡선	굵은 실선	25	25	50	100
주곡선	가는 실선	5	5	10	20
간곡선	가는 파선	2.5	2.5	5	10
조곡선	가는 점선	1.25	1.25	2.5	5

② 간곡선의 간격은 조곡선 간격의 1/2로 한다.

28 수준측량의 용어에 대한 설명으로 틀린 것은?

① 전시는 기지점에 세운 표척의 눈금을 읽은 값이다.
② 기계고는 기준면으로부터 망원경의 시준선까지의 높이이다.
③ 기계고는 지반고와 후시의 합으로 구한다.
④ 중간점은 다른 점에 영향을 주지 않는다.

해설 전시는 표고를 알고자 하는 곳에 세운 표척의 읽음값이다.

29 완화곡선의 성질에 대한 설명으로 옳은 것은?

① 완화곡선 시점에서 곡선반지름은 무한대이다.
② 완화곡선의 접선은 시점에서 원호에 접한다.
③ 완화곡선 종점에서 곡선반지름은 0이 된다.
④ 완화곡선의 곡선반지름과 슬랙의 감소율은 같다.

해설 완화곡선의 성질
• 곡선반경은 완화곡선의 시점에서 무한대, 종점에서 원곡선의 반지름과 같다.
• 완화곡선의 접선은 시점에서 직선에, 종점에서 원호에 접한다.
• 완화곡선에 연한 곡선반경의 감소율은 칸트의 증가율과 동률(다른 부호)로 된다. 또 종점에 있는 칸트는 원곡선의 칸트와 같게 된다.

30 항공사진의 입체시에서 나타나는 과고감에 대한 설명으로 옳지 않은 것은?

① 인공적인 입체시에서 과장되어 보이는 정도를 말한다.
② 사진 중심으로부터 멀어질수록 방사상으로 발생된다.
③ 평면축척에 비해 수직축척이 크게 되기 때문이다.
④ 기선고도비가 커지면 과고감도 커진다.

해설 과고감(Vertical Exaggeration)
지표면의 기복을 과장하여 나타낸 것으로 낮고 평탄한 지역의 판독에 도움이 되지만, 경사면은 실제보다 급하게 보이므로 오판에 주의하여야 한다. 또한, 항공사진을 입체시하면 과고감 때문에 산지는 실제보다 돌출하여 높고 기복이 심하며, 계곡은 실제보다 깊고 산 복사면은 실제의 경사보다 급하게 보여 판독을 어렵게 한다. 따라서, 사진 중심으로부터 가까울수록 방사상으로 발생된다.

31 그림과 같이 터널 내 수준측량을 하였을 경우 A점의 표고가 156.632m라면 B점의 표고는?

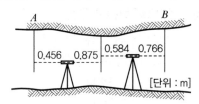

① 156.869m
② 157.233m
③ 157.781m
④ 158.401m

해설 터널 내에는 표척이 천정에 매달려 있으므로 (−)값으로 한다.
2점의 고저차 = B.S − F.S = $[-0.456 + (-0.584)] - [(-0.875) + (-0.766)] = 0.601$m
∴ $H_B = H_A + 0.601 = 157.233$m

32 항공삼각측량에서 사진좌표를 기본단위로 공선조건식을 이용하는 방법은?

① 에어로 폴리곤법(Aeropolygon Triangulation)
② 스트립조정법(Strip Aerotriangulation)
③ 독립모델법(Independent Model Method)
④ 광속조정법(Bundle Adjustment)

해설 항공삼각측량방법에서 대상물의 좌표를 얻기 위한 조정법은 기계법(입체도화기)과 해석법(정밀 좌표관측기)으로 구분한다. 해석법에는 스트립(Strip) 및 블록조정(Block Adjustment)법, 독립모델법(Independent Model Method), 광속조정법(Bundle Adjustment Method)이 있다. 이 중 광속조정법은 사진좌표를 기본으로 공선조건식을 이용하는 해석법이다.

33 축척 1/25,000 지형도에서 높이차가 120m인 두 점 사이의 거리가 2cm라면 경사각은?

① 13°29′45″   ② 13°53′12″

③ 76°06′48″   ④ 76°30′15″

> **해설** AB 간의 지상거리$(L) = 2\text{cm} \times 25,000 = 500\text{m}$
>
> 경사각$(\theta) = \tan^{-1}\left(\dfrac{h}{L}\right) = \tan^{-1}\left(\dfrac{120}{500}\right) ≒ 13°29′45″$

34 원곡선에서 교각 $I = 40°$, 반지름 $R = 150\text{m}$, 곡선시점 B.C = No.32 + 4.0m일 때, 도로 기점으로부터 곡선종점 E.C까지의 거리는?(단, 중심말뚝 간격은 20m)

① 104.7m   ② 138.2m   ③ 744.7m   ④ 748.7m

> **해설** 곡선시점(B.C)의 길이 = No.32 + 4.0m = 644m
>
> 곡선길이(C.L) = $0.01745 \times RI = 0.01745 \times 150 \times 40° = 104.7\text{m}$
>
> ∴ 곡선종점(E.C)까지의 거리 = 곡선시점(B.C) + 곡선길이(C.L) = 644 + 104.7 = 748.7m

35 터널 내 기준점측량에서 기준점을 보통 천정에 설치하는 이유로 틀린 것은?

① 파손될 염려가 적기 때문에

② 발견하기 쉽게 하기 위하여

③ 터널시공의 조명으로 사용하기 위하여

④ 운반이나 기타 작업에 장애가 되지 않게 하기 위하여

> **해설** 터널측량의 기준점측량에서 기준점을 천정에 설치하는 이유는 파손될 우려가 적고 발견하기 쉬우며, 운반이나 기타 작업에 방해가 적기 때문이다.

36 GNSS의 제어부문에 대한 설명으로 옳은 것은?

① 시스템을 구성하는 위성을 의미하며 위성의 개발, 제조, 발사 등에 관한 업무를 담당한다.

② 결정된 위치를 활용한 다양한 소프트웨어의 개발 등의 응용분야를 의미한다.

③ 위성에 대한 궤도모니터링, 위성의 상태 파악 및 각종 정보의 갱신 등의 업무를 담당한다.

④ 위성으로부터 수신된 신호로부터 위치를 결정하며 이를 위한 다양한 장치를 포함한다.

> **해설** GNSS의 구성요소는 우주부문, 제어부문, 사용자부문으로 구분된다. 제어부문은 GPS 위성의 위치 계산과 전체 GPS의 운용, 제어 및 위성의 작동상태를 감독하고 궤도와 시각결정을 위한 위성의 추적, 전리층 및 대류층의 주기적인 모형화와 위성시간의 동일화, 위성으로의 자료 전송 등을 담당한다.

37 여러 기존의 수신기로부터 얻어진 GNSS측량 자료를 후처리하기 위한 표준형식은?

① RTCM-SC ② NMEA
③ RTCA ④ RINEX

해설 GPS로 관측된 데이터에 대한 자료 처리 S/W는 장비사마다 다르므로 이를 호환하여 표준형식으로 사용이
가능하도록 한 것이 RINEX이다.

38 태양 광선이 서북쪽에서 비친다고 가정하고, 지표의 기복에 대해 명암으로 입체감을 주는 지형
표시방법은?

① 음영법 ② 단채법
③ 점고법 ④ 등고선법

해설 ① 음영법 : 태양 광선이 경사 45°의 각도로 비친다고 가정하여 지표의 기복에 대해 명암으로 입체감을 주는
지형표시방법이다.
② 단채법 : 등고선 간의 띠를 동일 색조로 칠하고 고도가 증가됨에 따라 농도를 높여가며 고저차를 나타내는
방법이다.
③ 점고법 : 지면상에 있는 임의점의 표고를 도상에서 숫자로 표시하는 방법으로 주로 하천, 항만, 해양 등의
수심표시에 사용한다.
④ 등고선법 : 동일 표고선을 이은 선으로 지형의 기복을 표시하는 방법이며, 비교적 정확한 지표의 표현방법으
로 등고선의 성질을 잘 파악해야 한다.

39 촬영고도가 2,100m이고 인접 중복사진의 주점기선 길이는 70mm일 때 시차차 1.6mm인 건물
의 높이는?

① 12m ② 24m
③ 48m ④ 72m

해설 건물의 높이$(h) = \dfrac{H}{b_0}\Delta p = \left(\dfrac{2,100}{0.07}\right) \times 0.0016 = 48\text{m}$

(h : 건물의 높이, H : 비행고도, b_0 : 주점기선길이, Δp : 시차차)

40 GNSS측량에서 기준점측량(지적삼각점) 방식으로 옳은 것은?

① Stop & Go 측량방식 ② Kinrmatic 측량방식
③ RTK 측량방식 ④ Static 측량방식

해설 GNSS측량에서 기준점측량(지적삼각점) 방식은 가장 정밀도가 높은 Static 측량(정지측량)을 사용한다.

41 메타데이터의 특징으로 틀린 것은?

① 대용량의 데이터를 구축하는 시간과 비용을 절감할 수 있다.

② 공간정보 유통의 효용성을 제고한다.

③ 시간이 지남에 따라 데이터의 기본체계를 변경하여 변화된 데이터를 실시간으로 사용자에게 제공한다.

④ 데이터의 공유화를 촉진시킨다.

해설 메타데이터는 작성한 실무자가 바뀌더라도 변함없는 데이터의 기본체계를 유지하게 함으로써 시간이 지나도 사용자에게 일관성 있는 데이터의 제공이 가능하다.

42 다음 중 토지정보시스템의 범주에 포함되지 않는 것은?

① 경영정책자료   ② 시설물에 관한 자료

③ 지적 관련 법령자료   ④ 토지측량자료

해설 토지정보시스템(GIS)의 자료 및 구성내용

자료	구성내용
토지측량 자료	• 기하학적 자료 : 현황, 지표형상 • 토지표시 자료 : 지번, 지목, 면적
법률 자료	소유권 및 소유권 이외의 권리
자연자원 자료	지질 및 광업자원, 유량, 입목, 기후
기술적 시설물에 관한 자료	지하시설물 전력 및 산업공장, 주거지, 교통시설
환경 보전에 관한 자료	수질, 공해. 소음, 기타 자연훼손 자료
경제 및 사회정책적 자료	인구, 고용능력, 교통조건, 문화시설

43 벡터데이터 모델과 래스터데이터 모델에 대한 설명으로 틀린 것은?

① 벡터데이터 모델 : 점과 선의 형태로 표현

② 래스터데이터 모델 : 지리적 위치를 x, y좌표로 표현

③ 래스터데이터 모델 : 그리드 형태로 표현

④ 벡터데이터 모델 : 셀의 형태로 표현

해설 벡터데이터 모델은 점 · 선 · 면의 형태로 표현한다.

44 속성데이터와 공간데이터를 연계하여 통합관리할 때의 장점이 아닌 것은?

① 데이터의 조회가 용이하다.
② 데이터의 오류를 자동 수정할 수 있다.
③ 공간적 상관관계가 있는 자료를 볼 수 있다.
④ 공간자료와 속성자료를 통합한 자료분석, 가공, 자료갱신이 편리하다.

> **해설** 속성데이터와 공간데이터를 연계하여 통합관리를 하더라도 데이터의 오류는 자동으로 수정할 수 없다.

45 데이터 언어에 대한 설명으로 틀린 것은?

① 데이터 제어어(DCL)는 데이터를 보호하고 관리하는 목적으로 사용한다.
② 데이터 조작어(DML)에는 질의어가 있으며, 질의어는 절차적(Procedural) 데이터 언어이다.
③ 데이터 정의어(DDL)는 데이터베이스를 정의하거나 수정할 목적으로 사용한다.
④ 데이터 언어는 사용 목적에 따라 데이터 정의어, 데이터 조작어, 데이터 제어어로 나누어진다.

> **해설** 데이터 조작어(DML)는 사용자가 데이터베이스에 접근하여 데이터를 처리할 수 있도록 하는 것으로 데이터의 검색(SELECT), 삽입(INSERT), 삭제(DELETE), 갱신(UPDATE) 등의 기능이 있다.

46 다음의 지적도 종류 중에서 지형과의 부합도가 가장 높은 도면은?

① 개별지적도　　　② 연속지적도　　　③ 편집지적도　　　④ 건물지적도

> **해설** 편집지적도는 연속지적도와 수치지형도를 중첩시켜(좌표오차가 있기 때문) 수치지형도를 기준으로 연속지적도를 편집한 도면이다(오차가 포함되어 있음).

47 수치영상의 복잡도를 감소시키거나 영상 매트릭스의 편차를 줄이는 데 사용하는 격자 기반의 일반화 과정은?

① 필터링　　　③ 영상재배열　　　② 구조의 축소　　　④ 모자이크 변환

> **해설** 필터링 단계는 격자데이터에 생긴 여러 형태의 잡음을 윈도(필터)를 이용해 제거하고, 연속적이지 않은 외곽선을 연속적으로 이어주는 영상처리의 과정이다.

48 지적도면 전산화의 기대효과로 틀린 것은?

① 지적도면의 효율적 관리
② 토지 관련 정보의 인프라 구축
③ 신속하고 효율적인 대민서비스 제공
④ 지적도면 정보 유통을 통한 이윤 창출

49 한국토지정보시스템(KLIS)에서 지적공부관리시스템의 구성 메뉴에 해당되지 않는 것은?

① 특수업무 관리부 　　　　　　　② 측량업무 관리부
③ 지적기준점 관리 　　　　　　　④ 토지민원 발급

50 다음 중 벡터구조의 요소인 선(Line)에 대한 설명으로 틀린 것은?

① 지도상에 표현되는 1차원적 요소이다.
② 길이와 방향을 가지고 있다.
③ 일반적으로 면적을 가지고 있다.
④ 노드에서 시작하여 노드에서 끝난다.

51 도시정보체계(UIS : Urban Information System)를 구축할 경우의 기대효과로 옳지 않은 것은?

① 도시행정 업무를 체계적으로 지원할 수 있다.
② 각종 도시계획을 효율적이고 과학적으로 수립 가능하다.
③ 효율적인 도시관리 및 행정서비스 향상의 정보기반 구축으로 시설물을 입체적으로 관리할 수 있다.
④ 도시 내 건축물의 유지 · 보수를 위한 재원 확보와 조세 징수를 위해 최적화된 시스템을 이용할 수 있게 한다.

52 다음 중 지적전산자료를 이용 또는 활용하고자 하는 자가 관계 중앙행정기관의 장에게 제출하여야 하는 심사 신청서에 포함시켜야 할 내용으로 틀린 것은?

① 자료의 공익성 여부 　　　　　② 자료의 보관기관
③ 자료의 안전관리대책 　　　　　④ 자료의 제공방식

지적전산자료의 이용 또는 활용에 관한 심사 신청서의 포함사항에는 ②, ③, ④ 외에 자료의 이용 또는 활용목적 및 근거, 자료의 범위 및 내용 등이 있다.

53 데이터의 가공에 대한 설명으로 틀린 것은?

① 데이터의 가공에는 분리, 분할, 합병, 폴리곤 생성, 러버시팅(Rubber Sheeting), 투영법 및 좌표변환 등이 있다.

② 분할은 하나의 객체를 두 개 이상으로 나누는 것으로 객체의 분할 전후에 도형데이터와 링크된 속성 테이블의 구조는 그대로 유지할 수 있다.

③ 합병은 처음에 두 개로 만들어진 인접한 객체를 하나로 만드는 것으로 지적도의 도곽을 접합할 때에도 사용되며 합병할 두 객체와 링크된 속성테이블이 같아야 한다.

④ 러버시팅은 자료의 변형 없이 축척의 크기만 달라지고 모양은 유지하므로 경계복원에 영향을 미치지 않는다.

러버시팅은 자료 변환 후 형태와 면적이 달라지므로 경계복원에 영향을 미친다.

54 지적전산자료의 이용 · 활용에 대한 승인권자에 해당하지 않는 자는?

① 국토지리정보원장　　　　　　　　② 국토교통부장관

③ 시 · 도지사　　　　　　　　　　　④ 지적소관청

지적전산자료의 이용 및 활용에 관한 승인권자

구분	승인권자	사용료
전국 단위	국토교통부장관, 시 · 도지사 또는 지적소관청	• 국토교통부장관 : 수입 인지
시 · 도 단위	시 · 도지사 또는 지적소관청	• 시 · 도지사, 지적소관청 : 수입 증지
시 · 군 · 구 단위	지적소관청	

55 디지타이저를 이용한 도형자료의 취득에 대한 설명으로 틀린 것은?

① 지적도면을 입력하는 방법을 사용할 때에는 보관과정에서 발생할 수 있는 불규칙한 신축 등으로 인한 오차를 제거하거나 축소할 수 있으므로 현장측량방법보다 정확도가 높다.

② 디지타이징의 효율성은 작업자의 숙련도에 따라 크게 좌우되며, 스캐닝과 비교하여 도면의 보관 상태가 좋지 않은 경우에도 입력이 가능하다.

③ 디지타이징을 이용한 입력은 복사된 지적도를 디지타이징하여 벡터파일을 구축하는 것이다.

④ 디지타이징은 디지타이저라는 테이블에 컴퓨터와 연결된 커서를 이용하여 필요한 객체의 형태를 컴퓨터에 입력시키는 것으로, 해당 객체의 형태를 따라서 X, Y 좌표값을 컴퓨터에 입력시키는 방법이다.

현장측량방법이 지적도면을 입력하는 방법보다 정확도가 높다.

56 기존의 종이도면을 직접 벡터데이터로 입력할 수 있는 작업으로 헤드업 방법이라고도 하는 것은?

① 스캐닝
② 디지타이징
③ Key-in
④ CAD 작업

해설 디지타이징은 대상물의 형태에 따라 마우스를 계속적으로 움직여 좌표를 입력시키는 것으로 노동집약적인 작업으로서 헤드업 방법이라고도 한다.

57 다목적지적의 3대 기본요소만으로 올바르게 묶인 것은?

① 보조 중첩도, 기초점, 지적도
② 측지기준망, 기본도, 지적도
③ 대장, 도면, 수치
④ 지적도, 임야도, 기초점

해설
• 다목적지적의 3대 요소 : 측지기본망, 기본도, 지적중첩도
• 다목적지적의 5대 요소 : 측지기본망, 기본도, 지적중첩도, 필지식별번호, 토지자료파일

58 지적재조사사업의 필요성 및 목적이 아닌 것은?

① 토지의 경계복원능력을 향상시키기 위함이다.
② 지적불부합지 과다 문제를 해소하기 위함이다.
③ 지적관리 인력의 확충과 기구의 규모 확장을 하기 위함이다.
④ 능률적인 지적관리체계의 개선을 하기 위함이다.

해설 지적재조사사업은 국토의 효율적인 관리와 국민의 토지소유권 보호를 위해서 측량 및 정보처리 기술을 혁신하고, 지적불부합이 야기되는 현재의 지적제도를 전면 개선하기 위한 사업이다.

59 GIS, CAD 자료, 비디오, 영상 등의 다중매체와 같은 복잡한 자료 유형을 지원하는 데 적합한 데이터베이스 방식은?

① 네트워크 데이터베이스
② 계층형 데이터베이스
③ 관계형 데이터베이스
④ 객체지향형 데이터베이스

해설 객체지향형 데이터베이스는 관계형 데이터 모델의 단점을 보완한 데이터베이스이며 GIS, CAD 자료, 비디오, 영상 등의 다중매체와 같은 복잡한 자료 유형을 지원하는 데 적합한 방식이다.

60 연속적인 면의 단위를 나타내는 2차원 표현 요소로, 래스터데이터를 구성하는 가장 작은 단위는?

① 격자셀 　　　　② 선 　　　　③ 절점 　　　　④ 점

해설 격자셀은 연속적인 면의 단위를 나타내는 2차원 표현 요소로, 래스터데이터를 구성하는 가장 작은 단위이다.

4과목 **지적학**

---

61 지목의 부호 표시가 각각 '유'와 '장'인 것은?

① 유지, 공장용지 　　　　　　② 유원지, 공원지

③ 유지, 목장용지 　　　　　　④ 유원지, 공장용지

해설 **지목의 표기방법**
- 두문자(頭文字) 표기 : 전, 답, 대 등 24개 지목
- 차문자(次文字) 표기 : 장(공장용지), 천(하천), 원(유원지), 차(주차장) 등 4개 지목

---

62 소유권에 대한 설명으로 옳은 것은?

① 소유권은 물권이 아니다. 　　　　② 소유권은 제한 물권이다.

③ 소유권에는 존속기간이 있다. 　　　④ 소유권은 소멸시효에 걸리지 않는다.

해설 소유권은 가장 기본적인 물권(物權)으로서 그 소유물을 사용·수익·처분할 수 있고, 소멸시효(消滅時效)가 없는 항구성을 가진 권리이다. 물건에 대한 전면적인 지배권을 가진 완전물권으로서 일정한 목적과 범위 내에서만 물건을 지배할 수 있는 지상권, 전세권, 질권, 저당권 등의 제한물권(制限物權)과 구별된다. 견고한 건물에 대한 지상권의 최단 존속기간은 30년으로 정하고 있다.

---

63 지적정리 시 소유자의 신청에 의하지 않고 지적소관청이 직권으로 정리하는 사항은?

① 분할 　　　　　　　　② 신규등록

③ 지목변경 　　　　　　④ 행정구역 개편

해설 행정구역 개편에 따른 토지이동은 지적소관청이 직권으로 정리할 수 있다.

---

64 오늘날 지적측량의 방법과 절차에 대하여 엄격한 법률적인 규제를 가하는 이유로 가장 옳은 것은?

① 기술적 변화 대처 　　　　　② 법률적인 효력 유지

③ 측량기술의 발전 　　　　　④ 토지등록정보 복원 유지

해설 지적측량의 방법과 절차에 대하여 엄격한 법률적인 규제를 가하는 이유는 법률적인 효력을 유지하기 위함이다.

65 우리나라에서 사용되는 지번부여방법이 아닌 것은?

① 기우식 ② 단지식 ③ 사행식 ④ 순차식

진행방향에 따른 지번부여방법에는 사행식 · 기우식(교호식) · 단지식(블록식) · 절충식 등이 있다.

---

66 다음 중 토지조사사업 당시 확정된 소유자가 서로 다른 토지 간에 사정된 구획선을 무엇이라고 하였는가?

① 경계선 ② 강계선 ③ 지역선 ④ 지계선

• 강계선 : 사정선으로서, 토지조사사업 당시 확정된 소유자가 다른 토지 간의 경계선이며 강계선의 상대는 소유자와 지목이 다르다는 원칙이 성립한다.
• 경계선 : 임야조사사업 시의 사정선이다.
• 지역선 : 소유자가 같은 토지와의 구획선 또는 소유자를 알 수 없는 토지와의 구획선 및 토지조사사업의 시행지와 미시행지의 지계선이다.

---

67 다음 중 도곽선의 역할로 가장 거리가 먼 것은?

① 기초점 전개의 기준
② 지적 원점 결정의 기준
③ 도면 신축량 측정의 기준
④ 인접 도면과 접합의 기준

도곽선의 역할(기능)에는 ①, ③, ④ 외에 도북방위선의 표시 기준, 측량준비도와 실지의 부합 여부 확인 기준 등이 있다.

---

68 지적 이론의 발생설 중 이론적 근거가 다른 것은?

① 나일로미터
② 둠즈데이북
③ 장적문서
④ 지세대장

둠즈데이북, 장적문서, 지세대장은 지적의 발생설 중 과세설을 뒷받침하는 근거자료이다. 나일로미터는 나일강의 수위를 재던 눈금으로 치수설의 근거라고 할 수 있다.

---

69 2필지 이상의 토지를 합병하기 위한 조건이라고 볼 수 없는 것은?

① 지반이 연속되어 있어야 한다.
② 지목이 동일하여야 한다.
③ 축척이 달라야 한다.
④ 지번부여지역이 동일하여야 한다.

축척이 동일하지 않은 토지는 합병할 수 없다.

70 다음 중 지적공부에 등록하는 토지의 물리적 현황과 가장 거리가 먼 것은?

① 지번과 지목
② 등급과 소유자
③ 경계와 좌표
④ 토지소재와 면적

해설 토지의 물리적 현황이란 토지의 표시를 의미하는 것으로 토지소재, 지번, 지목, 면적, 경계, 좌표가 해당된다.

71 근대적인 지적제도의 토지대장이 처음 만들어진 시기는?

① 1910년대
② 1920년대
③ 1950년대
④ 1970년대

해설 근대적 지적공부는 1910년부터 시작된 토지조사사업의 결과로 작성되었다.

72 다음 중 토지조사사업 당시 불복신립 및 재결을 행하는 토지소유권의 확정에 관한 최고의 심의기관은?

① 도지사
② 임의토지조사국장
③ 고등토지조사위원회
④ 임야조사위원회

해설 **고등토지조사위원회**
토지의 사정에 대한 불복이 있는 경우 60일 이내에 불복신립을 하거나, 사정의 확정 후 일정한 요건의 경우에 재심을 청구할 수 있는데, 이러한 불복신립 및 재결을 행하는 토지소유권 확정에 관한 최고의 심의기관이었다.

73 경계점좌표등록부에 등록되는 좌표는?

① UTM 좌표
② 경위도 좌표
③ 구면직각 좌표
④ 평면직각좌표

해설 경계점좌표등록부에 등록하는 토지의 경계등록방법은 평면직각좌표로 등록한다.

74 다음 중 지적의 기능으로 옳지 않은 것은?

① 지리적 요소의 결정
② 토지감정평가의 기초
③ 도시 및 국토계획의 원천
④ 토지기록의 법적 효력과 공시

해설 현대지적의 기능은 일반적 기능과 실제적 기능으로 구분한다. 이 중 지적의 실제적 기능에는 토지에 대한 기록의 법적 효력 및 공시, 국토 및 도시계획의 자료, 토지관리의 자료, 토지유통의 자료, 토지에 대한 평가기준, 지방행정의 자료 등이 있다.

75 다음 중 토지조사사업 당시 토지대장 정리를 위한 조사 자료에 해당하는 것은?

① 양안 및 지계
② 토지소유권증명
③ 토지 및 건물대장
④ 토지조사부 및 등급조사부

해설 토지조사사업 당시 토지대장 정리를 위한 조사 자료로 토지조사부와 등급조사부가 사용되었다. 이 중 토지조사부는 토지조사사업 당시에 작성한 지적장부 중의 하나로서 토지에 대한 소유권의 사정원부로 사용되었고, 1911년 11월부터 작성하기 시작하여 토지조사사업이 완료되어 토지대장이 작성됨으로써 그 기능을 상실하였다. 등급조사부는 실지조사에서 지위등급을 조사하여 기록하는 장부로서 필지의 지가는 지위등급에 의하여 결정되었고, 지위등급은 토지의 수확고와 교통의 편리성 및 수요량을 고려하여 결정되었다.

76 조선시대의 양전법에 따른 저의 형태에서 직각삼각형 형태의 전의 명칭은?

① 방전(方田)
② 제전(梯田)
③ 구고전(句股田)
④ 요고전(腰鼓田)

해설 조선시대의 전(田)의 형태
• 방전(方田) : 사방의 길이가 같은 정사각형의 전답
• 직전(直田) : 긴 직사각형의 전답
• 구고전(句股田) : 직각삼각형의 전답
• 규전(圭田) : 삼각형의 전답
• 제전(梯田) : 사다리꼴의 전답

 方田 直田 句股田 圭田 梯田

77 토지를 등록하는 기술적 행위에 따라 발생하는 효력과 가장 관계가 먼 것은?

① 공정력
② 구속력
③ 추정력
④ 확정력

해설 토지등록의 효력
• 구속력 : 지적공부에 등록된 토지는 소관청, 토지소유자 및 이해관계인 등은 그 등록사항을 부정하거나 부인할 수 없다는 효력
• 공정력 : 지적공부에 등록된 토지는 법적으로 다른 필지와 공정하다는 효력
• 확정력 : 지적공부에 등록된 토지는 일정기간이 경과되면 토지소유자 및 이해관계인도 그 효력을 다툴 수 없다는 효력
• 강제력 : 토지소유자가 지적공부에 등록하지 않은 토지는 소관청이 직권으로 조사·등록하는 효력을 말하며 자력집행력이라고도 함
• 추정력 : 지적공부에 등록된 토지는 그 토지가 실제 존재하며 소유권도 있다고 추정하는 효력
• (등기)창설력 : 모든 필지를 획정(劃定)하여 지적공부에 등록해야만 공적 장부인 등기부를 창설한다는 효력

78 토지조사사업에서 조사한 내용이 아닌 것은?

① 토지의 가격 ② 토지의 지질
③ 토지의 소유권 ④ 토지의 외모(外貌)

해설 토지조사사업에서 조사한 내용에는 토지의 가격, 소유권, 외모(外貌) 등이 있다.

79 지적도 작성방법 중 지적도면 자료나 영상자료를 래스터(Raster) 방식으로 입력하여 수치화하는 장비로 옳은 것은?

① 스캐너 ② 디지타이저
③ 자동복사기 ④ 키보드

해설 지적도의 작성 및 재작성방법
• 디지타이저(Digitizer, 좌표독취기)에 의한 방법 : 지적도면이나 영상을 벡터(Vector) 방식으로 2차원 평면 좌표로 측정한 데이터를 수치로 변환하는 방법
• 스캐너(Scanner)에 의한 방법 : 지적도면의 자료나 영상자료를 래스터(Raster) 방식으로 입력하여 수치화 하는 방법

80 토지표시사항의 결정에 있어서 실질적 심사를 원칙으로 하는 가장 중요한 이유는?

① 소유자의 이해 ② 결정사항에 대한 이의 예방
③ 거래안전의 국가적 책무 ④ 조세 형평 유지

해설 토지표시사항의 결정에 있어서 실질적 심사를 취하는 이유는 지적사무는 국가사무이며, 이는 거래안전의 국가 적 책무이기 때문이다.

5과목 지적관계법규

81 다음 중 지적공부에 등록한 토지를 말소시키는 경우는?

① 토지의 형질을 변경하였을 때
② 화재로 인하여 건물이 소실된 때
③ 수해로 인하여 토지가 유실되었을 때
④ 토지가 바다로 된 경우로서 원상으로 회복될 수 없을 때

해설 토지가 바다로 된 경우로서 원상으로 회복될 수 없을 때에는 지적공부에 등록한 토지를 말소시킨다.

82 평판측량방법 또는 전자평판측량방법으로 세부측량 시 측량준비파일에 작성하여야 하는 측량기하적 사항으로 옳지 않은 것은?

① 평판점·측정점 및 방위표정에 사용한 기지점 등에는 방향선을 긋고 실측한 거리를 기재한다.

② 측량자는 평판점 및 측정점은 직경 1.5mm 이상 3mm 이하의 원으로 표시한다.

③ 평판점의 결정 및 방위표정에 사용한 기지점은 측량자는 한 변의 길이를 2mm와 3mm의 2중 삼각형으로 표시한다.

④ 측량대상토지에 지상구조물 등이 있는 경우와 새로이 설정하는 경계에 지상건물 등이 걸리는 경우에는 그 위치현황을 표시하여야 한다.

해설 평판점의 결정 및 방위표정에 사용한 기지점은 측량자는 직경 1mm와 2mm의 2중 원으로 표시하고, 검사자는 한 변의 길이가 2mm와 3mm인 2중 삼각형으로 표시한다.

83 지목을 등록할 때 "유원지"로 설정하는 지목은?

① 경마장   ② 남한산성

③ 장충체육관   ④ 올림픽 컨트리클럽

해설 유원지는 일반 공중의 위락, 휴양 등에 적합한 시설물을 종합적으로 갖춘 수영장·유선장·낚시터·어린이놀이터·동물원·식물원·민속촌·경마장 등의 토지와 이에 접속된 부속시설물의 부지이다. 이들 시설과의 거리 등으로 보아 독립적인 것으로 인정되는 숙식시설 및 유기장의 부지와 하천·구거 또는 유지로 분류되는 것은 제외한다.

84 아래는 「지적재조사에 관한 특별법」에 따른 기본계획의 수립에 관한 내용이다. ( ) 안에 들어갈 일자로 옳은 것은?

> 지적소관청은 기본계획안을 송부받은 날부터 (㉠) 이내에 시·도지사에게 의견을 제출하여야 하며, 시·도지사는 제2항에 따라 기본계획안을 송부받은 날부터 (㉡) 이내에 지적소관청의 의견에 자신의 의견을 첨부하여 국토교통부장관에게 제출하여야 한다. 이 경우 기간 내에 의견을 제출하지 아니하면 의견이 없는 것으로 본다.

① ㉠ 10일, ㉡ 20일   ② ㉠ 20일, ㉡ 30일

③ ㉠ 30일, ㉡ 40일   ④ ㉠ 40일, ㉡ 50일

해설 지적소관청은 기본계획안을 송부받은 날부터 (20일) 이내에 시·도지사에게 의견을 제출하여야 하며, 시·도지사는 제2항에 따라 기본계획안을 송부받은 날부터 (30일) 이내에 지적소관청의 의견에 자신의 의견을 첨부하여 국토교통부장관에게 제출하여야 한다. 이 경우 기간 내에 의견을 제출하지 아니하면 의견이 없는 것으로 본다.

85 「지적업무 처리규정」상 전자평판측량을 이용한 지적측량결과도의 작성방법이 아닌 것은?

① 관측한 측정점의 왼쪽 상단에는 측정거리를 표시하여야 한다.
② 측정점의 표시는 측량자의 경우 붉은색 짧은 십자선(+)으로 표시한다.
③ 측량성과파일에는 측량성과 결정에 관한 모든 사항이 수록되어 있어야 한다.
④ 이미 작성되어 있는 지적측량파일을 이용하여 측량할 경우에는 기존 측량파일 코드의 내용, 규격, 도식은 파란색으로 표시한다.

해설 관측한 측정점의 오른쪽 상단에는 측정거리를 표시하여야 한다. 다만, 소축척 등으로 식별이 불가능한 때에는 방향선과 측정거리를 생략할 수 있다.

86 새로 조성된 토지와 지적공부에 등록되어 있지 아니한 토지를 지적공부에 등록하는 것은?

① 등록전환
② 지목변경
③ 신규등록
④ 축척변경

해설 • 등록전환 : 임야대장 및 임야도에 등록된 토지를 토지대장 및 지적도에 옮겨 등록하는 것
• 지목변경 : 지적공부에 등록된 지목을 다른 지목으로 바꾸어 등록하는 것
• 축척변경 : 지적도에 등록된 경계점의 정밀도를 높이기 위하여 작은 축척을 큰 축척으로 변경하여 등록하는 것

87 축척변경 시 확정공고에 대한 설명으로 옳지 않은 것은?

① 지적공부인 토지대장에 등록하는 때에는 확정공고된 청산금조서에 의한다.
② 확정공고일에 토지의 이동이 있는 것으로 본다.
③ 청산금의 지급이 완료된 때에는 확정공고를 하여야 한다.
④ 확정공고를 하였을 때에는 확정된 사항을 지적공부에 등록한다.

해설 토지대장은 확정공고된 축척변경지번별 조서에 의하여 지적공부를 정리한다.

88 「공간정보의 구축 및 관리 등에 관한 법률」상 지적측량을 실시하여야 하는 경우로 옳지 않은 것은?

① 지적측량성과를 검사하는 경우
② 지형등고선의 위치를 측정하는 경우
③ 경계점을 지상에 복원하는 경우
④ 지적기준점을 정하는 경우

해설 등고선의 위치 측정은 지적측량과 무관하다.

85 ① 86 ③ 87 ① 88 ② | ANSWER

89 다음 중 결번대장의 등재사항이 아닌 것은?

① 결번 사유　　　　　　　　　　② 결번 연월일
③ 결번 해지일　　　　　　　　　④ 결번된 지번

해설 결번대장 양식

결자		동 · 리	지번	결번		비고
				연월일	사유	
						결번사유
						1. 행정구역변경
						2. 도시개발사업
						3. 지번변경
						4. 축척변경
						5. 지번정정 등

90 다음 중 지적측량업자의 업무 범위에 속하지 않는 것은?

① 지적측량성과 검사를 위한 지적측량
② 사업지구에서 실시하는 지적재조사측량
③ 경계점좌표등록부가 있는 지역에서의 지적측량
④ 도시개발사업 등이 끝남에 따라 하는 지적확정측량

해설 지적측량업자의 업무범위에는 ②, ③, ④ 외에 지적전산자료를 활용한 정보화사업 등이 있다.

91 지적측량수행자가 손해배상책임을 보장하기 위하여 보증보험에 가입하여 보증설정을 하여야 할 금액의 기준으로 옳은 것은?

① 지적측량업자 : 3천만 원 이상　　　② 지적측량업자 : 5천만 원 이상
③ 한국국토정보공사 : 20억 원 이상　　④ 한국국토정보공사 : 10억 원 이상

해설 지적측량수행자의 손해배상책임 보장기준
• 지적측량업자 : 보장기간이 10년 이상이고 보증금액이 1억 원 이상인 보증보험
• 한국국토정보공사 : 보증금액이 20억 원 이상인 보증보험

92 지목을 지적도면에 등록하는 부호의 연결이 옳은 것은?

① 공원 – 공　　　　　　　　　　② 하천 – 하
③ 유원지 – 유　　　　　　　　　④ 주차장 – 주

해설 문제 61번 해설 참조

93 지적측량의 적부심사를 청구할 수 없는 자는?

① 이해관계인　　　　　　　　② 지적소관청
③ 토지소유자　　　　　　　　④ 지적측량수행자

> **해설**　토지소유자, 이해관계인 또는 지적측량수행자는 지적측량성과에 대하여 다툼이 있는 경우에는 대통령령으로 정하는 바에 따라 관할 시·도지사를 거쳐 지방지적위원회에 지적측량적부심사를 청구할 수 있다.

94 「지적업무 처리규정」상 지적공부 관리방법이 아닌 것은?(단, 부동산종합공부시스템에 따른 방법을 제외한다.)

① 지적공부는 지적업무 담당공무원 외에는 취급하지 못한다.
② 지적공부 사용을 완료한 때에는 간이보관상자를 비치한 경우에도 즉시 보관상자에 넣어야 한다.
③ 도면은 항상 보호대에 넣어 취급하되, 말거나 접지 못하며 직사광선을 받으면 아니 된다.
④ 지적공부를 지적서고 밖으로 반출하고자 할 때에는 훼손되지 않도록 보관·운반함 등을 사용한다.

> **해설**　지적공부 사용을 완료한 때에는 즉시 보관상자에 넣어야 한다. 다만, 간이보관상자를 비치한 경우에는 그러하지 아니하다.

95 다음 중 지적소관청이 토지의 표시 변경에 관한 등기를 할 필요가 있는 경우, 관할 등기관서에 그 등기를 촉탁하여야 하는 대상에 해당하지 않는 것은?

① 분할　　　　　　　　　　　② 신규등록
③ 바다로 된 토지의 말소　　　④ 행정구역 개편에 따른 지번변경

> **해설**　등기촉탁의 대상에는 ①, ③, ④ 외에 지번을 변경한 때, 축척변경을 한 때, 행정구역 명칭변경 등이 있다.

96 축척변경 시행지역 안에서의 토지이동은 언제 있는 것으로 보는가?

① 촉탁등기 시　　　　　　　　② 청산금 교부 시
③ 축척변경 승인신청 시　　　　④ 축척변경 확정공고일

> **해설**　축척변경 시행지역의 토지는 확정공고일에 토지의 이동이 있는 것으로 본다.

97 지적측량업의 영업정지 대상이 되는 위반행위가 아닌 것은?

① 고의 또는 과실로 측량을 부정확하게 한 경우
② 정당한 사유 없이 측량업의 등록을 한 날부터 계속하여 1년 이상 휴업한 경우
③ 지적측량업자가 법에서 규정한 업무 범위를 위반하여 지적측량을 한 경우
④ 거짓이나 그 밖의 부정한 방법으로 지적측량업의 등록을 한 경우

해설 거짓이나 그 밖의 부정한 방법으로 측량업의 등록을 한 경우는 등록취소에 해당한다.

98 다음 중 기본계획을 통지받은 지적소관청이 지적재조사사업에 관한 실시계획 수립 시 포함해야 하는 사항이 아닌 것은?

① 사업지구의 위치 및 면적
② 지적재조사사업의 시행기간
③ 지적재조사사업비의 추산액
④ 지적재조사사업의 연도별 집행계획

해설 지적재조사사업에 관한 기본계획 수립 시 포함사항에는 ①, ②, ③ 외에 지적재조사사업비의 연도별 집행계획, 지적재조사사업비의 시·도별 배분계획 등이 있다.

99 철도, 역사, 차고, 공작창이 집단으로 위치할 경우 그 지목은?

① 철도, 차고는 철도용지이고, 역사는 대지, 공작창은 공장용지이다.
② 역사만 대지이고, 나머지는 철도용지이다.
③ 공작창만 공장용지이고, 나머지는 철도용지이다.
④ 모두 철도용지이다.

해설 철도용지는 교통 운수를 위하여 일정한 궤도 등의 설비와 형태를 갖추어 이용되는 토지와 이에 접속된 역사·차고·발전시설 및 공작창 등 부속시설물의 부지이다.

100 「공간정보의 구축 및 관리 등에 관한 법률」에 따른 "토지의 표시"에 해당하지 않는 것은?

① 경계　　　　② 지번　　　　③ 소유자　　　　④ 면적

해설 토지의 표시란 지적공부에 토지의 소재·지번·지목·면적·경계 또는 좌표를 등록한 것을 말한다.

1과목 지적측량

01 지적도근점측량에서 측정한 경사거리가 600m, 연직각이 60°일 때 수평거리는?

① 300m

② 370m

③ $300\sqrt{2}\,$m

④ $740\sqrt{3}\,$m

해설 수평거리 = 경사거리 × $\cos\theta$ = 600m × $\cos60°$ = 300m

02 경위의측량방법에 따른 지적삼각점의 관측과 계산에 대한 설명으로 옳은 것은?

① 1방향각의 수평각 측각공차는 30초 이내이다.

② 수평각관측은 2대회의 방향관측법에 의한다.

③ 관측은 5초독(秒讀) 이상의 경위의를 사용한다.

④ 수평각관측 시 윤곽도는 0°, 60°, 100°로 한다.

해설 • 수평각관측은 3대회(윤곽도는 0°, 60°, 120°로 한다)의 방향관측법에 따른다.
• 관측은 10초독(秒讀) 이상의 경위의를 사용한다.

03 다음 중 경위의측량방법에 따른 세부측량에서 토지의 경계가 곡선인 경우 직선으로 연결하는 곡선의 중앙종거의 길이 기준으로 옳은 것은?

① 5cm 이상 10cm 이하

② 10cm 이상 15cm 이하

③ 15cm 이상 20cm 이하

④ 20cm 이상 25cm 이하

해설 직선으로 연결하는 곡선의 중앙종거(中央縱距)의 길이는 5cm 이상 10cm 이하로 한다.

04 지적측량의 측량기간 기준으로 옳은 것은?(단, 지적기준점을 설치하여 측량하는 경우는 고려하지 않는다.)

① 4일

② 5일

③ 6일

④ 7일

구분	측량기간	검사기간
기본기간	5일	4일
지적기준점을 설치하여 측량 또는 검사할 때	15점 이하	
	4일	4일
	15점 초과	
	4일에 4점마다 1일 가산	4일에 4점마다 1일 가산
지적측량의뢰자와 수행자가 상호 합의에 의할 때	합의기간의 4분의 3	합의기간의 4분의 1

05 우연오차에 대한 설명으로 옳지 않은 것은?

① 오차의 발생 원인이 명확하지 않다.
② 부정오차(Random Error)라고도 한다.
③ 확률에 근거하여 통계적으로 오차를 처리한다.
④ 같은 크기의 (+)오차는 (−)오차보다 자주 발생한다.

해설 같은 크기의 (+)오차와 (−)오차가 발생할 확률은 같다.

06 지적측량에 사용되는 구소삼각지역의 직각좌표계 원점이 아닌 것은?

① 가리원점　　　② 동경원점　　　③ 망산원점　　　④ 조본원점

해설 구소삼각원점의 구분

경기지역	경북지역	미터(m)	간(間)
고초원점 등경원점 가리원점 계양원점 망산원점 조본원점	구암원점 금산원점 율곡원점 현창원점 소라원점	고초원점 조본원점 율곡원점 현창원점 소라원점	등경원점 가리원점 계양원점 망산원점 구암원점 금산원점

07 평판측량방법에 따른 세부측량용 도선법으로 하는 경우, 도선의 변의 수 기준은?

① 10개 이하　　　　　　　② 20개 이하
③ 30개 이하　　　　　　　④ 40개 이하

해설 평판측량방법에 따른 세부측량을 도선법으로 하는 경우 도선의 변은 20개 이하로 한다.

08 등록전환측량을 평판측량방법으로 실시할 때 그 방법으로 옳지 않은 것은?

① 교회법　　　　　② 도선법　　　　　③ 방사법　　　　　④ 현형법

해설 평판측량방법에 따른 세부측량은 교회법 · 도선법 및 방사법(放射法)으로 실시한다.

09 지상경계를 결정하고자 할 때의 기준으로 옳지 않은 것은?

① 토지가 수면에 접하는 경우 : 최소만조위가 되는 선
② 연접되는 토지 간에 높낮이 차이가 있는 경우 : 그 구조물 등의 하단부
③ 도로 · 구거 등의 토지에 절토(切土)된 부분이 있는 경우 : 그 경사면의 상단부
④ 공유수면매립지의 토지 중 제방 등을 토지에 편입하여 등록하는 경우 : 바깥쪽 어깨부분

해설 지상경계설정의 기준
- 토지가 해면 또는 수면에 접하는 경우 : 최대만조위 또는 최대만수위가 되는 선
- 연접되는 토지 간에 높낮이 차이가 있는 경우 : 그 구조물 등의 하단부
- 도로 · 구거 등의 토지에 절토(切土)된 부분이 있는 경우 : 그 경사면의 상단부
- 공유수면매립지의 토지 중 제방 등을 토지에 편입하여 등록하는 경우 : 바깥쪽 어깨부분
- 연접되는 토지 간에 높낮이 차이가 없는 경우 : 그 구조물 등의 중앙

10 광파기측량방법에 따른 지적삼각보조점의 점간거리를 5회 측정한 결과의 평균치가 2,435.44m일 때, 이 측정치의 최대치와 최소치의 교차가 최대 얼마 이하이어야 이 평균치를 측정거리로 할 수 있는가?

① 0.01m　　　　　② 0.02m　　　　　③ 0.04m　　　　　④ 0.06m

해설 전파기 또는 광파기측량방법에 따른 지적삼각점의 관측과 계산에서 점간거리는 5회 측정하여 그 측정치의 최대치와 최소치의 교차가 평균치의 10만분의 1 이하일 때에는 그 평균치를 측정거리로 한다.

$$\therefore \frac{2,435.44}{100,000} ≒ 0.02\text{m}$$

11 배각법에 의해 지적도근점측량을 실시하여 종선차의 합이 −140.10m, 종선차의 기지값이 −140.30m, 횡선차의 합이 320.20m, 횡선차의 기지값이 320.25m일 때 연결오차는?

① 0.21m　　　　　② 0.30m　　　　　③ 0.25m　　　　　④ 0.31m

해설
- 종선오차(fx) = 종선차 합계 − 기지종선차 = −140.10 − (−140.30) = 0.20m
- 횡선오차(fy) = 횡선차 합계 − 기지횡선차 = 320.20 − 320.25 = −0.05m

$$\therefore \text{연결오차} = \sqrt{(fx)^2 + (fy)^2} = \sqrt{(0.20)^2 + (-0.05)^2} ≒ 0.21\text{m}$$

12 평면삼각형 ABC의 측각치 $\angle A$, $\angle B$, $\angle C$의 폐합오차는?(단, 폐합오차는 W로 표시한다.)

① $W = 180° - (\angle B + \angle C)$ ② $W = (\angle A + \angle B + \angle C) - 180°$

③ $W = (\angle A + \angle B + \angle C) - 360°$ ④ $W = 360° - (\angle A + \angle B + \angle C)$

해설 삼각형의 폐합오차

$W = (\angle A + \angle B + \angle C) - 180°$

13 지적도근점측량에서 지적도근점을 구성하여야 하는 도선으로 옳지 않은 것은?

① 결합도선   ② 폐합도선   ③ 개방도선   ④ 왕복도선

해설 지적도근점은 결합도선 · 폐합도선 · 왕복도선 및 다각망도선으로 구성하여야 한다.

14 지적도의 제도에 관한 설명으로 옳지 않은 것은?

① 도곽선은 폭 0.1mm로 제도한다.

② 지번 및 지목은 2mm 이상 3mm 이하의 크기로 제도한다.

③ 지적도근점은 직경 3mm의 원으로 제도한다.

④ 도곽선 수치는 2mm 크기의 아라비아숫자로 주기한다.

해설 지적도근점은 직경 2mm의 원으로 제도한다.

15 다음 중 지번과 지목의 제도방법에 대한 설명으로 옳지 않은 것은?

① 지번은 경계에 닿지 않도록 필지의 중앙에 제도한다.

② 1필지의 토지가 형상이 좁고 길게 된 경우 가로쓰기가 되도록 도면을 왼쪽 또는 오른쪽으로 돌려서 제도할 수 있다.

③ 지번은 고딕체, 지목은 명조체로 제도한다.

④ 1필지의 면적이 작은 경우 지번과 지목은 부호를 붙이고, 도곽선 밖에 그 부호 · 지번 및 지목을 제도할 수 있다.

해설 지번 및 지목을 제도할 때에는 지번 다음에 지목을 제도한다. 지번은 2mm 이상 3mm 이하 크기의 명조체로 하고, 지번의 글자간격은 글자크기의 4분의 1 정도, 지번과 지목의 글자간격은 글자크기의 2분의 1 정도 띄어서 제도한다.

16 경위의측량방법과 교회법에 따른 지적삼각보조점측량의 관측 및 계산 기준으로 옳은 것은?

① 1방향각의 공차는 50초 이내이다.

② 수평각관측은 3배각 관측법에 따른다.

③ 2개의 삼각형으로부터 계산한 위치의 연결교차가 0.30m 이하일 때에는 그 평균치를 지적삼각보조점의 위치로 한다.

④ 관측은 30초독 이상의 경위의를 사용한다.

> **해설** ① 1방향각의 공차는 40초 이내이다.
> ② 수평각관측은 2대회(윤곽도는 0°, 90°로 한다)의 방향관측법에 따른다.
> ④ 관측은 20초독 이상의 경위의를 사용한다.

17 토지조사사업 당시의 측량 조건으로 옳지 않은 것은?

① 일본의 동경원점을 이용하여 대삼각망을 구성하였다.

② 통일된 원점 체계를 전 국토에 적용하였다.

③ 가우스상사이중투영법을 적용하였다.

④ 베셀(Bessel)타원체를 도입하였다.

> **해설** 토지조사사업 당시 전국적으로 통일된 원점을 사용하지 않은 상태에서 측량이 이루어졌다.

18 지적확정측량을 시행할 때에 필지별 경계점 측정에 사용되지 않는 점은?

① 위성기준점

② 통합기준점

③ 지적삼각점

④ 지적도근보조점

> **해설** 지적확정측량을 하는 경우 필지별 경계점은 위성기준점, 통합기준점, 삼각점, 지적삼각점, 지적삼각보조점 및 지적도근점에 따라 측정하여야 한다.

19 중부원점지역에서 사용하는 축척 1/600 지적도 1도곽에 포용되는 면적은?

① 20,000m²

② 30,000m²

③ 40,000m²

④ 50,000m²

> **해설** 축척 1/600 지적도 1도곽의 지상 거리는 가로 250m, 세로 200m이므로,
> 1도곽에 대한 포용 면적=250m×200m=50,000m²

20 등록전환 시 임야대장상 말소면적과 토지대장상 등록면적과의 허용오차 산출식은?(단, M은 임야도의 축척분모, F는 등록 전환될 면적이다.)

① $A = 0.026^2 M\sqrt{F}$

② $A = 0.026MF$

③ $A = 0.026^2 MF$

④ $A = 0.026M\sqrt{F}$

등록전환을 하는 경우 $A = 0.026^2 M\sqrt{F}$

[A : 오차 허용면적, M : 임야도 축척분모(1/3,000인 지역의 축척분모는 6,000으로 한다), F : 등록전환될 면적]

2과목 응용측량

21 GPS의 위성신호에서 P코드의 주파수 크기로 옳은 것은?

① 10.23MHz

② 1,227.60MHz

③ 1,574.42MHz

④ 1,785.13MHz

GPS의 위성신호에서 P코드의 주파수 크기는 10.23MHz이다.

22 그림과 같은 사면을 지형도에 표시할 때에 대한 설명으로 옳은 것은?

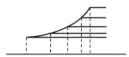

① 지형도상의 등고선 간의 거리가 일정한 사면

② 지형도상에서 상부는 등고선 간의 거리가 넓고 하부에서는 좁은 사면

③ 지형도상에서 상부는 등고선 간의 거리가 좁고 하부에서는 넓은 사면

④ 지형도상에서 등고선 간의 거리가 높이에 비례하여 일정하게 증가하는 사면

지형도상에서 상부는 등고선의 간격이 좁기 때문에 거리가 좁고, 하부에서는 등고선 간의 간격이 넓기 때문에 완만한 경사를 가진다.

23 출발점에 세운 표척과 도착점에 세운 표척을 같게 하는 이유는?

① 정준의 불량으로 인한 오차를 소거한다.

② 수직축의 기울어짐으로 인한 오차를 제거한다.

③ 기포관의 감도 불량으로 인한 오차를 제거한다.

④ 표척의 상태(마모 등)로 인한 오차를 소거한다.

수준측량에서 출발점에 세운 표척과 도착점에 세운 표척을 같게 하는 이유는 표척의 상태(마모 등)로 인한 오차를 소거하기 위함이다.

24 그림과 같은 수준망에서 수준점 P의 최확값은?(단, A점에서의 관측지반고 10.15m, B점에서의 관측지반고 10.16m, C점에서의 관측지반고 10.18m)

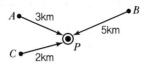

① 10.180m   ② 10.166m   ③ 10.152m   ④ 10.170m

해설 경중률은 관측거리에 반비례하므로,

경중률 $P_1 : P_2 : P_3 = \dfrac{1}{S_1} : \dfrac{1}{S_2} : \dfrac{1}{S_3} = \dfrac{1}{3} : \dfrac{1}{5} : \dfrac{1}{2} = 10 : 6 : 15$

최확값 $P_0 = \dfrac{P_1 l_1 + P_2 l_2 + P_3 l_3}{P_1 + P_2 + P_3} = 10 + \dfrac{(10 \times 0.15) + (6 \times 0.16) + (15 \times 0.18)}{10 + 6 + 15} = 10.166\text{m}$

25 다음 중 터널에서 중심선측량의 가장 중요한 목적은?

① 터널 단면의 변위 측정   ② 인조점의 바른 매설
③ 터널입구 형상의 측정   ④ 정확한 방향과 거리 측정

해설 터널에서 중심선측량의 가장 중요한 목적은 터널 시공에 있어서 정확한 방향과 거리를 측정하기 위함이다.

26 터널 내 두 점의 좌표가 A점(102.34m, 340.26m), B점(145.45m, 423.86m)이고 표고는 A점 53.20m, B점 82.35m일 때 터널의 경사각은?

① $17°12'7''$ ② $17°13'7''$ ③ $17°14'7''$ ④ $17°15'7''$

해설 AB의 높이 $= 82.35 - 53.20 = 29.15\text{m}$

AB의 거리 $= \sqrt{(145.45 - 102.34)^2 + (423.86 - 340.26)^2} = 94.06\text{m}$

∴ 터널의 경사각 $\theta = \tan^{-1}\dfrac{\text{높이}}{\text{거리}} = \tan^{-1}\left(\dfrac{29.15}{94.06}\right) ≒ 17°13'7''$

27 단곡선을 설치하기 위해 교각을 관측하여 $46°30'$를 얻었다. 곡선반지름이 200m일 때 교점으로부터 곡선시점까지의 거리는?

① 210.76m   ② 105.38m   ③ 85.93m   ④ 85.51m

해설 접선길이(접선장) $\text{T.L} = R \tan\dfrac{I}{2} = 200 \times \tan\left(\dfrac{46°30'}{2}\right) ≒ 85.93\text{m}$

28 지적삼각점의 신설을 위해 가장 적합한 GNSS측량방법은?

① 정지측량방식(Static)
② DGPS(Differential GPS)
③ Stop & Go 방식
④ RTK(Real Time Kinematic)

> **해설** 지적삼각점의 신설을 위해 가장 적합한 GNSS측량방법은 가장 정밀도가 높은 정지측량방식(Static)이다.

29 지형도의 표시방법에 해당되지 않는 것은?

① 등고선법
② 방사법
③ 점고법
④ 채색법

> **해설** 지형도에 의한 지형의 표시방법은 자연도법과 부호도법으로 구분한다. 자연도법에는 우모법(영선법, 게바법), 음영법(명암법) 등이 있고, 부호도법에는 점고법 · 등고선법 · 채색법 등이 있다.

30 지형측량의 작업공정으로 옳은 것은?

① 측량계획 → 조사 및 선점 → 세부측량 → 기준점측량 → 측량원도 작성 → 지도편집
② 측량계획 → 조사 및 선점 → 기준점측량 → 측량원도 작성 → 세부측량 → 지도편집
③ 측량계획 → 기준점측량 → 조사 및 선점 → 세부측량 → 측량원도 작성 → 지도편집
④ 측량계획 → 조사 및 선점 → 기준점측량 → 세부측량 → 측량원도 작성 → 지도편집

> **해설** 지형측량의 작업공정은 측량계획 → 조사 및 선점 → 기준점측량 → 세부측량 → 측량원도 작성 → 지도편집 순으로 한다.

31 수치사진측량에서 영상정합의 분류 중, 영상소의 밝기값을 이용하는 정합은?

① 영역기준 정합
② 관계형 정합
③ 형상기준 정합
④ 기호 정합

> **해설** 영상정합(Image Matching)
> 영상 중 한 영상의 한 위치에 해당하는 실제의 객체가 다른 영상의 어느 위치에 형성되었는가를 발견하는 작업으로서 상응하는 위치를 발견하기 위해서 유사성 측정을 이용하며, 영역기준 정합은 영상소의 밝기값을 이용한다.

32 곡선반지름이 115m인 원곡선에서 현의 길이 20m에 대한 편각은?

① 2°51′21″
② 3°48′29″
③ 4°58′56″
④ 5°29′38″

> **해설** 편각$(\delta) = 1,718.87′ \times \dfrac{l}{R} = 1,718.87′ \times \dfrac{20}{115} ≒ 4°58′56″$

33 화각(피사각)이 90°이고 일반도화 판독용으로 사용하는 카메라로 옳은 것은?

① 초광각카메라　　　　　　　　　② 광각카메라

③ 보통각카메라　　　　　　　　　④ 협각카메라

> **해설** 사진측량용 카메라에는 보통각카메라(60°), 광각카메라, 초광각카메라(120°), 협각카메라가 있다. 이 중 광각
> 카메라는 화각(피사각)이 90°이고, 일반도화 판독용으로 사용한다.

34 노선측량에 사용되는 곡선 중 주요 용도가 다른 것은?

① 2차 포물선　　　　　　　　　　② 3차 포물선

③ 클로소이드 곡선　　　　　　　　④ 렘니스케이트 곡선

> **해설** 완화곡선에는 클로소이드 곡선 · 렘니스케이트 곡선 · 3차 포물선 · sin 체감곡선 등이 있다. 2차 포물선은
> 수직곡선(종곡선)에 해당한다.

35 간접수준측량으로 관측한 수평거리가 5km일 때, 지구의 곡률오차는?(단, 지구의 곡률반지름은 6,370km)

① 0.862m　　　② 1.962m　　　③ 3.925m　　　④ 4.862m

> **해설** 지구곡률오차(구차) $\triangle C = \dfrac{5^2}{2 \times 6,370} = 1.962\text{m}$

36 GNSS(Global Navigation Satellite System)측량에서 의사거리 결정에 영향을 주는 오차의 원인으로 가장 거리가 먼 것은?

① 위성의 궤도오차　　　　　　　　② 위성의 시계오차

③ 안테나의 구심오차　　　　　　　④ 지상의 기상오차

> **해설** 구조적 요인에 의한 거리오차에는 위성궤도오차, 위성시계오차. 안테나의 구심오차, 전리층 및 대류권 전파지
> 연오차 등이 있다.

37 항공사진의 특수 3점에 해당되지 않는 것은?

① 부점　　　　② 연직점　　　　③ 등각점　　　　④ 주점

> **해설** 항공사진의 특수 3점에는 주점, 등각점, 연직점이 있다.

38 항공사진판독에 대한 설명으로 틀린 것은?

① 사진판독은 단시간에 넓은 지역을 판독할 수 있다.
② 근적외선 영상은 식물과 물을 판독하는 데 유용하다.
③ 수목의 종류를 판독하는 주요 요소는 음영이다.
④ 색조, 모양, 입체감 등이 나타나지 않는 지역은 판독에 어려움이 있다.

해설 사진판독에서 수목의 종류를 판독하는 주요 요소는 색조이다.

39 등고선에 관한 설명 중 틀린 것은?

① 주곡선은 등고선 간격의 기준이 되는 선이다.
② 간곡선은 주곡선 간격의 1/2마다 표시한다.
③ 조곡선은 간곡선 간격의 1/4마다 표시한다.
④ 계곡선은 주곡선 5개마다 굵게 표시한다.

해설 조곡선은 간곡선 간격의 1/2마다 표시한다.

40 단곡선에서 교각 $I = 36°20'$, 반지름 $R = 500\text{m}$ 노선의 기점에서 교점까지의 거리는 6,500m 이다. 20m 간격으로 중심말뚝을 설치할 때 종단현의 길이(l_2)는?

① 7m   ② 10m   ③ 13m   ④ 16m

해설
• 곡선시점$(\text{B.C}) = \text{I.P} - \text{T.L} = 6,500 - \left[500 \times \tan\left(\dfrac{360°20'}{2} \right) \right] = 6,336\text{m}$

• 곡선종점$(\text{E.C}) = \text{B.C} + \text{C.L} = 6,336 + \left[500 \times 36°20' \times \left(\dfrac{\pi}{180°} \right) \right] = 6,653\text{m}$

• 종단현$(l_2) = 6,653 - 6,336 = 13\text{m}$

3과목 토지정보체계론

41 지적전산화의 목적과 가장 거리가 먼 것은?

① 지방행정전산화의 촉진   ② 국토기본도의 정확한 작성
③ 신속하고 정확한 지적 민원처리   ④ 토지 관련 정책자료의 다목적 활용

해설 지적공부전산화의 목적에는 ①, ③, ④ 외에 업무의 이중성 배제, 효율적인 지적사무와 지적행정의 실현 등이 있다.

42 디지타이징이나 스캐닝에 의해 도형정보파일을 생성할 경우 발생할 수 있는 오차에 대한 설명으로 옳지 않은 것은?

① 도곽의 신축이 있는 도면의 경우 부분적인 오차만 발생하므로 정확한 독취 자료를 얻을 수 있다.
② 디지타이저에 의한 도면 독취 시 작업자의 숙련도에 따라 오차가 발생할 수 있다.
③ 스캐너로 읽은 래스터 자료를 벡터 자료로 변환할 때 오차가 발생한다.
④ 입력도면이 평탄하지 않은 경우 오차 발생을 유발한다.

해설 도곽의 신축이 있는 도면은 전체적인 부분에 오차가 발생하므로 정확한 독취자료를 얻을 수 없다.

43 레이어에 대한 설명으로 옳은 것은?

① 레이어 간의 객체이동은 할 수 없다.
② 지형지물을 기호로 나타내는 규칙이다.
③ 속성테이터를 관리하는 데 사용하는 것이다.
④ 같은 성격을 가지는 공간객체를 같은 층으로 묶어 준다.

해설 레이어란 같은 성격을 가지는 공간객체를 같은 층으로 묶는 것을 말한다.

44 데이터베이스의 데이터 언어 중 데이터 조작어가 아닌 것은?

① CREATE문   ② DELETE문
③ SELECT문   ④ UPDATE문

해설 데이터베이스 언어에는 데이터 정의어(DDL), 데이터 조작어(DML), 데이터 제어어(DCL) 등이 있다. 이 중 데이터 조작어에는 데이터베이스에 저장된 자료의 검색(SELECT), 삽입(INSERT), 삭제(DELETE), 수정(UPDATE) 등이 있다.

45 현황 참조용 영상자료와 지적도 파일을 중첩하여 지적도의 필지 경계선 조정 작업을 할 경우, 정확도 면에서 가장 효율적인 자료는?

① 1/5,000 축척의 항공사진 정사영상 자료
② 소축척 지형도 스캔 영상 자료
③ 중저해상도 위성영상 자료
④ 소축척의 도로 망도

해설 정사영상(正射影像)은 항공사진촬영을 통해 획득한 영상정보와 수치표고모델을 이용하여 지형의 기복을 보정한 영상지도이다.

46 점, 선, 면 등의 객체(Object)들 간의 공간관계가 설정되지 못한 채 일련의 좌표에 의한 그래픽 형태로 저장되는 구조로, 공간분석에는 비효율적이지만 자료구조가 매우 간단하여 수치지도를 제작하고 갱신하는 경우에는 효율적인 자료구조는?

① 래스터(Raster) 구조　　　　　　　② 위상(Topology) 구조
③ 스파게티(Spaghetti) 구조　　　　　④ 체인코드(Chain Codes) 구조

해설　스파게티 자료구조는 점·선·면 등의 객체들 간의 공간관계가 설정되지 못한 채 일련의 좌표에 의한 그래픽 형태로 저장되는 구조로서 공간분석에는 비효율적이지만 하나의 점(X, Y좌표)을 기본으로 하고 있어 구조가 간단하므로 이해하기 쉽다.

47 PBLIS의 개발 내용 중 옳지 않은 것은?

① 지적측량시스템　　　　　　　　　② 건축물관리시스템
③ 지적공부관리시스템　　　　　　　④ 지적측량성과작성시스템

해설　필지중심토지정보시스템(PBLIS)은 지적공부관리시스템, 지적측량시스템, 지적측량성과작성시스템으로 구성되어 있다.

48 지적데이터의 속성정보라 할 수 없는 것은?

① 지적도　　　　　　　　　　　　　② 토지대장
③ 공유지연명부　　　　　　　　　　④ 대지권등록부

해설　지적도는 도형정보이다.

49 수치화된 지적도의 레이어에 해당하지 않는 것은?

① 지번　　　　② 기준점　　　　③ 도곽선　　　　④ 소유자

해설　지적도의 등록사항(레이어)에는 토지의 소재, 지번, 지목, 경계, 도면의 색인도, 도면의 제명 및 축척, 도곽선과 그 수치, 좌표에 의하여 계산된 경계점 간의 거리, 삼각점 및 지적측량기준점의 위치, 건축물 및 구조물 등의 위치 등이 있다.

50 발전단계에 따른 지적제도 중 토지정보체계의 기초로서 가장 적합한 것은?

① 법지적　　　　② 과세지적　　　　③ 소유지적　　　　④ 다목적지적

해설　다목적지적은 토지에 대한 세금징수 및 소유권보호뿐만 아니라 토지이용의 효율화를 위하여 토지 관련 모든 정보를 종합적으로 관리하고 공급하며, 토지정책에 대한 의사결정을 지원하는 종합적 토지정보시스템이다.

51 SQL 언어에 대한 설명으로 옳은 것은?

① order by는 보통 질의어에서 처음에 나온다.
② select 다음에는 테이블명이 나온다.
③ where 다음에는 조건식이 나온다.
④ from 다음에는 필드명이 나온다.

해설 ① order by는 문장 마지막에 나온다.
② select 다음에는 필드명이 나온다.
④ from 다음에는 테이블명이 나온다.

52 토지정보시스템(Land Information System)의 데이터의 구성요소와 관련이 없는 것은?

① 도면정보   ② 위치정보
③ 속성정보   ④ 서비스정보

해설 토지정보시스템의 데이터 구성요소에는 속성정보, 도면정보, 위치정보 등이 있다.

53 LIS에서 DBMS의 개념을 적용함에 따른 장점으로 가장 거리가 먼 것은?

① 관련 자료 간의 자동 갱신이 가능하다.
② 자료의 표현과 저장방식을 통합하는 것이 가능하다.
③ 도형 및 속성자료 간에 물리적으로 명확한 관계가 정의될 수 있다.
④ 자료의 중앙제어를 통해 데이터베이스의 신뢰도를 증진시킬 수 있다.

해설 자료의 검색 및 수정이 자체적으로 제어되므로 중앙제어장치로 운영될 수 있으며, 저장된 자료의 형태와는 관계없이 자료에 독립성을 부여할 수 있다.

54 고유번호 4567891232 – 20002 – 0010인 토지에 대한 설명으로 옳지 않은 것은?

① 지번은 2 – 10이다.
② 32는 리를 나타낸다.
③ 45는 시 · 도를 나타낸다.
④ 912는 읍 · 면 · 동을 나타낸다.

해설 고유번호 4567891232 – 20002 – 0010은 45(시 · 도), 678(시 · 군 · 구), 912(읍 · 면 · 동), 32(리)를 나타내며, 지번은 산2 – 10이다.

55 NGIS 구축의 단계적 추진에서 3단계 사업이 속하는 단계는?

① GIS 기반조성단계   ② GIS 정착단계

③ GIS 수정보완단계   ④ GIS 활용확산단계

> **해설** NGIS 추진목표
> - 제1단계(1995~2000년) : GIS 기반조성단계
> - 제2단계(2001~2005년) : GIS 활용확산단계
> - 제3단계(2006~2010년) : GIS 정착단계

56 파일처리방식과 데이터베이스관리시스템에 대한 설명으로 옳지 않은 것은?

① 파일처리방식은 데이터의 중복성이 발생한다.

② 파일처리방식은 데이터의 독립성을 지원하지 못한다.

③ 데이터베이스관리시스템은 운영비용면에서 경제적이다.

④ 데이터베이스관리시스템은 데이터의 일관성을 유지하게 한다.

> **해설** 데이터베이스관리시스템(DBMS)의 장단점
>
> | 장점 | 단점 |
> |---|---|
> | • 데이터의 독립성
• 데이터의 공유
• 데이터의 중복성 배제
• 데이터의 일관성 유지
• 데이터의 무결성
• 데이터의 보안성
• 데이터의 표준화
• 통제의 집중화
• 응용의 용이성
• 직접적인 사용자 접근 가능
• 효율적인 자료 분리 가능 | • 고가의 장비 및 운용비용 부담
• 시스템과 자료구조의 복잡성
• 중앙집중식 구조의 위험성 |
>
> ③ 소프트웨어의 규모가 크고 복잡하며, 초기 구축 및 유지 비용이 고가이다.

57 데이터베이스시스템을 집중형과 분산형으로 구분할 때 집중형 데이터베이스의 장점으로 옳은 것은?

① 자료관리가 경제적이다.

② 자료의 통신비용이 저렴한 편이다.

③ 자료의 접근 속도가 분산형보다 신속한 편이다.

④ 데이터베이스 사용자를 위한 교육 및 자문이 편리하다.

> **해설** 분산형 데이터베이스시스템보다 집중형 데이터베이스시스템이 자료관리에 있어서 경제적이다.

58 시 · 군 · 구 단위의 지적전산자료를 이용하려는 자는 누구에게 승인을 받아야 하는가?

① 관계 중앙행정기관의 장　　　　　② 행정안전부장관
③ 지적소관청　　　　　　　　　　　④ 시 · 도지사

해설 지적전산자료의 이용 및 활용에 관한 승인권자

구분	승인권자
전국 단위	국토교통부장관, 시 · 도지사 또는 지적소관청
시 · 도 단위	시 · 도지사 또는 지적소관청
시 · 군 · 구 단위	지적소관청

59 벡터자료 구조에 있어서 폴리곤 구조의 특성과 관계가 먼 것은?

① 형상　　　② 계급성　　　③ 변환성　　　④ 인접성

해설 폴리곤 구조는 위상관계(Topology) 다각형의 형상(Shape), 인접성(Adjacency), 계급성(Hierarchy)을 묘사
할 수 있는 정보를 제공한다.

60 데이터베이스 디자인의 순서로 옳은 것은?

가. DB 목적 정의　　　　　　　　　나. 테이블 간의 관계 정의
다. DB 필드 정의　　　　　　　　　라. DB 테이블 정의

① 가-나-다-라　　　　　　　　　② 가-다-나-라
③ 가-라-나-다　　　　　　　　　④ 가-라-다-나

해설 데이터베이스 디자인은 테이블을 정의하고, 테이블의 필드를 정의한 후 테이블 간의 관계를 정의하는 방법이
일반적이다.

[4과목] **지적학**

61 다음 중 지번의 역할에 해당하지 않는 것은?

① 위치 추정　　　　　　　　　　　② 토지이용 구분
③ 필지의 구분　　　　　　　　　　④ 물권객체 단위

해설 지번이란 지리적 위치의 고정성과 토지의 특정화, 개별성을 확보하기 위해 리/동의 단위로 필지마다 아라비아
숫자를 순차적으로 부여하여 지적공부에 등록한 번호를 말한다.

지번의 역할	지번의 기능(특성)
• 장소의 기준 • 물권표시의 기준 • 공간계획의 기준	• 토지의 고정화 • 토지의 특정화 • 토지의 개별화 • 토지의 식별화 • 토지위치의 확인 • 행정주소표기, 토지이용의 편리성 • 토지관계 자료의 연결매체 기능

② 토지이용 구분은 지목의 역할에 해당한다.

62 다음 중 근대적 등기제도를 확립한 제도는?

① 과전법   ② 입안제도   ③ 지계제도   ④ 수등이척제

해설 1898년 양전사업이 시행되면서 이전의 입안제도를 근대적 소유권제도로 바꾸기 위해 토지의 소유권증서를 관에서 발급하는 지계제도와 같이 시행해야 했다.

63 지번의 진행방향에 따른 부번방식(附番方式)이 아닌 것은?

① 절충식(折衷式)   ② 우수식(隅數式)
③ 사행식(蛇行式)   ④ 기우식(奇隅式)

해설 지번부여방법은 진행방향, 부여단위, 기번위치에 따라 구분된다. 진행방향에 따른 분류에는 사행식, 기우식, 단지식, 절충식이 있다.

64 다음 중 지적의 기본이념으로만 열거된 것은?

① 국정주의, 형식주의, 공개주의
② 형식주의, 민정주의, 직권등록주의
③ 국정주의, 형식적 심사주의, 직권등록주의
④ 등록임의주의, 형식적 심사주의, 공개주의

해설 지적의 기본이념에는 지적국정주의, 지적형식주의(등록주의), 지적공개주의, 실질적 심사주의(사실심사), 직권등록주의(강제등록주의)가 있다.

65 1720~1723년 사이에 이탈리아 밀라노의 지적도 제작사업에서 전 영토를 측량하기 위해 사용한 지적도의 축척으로 옳은 것은?

① 1/1,000   ② 1/1,200   ③ 1/2,000   ④ 1/3,000

해설 1720~1723년 사이에 이탈리아 밀라노의 지적도 제작사업에서 전 영토를 측량하기 위해 사용한 지적도의 축척은 1/2,000이다.

66 토지등록제도에 있어서 권리의 객체로서 모든 토지를 반드시 특정적이면서도 단순하고 명확한 방법에 의하여 인식될 수 있도록 개별화함을 의미하는 토지등록 원칙은?

① 공신의 원칙
② 등록의 원칙
③ 신청의 원칙
④ 특정화의 원칙

해설 토지등록의 원칙은 등록의 원칙, 신청의 원칙, 특정화의 원칙, 국정주의 및 직권주의, 공시(公示)의 원칙 및 공개주의, 공신의 원칙으로 구분된다. 이 중 특정화의 원칙은 권리의 객체로서의 모든 토지는 반드시 특정적이면서도 단순하며, 명확한 방법에 의하여 인식될 수 있도록 개별화함을 의미한다(대표적인 것이 지번이다).

67 지적불부합으로 인해 발생되는 사회적 측면의 영향이 아닌 것은?

① 토지분쟁의 빈발
② 토지거래질서의 문란
③ 주민의 권리행사 용이
④ 토지표시사항의 확인 곤란

해설 지적불부합으로 인해 발생되는 사회적 측면의 영향에는 ①, ②, ④ 외에 토지분쟁의 증가, 국민 권리행사의 지장, 권리 실체 인정의 부실 초래 등이 있다.

68 토지 1필지의 성립요건이 될 수 없는 것은?

① 소유자가 같아야 한다.
② 지반이 연속되어 있어야 한다.
③ 지적도의 축척이 같아야 한다.
④ 경계가 되는 지물(地物)이 있어야 한다.

해설 1필지의 성립요건에는 지번부여지역 · 소유자 · 지목 · 축척의 동일, 지반의 연속, 소유권 이외 권리의 동일, 등기 여부의 동일 등이 있다.

69 다목적지적의 3대 구성요소가 아닌 것은?

① 기본도
② 지적도
③ 측지기준망
④ 토지이용도

해설
• 다목적지적의 3대 요소 : 측지기본망, 기본도, 지적중첩도
• 다목적지적의 5대 요소 : 측지기본망, 기본도, 지적중첩도, 필지식별번호, 토지자료파일

70 다음 중 3차원 지적이 아닌 것은?

① 평면지적
② 지표공간
③ 지중공간
④ 입체지적

해설 3차원 지적은 토지의 지표, 지하·공중에 형성되는 선면, 높이를 등록·관리하며 "입체지적"이라고도 한다. 평면지적은 토지의 수평면상 투영만을 가상하여 경계를 등록·공시하는 제도로서 2차원 지적이라고도 한다.

71 다음 중 지목을 체육용지로 할 수 없는 것은?

① 경마장　　　　　② 경륜장　　　　　③ 스키장　　　　　④ 승마장

해설 체육용지는 국민의 건강증진 등을 위한 체육활동에 적합한 시설과 형태를 갖춘 종합운동장·실내체육관·야구장·골프장·스키장·승마장·경륜장 등 체육시설의 토지와 이에 접속된 부속시설물의 부지이다. 다만, 체육시설로서의 영속성과 독립성이 미흡한 정구장·골프연습장·실내수영장 및 체육도장, 유수(流水)를 이용한 요트장 및 카누장, 산림 안의 야영장 등의 토지는 제외한다.

72 토지조사부의 설명으로 옳지 않은 것은?

① 토지소유권의 사정원부로 사용되었다.
② 토지조사부는 토지대장의 완성과 함께 그 기능을 발휘하였다.
③ 국유지와 민유지로 구분하여 정리하였고, 공유지는 이름을 연기하여 적요란에 표시하였다.
④ 동·리마다 지번 순에 따라 지번, 가지번, 지목, 신고연월일, 소유자의 주소 및 성명 등을 기재하였다.

해설 토지조사부는 토지소유권의 사정원부로 사용하다가 토지조사사업이 완료되고 토지대장이 작성됨으로써 그 기능을 상실하였다.

73 우리나라 현행 토지대장의 특성으로 옳지 않은 것은?

① 전산파일로도 등록·처리한다.
② 물권객체의 공시기능을 갖는다.
③ 물적 편성주의를 채택하고 있다.
④ 등록내용은 법률적 효력을 갖지는 않는다.

해설 토지대장 등의 지적공부에 등록된 사항은 법률적 효력을 갖게 된다.

74 토지조사사업 당시 면적이 10평 이하인 협소한 토지의 면적측정방법으로 옳은 것은?

① 삼사법　　　　　　　　　② 계적기법
③ 푸라니미터법　　　　　　④ 전자면적측정기법

해설 토지조사사업 당시 토지조사령에 의거 면적의 단위로 평(平) 또는 보(步)를 사용하였으며, 1평 이하의 협소한 토지는 삼사법으로 면적을 측정하였다.

75 토지의 성질, 즉 지질이나 토질에 따라 지목을 분류하는 것은?

① 단식지목
② 용도지목
③ 지형지목
④ 토성지목

토지의 현황에 따른 지목의 분류
- 용도지목 : 토지의 현실적 용도에 따라 결정하며, 우리나라 및 대부분의 국가에서는 용도지목을 사용한다.
- 지형지목 : 지표면의 형상, 토지의 고저 등 토지의 모양에 따라 결정한다.
- 토성지목 : 지층, 암석, 토양 등 토지의 성질에 따라 결정한다.

76 토지를 등록하는 지적공부 체계를 토지대장 등록지와 임야대장 등록지로 나누게 된 직접적인 원인은?

① 등록정보 구분
② 조사사업의 상이
③ 토지과세 구분
④ 토지이용도 구분

우리나라의 지적제도는 토지조사사업(1910~1918년)에 의해 작성된 토지대장·지적도 및 임야조사사업(1916~1924년)에 의해 작성된 임야대장·임야도를 중심으로 운영되고 있다.

77 물권설정 측면에서 지적의 3요소로 볼 수 없는 것은?

① 공부
② 국가
③ 등록
④ 토지

지적의 3대 구성요소
- 광의적 개념 : 소유자, 권리, 필지
- 협의적 개념 : 토지, 등록, 공부

78 정전제(井田制)를 주장하지 않은 학자는?

① 한백겸(韓百謙)
② 서명응(徐命膺)
③ 이기(李沂)
④ 세키야(關野貞)

양전개정론 주장 학자
- 정약용 : 『목민심서(牧民心書)』에서 정전제의 시행을 전제로 방량법과 어린도법의 시행을 주장하였다.
- 서유구 : 『의상경계책(擬上經界策)』에서 양전법을 방량법, 어린도법으로 개정하고 양전사업을 전담하는 관청의 신설을 주장하였다.
- 이기 : 『해학유서(海鶴遺書)』에서 수등이척제에 대한 개선방법으로 정방형의 눈을 가진 그물로 토지를 측량하여 면적을 산출하는 방법인 망척제의 도입을 주장하였다.

79 토지조사사업 당시 토지의 사정권자로 옳은 것은?

① 도지사

② 토지조사국

③ 임시토지조사국장

④ 고등토지조사위원회

해설 토지조사사업의 사정권자는 임시토지조사국장이며, 임야조사사업의 사정기관은 도지사이다.

80 지적공부를 복구할 수 있는 자료가 되지 못하는 것은?

① 지적공부의 등본

② 부동산등기부 등본

③ 법원의 확정판결서 정본

④ 지적공부등록현황 집계표

해설 지적공부의 복구자료

토지의 표시사항	소유자에 관한 사항
• 지적공부의 등본 • 측량결과도 • 토지이동정리 결의서 • 부동산 등기부등본 등 등기사실을 증명하는 서류 • 지적소관청이 작성하거나 발행한 지적공부의 등록내용을 증명하는 서류 • 지적공부가 멸실되거나 훼손될 경우 복제된 지적공부 • 법원의 확정판결서 정본 또는 사본	• 법원의 확정판결서 정본 또는 사본 • 부동산등기부

5과목 지적관계법규

81 「지적업무 처리규정」상 지적측량성과검사 시 세부측량의 검사항목으로 옳지 않은 것은?

① 면적측량의 정확 여부

② 관측각 및 거리측정의 정확 여부

③ 기지점과 지상경계의 부합 여부

④ 측량준비도 및 측량결과도 작성의 적정 여부

해설 지적측량성과 검사항목에는 ①, ③, ④ 외에 기지점 사용의 적정 여부, 관계법령의 분할제한 등의 저촉 여부 등이 있다.

82 다음 중 토지의 이동에 해당하는 것은?

① 신규등록

② 소유권 변경

③ 토지등급 변경

④ 수확량등급 변경

해설 토지의 이동이란 토지의 표시를 새로이 정하거나 변경 또는 말소하는 것을 말한다. 토지소유권자의 변경, 토지소유자의 주소 변경, 토지등급의 변경은 토지의 이동에 해당하지 아니한다.

83 도해지적에서 동일한 경계가 축척이 다른 도면에 각각 등록되어 있을 경우 경계의 최우선순위는?

① 평균하여 사용한다.
② 대축척 경계에 따른다.
③ 소관청이 임의로 결정한다.
④ 토지소유자 의견에 따른다.

해설 축척종대의 원칙은 동일한 경계가 축척이 다른 도면에 각각 등록되어 있을 때에는 축척이 큰 것에 따른다.

84 「공간정보의 구축 및 관리 등에 관한 법률」상 축척변경의 승인신청 시 첨부하여야 하는 서류로 옳지 않은 것은?

① 지번등 명세
② 축척변경의 사유
③ 토지소유자의 동의서
④ 토지수용위원회의 의결서

해설 축척변경의 승인신청 시 첨부서류에는 ①, ②, ③ 외에 축척변경위원회의 의결서 사본 등이 있다.

85 지적공부를 복구하려는 경우에는 복구하려는 토지의 표시 등을 시·군·구 게시판 및 인터넷 홈페이지에 며칠 이상 게시하여야 하는가?

① 15일 이상
② 20일 이상
③ 25일 이상
④ 30일 이상

해설 지적소관청은 복구자료의 조사 또는 복구측량 등이 완료되어 지적공부를 복구하려는 경우에는 복구하려는 토지의 표시 등을 시·군·구 게시판 및 인터넷 홈페이지에 15일 이상 게시하여야 한다.

86 「공간정보의 구축 및 관리 등에 관한 법률」상 지적소관청이 해당 토지소유자에게 지적정리 등의 통지를 하여야 하는 경우가 아닌 것은?

① 지적소관청이 지적공부를 복구하는 경우
② 지적소관청이 측량성과를 검사하는 경우
③ 지적소관청이 지번부여지역의 전부 또는 일부에 대하여 지번을 새로 부여한 경우
④ 지적소관청이 직권으로 조사·측량하여 지적공부의 등록사항을 결정하는 경우

해설 지적소관청이 측량성과를 검사하는 경우는 토지소유자에게 지적정리 통지를 해야 하는 대상이 아니다.

87 지적도에 등록된 경계점의 정밀도를 높이기 위하여 실시하는 것은?

① 경계복원　　　② 등록전환　　　③ 신규등록　　　④ 축척변경

> **해설** 축척변경은 지적도에 등록된 경계점의 정밀도를 높이기 위하여 작은 축척을 큰 축척으로 변경하여 등록하는 것을 말한다.

88 토지소유자가 신규등록을 신청할 때에 신규등록 사유를 적는 신청서에 첨부하여야 하는 서류에 해당하지 않는 것은?

① 사업인가서와 지번별 조서
② 법원의 확정판결서 정본 또는 사본
③ 소유권을 증명할 수 있는 서류의 사본
④ 「공유수면 관리 및 매립에 관한 법률」에 따른 준공검사확인증 사본

> **해설** 신규등록 신청 시 첨부서류에는 ②, ③, ④ 외에 준공검사확인증 사본 등이 있다. 사업인가서와 지번별 조서는 도시개발사업 등의 착수 또는 변경의 신고 시 첨부할 서류이다.

89 지적공부(대장)에 등록하는 면적단위는?

① 평 또는 보　　② 홉 또는 무　　③ 제곱미터　　④ 평 또는 무

> **해설** 지적측량성과에 의하여 지적공부에 등록한 필지의 수평면상 넓이를 말하며, 면적의 단위는 제곱미터로 하고, 면적의 결정방법 등에 필요한 사항은 대통령령으로 정한다.

90 「지적측량 시행규칙」상 경계점좌표등록부에 등록된 지역에서의 필지별 면적측정방법으로 옳은 것은?

① 도상삼사계산법　　　　　　② 좌표면적계산법
③ 푸라니미터기법　　　　　　④ 전자면적측정기법

> **해설** 경계점좌표등록부에 등록된 지역은 좌표면적계산법으로 면적을 측정한다.

91 「공간정보의 구축 및 관리 등에 관한 법률」상 지번부여방법에 대한 설명으로 옳지 않은 것은?

① 지번은 북서에서 남동으로 순차적으로 부여한다.
② 신규등록 및 등록전환의 경우에는 그 지번부여지역에서 인접토지의 본번에 부번을 붙여서 지번을 부여한다.
③ 분할의 경우에는 분할 후의 필지 중 1필지의 지번은 분할 전의 지번으로 하고, 나머지 필지의 지번은 본번의 최종 부번 다음 순번으로 부번을 부여한다.

④ 합병의 경우에는 합병 대상 지번 중 후순위 지번을 그 지번으로 하되, 본번으로 된 지번이 있는 때에는 본번 중 후순위의 지번을 합병 후의 지번으로 한다.

해설 합병의 경우에는 합병 대상 지번 중 후순위 지번을 그 지번으로 하되, 본번으로 된 지번이 있는 때에는 본번 중 선순위의 지번을 합병 후의 지번으로 한다.

92 「지적재조사에 관한 특별법」상 지적재조사 사업을 위한 지적측량을 고의로 진실에 반하게 측량하거나 지적재조사사업 성과를 거짓으로 등록한 자에게 처하는 벌칙으로 옳은 것은?

① 300만 원 이하의 벌금
② 500만 원 이하의 벌금
③ 1년 이하의 징역 또는 1천만 원 이하의 벌금
④ 2년 이하의 징역 또는 2천만 원 이하의 벌금

해설 지적재조사사업을 위한 지적측량을 고의로 진실에 반하게 측량하거나 지적재조사사업 성과를 거짓으로 등록한 자는 2년 이하의 징역 또는 2천만 원 이하의 벌금에 처한다.

93 다음 내용 중 (   ) 안에 들어갈 단어로 모두 옳은 것은?

경계점좌표등록부를 갖춰 두는 지역에 있는 각 필지의 경계점을 측정할 때에는 도선법 · 방사법 또는 교회법에 따라 좌표를 산출한다. 각 필지의 경계점 측점번호는 (㉠)부터 (㉡)으로 경계를 따라 일련번호를 부여한다.

① ㉠ 오른쪽 위에서   ㉡ 왼쪽
② ㉠ 오른쪽 아래에서   ㉡ 왼쪽
③ ㉠ 왼쪽 위에서   ㉡ 오른쪽
④ ㉠ 왼쪽 아래에서   ㉡ 오른쪽

해설 경계점좌표등록부를 갖춰 두는 지역에 있는 각 필지의 경계점을 측정할 때에는 도선법 · 방사법 또는 교회법에 따라 좌표를 산출한다. 각 필지의 경계점 측점번호는 (왼쪽 위에서)부터 (오른쪽)으로 경계를 따라 일련번호를 부여한다.

94 「지적업무 처리규정」상 지적측량수행자가 지적측량 정보를 처리할 수 있는 시스템에 측량준비파일을 등록하여 자료를 조사하여야 하는 사항이 아닌 것은?

① 측량연혁   ② 토지의 지목
③ 경계 및 면적   ④ 지적기준점 성과

해설 지적측량수행자가 측량준비파일을 등록하고 조사하여야 하는 사항에는 ①, ③, ④ 외에 지적측량성과의 결정방법 등이 있다.

95 「공간정보의 구축 및 관리 등에 관한 법률」상 지적측량수행자의 성실의무에 관한 설명으로 옳지 않은 것은?

① 정당한 사유 없이 지적측량 신청을 거부하여서는 아니 된다.

② 배우자 이외에 직계 존속·비속이 소유한 토지에 대한 지적측량을 할 수 있다.

③ 지적측량수수료 외에는 어떠한 명목으로도 그 업무와 관련된 대가를 받으면 아니 된다.

④ 지적측량수행자는 신의와 성실로 공정하게 지적측량을 하여야 한다.

해설 지적측량수행자의 성실의무에는 ①, ③, ④ 외에 "지적측량수행자는 본인, 배우자 또는 직계 존속·비속이 소유한 토지에 대한 지적측량을 하여서는 아니 된다." 등이 있다.

96 공유수면매립지를 신규등록하는 경우에 신규등록의 효력이 발생하는 시기로서 타당한 것은?

① 매립준공 인가 시　　　　　② 부동산보존등기한 때

③ 지적공부에 등록한 때　　　④ 측량성과도를 교부한 때

해설 신규등록의 효력은 관련 공부가 작성됨으로써 효력이 발생된다.

97 측량준비파일 작성 시 붉은색으로 정리하여야 할 사항이 아닌 것은?(단, 따로 규정을 둔 사항은 고려하지 않는다.)

① 경계선　　　　　　　　　② 도곽선

③ 도곽선 수치　　　　　　　④ 지적기준점 간 거리

해설 측량준비파일을 작성하고자 하는 때에는 지적기준점 및 그 번호와 좌표는 검은색으로, 도곽선 및 그 수치와 지적기준점 간 거리는 붉은색으로, 경계선 및 그 외는 검은색으로 작성한다.

98 다음 중 지적재조사사업에 관한 기본계획 수립 시 포함해야 하는 사항으로 옳지 않은 것은?

① 지적재조사사업의 시행기간

② 지적재조사사업에 관한 기본방향

③ 지적재조사사업비의 특별자치도를 제외한 행정구역별 배분계획

④ 지적재조사사업에 필요한 인력 확보계획

해설 지적재조사사업에 관한 기본계획의 내용에는 ①, ②, ④ 외에 지적재조사사업비의 연도별 집행계획, 지적재조사사업비의 특별자치도를 제외한 대도시별 배분계획 등이 있다.

99 「공간정보의 구축 및 관리 등에 관한 법률」상 축척변경 시행에 따른 청산금의 산정 및 납부고지 등 이의신청에 관한 설명으로 옳은 것은?

① 청산금의 이의신청은 지적소관청에 하여야 한다.
② 청산금의 초과액은 국가의 수입으로 하고 부족액은 지방자치단체가 부담한다.
③ 지적소관청은 토지소유자에게 수령통지를 한 날부터 9개월 이내에 청산금을 지급하여야 한다.
④ 지적소관청은 청산금의 결정을 공고한 날부터 30일 이내에 토지소유자에게 납부고지 또는 수령통지를 하여야 한다.

해설 ② 청산금의 초과액은 지방자치단체의 수입으로 하고, 부족액은 지방자치단체가 부담한다.
③ 지적소관청은 토지소유자에게 수령통지를 한 날부터 6개월 이내에 청산금을 지급하여야 한다.
④ 지적소관청은 청산금의 결정을 공고한 날부터 20일 이내에 토지소유자에게 청산금의 납부고지 또는 수령통지를 하여야 한다.

---

100 「지적측량 시행규칙」상 지적삼각보조점측량에 있어서 그 측량성과를 그대로 결정하기 위한 지적측량성과와 검사성과 간의 연결교차의 허용범위로 옳은 것은?

① 0.10m ② 0.15m ③ 0.20m ④ 0.25m

해설 지적측량성과와 검사성과의 연결교차 허용범위

구분	분류		허용범위
기초측량	지적삼각점		0.20m
	지적삼각보조점		0.25m
	지적도근점	경계점좌표등록부 시행지역	0.15m
		그 밖의 지역	0.25m

1과목 **지적측량**

---

01 지적도근점측량을 배각법으로 실시한 결과, 도선의 수평거리 총합계가 2,327.23m인 경우 종선과 횡선오차에 대한 공차는?(단, 축척은 1/1,200이며, 1등 도선이다.)

① 0.58m   ② 0.65m   ③ 0.70m   ④ 0.79m

해설 1등 도선의 연결오차 허용범위

$$M \times \frac{1}{100}\sqrt{n} = 1,200 \times \frac{1}{100}\sqrt{\frac{2,327.23\mathrm{m}}{10}} = 0.58\mathrm{m}$$

(M : 축척분모, n : 각 측선의 수평거리의 총합계를 100으로 나눈 수)

---

02 지번 및 지목을 제도할 때 지번과 지목의 글자간격은 글자크기의 어느 정도를 띄어서 제도하는가?

① 글자크기의 1/2   ② 글자크기의 1/3
③ 글자크기의 1/4   ④ 글자크기의 1/5

해설 지번 및 지목을 제도할 때에는 지번 다음에 지목을 제도하고, 지번의 글자간격은 글자크기의 4분의 1 정도, 지번과 지목의 글자 간격은 글자크기의 2분의 1 정도 띄어서 제도한다.

---

03 다각망도선법으로 지적도근점측량을 할 때의 기준으로 옳은 것은?

① 2점 이상의 기지점을 포함한 폐합다각방식에 의한다.
② 2점 이상의 기지점을 포함한 결합다각방식에 의한다.
③ 3점 이상의 기지점을 포함한 폐합다각방식에 의한다.
④ 3점 이상의 기지점을 포함한 결합다각방식에 의한다.

해설 다각망도선법으로 지적도근점측량을 할 때는 3점 이상의 기지점을 포함한 결합다각방식에 의하며, 1도선의 점의 수는 20점 이하로 한다.

---

04 다음 중 지적확정측량과 직접 관계가 없는 것은?

① 행정구역계 결정
② 건물의 위치 확인
③ 필지별 경계점 측정
④ 지구계 또는 가구계 측정

[해설] 지적확정측량에서 건물의 위치 확인은 참고사항이다.

05 방위각법에 의한 지적도근점측량 계산에서 종선 및 횡선오차의 배분방법은?(단, 연결오차가 허용범위 이내인 경우)

① 측선장에 비례 배분한다.
② 측선장에 역비례 배분한다.
③ 종횡선차에 비례 배분한다.
④ 종횡선차에 역비례 배분한다.

[해설] 지적도근점측량에서 연결오차의 배분방법
• 배각법에 의한 경우에는 각 측선의 종선차 또는 횡선차 길이에 비례하여 배분한다.
• 방위각법에 의할 경우에는 각 측선장에 비례하여 배분한다.

06 EDM(Electromagnetic Distance Measurements)에서 영점보정에 대한 의미로 옳은 것은?

① 지구곡률 보정
② 대기굴절 보정
③ 관측값에 대한 온도 보정
④ 기계 중심과 측점 간의 불일치 조정

[해설] 전자기파거리측량(EDM)에서 발생하는 오차 중 하나인 영점오차는 기계 중심점이나 반사경의 중심점이 지상의 측점과 일치하지 않는 오차이므로 이를 보정하여야 한다.

07 경위의측량방법에 따른 지적삼각보조점의 수평각관측방법으로 옳은 것은?

① 3배각 관측법
② 2대회의 방향관측법
③ 3대회의 방향관측법
④ 방위각에 의한 관측법

[해설] 경위의측량방법과 교회법에 따른 지적삼각보조점의 수평각관측은 2대회(윤곽도 0°, 90°)의 방향관측법에 의한다.

08 지적삼각점측량 시 구성하는 망으로 하천, 노선 등과 같이 폭이 좁고 거리가 긴 지역에 사용하는 삼각망으로 옳은 것은?

① 사각망
② 삼각쇄
③ 삽입망
④ 유심다각망

삼각망의 구성형태

- 유심다각망 : 1개의 기선에서 확대되므로 기선이 확고하여야 하며, 대규모지역의 측량에 적합하여 많이 사용한다.
- 사각망 : 이론상 가장 이상적인 방법이나 계산방법이 복잡하고, 높은 정밀도를 필요로 하는 측량으로서 기선의 확대 등에 많이 이용한다.
- 삽입망 : 기지변이 2개로 구성되어 있으며 지적삼각점측량에서 가장 적합한 형태이며 가장 많이 사용되고, 복삽입망은 삽입망의 유형 중 하나이며 "겹삽입망"이라고도 한다.
- 삼각쇄(단열삼각망) : 노선, 하천, 터널 등 폭이 좁고 길이가 긴 지역에 적합하고, 정밀삼각망은 소구점을 중앙에 두고 기지삼각점을 주위에 두는 망 형태로 정밀조정을 필요로 할 때 적합한 조직이다.

유심다각망	사각망	삽입망	삼각쇄

09 표준길이보다 6cm가 짧은 100m 줄자로 측정한 거리가 650m였다면 실제거리는?

① 649.0m   ② 649.6m   ③ 650.4m   ④ 651.0m

실제거리$(L_0) = L \pm \left(\dfrac{\triangle l}{l} \times L \right) = 650 - \left(\dfrac{0.06}{100} \times 650 \right) = 649.6m$

(L : 관측 총거리, $\triangle l$: 구간 관측오차, l : 구간 관측거리)

10 임야도에 등록하는 도곽선의 폭은?

① 0.1mm   ② 0.2mm   ③ 0.3mm   ④ 0.5mm

지적도와 임야도에 등록하는 도곽선은 0.1mm의 폭으로 제도한다.

11 평판측량방법으로 광파조준의를 사용하여 세부측량을 하는 경우 방향선의 최대 도상길이는?

① 10cm   ② 15cm   ③ 20cm   ④ 30cm

세부측량에서 측선장과 방향선의 도상길이

- 도선법 : 도선 측선장의 도상길이는 8cm 이하(광파조준의 또는 광파측거기를 사용할 때에는 30cm 이하로 할 수 있다)로 한다.
- 방사법 : 1방향선의 도상길이는 10cm 이하(광파조준의 또는 광파측거기를 사용할 때에는 30cm 이하로 할 수 있다)로 한다.

12 다각망도선법에 따른 지적도근점의 각도관측을 할 때, 배각법에 따르는 경우 1등 도선의 폐색오차 범위는?(단, 폐색변을 포함한 변의 수는 12이다.)

① ±65초 이내   ② ±67초 이내

③ ±69초 이내   ④ ±73초 이내

> **해설** 지적도근점측량에서 측각오차의 공차

측량방법	등급	측각오차의 공차
배각법	1등 도선	$\pm 20\sqrt{n}$ 초 이내
	2등 도선	$\pm 30\sqrt{n}$ 초 이내

※ n : 폐색변을 포함한 변의 수

∴ 배각법에 의한 1등 도선의 측각(폐색)오차 $= \pm 20\sqrt{n} = \pm 20\sqrt{12} = \pm 69.28$초 이내

13 지적측량 계산 시 끝수처리의 원칙을 적용할 수 없는 것은?

① 면적의 결정   ② 방위각의 결정

③ 연결교차의 결정   ④ 종횡선수치의 결정

> **해설** 지적측량 계산에서 끝수처리 원칙은 구하고자 하는 자릿수의 다음 수가 5 미만일 때는 버리고 5를 초과하는 때는 올리며, 5일 때에는 구하려는 끝자리의 숫자가 0 또는 짝수면 버리고 홀수면 올리는 것으로, 끝수처리 원칙은 면적 · 방위각 · 종횡선수치의 결정에 적용된다.

14 평판측량에서 오차 발생의 원인 중 가장 주의를 요하는 것은?

① 구심오차   ② 시준오차   ③ 외심오차   ④ 표정오차

> **해설** 평판설치오차에는 정준오차, 구심오차, 표정오차가 있으며, 이 중 표정오차는 평판을 이동한 후 이동 전의 측점에 방향선을 일치시키지 못해 발생하는 오차로서 측량에 미치는 영향이 크므로 3가지 방법 중에서도 가장 주의를 기울여야 한다.

15 평판측량방법에 의하여 망원경조준의(망원경 앨리데이드)로 측정한 값이 경사거리가 100m, 연직각이 10°20′30″일 경우 수평거리는?

① 98.28m   ② 98.34m   ③ 98.38m   ④ 98.44m

> **해설** 수평거리 = 경사거리 $\times \cos\alpha = 100 \times \cos 10°20′30″ = 98.38$m

16 축척 1/1,200 지적도 시행지역에서 전자면적측정기로 도상에서 2회 측정한 값이 270.5m², 275.5m²이었을 때 그 교차는 얼마 이하여야 하는가?

① 10.4m² ② 13.4m² ③ 17.3m² ④ 24.3m²

> **해설** 전자면적측정기에 따른 면적측정은 도상에서 2회 측정하여 그 교차가 다음 계산식에 따른 허용면적 이하일 때에는 그 평균치를 측정면적으로 한다.
>
> $$\text{허용면적}(A) = 0.023^2 M\sqrt{F} = 0.023^2 \times 1,200 \sqrt{\frac{270.5 + 275.5}{2}} = 10.488 = 10.488\text{m}^2$$
>
> (M : 축척분모, F : 2회 측정한 면적의 합계를 2로 나눈 수)
> ∴ 10.4m² 이하로 하여야 한다.

17 다음 중 지적측량에 관한 설명으로 옳지 않은 것은?

① 경계점을 지상에 복원하는 경우 지적측량을 하여야 한다.
② 조본원점과 고초원점의 평면직각종횡선 수치의 단위는 간(間)으로 한다.
③ 지적측량의 방법 및 절차 등에 필요한 사항은 국토교통부령으로 정한다.
④ 특별소삼각측량지역에 분포된 소삼각측량지역은 별도의 원점을 사용할 수 있다.

> **해설** 11개 구소삼각원점지역 중 조본 · 고초 · 율곡 · 현장 · 소라 원점은 미터(m) 단위를 사용하고, 망산 · 계양 · 가리 · 등경 · 구암 · 금산 원점은 간(間) 단위를 사용한다.

18 다음 중 지적삼각보조점표지의 점간거리는 평균 얼마를 기준으로 하여 설치하여야 하는가?(단, 다각도선법에 따르는 경우는 고려하지 않는다.)

① 0.5km 이상 1km 이하   ② 1km 이상 3km 이하
③ 2km 이상 4km 이하   ④ 3km 이상 5km 이하

> **해설** 지적삼각보조점표지의 점간거리는 평균 1km 이상 3km 이하(다각망도선법은 평균 0.5km 이상 1km 이하)로 설치하여야 한다.

19 평판측량방법으로 거리를 측정하여 도곽선이 줄어든 경우 실측거리의 보정방법으로 옳은 것은?

① 실측거리에서 보정량을 뺀다.
② 실측거리에서 보정량을 곱한다.
③ 실측거리에서 보정량을 나눈다.
④ 실측거리에서 보정량을 더한다.

> **해설** 평판측량방법으로 거리를 측정하는 경우 도곽선의 신축량이 0.5mm 이상일 때에는 보정량을 산출하여 도곽선이 늘어난 경우에는 실측거리에 보정량을 더하고, 줄어든 경우에는 실측거리에서 보정량을 뺀다.

20 점 $A(X_1,\ Y_1)$를 지나고 방위각이 α인 직선과 점 $B(X_2,\ Y_2)$를 지나고 방위각이 β인 직선이 점 P에서 교차하는 경우 $\overline{AP}$의 거리(S)를 구하는 식으로 옳은 것은?

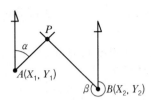

① $S = \dfrac{(Y_2 - Y_1)\sin\beta - (X_2 - X_1)\cos\beta}{\sin(\alpha - \beta)}$

② $S = \dfrac{(Y_2 - Y_1)\sin\beta + (X_2 - X_1)\cos\beta}{\sin(\alpha - \beta)}$

③ $S = \dfrac{(Y_2 - Y_1)\cos\beta - (X_2 - X_1)\sin\beta}{\sin(\alpha - \beta)}$

④ $S = \dfrac{(Y_2 - Y_1)\cos\beta + (X_2 - X_1)\sin\beta}{\sin(\alpha - \beta)}$

해설 직선과 직선의 교차점 계산

$$\overline{AP}(S_1) = \frac{\triangle y_a^b \cos\beta - \triangle x_a^b \sin\beta}{\sin(\alpha - \beta)}, \quad \overline{BP}(S_2) = \frac{\triangle y_a^b \cos\alpha - \triangle x_a^b \sin\alpha}{\sin(\alpha - \beta)}$$

2과목 응용측량

21 측량의 기준에서 지오이드에 대한 설명으로 옳은 것은?

① 수준원점과 같이 높이로 가상된 지구타원체를 말한다.

② 육지의 표면으로 지구의 물리적인 형태를 말한다.

③ 육지와 바다 밑까지 포함한 지형의 표면을 말한다.

④ 정지된 평균해수면이 지구를 둘러쌌다고 가상한 곡면을 말한다.

해설 지오이드면은 평균해수면을 나타내며 지각 배부 밀도의 불균일로 타원체면에 대하여 다소의 기복이 있는 불규칙한 면이다.

---

22 터널측량, 노선측량, 하천측량과 같이 폭이 좁고, 거리가 긴 지역의 측량에 적합하며 거리에 비하여 측점 수가 적어 정확도가 낮은 삼각망은?

① 사변형삼각망   ② 유심다각망

③ 단열삼각망   ④ 개방삼각망

해설
- 삼각쇄(단열삼각망) : 노선, 하천, 터널 등 폭이 좁고 길이가 긴 지역의 측량에 적합하며 거리에 비해 관측수가 적으므로 측량이 신속하고 경제적이나 조건식이 적어 정도가 낮다.
- 사변형삼각망(사각망) : 이론상 가장 이상적인 방법이나 계산방법이 복잡하고, 포함면적이 적으며 경제성이 낮고 높은 정밀도를 필요로 하는 측량으로서 기선의 확대 등에 많이 이용된다.
- 유심다각망 : 1개의 기선에서 확대되므로 기선이 확고하여야 하며, 동일 측점 수에 비해 포함면적이 가장 넓어 대규모 지역의 측량에 적합하며, 많이 사용되나 정도가 사변형보다 낮다.

23 축척 1/5,000의 항공사진을 촬영고도 1,000m에서 촬영하였다면 사진의 초점거리는?

① 200mm   ② 210mm   ③ 250mm   ④ 500mm

해설
$$\text{시진축척}(M) = \frac{1}{m} = \frac{f}{H} \rightarrow f = \frac{H}{m} = \frac{1,000}{5,000} = 200\text{mm}$$

24 직접수준측량에서 기계고를 구하는 식으로 옳은 것은?

① 기계고＝지반고－후시
② 기계고＝지반고＋후시
③ 기계고＝지반고－전시－후시
④ 기계고＝지반고＋전시－후시

해설 기계고는 후시한 점의 지반고에 후시한 독취값을 더하여 구한다.

25 경사거리가 50m인 경사터널에서 수평각을 관측한 시준선에서 직각으로 5mm의 시준오차가 생겼다면 각에 미치는 오차는?

① 21″   ② 30″   ③ 35″   ④ 41″

해설
$$\frac{\triangle l}{l} = \frac{\theta}{\rho''} \rightarrow \text{수평각 오차}(\theta) = \frac{\triangle l}{l} \times 206,265'' = \frac{0.005}{50} \times 206,265'' \fallingdotseq 21''$$

26 노선의 곡선에서 수평곡선으로 주로 사용되지 않는 곡선은?

① 복심곡선   ② 단곡선
③ 2차 곡선   ④ 반향곡선

해설 수평곡선
- 원곡선 : 단곡선, 복심곡선, 반향곡선, 배향곡선 등
- 완화곡선 : 클로소이드 곡선, 렘니스케이트 곡선, 3차 포물선 등
- 수직곡선(종곡선) : 원곡선, 2차 포물선 등

27 등고선의 성질에 대한 설명으로 옳지 않은 것은?

① 동일 등고선 위의 모든 점은 기준면으로부터 모두 동일한 높이이다.
② 경사가 같은 지표에서는 등고선의 간격은 동일하며 평행하다.
③ 등고선의 간격이 좁을수록 경사가 완만한 지형을 의미한다.
④ 등고선은 절벽 또는 동굴에서는 교차할 수 있다.

해설 등고선의 성질에는 ①, ②, ④ 외에 "등경사지에서 등고선의 간격은 일정하다.", "동일 등고선 상에 있는 모든 점은 같은 높이이다." 등이 있다.

③ 등고선은 경사가 급한 곳에서는 간격이 좁고 완만한 경사지는 넓다.

28 GNSS측량을 구성하고 있는 3부분(Segment)에 해당되지 않는 것은?

① 사용자부분   ② 궤도부분
③ 제어부분   ④ 우주부분

해설 GNSS는 우주부문, 제어부문, 사용자부문으로 구성된다.

29 GNSS측량에서 위치를 결정하는 기하학적인 원리는?

① 위성에 의한 평균계산법
② 위성기점 무선항법에 의한 후방교회법
③ 수신기에 의하여 처리하는 망평균계산법
④ GPS에 의한 폐합도선법

해설 GNSS측량은 정확한 위치를 알고 있는 인공위성에서 발사한 전파를 관측점에서 수신하여 그 소요시간을 이용하여 관측점의 위치를 구하는 3차원 후방교회법의 원리를 가지고 있다.

30 사진측량에서 고저차(h)와 시차차($\triangle p$)의 관계로 옳은 것은?

① 고저차는 시차차에 비례한다.
② 고저차는 시차차에 반비례한다.
③ 고저차는 시차차의 제곱에 비례한다.
④ 고저차는 시차차의 제곱에 반비례한다.

해설 시차차($\triangle p$) $= \dfrac{h}{H} \times b$ (h : 고저차, H : 촬영고도, b : 주점기선장)

∴ 고저차는 시차차에 비례한다.

31 두 변의 길이가 각각 38m와 42m이고 그 사이각이 50°14′45″인 밑변과 높이 7m인 삼각기둥의 부피(m³)는?

① 3,994.7m³   ② 4,028.7m³

③ 4,119.5m³   ④ 4,294.5m³

해설 면적$(A) = \frac{1}{2} a \times b \times \sin\alpha = \frac{1}{2} \times 38 \times 43 \times \sin 50°14′45″ = 613.5\text{m}^2$

∴ 부피(m³) $= A \times h = 613.5 \times 7 = 4,294.5\text{m}^3$

32 그림과 같이 터널 내의 천정에 측점이 설치되어 있을 때 두 점의 고저차는?(단, I.H = 1.20m, H.P = 1.82m, 사거리 = 45m, 연직각 α = 15°30′)

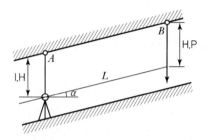

① 11.41m   ② 12.65m   ③ 13.10m   ④ 15.50m

해설 고저차$(\triangle h) = l \sin\alpha + H.P - I.H = 45 \times \sin 15°30′ + 1.82 - 1.20 ≒ 12.65\text{m}$

33 축척 1/500의 지형도를 이용하여 축척 1/3,000의 지형도를 제작하고자 한다. 같은 크기의 축척 1/3,000의 지형도를 만들기 위해 필요한 1/500 지형도의 매수는?

① 36매   ② 38매   ③ 40매   ④ 42매

해설 축척비 $= \frac{3,000}{500} = 6 \rightarrow$ 면적비 $= 6 \times 6 = 36$매

34 A점의 지반고가 15.4m, B점의 지반고가 18.9m일 때 A점으로부터 지반고가 17m인 지점까지의 수평거리는?(단, AB 간의 수평거리는 45m이고, 등경사 지형이다.)

① 17.3m   ② 18.3m   ③ 19.3m   ④ 20.6m

해설 A점으로부터 지반고가 17m인 지점을 C라고 하면,

AB점의 표고차 : AB점의 수평거리 = AC점의 표고차 : AC점의 수평거리

$\rightarrow 3.5 : 45 = 1.6 : \overline{AC}$이므로, $\overline{AC} = \frac{45 \times 1.6}{3.5} = 20.6\text{m}$

∴ 20.6m

35 항공삼각측량 시 사진을 기본단위로 사용하여 절대좌표를 구하며 정확도가 가장 양호하고 조정 능력이 높은 방법은?

① 광속조정법
② 독립모델조정법
③ 스트립조정법
④ 다항식 조정법

해설 • 광속조정법(Bundle Adjustment Method) : 사진을 기본단위로 사용하여 다수의 광속을 공선조건에 따라 표정하며, 각 점의 사진좌표가 관측값에 이용되고, 가장 조정능력이 높은 방법이다.
• 독립모델법(IMT : Independent Model Triangulation) : 각 모델을 기본단위로 하여 접합점과 기준점을 이용하여 여러 모델의 좌표를 조정하여 절대좌표로 환산하는 방법이며, 다항식법에 비해 기준점 수가 감소되며, 전체적인 정확도가 향상되므로 큰 블록 조정에 자주 이용된다.
• 다항식 조정법(Polymonial Method) : 스트립을 단위로 하여 블록을 조정하는 것으로 타 방법에 비해 기준점 수가 많이 소요되고 정확도가 낮은 단점과, 계산량이 적은 장점이 있다.

36 사진측량의 특징에 대한 설명으로 옳지 않은 것은?

① 측량의 정확도가 균일하다.
② 축척변경이 용이하며 시간적 변화를 포함하는 4차원 측량도 가능하다.
③ 정량적 · 정성적 해석이 가능하며 접근하기 어려운 대상물도 측정 가능하다.
④ 촬영 대상물에 대한 판독 및 식별이 항상 용이하여 별도의 측량을 필요로 하지 않는다.

해설 사진측량은 사진으로 판단이 불가능한 경계선은 외업과 내업을 통해 협조가 필요하며, 현지조사 등 보안측량이 필요하고 소규모 지역에서는 비경제적인 단점이 있다.

37 수준측량에서 전시, 후시를 같게 하여 제거할 수 있는 오차는?

① 기포관축과 시준선이 평행하지 않을 때 생기는 오차
② 관측자의 읽기 착오에 의한 오차
③ 지반의 침하에 의한 오차
④ 표척의 눈금 오차

해설 레벨의 오차(시준선축과 기포관축이 평행하지 않아서 발생)와 지구곡률에 의한 오차, 굴절에 의한 오차 등은 전시와 후시를 같게 하여 제거할 수 있다.

38 GNSS측량의 정지측량 방법에 관한 설명으로 옳지 않은 것은?

① 관측시간 중 전원(배터리) 부족에 문제가 없도록 하여야 한다.
② 기선결정을 위한 경우에는 두 측점 간의 시통이 잘 되어야 한다.
③ 충분한 시간 동안 수신이 이루어져야 한다.
④ GNSS측량 방법 중 후처리방식에 속한다.

지적삼각점측량 등 전통적인 측량방법과 달리 GNSS측량은 측점 간 시통이 되지 않아도 관측에 지장이 없다.

39 원곡선 설치에서 교각 $I = 70°$, 반지름 $R = 100\text{m}$일 때 접선길이는?

① 50.0m   ② 70.0m   ③ 86.6m   ④ 259.8m

$$접선길이(T.L) = R\tan\frac{I}{2} = 100 \times \tan\frac{75°}{2} = 70.0\text{m}$$

40 도로의 직선과 원곡선 사이에 곡률을 서서히 증가시켜 넣는 곡선은?

① 복심곡선   ② 반향곡선   ③ 완화곡선   ④ 머리핀곡선

완화곡선
고속으로 주행하는 차량을 곡선부에서 원활하게 통과시키기 위해 설치하는 선으로, 직선부와 원곡선 구간 또는 큰 원과 작은 원 구간에 곡률반경을 점차로 변환시켜 설치한다.

3과목 **토지정보체계론**

41 토지정보를 공간자료와 속성자료로 분류할 때, 공간자료에 해당하는 것으로만 나열된 것은?

① 지적도, 임야도   ② 지적도, 토지대장
③ 토지대장, 임야대장   ④ 토지대장, 공유지연명부

토지대장과 임야대장, 공유지연명부 등은 속성자료에 해당되며, 지적도와 임야도는 도형자료, 즉 공간자료에 해당된다.

42 다음 중 LIS(Land Information System)와 관련이 없는 것은?

① UIS(Urban Information System)
② DIS(Defense Information System)
③ GIS(Geographic Information System)
④ EIS(Environmental Information System)

LIS(토지정보체계)는 토지의 효율적인 이용과 관리를 목적으로 각종 토지 관련 자료를 체계적이고 종합적으로 수집 · 관리하여 토지에 관련된 정보를 신속 · 정확하게 제공하는 정보체계로서 활용분야인 GIS(지리정보체계), UIS(도시정보체계), EIS(환경정보체계)와는 달리 DIS(국방정보시스템)는 관련이 적다.

43 국가공간정보정책 기본계획은 몇 년 단위로 수립 · 시행되는가?

① 1년   ② 3년   ③ 5년   ④ 10년

해설 국가공간정보정책 기본계획은 국가공간정보체계의 구축 및 활용을 촉진하기 위하여 5년마다 수립 · 시행하여야 한다.

---

44 토지관리정보시스템(LMIS)에 관한 설명으로 옳지 않은 것은?

① 과거 건설교통부에서 추진하던 정보화 사업이다.

② 구축하는 도형자료는 지형도, 연속지적도, 용도지역지구도 등이 있다.

③ 시 · 군 · 구에서 생산 · 관리하는 도형자료와 속성자료 중 도형정보의 질을 제고하기 위한 시스템이다.

④ 자료를 공유하여 업무의 효율성을 높이고, 개인소유의 토지에 대한 공적 규제사항을 신속 · 정확하게 알려주기 위하여 구축하였다.

해설 토지관리정보시스템은 시 · 군 · 구에서 생산 · 관리하는 도형자료와 속성자료를 통합 구축 · 관리하기 위하여 당시 건설교통부에서 추진한 정보화사업으로서 당시 행정자치부가 구축한 필지중심토지정보시스템(PBLIS)과 중복을 피하기 위해 한국토지정보시스템(KLIS)으로 통합되었다.

---

45 다음 중 래스터데이터가 갖는 장점으로 옳지 않은 것은?

① 중첩분석이 용이하다.

② 데이터 구조가 단순하다.

③ 위상관계를 나타낼 수 있다.

④ 원격탐사 영상 자료와 연계가 용이하다.

해설 위상관계를 나타낼 수 있는 것은 벡터자료의 장점이다.

---

46 다음 중 토지정보의 종류로 옳지 않은 것은?

① 위치정보   ② 속성정보   ③ 도형정보   ④ 오차정보

해설 토지정보는 위치정보(상대위치 · 절대위치)와 특성정보(도형정보 · 속성정보)로 구분된다.

---

47 토지의 고유번호 구성에서 지번의 총 자릿수는?

① 6자리   ② 8자리   ③ 10자리   ④ 12자리

해설 토지 고유번호의 코드 구성

• 전국을 단위로 하나의 필지에 하나의 번호를 부여하는 가변성 없는 번호이다.

- 총 19자리로 구성된다.
  - 행정구역 10자리(시·도 2자리, 시·군·구 3자리, 읍·면·동 3자리, 리 2자리)
  - 대장 구분 1자리 및 지번표시 8자리(본번 4자리, 부번 4자리)

시·도		시·군·구			읍·면·동			리		대장	본번				부번			
2자리		3자리			3자리			2자리		1자리	4자리				4자리			

48 다음 중 스캐닝(Scanning)에 의하여 도형정보를 입력할 경우의 장점으로 옳지 않은 것은?

① 작업자의 수작업이 최소화된다.
② 이미지상에서 삭제·수정할 수 있다.
③ 원본 도면의 손상된 정도와 상관없이 도면을 정확하게 입력할 수 있다.
④ 복잡한 도면을 입력할 때 작업시간을 단축할 수 있다.

해설 도면이 손상된 경우에는 스캐닝에 의한 인식이 어려워 정확하게 도면정보를 입력하기 어렵다.

49 다음 중 GIS 데이터 교환표준이 아닌 것은?

① NTF   ② SQL   ③ SDTS   ④ DIGEST

해설 GIS 데이터 교환표준에는 NTF(National Transfer Format), SDTS(Spatial Data Transfer Standard), DIGEST(Digital Geographic Exchange STandard) 등이 있다.

② SQL(Structured Query Language, 구조화 질의어)은 관계형 데이터베이스관리시스템(RDBMS)의 데이터를 관리하기 위해 설계된 특수 목적의 프로그래밍 언어이다.

50 공간데이터의 질을 평가하는 기준과 가장 거리가 먼 것은?

① 위치 정확성   ② 속성 정확성
③ 논리적 일관성   ④ 데이터의 경제성

해설 공간데이터의 품질 평가 기준에는 데이터 이력, 위치 정확도, 속성 정확도, 논리적 일관성, 무결성 등이 있다.

51 지적도면전산화사업의 목적으로 옳지 않은 것은?

① 수치지형도의 위조 방지
② 대민서비스의 질적 향상 도모
③ 토지정보시스템의 기초 데이터 활용
④ 지적도면의 신축으로 인한 원형 보관 관리의 어려움 해소

해설 지적도면전산화사업의 목적에는 ②, ③, ④ 외에 기본정보에 대한 공동 활용 기반 조성, 지적측량의 기초자료 활용, 토지정보의 수요에 대한 신속한 대응 등이 있다.

52 관계형 데이터베이스에 대한 설명으로 옳은 것은?

① 데이터를 2차원의 테이블 형태로 저장한다.
② 정의된 데이터 테이블의 갱신이 어려운 편이다.
③ 트리(Tree) 형태의 계층 구조로 데이터들을 구성한다.
④ 필요한 정보를 추출하기 위한 질의의 형태에 많은 제한을 받는다.

해설 관계형 데이터베이스의 특성
• 데이터의 독립성이 높고, 높은 수준의 데이터 조작언어를 사용한다.
• 데이터의 결합 · 제약 · 투영 등의 관계조작에 의해 표현능력을 극대화시킬 수 있고 자유롭게 구조를 변경할 수 있다.
• 2차원 테이블 형태의 논리적 구조를 가지고 있으며 가장 많이 사용되는 구조이다.
• 시스템 최적화를 위한 질의 유형을 사전에 정의할 필요가 없어 데이터의 갱신이 용이하고 융통성을 증대시킨다.
• 모형의 구조가 단순하여 사용자와 프로그래머 간의 의사소통을 원활히 할 수 있고 시스템 설계가 용이하다.
• 높은 성능의 시스템 구성을 필요로 하며, 시스템 설계가 미숙할 경우 문제점이 크게 발생한다.

53 지적정보관리시스템의 사용자권한 등록파일에서 사용자권한으로 옳지 않은 것은?

① 지적통계의 관리
② 종합부동산세 입력 및 수정
③ 토지 관련 정책정보의 관리
④ 개인별 토지소유현황의 조회

해설 종합부동산세 입력 및 수정은 지적정보관리시스템의 사용자권한 등록파일에 등록하는 사용자권한이 아니다.

54 지적행정시스템의 속성자료와 관련이 없는 것은?

① 토지대장
② 임야대장
③ 공유지연명부
④ 국세과세대장

해설 지적행정시스템의 속성자료에는 토지대장, 임야대장, 공유지연명부, 대지권등록부, 경계점좌표등록부, 결번대장, 토지대장집계부 등이 있다.

55 토지정보체계의 도형자료를 컴퓨터에 입력하는 방식과 관련이 없는 것은?

① 스캐닝
② 좌표변환
③ 디지타이징
④ 항공사진 디지타이징

해설 지적도 · 임야도 · 지형도 등의 도형정보를 컴퓨터에 입력하는 방법에는 디지타이징 방식과 스캐닝 방식이 있다.

② 좌표변환은 이미 입력한 도형정보에 실제 좌표계의 좌표값을 부여하는 과정을 의미한다.

56 디지타이징 방식과 비교하였을 때 스캐닝 방식이 갖는 장점에 대한 설명으로 옳지 않은 것은?

① 일반적으로 작업의 속도가 빠르다.

② 다량의 지도를 입력하는 작업에 유리하다.

③ 하드웨어와 소프트웨어의 구입비용이 덜 소요된다.

④ 작업자의 숙련도가 작업에 미치는 영향이 적은 편이다.

해설 스캐닝 방식은 디지타이징에 비해 하드웨어와 소프트웨어의 구입비용이 많이 소요된다.

57 부동산종합공부시스템 운영기관의 장이 지적전산자료의 유지·관리 업무를 원활히 수행하기 위하여 지정하는 지적전산자료 관리 책임관은?

① 보수업무 담당부서의 장　　　　　② 전산업무 담당부서의 장

③ 지적업무 담당부서의 장　　　　　④ 유지·관리업무 담당부서의 장

해설 부동산종합공부시스템 전산자료의 구축·관리 책임

- 지적공부 및 부동산종합공부 : 지적업무를 처리하는 부서장
- 연속지적도 : 지적도면의 변동사항을 정리하는 부서장
- 용도지역·지구도 등 : 해당 용도지역·지구 등을 입안·결정 및 관리하는 부서장(관리부서가 없는 경우에는 도시계획을 입안·결정 및 관리하는 부서장)
- 개별공시지가 및 개별주택가격정보 등의 자료 : 해당 업무를 수행하는 부서장
- 건물통합정보 및 통계 : 그 자료를 관리하는 부서장

58 지리정보시스템에서 실세계를 추상화시켜 표현하는 과정을 데이터모델링이라 하며, 이와 같이 실세계의 지리공간을 GIS의 데이터베이스로 구축하는 과정은 추상화 수준에 따라 세 가지 단계로 나누어진다. 이 세 가지 단계에 포함되지 않은 것은?

① 개념적 모델　　　　　　　　　　② 논리적 모델

③ 물리적 모델　　　　　　　　　　④ 위상적 모델

해설 공간데이터 모델링은 현실세계를 추상화하여 데이터베이스화하는 과정으로서 그 절차는 개념적 모델링, 논리적 모델링, 물리적 모델링 순이다.

59 DEM과 TIN에 관한 설명으로 옳은 것은?

① 불규칙한 적응적 추출방법인 DEM은 복잡한 지형에 알맞다.

② 정사사진 생성과 같은 목적을 위해서는 DEM 데이터가 훨씬 효과적이다.

③ DEM과 TIN 모델은 상호변환이 불가능하므로 처음 구축할 때부터 선택에 신중을 기해야 한다.

④ 항공사진을 해석도화하는 방법으로 수치지형데이터를 획득하는 경우 DEM 생성보다 TIN 생성이 더 쉽다.

해설 DEM(Digital Elevation Model, 수치표고모형)

격자방식, 등고선방식, 단면방식, 임의방식, TIN(Triangulated Irregular Network, 불규칙삼각망)을 이용하여 공간상에 나타난 지형의 변화를 수치적으로 표현한 지표모형을 말한다. TIN은 3차원 지표면을 연속적이고 불규칙한 삼각형으로 구성한 자료구조로서 복잡한 지형에 알맞으며, DEM의 방법 중 하나이므로 상호변환이 가능하다.

② DEM은 항공사진의 기하학적인 왜곡을 보정하기 위해 정사영상 제작과정에 필요한 자료이다.

60 래스터데이터 구조에 비하여 벡터데이터 구조가 갖는 단점으로 옳은 것은?

① 자료의 구조가 복잡한 편이다.
② 네트워크 분석과 같은 다양한 공간 분석에 제약이 있다.
③ 해상도가 높을 경우 더욱 많은 저장용량을 필요로 한다.
④ 각 셀이 코드화되기 때문에 많은 저장용량을 필요로 한다.

해설 벡터데이터는 자료구조가 복잡하고, 중첩기능 수행이 불편하며, 초기 자료구축 비용이 많이 드는 단점이 있다. ②, ③, ④는 래스터데이터의 단점이다.

4과목 지적학

61 지목설정의 원칙 중 옳지 않은 것은?

① 1필1지목의 원칙
② 용도경중의 원칙
③ 축척종대의 원칙
④ 주지목추종의 원칙

해설 지목설정의 원칙에는 1필1지목의 원칙, 주지목추종의 원칙, 등록선후의 원칙, 용도경중의 원칙, 일시변경불가의 원칙, 사용목적추종의 원칙이 있으며, 축척종대의 원칙은 경계설정의 원칙 중 하나이다.

62 부동산의 증명제도에 대한 설명으로 옳지 않은 것은?

① 근대적 등기제도에 해당한다.
② 소유권에 한하여 그 계약 내용을 인증해주는 제도였다.
③ 증명은 대한제국에서 일제 초기에 이르는 부동산등기의 일종이다.
④ 일본인이 우리나라에서 제한거리를 넘어서도 토지를 소유할 수 있는 근거가 되었다.

해설 일제 조선총독부는 1912년 3월 22일 조선부동산증명령을 공포하였으며, 소유권과 전당권에 대하여 증명하였다.

63 우리나라 근대적 지적제도의 확립을 촉진시킨 여건에 해당되지 않는 것은?

① 토지에 대한 문건의 미비
② 토지소유형태의 합리성 결여
③ 토지면적 단위의 통일성 결여
④ 토지가치 판단을 위한 자료 부족

해설 토지조사사업의 배경에는 ①, ②, ③ 외에 계량단위의 통일성 결여 등이 있다.

64 다음 중 토렌스시스템의 기본원리에 해당되지 않는 것은?

① 거울이론　　　② 배상이론　　　③ 보험이론　　　④ 커튼이론

해설 토렌스시스템의 3대 기본이론은 거울이론(Mirror Principle), 커튼이론(Curtain Principle), 보험이론(Insurance Principle)이다.

65 현대지적의 원리로 가장 거리가 먼 것은?

① 능률성　　　② 문화성　　　③ 정확성　　　④ 공기능성

해설 현대지적의 원리에는 공기능성의 원리, 민주성의 원리, 능률성의 원리, 정확성의 원리가 있다.

66 지적 관련 법령의 변천 순서가 옳게 나열된 것은?

① 토지대장법 → 조선지세령 → 토지조사령 → 지세령
② 토지대장법 → 토지조사령 → 조선지세령 → 지세령
③ 토지조사법 → 지세령 → 토지조사령 → 조선지세령
④ 토지조사법 → 토지조사령 → 지세령 → 조선지세령

해설 지적 관련 법령의 변천은 토지조사법(1910.08.23.) → 토지조사령(1912.08.13.) → 지세령(1914.03.06.) → 조선임야조사령(1918.05.01.) → 조선지세령(1943.03.31.) → 지적법(1950.12.01.) → 측량·수로 조사 및 지적에 관한 법률(2009.06.09.) → 공간정보의 구축 및 관리 등에 관한 법률(2017.10.24.) 순으로 제정되었다.

67 다음 중 지적공부의 성격이 다른 것은?

① 산토지대장　　　　　　② 갑호토지대장
③ 별책토지대장　　　　　④ 을호토지대장

해설 간주지적도는 지적도로 간주하는 임야도를 의미하며, 간주지적도에 등록된 토지의 대장은 산토지대장, 별책토지대장, 을호토지대장이라고 하였다.

68 지번부여지역에 해당하는 것은?

① 군　　　　　　② 읍　　　　　　③ 면　　　　　　④ 동·리

> **해설** 지번부여지역은 리·동(법적 리·동) 또는 이에 준하는 지역(낙도)으로서 지번을 부여하는 단위지역을 말한다.

69 다음 중 지적의 발생설과 관계가 먼 것은?

① 법률설　　　　② 과세설　　　　③ 치수설　　　　④ 지배설

> **해설** 지적의 발생설
> • 과세설 : 지적이 세금 징수의 목적에서 출발했다는 설
> • 치수설 : 지적이 토목측량술 및 치수에서 비롯되었다는 설
> • 통치설(지배설) : 지적은 통치적 수단에서 시작되었다고 보는 설
> • 침략설 : 지적은 영토 확장과 침략상 우위를 확보하려는 목적에서 비롯된 것으로 보는 설

70 지적업무의 특성으로 볼 수 없는 것은?

① 전국적으로 획일성을 요하는 기술업무
② 전통성과 영속성을 가진 국가 고유업무
③ 토지소유권을 확정공시하는 준사법적인 행정업무
④ 토지에 대한 권리관계를 등록하는 등기의 보완적 업무

> **해설** 토지표시에 관한 사항에 있어서 등기는 지적공부를 기초로 하고, 소유권에 관한 사항에 있어서 지적은 등기를 기초로 하지만 지적이 등기의 보완적 역할을 하는 것은 아니다.

71 다음 중 지적제도의 분류방법이 다른 하나는?

① 세지적　　　　② 법지적　　　　③ 수치지적　　　　④ 다목적지적

> **해설** 지적제도의 분류
> • 발전과정에 따른 분류 : 세지적, 법지적, 다목적지적
> • 표시방법(측량방법)에 따른 분류 : 도해지적, 수치지적
> • 등록대상(등록방법)에 따른 분류 : 2차원 지적, 3차원 지적

72 징발된 토지소유권의 주체는?

① 국가
③ 토지소유자
② 국방부
④ 지방자치단체

> **해설** 징발 보상이 완료되었어도 토지의 소유권 이전에 대한 절차가 이행되기 전까지 소유권의 주체는 토지소유자이다.

73 다음 토지이동 항목 중 면적측정 대상에서 제외되는 것은?

① 등록전환   ② 신규등록   ③ 지목변경   ④ 축척변경

> **해설** 지목변경이란 지적공부에 등록된 지목을 다른 지목으로 바꾸어 등록하는 행정처분이며, 지목변경의 경우에는 면적을 측정하지 않는다.

74 지번의 부여방법 중 진행방향에 따른 분류가 아닌 것은?

① 기우식   ② 사행식   ③ 오결식   ④ 절충식

> **해설** **지번 부여방법의 종류**
> - 진행방향에 따른 분류 : 사행식, 기우식(교호식), 단지식(블록식), 절충식
> - 부여단위에 따른 분류 : 지역단위법, 도엽단위법, 단지단위법
> - 기번위치에 따른 분류 : 북동기번법, 북서기번법

75 다음 중 정약용과 서유구가 주장한 양전개정론의 내용이 아닌 것은?

① 경무법 시행   ② 결부제 폐지
③ 어린도법 시행   ④ 수등이척제 개선

> **해설** 이기가 『해학유서』에서 수등이척제에 대한 개선방법으로 망척제의 도입을 주장하였다.

76 다음 중 임야조사사업 당시 사정기관은?

① 도지사   ② 임야심사위원회
③ 임시토지조사국   ④ 고등토지조사위원회

> **해설** 토지조사사업의 사정권자는 임시토지조사국장이며, 임야조사사업의 사정기관은 도지사이다.

77 지적제도의 발달과정에서 세지적이 표방하는 가장 중요한 특징은?

① 면적 본위   ② 위치 본위
③ 소유권 본위   ④ 대축척 지적도

> **해설** 세지적은 농경시대에 개발된 최초의 지적제도로서 과세지적이라고도 하며, 면적본위로 운영되는 특징이 있다.

78 다음 중 축척이 다른 2개의 도면에 동일한 필지의 경계가 각각 등록되어 있을 때 토지의 경계를 결정하는 원칙으로 옳은 것은?

① 축척이 큰 것에 따른다.
② 축척의 평균치에 따른다.
③ 축척이 작은 것에 따른다.
④ 토지소유자에게 유리한 쪽에 따른다.

해설 축척종대의 원칙은 동일한 경계가 각각 다른 도면에 등록되어 있는 경우에는 큰 축척에 따른다는 원칙이다.

79 지적공부를 상시 비치하고 누구나 열람할 수 있게 하는 공개주의의 이론적 근거가 되는 것은?

① 공신의 원칙   ② 공시의 원칙
③ 공증의 원칙   ④ 직권등록의 원칙

해설 지적공개주의는 토지에 관한 등록사항은 지적공부에 등록하고 이를 일반에 공개하여 누구나 이용하고 활용할 수 있게 하여야 한다는 이념이다.

80 토지대장을 열람하여 얻을 수 있는 정보가 아닌 것은?

① 토지경계   ② 토지면적   ③ 토지소재   ④ 토지지번

해설 토지의 경계는 지적도와 임야도 등 도면에 등록되어 있다.

5과목 지적관계법규

81 지적측량업의 등록을 위한 기술능력 및 장비의 기준으로 옳지 않은 것은?

① 출력장치 1대 이상
② 중급기술자 2명 이상
③ 토털스테이션 1대 이상
④ 특급기술자 2명 또는 고급기술자 1명 이상

해설 **지적측량업의 등록기준**

구분	기술인력	장비
지적 측량업	• 특급기술인 1명 또는 고급기술인 2명 이상 • 중급기술인 2명 이상 • 초급기술인 1명 이상 • 지적 분야의 초급기능사 1명 이상	• 토털스테이션 1대 이상 • 출력장치 1대 이상 　－해상도 : 2,400DPI × 1,200DPI 　－출력범위 : 600mm × 1,060mm 이상

82 「공간정보의 구축 및 관리 등에 관한 법률」상 지적측량수수료를 결정하여 고시하는 자는?

① 기획재정부장관

② 국토교통부장관

③ 행정안전부장관

④ 한국국토정보공사 사장

<u>해설</u> 지적측량수수료는 국토교통부장관이 매년 12월 31일까지 고시하여야 한다.

83 「공간정보의 구축 및 관리 등에 관한 법률」상 신규등록 신청 시 지적소관청에 제출하여야 하는 첨부서류가 아닌 것은?

① 지적측량성과도

② 법원의 확정판결서 정본 또는 사본

③ 소유권을 증명할 수 있는 서류의 사본

④ 「공유수면 관리 및 매립에 관한 법률」에 따른 준공검사 확인증 사본

<u>해설</u> 신규등록 신청 첨부서류에는 ②, ③, ④ 외에 지방자치단체의 명의로 등록하는 때에 기획재정부장관과 협의한 문서의 사본 등이 필요하다.

84 다음 지목의 분류에서 암석지의 지목으로 옳은 것은?

① 유지　　　　② 임야　　　　③ 잡종지　　　　④ 전

<u>해설</u> 산림 및 원야를 이루고 있는 수림지 · 죽림지 · 암석지 · 자갈땅 · 모래땅 · 습지 · 황무지 등의 토지의 지목은 임야이다.

85 「공간정보의 구축 및 관리 등에 관한 법률」상 지적기준점에 해당하지 않는 것은?

① 위성기준점

② 지적도근점

③ 지적삼각점

④ 지적삼각보조점

<u>해설</u> 지적기준점에는 지적삼각점, 지적삼각보조점, 지적도근점이 있다. 위성기준점은 국가기준점에 속한다.

86 면적을 측정하는 경우 도곽선의 길이에 얼마 이상의 신축이 있을 때에 이를 보정하여야 하는가?

① 0.4mm　　　② 0.5mm　　　③ 0.8mm　　　④ 1.0mm

<u>해설</u> 면적을 측정하는 경우 도곽선의 길이에 0.5mm 이상의 신축이 있을 때에는 이를 보정하여야 한다. 또한, 평판측량방법으로 거리를 측정하는 경우 도곽선의 신축량이 0.5mm 이상일 때에는 보정량을 산출하여 도곽선이 늘어난 경우에는 실측거리에 보정량을 더하고, 줄어든 경우에는 실측거리에서 보정량을 뺀다.

87 「공간정보의 구축 및 관리 등에 관한 법률」상 지적공부의 열람 · 발급 시 지적소관청에서 교부하는 등본 대상이 아닌 것은?

① 결번대장
② 임야대장
③ 토지대장
④ 경계점좌표등록부

해설 결번대장은 지적공부가 아니므로 등본 대상이 아니다.

88 신규등록할 토지가 발생한 경우 최대 며칠 이내에 지적소관청에 신규등록을 신청하여야 하는가?

① 15일
② 30일
③ 60일
④ 90일

해설 토지소유자는 신규등록할 토지가 있으면 그 사유가 발생한 날부터 60일 이내에 지적소관청에 신규등록을 신청하여야 한다.

89 「지적재조사에 관한 특별법」상 지적소관청이 사업지구 지정고시를 한 날부터 일필지조사 및 지적재조사측량을 시행하여야 하는 기간은?

① 6개월 이내
② 1년 이내
③ 2년 이내
④ 3년 이내

해설 지적소관청은 사업지구 지정고시를 한 날부터 2년 내에 일필지조사 및 지적재조사를 위한 지적측량을 시행하여야 하며, 미시행 시에는 그 기간의 만료로 사업지구 지정효력이 상실된다.

90 「공간정보의 구축 및 관리 등에 관한 법률」상 정당한 사유 없이 지적측량을 방해한 자에 대한 벌칙 기준으로 옳은 것은?

① 300만 원 이하의 과태료
② 500만 원 이하의 과태료
③ 1년 이하의 징역 또는 1천만 원 이하의 벌금
④ 2년 이하의 징역 또는 2천만 원 이하의 벌금

해설 정당한 사유 없이 측량을 방해한 자, 고시된 측량성과에 어긋나는 측량성과를 사용한 자 등에게는 300만 원 이하의 과태료를 부과한다.

91 부동산종합공부시스템 운영 및 관리규정상 토지의 고유번호 코드의 총 자릿수는?

① 13자리
② 15자리
③ 19자리
④ 22자리

해설 문제 47번 해설 참조

92 국토교통부장관이 기본측량을 실시하기 위하여 필요하다고 인정하는 경우, 토지의 수용 또는 사용에 따른 손실보상에 관하여 적용하는 법률은?

① 「부동산등기법」
② 「국토의 계획 및 이용에 관한 법률」
③ 「공간정보의 구축 및 관리 등에 관한 법률」
④ 「공익사업을 위한 토지 등의 취득 및 보상에 관한 법률」

해설 국토교통부장관은 기본측량을 실시하기 위하여 필요하다고 인정하는 경우에는 토지, 건물, 나무, 그 밖의 공작물을 수용하거나 사용할 수 있으며, 이에 따른 수용 또는 사용 및 손실보상에 관하여는 「공익사업을 위한 토지 등의 취득 및 보상에 관한 법률」을 적용한다.

93 「공간정보의 구축 및 관리 등에 관한 법률」상 지적측량의뢰인이 손해배상금으로 보험금을 지급받고자 하는 경우의 첨부서류에 해당되는 것은?

① 공정증서   ② 인낙조서   ③ 조정조서   ④ 화해조서

해설 손해배상금 지급 청구에 필요한 첨부서류
• 지적측량의뢰인과 지적측량수행자 간의 손해배상합의서 또는 화해조서
• 확정된 법원의 판결문 사본
• 그에 준하는 효력이 있는 서류

94 「공간정보의 구축 및 관리 등에 관한 법률」상 「도시개발법」에 따른 도시개발사업의 착수·변경 또는 완료 사실의 신고는 그 사유가 발생한 날부터 최대 며칠 이내에 하여야 하는가?

① 7일 이내   ② 15일 이내
③ 30일 이내   ④ 60일 이내

해설 도시개발사업의 착수·변경 또는 완료 사실의 신고는 그 사유가 발생할 날부터 15일 이내에 지적소관청에 해야 한다.

95 「지적업무 처리규정」상 일람도의 제도방법에 대한 설명으로 옳지 않은 것은?

① 철도용지는 붉은색 0.2mm 폭의 2선으로 제도한다.
② 인접 동·리 명칭은 4mm, 그 밖의 행정구역의 명칭은 5mm의 크기로 한다.
③ 취락지·건물 등은 0.1mm의 폭으로 제도하고 그 내부를 검은색으로 엷게 채색한다.
④ 도곽선은 0.1mm의 폭으로, 도곽선수치는 3mm 크기의 아라비아숫자로 제도한다.

해설 일람도를 제도할 경우 도곽선은 0.1mm의 폭으로, 도곽선의 수치는 도곽선 왼쪽 아랫부분과 오른쪽 윗부분의 종횡선 교차점 바깥쪽에 2mm 크기의 아라비아숫자로 제도한다.

96 다음 토지이동 중 축척의 변경이 수반되는 것은?

① 등록전환   ② 신규등록   ③ 지목변경   ④ 합병

해설 등록전환은 임야대장 및 임야도에 등록된 토지를 토지대장 및 지적도에 옮겨 등록하는 토지이동으로서, 임야도 축척(1/3,000, 1/6,000)에서 지적도 축척(1/500, 1/600, 1/1,000, 1/1,200, 1/2,400, 1/3,000, 1/6,000) 으로 변경이 수반된다.

---

97 「공간정보의 구축 및 관리 등에 관한 법률」상 지상경계점에 경계점표지를 설치한 후 측량할 수 있는 경우가 아닌 것은?

① 관계법령에 따라 인가 · 허가 등을 받아 토지를 분할하려는 경우

② 토지 일부에 대한 지상권설정을 목적으로 분할하고자 하려는 경우

③ 토지이용상 불합리한 지상경계를 시정하기 위하여 토지를 분할하려는 경우

④ 도시개발사업의 사업시행자가 사업지구의 경계를 결정하기 위하여 토지를 분할하려는 경우

해설 지상경계점에 경계점표지를 설치하여 측량할 수 있는 경우에는 ①, ③, ④ 외에 공공사업 등에 따라 학교용지 등으로 되는 토지의 사업시행자와 행정기관의 장 또는 지방자치단체의 장이 토지를 취득하기 위하여 분할하려는 경우, 도시 · 군관리계획 결정고시와 지형도면 고시가 된 지역의 도시 · 군관리계획선에 따라 토지를 분할하려 는 경우, 소유권이전 · 매매 등을 위해 필요한 경우 또는 토지이용상 불합리한 지상경계를 시정하기 위해 토지를 분할하려는 경우 등이 있다.

---

98 「공간정보의 구축 및 관리 등에 관한 법률」에서 규정하는 경계에 대한 설명으로 옳지 않은 것은?

① 지적도에 등록한 선

② 임야도에 등록한 선

③ 지상에 설치한 경계표지

④ 필지별로 경계점들을 직선으로 연결하여 지적공부에 등록한 선

해설 경계는 필지별로 경계점들을 직선으로 연결하여 지적공부에 등록한 선을 말한다. 지상에 설치한 경계표지 자체는 법률에서 규정한 경계가 아니다.

---

99 「공간정보의 구축 및 관리 등에 관한 법률」상 지적도면과 경계점좌표등록부에 공통으로 등록하 여야 하는 사항은?(단, 따로 규정을 둔 사항은 제외한다.)

① 경계, 좌표   ② 지번, 지목

③ 토지의 소재, 지번   ④ 토지의 고유번호, 경계

해설 지목과 경계는 지적도면의 등록사항이며, 좌표와 토지의 고유번호는 경계점좌표등록부의 등록사항이다.

100 「공간정보의 구축 및 관리 등에 관한 법률」에 따른 "토지의 표시"가 아닌 것은?

① 경계

② 소유자의 주소

③ 좌표

④ 토지의 소재

해설 "토지의 표시"란 지적공부에 토지의 소재 · 지번 · 지목 · 면적 · 경계 또는 좌표를 등록한 것을 말한다.

제2회 지적산업기사

1과목 **지적측량**

01 지적측량의뢰인과 지적측량수행자가 서로 합의하여 따로 기간을 정하는 경우 측량기간은 전체 기간의 얼마로 하는가?

① 1/2　　　　② 2/3　　　　③ 3/4　　　　④ 4/5

해설 측량기간 및 검사기간

구분	측량기간	검사기간
기본기간	5일	4일
지적기준점을 설치하여 측량 또는 검사할 때	15점 이하	
	4일	4일
	15점 초과	
	4일에 4점마다 1일 가산	4일에 4점마다 1일 가산
지적측량의뢰자와 수행자가 상호 합의에 의할 때	합의기간의 4분의 3	합의기간의 4분의 1

02 경위의측량방법에 따른 세부측량의 관측방법으로 옳지 않은 것은?

① 관측은 교회법에 의한다.
② 연직각은 분단위로 독정한다.
③ 연직각은 정·반으로 1회 관측한다.
④ 관측은 20초독 이상의 경위의를 사용한다.

해설 경위의측량방법에 따른 세부측량의 관측은 도선법 또는 방사법에 의한다.

03 평판측량방법에 의한 세부측량을 광파조준의를 사용하여 방사법으로 실시할 경우 도상길이는 최대 얼마 이하로 할 수 있는가?

① 10cm　　　　② 20cm　　　　③ 30cm　　　　④ 40cm

해설 평판측량방법에 따른 세부측량을 방사법으로 하는 경우에는 1방향선의 도상길이는 10cm 이하로 하며, 광파조준의 또는 광파측거기를 사용할 때에는 30cm 이하로 할 수 있다.

04 다각망도선법에서 도선이 15개이고 교점이 6개일 때 필요한 최소조건식의 수는?

① 7개   ② 8개   ③ 9개   ④ 10개

해설 다각망도선법의 최소조건식 수=도선 수−교점 수=15−6=9개

05 지적삼각점을 관측하는 경우 최대치와 최소치의 교차가 몇 초 이내일 때 평균치를 연직각으로 하는가?

① 10초 이내   ② 30초 이내

③ 50초 이내   ④ 60초 이내

해설 지적삼각점을 관측하는 경우 연직각의 관측은 각 측점에서 정·반(正反)으로 각 2회 관측하고, 관측치의 최대치와 최소치의 교차가 30초 이내일 때에는 그 평균치를 연직각으로 한다.

06 축척이 1/2,400인 지적도면 1매를 축척이 1/1,200인 지적도면으로 바꿨을 때의 도면 매수는?

① 2매   ② 4매   ③ 6매   ④ 8매

해설 축척비 $= \dfrac{2,400}{1,200} = 2 \rightarrow$ 면적비$= 2 \times 2 = 4$매

07 90g(그레이드)는 몇 도(°)인가?

① 81°   ② 91°   ③ 100°   ④ 123°

해설 $360° : x° = 400g : 90g \rightarrow x° = \dfrac{360° \times 90}{400} = 81°$

08 다음은 광파기측량방법에 따른 지적삼각점 관측 기준에 대한 설명이다. ( ) 안에 들어갈 내용으로 옳은 것은?

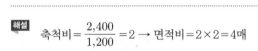

광파측거기는 표준편차가 (   ) 이상인 정밀측거기를 사용할 것

① ±(15mm+5ppm)   ② ±(5mm+15ppm)

③ ±(5mm+10ppm)   ④ ±(5mm+5ppm)

전파기 또는 광파기측량방법에 의해 지적삼각점을 관측할 경우에는 전파 또는 광파측거기는 표준편차가 $\pm(5mm+5ppm)$ 이상인 정밀측거기를 사용하여야 한다.

09 평판측량방법에 있어서 도상에 영향을 미치지 아니하는 지상거리의 축척별 허용범위 기준은? (단, M은 축척분모를 말한다.)

① $\dfrac{M}{5}$ mm

② $\dfrac{M}{10}$ mm

③ $\dfrac{M}{20}$ mm

④ $\dfrac{M}{30}$ mm

평판측량방법에 있어서 도상에 영향을 미치지 아니하는 지상거리의 축척별 허용범위는 $\dfrac{M}{10}$ mm(M : 축척의 분모수)이다.

10 지적기준점성과의 관리에 관한 내용으로 옳은 것은?

① 지적삼각점성과는 시 · 도지사가 관리한다.
② 지적삼각보조점성과는 시 · 도지사가 관리한다.
③ 지적삼각점성과는 국토교통부장관이 관리한다.
④ 지적삼각보조점성과는 국토교통부장관이 관리한다.

지적기준점성과의 관리자(기관)

구분	관리기관
지적삼각점	시 · 도지사
지적삼각보조점 지적도근점	지적소관청

11 경위의측량방법으로 세부측량을 하는 경우에 측량대상 토지의 경계점 간 실측거리와 경계점의 좌표에 의해 계산한 거리의 교차가 얼마 이내일 때 그 실측거리를 측량원도에 기재하는가?(단, L은 m 단위로 표시한 실측거리이다.)

① $\dfrac{3L}{10}$ cm

② $\dfrac{10}{3L}$ cm

③ $3 - \dfrac{L}{10}$ cm

④ $3 + \dfrac{L}{10}$ cm

경위의측량방법으로 세부측량(수치지역의 세부측량)을 시행할 경우 측량대상 토지의 경계점 간 실측거리와 경계점의 좌표에 따라 계산한 거리의 교차 기준은 $3 + \dfrac{L}{10}$ cm이다.

12 지적측량에 사용되는 지적기준점 기호 제도방법으로 옳지 않은 것은?

① 2등 삼각점 : ◎　　　　　　　　② 위성기준점 : ⊕

③ 4등 삼각점 : ◎　　　　　　　　④ 지적삼각점 : ⊕

해설 지적기준점의 제도방법

구분	위성기준점	1등 삼각점	2등 삼각점	3등 삼각점	4등 삼각점	지적삼각점	지적삼각 보조점	지적도근점
기호	⊕	◉	◎	●	◎	⊕	●	○
크기	3mm/2mm	3mm/2mm/1mm		2mm/1mm			3mm	2mm

---

13 $R=500\text{m}$, 중심각(θ)이 60°인 경우 AB의 직선거리는?

① 400m　　　　② 500m　　　　③ 600m　　　　④ 1,000m

해설 AB의 직선거리(현의 길이 : L)$=2R \cdot \sin\dfrac{I}{2}=2\times 500\times\sin\dfrac{60°}{2}=500\text{m}$

---

14 두 점 간의 실거리 300m를 도상에 6mm로 표시할 도면의 축척은?

① 1/10,000　　　　　　　　② 1/20,000

③ 1/25,000　　　　　　　　④ 1/50,000

해설 축척(M)$=\dfrac{1}{m}=\dfrac{l}{D}\ \rightarrow\ m=\dfrac{D}{l}=\dfrac{300}{0.006}=50,000$

(m : 축척분모, l : 도상거리, D : 지상거리)

∴ 도면의 축척은 1/50,000

---

15 지적도근점의 각도관측을 방위각법으로 할 때 2등 도선의 폐색오차 허용범위는?(단, n은 폐색변을 포함한 변의 수를 말한다.)

① $\pm 1.5\sqrt{n}$ 분 이내　　　　　　② $\pm 2\sqrt{n}$ 분 이내

③ $\pm 2.5\sqrt{n}$ 분 이내　　　　　　④ $\pm 3\sqrt{n}$ 분 이내

해설 지적도근점측량의 폐색오차 허용범위(공차)

측량방법	등급	폐색오차 허용범위(공차)
방위각법	1등 도선	$\pm\sqrt{n}$ 분 이내
	2등 도선	$\pm1.5\sqrt{n}$ 분 이내

※ n : 각 측선의 수평거리의 총합계를 100으로 나눈 수

16 축척 1/1,200 지역에서 평판을 구심할 경우에 제도 허용오차를 0.3mm 정도로 할 때 지상의 구심오차(편심거리)는 몇 cm까지 허용할 수 있는가?

① 3cm 이내   ② 9cm 이내   ③ 18cm 이내   ④ 24cm 이내

해설

$$q=\frac{2e}{M} \rightarrow 편심거리(e)=\frac{Mq}{2}=\frac{1,200\times0.3}{2}=18\text{cm}$$

(q : 제도 허용오차, M : 축척분모)

17 경위의측량방법과 도선법에 따른 지적도근점의 관측 시 시가지지역에서 수평각을 관측하는 방법으로 옳은 것은?

① 배각법   ② 편각법   ③ 각관측법   ④ 방위각법

해설 경위의측량방법, 전파기 또는 광파기측량방법과 도선법 또는 다각망도선법에 따른 지적도근점의 수평각의 관측은 시가지지역, 축척변경지역 및 경계점좌표등록부 시행지역에 대하여는 배각법에 의하고, 그 밖의 지역에 대하여는 배각법과 방위각법을 혼용한다.

18 다음 오차의 종류 중 최소제곱법에 의하여 보정할 수 있는 오차는?

① 착오
② 누적오차
③ 부정오차(우연오차)
④ 정오차(계통적 오차)

해설 부정오차(우연오차, 상차)는 발생 원인이 불명확하고 부호와 크기가 불규칙하게 발생하는 오차로서 서로 상쇄되므로 상차라고도 하며, 원인을 알아도 소거가 불가능하고, 최소제곱법에 의한 확률법칙에 의해 보정할 수 있다.

19 다음 중 도면에 등록하는 도곽선의 제도방법 기준에 대한 설명으로 옳지 않은 것은?

① 도곽선은 0.1mm의 폭으로 제도한다.
② 도곽선의 수치는 2mm의 크기로 제도한다.
③ 지적도의 도곽 크기는 가로 30cm, 세로 40cm의 직사각형으로 한다.
④ 도곽선의 수치는 도곽선 왼쪽 아랫부분과 오른쪽 윗부분의 종횡선교차점 바깥쪽에 제도한다.

20 지적도의 축척이 1/600인 지역에서 분할필지의 측정면적이 135.65m²일 경우 면적의 결정은 얼마로 하여야 하는가?

① 135m²   ② 135.6m²   ③ 135.7m²   ④ 136m²

2과목 응용측량

21 한 개의 깊은 수직터널에서 터널 내외를 연결하는 연결측량방법으로서 가장 적당한 것은?

① 트래버스측량 방법   ② 트랜싯과 추선에 의한 방법
③ 삼각측량 방법   ④ 측위 망원경에 의한 방법

22 지구 곡률에 의한 오차인 구차에 대한 설명으로 옳은 것은?

① 구차는 거리의 제곱에 반비례한다.
② 구차는 곡률반지름의 제곱에 비례한다.
③ 구차는 곡률반지름의 제곱에 비례한다.
④ 구차는 거리의 제곱에 비례한다.

23 다음 중 지성선에 속하지 않는 것은?

① 능선

② 계곡선

③ 경사변환선

④ 지질변환선

> **해설** 다수의 평면으로 이루어진 지형의 접합부를 지성선 또는 지세선이라고 하며 능선(凸선·분수선), 합수선(凹선·계곡선), 경사변환선, 최대경사선(유하선) 등이 있다.

24 상향경사 4%, 하향경사 4%인 종단곡선길이(l)가 50m인 종단곡선에서 끝단의 종거(y)는?(단, 종거 $y = \dfrac{i}{2l}x^2$)

① 0.5m

② 1m

③ 1.5m

④ 2m

> **해설** 종거(y)$= \dfrac{i}{2l}x^2 \rightarrow$ 경사(i)$= m \pm n = 0.08$
>
> 50m의 종단곡선 중 끝단의 종거로 $x = 50$이므로,
>
> $\therefore y = \dfrac{0.08}{2 \times 50} \times 50^2 = 2\text{m}$

25 사진크기 23cm×23cm, 초점거리 153mm, 촬영고도 750m, 사진 주점기선장 10cm인 2장의 인접사진에서 관측한 굴뚝의 시차차가 7.5mm일 때 지상에서의 실제 높이는?

① 45.24m

② 56.25m

③ 62.72m

④ 85.36m

> **해설** 굴뚝의 높이(h)$= \dfrac{H}{b_0}\Delta p = \dfrac{750}{0.10} \times 0.0075 = 56.25\text{m}$
>
> (h : 굴뚝의 높이, H : 비행고도, b_0 : 주점기선길이, Δp : 시차차)

26 GNSS측량에서 이동국 수신기를 설치하는 순간 그 지점의 보정 데이터를 기지국에 송신하여 상대적인 방법으로 위치를 결정하는 것은?

① Static 방법

② Kinematic 방법

③ Pseudo-Kinematic 방법

④ Real Time Kinematic 방법

> **해설** Real Time Kinematic(RTK) 방법
> 실시간 이동측량 방식으로서 위치를 알고 있는 기지점에 고정국을 설치하여 산출한 각 위성의 의사거리 보정값을 이용하여 미지점에 설치한 이동국의 위치결정오차를 개선하여 미지점의 위치를 실시간으로 결정하는 방식이다.

27 GNSS측량에 의한 위치결정 시 최소 4대 이상의 위성에서 동시 관측해야 하는 이유로 옳은 것은?

① 궤도오차를 소거한 3차원 위치를 구하기 위하여
② 다중경로오차를 소거한 3차원 위치를 구하기 위하여
③ 시계오차를 소거한 3차원 위치를 구하기 위하여
④ 전리층오차를 소거한 3차원 위치를 구하기 위하여

해설   GNSS측량은 위성에서 발사한 코드와 수신기에서 미리 복사된 코드를 비교하여 두 코드가 완전히 일치할 때까지 소요되는 시간을 관측하고, 여기에 전파속도를 곱하여 거리를 구하는데, 여기에는 시간오차가 포함되어 있으므로 4개 이상의 위성을 관측하여 원하는 수신기의 위치를 결정한다.

28 경사거리가 130m인 터널에서 수평각을 관측할 때 시준방향에서 직각으로 5mm의 시준오차가 발생하였다면 수평각오차는?

① 5″   ② 8″   ③ 10″   ④ 20″

해설 $\dfrac{\triangle l}{l} = \dfrac{\theta}{\rho''} \rightarrow$ 수평각오차$(\theta) = \dfrac{\triangle l}{l} \times 206,265'' = \dfrac{0.005}{130} \times 206,265'' \fallingdotseq 8''$

29 항공사진에서 나타나는 지상 기복물의 왜곡(歪曲)현상에 대한 설명으로 옳지 않은 것은?

① 기복물의 왜곡 정도는 사진 중심으로부터의 거리에 비례한다.
② 왜곡 정도를 통해 기복물의 높이를 구할 수 있다.
③ 기복물의 왜곡은 촬영고도가 높을수록 커진다.
④ 기복물의 왜곡은 사진중심에서 방사방향으로 일어난다.

해설   촬영고도가 높을수록 기복물의 변위량은 작아진다.

30 수준측량의 왕복거리 2km에 대하여 허용오차가 ±3mm라면 왕복거리 4km에 대한 허용오차는?

① ±4.24mm   ② ±6.00mm
③ ±6.93mm   ④ ±9.00mm

해설   수준측량 오차는 거리의 제곱근에 비례하므로,

$\sqrt{2}$ km : 3mm = $\sqrt{4}$ km : $x \rightarrow$ 허용오차$(x) = \dfrac{3\sqrt{4}}{\sqrt{2}} = 4.24$mm

31 항공사진을 판독할 때 사면의 경사는 실제보다 어떻게 보이는가?

① 사면의 경사는 방향이 반대로 보인다.

② 실제보다 경사가 완만하게 보인다.

③ 실제보다 경사가 급하게 보인다.

④ 실제와 차이가 없다.

해설 항공사진을 판독할 때는 과고감에 의해 산지는 실제보다 돌출하여 높고 기복이 심하다. 계곡은 실제보다 깊고, 산 복사면 등은 실제의 경사보다 급하게 보인다.

32 지형측량에서 기설 삼각점만으로 세부측량을 실시하기에 부족할 경우 새로운 기준점을 추가적으로 설치하는 점은?

① 경사변환점

② 방향변환점

③ 도근점

④ 이기점

해설 지형측량에서 도근점은 기존에 설치된 기준점만으로는 세부측량을 실시하기 부족할 경우 기설 기준점을 기준으로 하여 새로운 평면위치 및 높이를 관측하여 결정되는 기준점을 말한다.

33 노선측량에서 일반국도를 개설하려고 한다. 측량의 순서로 옳은 것은?

① 계획조사측량 → 노선선정 → 실시설계측량 → 세부측량 → 용지측량

② 노선선정 → 계획조사측량 → 실시설계측량 → 세부측량 → 용지측량

③ 노선선정 → 계획조사측량 → 세부측량 → 실시설계측량 → 용지측량

④ 계획조사측량 → 노선선정 → 세부측량 → 실시설계측량 → 용지측량

해설 노선측량의 작업순서는 일반적으로 노선선정 → 계획조사측량 → 실시설계측량(세부지형측량 및 용지경계측량 포함) → 공사측량(시공측량 및 준공측량 포함) 순으로 진행한다.

34 사진측량에서의 사진판독 순서로 옳은 것은?

① 촬영계획 및 촬영 → 판독기준 작성 → 판독 → 현지조사 → 정리

② 촬영계획 및 촬영 → 판독기준 작성 → 현지조사 → 정리 → 판독

③ 판독기준 작성 → 촬영계획 및 촬영 → 판독 → 정리 → 현지조사

④ 판독기준 작성 → 촬영계획 및 촬영 → 현지조사→ 판독 → 정리

해설 사진판독의 순서는 촬영계획 → 촬영과 사진 작성 → 판독기준의 작성 → 판독 → 현지조사(지리조사) → 정리 순으로 진행한다.

35 GNSS측량에서 제어부문의 주요 임무로 틀린 것은?

① 위성시각의 동기화

② 위성으로의 자료전송

③ 위성의 궤도 모니터링

④ 신호정보를 이용한 위치결정 및 시각비교

해설 GNSS측량에서 제어부분은 궤도와 시각 결정을 위한 위성의 추적, 전리층 및 대류층의 주기적 모형화, 위성시간의 동일화, 위성으로의 자료전송 등의 임무를 수행한다. 신호정보를 이용한 위치결정 및 시각비교는 사용자부분의 임무에 해당된다.

36 그림과 같은 지형표시법을 무엇이라고 하는가?

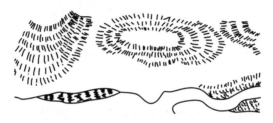

① 영선법 ② 음영법 ③ 채색법 ④ 등고선법

해설
• 영선법(게바법) : 게바라고 하는 단선상의 선으로 지표의 기복을 나타내는 방법으로서 게바의 사이, 굵기, 길이 및 방법 등에 의하여 지표를 표시하며 급경사는 굵고 짧게, 완경사는 가늘고 길게 새털 모양으로 표시하므로 기복의 판별은 좋으나 정확도가 낮다.
• 채색법(단채법) : 지리관계의 지도에 이용하며, 고도에 따라 채색의 농도 변화로 지표면의 고저를 구분한다.
• 등고선법 : 동일 표고선을 이은 선으로 지형의 기복을 표시하는 방법으로, 비교적 정확한 지표의 표현방법으로 등고선의 성질을 잘 파악해야 한다.

37 표고가 0m인 해변에서 눈높이 1.45m인 사람이 볼 수 있는 수평선까지의 거리는?(단, 지구반지름 $R=6,370$km, 굴절계수 $K=0.14$)

① 4,713.91m ② 4,634.68m

③ 4,298.02m ④ 4,127.47m

해설
$$양차(\Delta E) = \frac{(1-K)S^2}{2R} \rightarrow 수평거리(S) = \sqrt{\frac{2R \times \Delta E}{1-K}} = \sqrt{\frac{2 \times 6,370,000 \times 1.45}{1-0.14}} = 4,634.68m$$

(R : 반경, S : 수평거리, K : 빛의 굴절계수)

38 축척 1/25,000 지형도에서 간곡선의 간격은?

① 1.25m ② 2.5m ③ 5m ④ 10m

등고선의 종류 및 간격 (단위 : m)

등고선의 종류	등고선의 간격			
	1/5,000	1/10,000	1/25,000	1/50,000
계곡선	25	25	50	100
주곡선	5	5	10	20
간곡선	2.5	2.5	5	10
조곡선	1.25	1.25	2.5	5

39 단곡선 측량에서 교각이 50°, 반지름이 250m인 경우에 외할(E)은?

① 10.12m

② 15.84m

③ 20.84m

④ 25.84m

해설 외할$(E) = R\left(\sec\dfrac{I}{2} - 1\right) = 250 \times \left(\sec\dfrac{50}{2} - 1\right) = 25.84\text{m}$

40 단곡선의 설치에 사용되는 명칭의 표시로 옳지 않은 것은?

① E.C – 곡선시점

② C.L – 곡선장

③ I – 교각

④ T.L – 접선장

해설 E.C(End of Curve)는 곡선종점의 명칭이며, 곡선시점의 명칭은 B.C(Beginning of Curve)이다.

3과목 토지정보체계론

41 다음 중 지리정보시스템의 자료 구축 시 발생하는 오차가 아닌 것은?

① 자료 처리 시 발생하는 오차

② 디지타이징 시 발생하는 오차

③ 좌표투영을 위한 스캐닝 오차

④ 절대좌표자료 생성 시 지적측량기준점의 오차

해설 지리정보시스템의 자료 구축 시 발생하는 오차에는 절대위치자료 생성 시 기준점의 오차, 디지타이징 시 발생되는 오차, 좌표변환 시 투영법에 따른 오차, 자료 처리 시 발생하는 오차 등이 있다.

42 조직 안에서 다수의 사용자들이 의사결정 지원을 위해 공동으로 사용할 수 있도록 통합 저장되어 있는 자료의 집합을 의미하는 것은?

① 데이터 마이닝   ② 데이터 모델링

③ 데이터 웨어하우스   ④ 관계형 데이터베이스

> **해설** 데이터 웨어하우스는 조직 내 여러 데이터베이스에 분산되어 있는 자료를 표준화하고 통합하여 놓은 데이터베이스로서 조직 내 의사결정 지원시스템이며, 다수의 사용자들이 공동으로 이용하기 위해 만든 데이터 창고이다.

43 벡터파일 포맷 중 DXF파일에 대한 설명으로 옳지 않은 것은?

① 아스키 문서 파일로서 *.dxf를 확장자로 가진다.

② 자료의 관리나 사용, 변경이 쉽고 변환 효율이 뛰어나다.

③ 일반적인 텍스트 편집기를 통해 내용을 읽기 쉽게 편집할 수 있다.

④ 행 단위로 데이터 필드가 이루어져 읽기 어렵고 용량도 작아지는 장점도 있다.

> **해설** DXF파일 구조는 아스키 형식과 바이너리 형식 두 가지로 저장이 가능하다. 이 중 아스키방식으로 저장되는 경우 그룹코드와 해당 값들의 리스트 구조 때문에 많은 저장용량을 차지한다.

44 격자구조를 벡터구조로 변환할 때 격자영상에 생긴 잡음(Noise)을 제거하고 외곽선을 연속적으로 이어주는 영상처리 과정을 무엇이라 하는가?

① Noising   ② Filtering   ③ Thinning   ④ Conversioning

> **해설** 필터링(Filtering) 단계는 격자데이터에 생긴 여러 형태의 잡음을 제거하며, 연속적이지 않은 외곽선을 연속적으로 이어주는 단계이다. 세선화(Thinning) 단계는 필터링에서 만들어진 두꺼운 선형의 패턴을 가늘고 긴 선과 같은 형상으로 만드는 단계이다.

45 토지 및 임야대장에 등록하는 각 필지를 식별하기 위한 토지의 고유번호는 총 몇 자리로 구성하는가?

① 10자리   ② 15자리   ③ 19자리   ④ 21자리

> **해설** 토지 고유번호의 코드 구성
> - 전국을 단위로 하나의 필지에 하나의 번호를 부여하는 가변성 없는 번호이다.
> - 총 19자리로 구성된다.
>   - 행정구역 10자리(시 · 도 2자리, 시 · 군 · 구 3자리, 읍 · 면 · 동 3자리, 리 2자리)
>   - 대장 구분 1자리 및 지번표시 8자리(본번 4자리, 부번 4자리)

시 · 도	시 · 군 · 구	읍 · 면 · 동	리	대장	본번	부번
2자리	3자리	3자리	2자리	1자리	4자리	4자리

46 지번주소체계와 도로명주소체계에 대한 설명으로 가장 거리가 먼 것은?

① 지번주소는 토지 중심으로 구성된다.
② 도로명주소는 주소(건물번호)를 표시하는 것을 주목적으로 한다.
③ 대부분의 OECD 국가들이 지번주소체계를 채택하고 있다.
④ 지번주소는 토지표시와 주소를 함께 사용함으로써 재산권 보호가 용이하다.

해설 많은 OECD 국가들은 도로명주소를 사용하고 있다.

47 다음 중 CNS(Car Navigation System)에서 이용하고 있는 대표적인 지적정보는?

① 지번정보   ② 면적정보
③ 지목정보   ④ 토지소유자정보

해설 차량항법시스템인 CNS(Car Navigation System)에서는 경로안내를 위한 위치정보로서 지적정보 중에서는 대표적으로 지번정보를 이용하고 있으며, 도로명주소와 시설명도 사용하고 있다.

48 경계점좌표등록 시행지역의 지적도면을 전산화하는 방법으로 가장 적합한 것은?

① 스캐닝 방식   ② 좌표입력 방식
③ 항공측량 방식   ④ 디지타이징 방식

해설 경계점좌표등록 시행지역에서 토지의 경계는 경계점좌표등록부에 등록되어 있으므로 경계점의 좌표를 키보드를 이용하여 직접 입력하여 도형자료를 구축하는 좌표입력 방식이 적합하다.

49 토지정보체계의 구축에 있어 벡터자료(Vector Data)를 취득하기 위한 장비로 옳은 것은?

ㄱ. 스캐너	ㄴ. 디지털 카메라	ㄷ. 디지타이저	ㄹ. 전자평판

① ㄱ, ㄴ   ② ㄱ, ㄹ   ③ ㄴ, ㄷ   ④ ㄷ, ㄹ

해설 벡터자료(Vector Data)는 전자평판, 항공사진 등의 측량에 의해 취득하거나 기존의 도면정보를 디지타이저로 취득할 수 있다.

50 위성영상의 기준점 자료를 이용하여 영상소를 재배열하는 보간법이 아닌 것은?

① Bicubic 보간법   ② Shape Weighted 보간법
③ Nearest Neighbor 보간법   ④ Inverse Distance Weighting 보간법

해설 영상소를 재배열하는 보간법의 종류
- Bicubic 보간법 : 4×4 격자값들을 인접지역의 값을 이용하여 미지점의 표고값을 추정하므로 정확도는 높지만 계산과정이 복잡하여 시간이 많이 소요되는 방법이다.
- Nearest Neighbor 보간법(최단거리 보간법) : 미지점에서 가장 가까운 표본점의 표고값을 선택하는 방식이다.
- Inverse Distance Weighting 보간법(역거리 가중값 보간법) : 미지점과 일정 반경 내에 존재하는 표본점과의 거리의 역수에 대한 가중치를 주어 미지점에서 가까운 점일수록 큰 가중치를 부여하는 방법이다.

51 국가나 지방자치단체가 지적전산자료를 이용 또는 활용하는 경우의 사용료는?

① 면제한다.   ② 현금으로 한다.

③ 수입인지로 한다.   ④ 수입증지로 한다.

해설 지적전산자료를 이용 또는 활용하기 위해서는 국토교통부장관이 정한 사용료를 지불해야 하지만 국가나 지방자치단체는 면제한다.

52 위상구조에 사용되는 것이 아닌 것은?

① 노드   ② 링크   ③ 체인   ④ 밴드

해설 위상구조의 구성요소에는 노드(Node), 링크(Ling : 넓은 의미에서 체인의 한 형태), 체인(Chain), 영역(Area) 등이 있다.

53 한국토지정보체계(KLIS)에서 지적정보관리시스템의 기능에 해당하지 않는 것은?

① 측량결과파일(*.dat)의 생성 기능
② 소유권 연혁에 대한 오기정정 기능
③ 개인별 토지소유 현황을 조회하는 기능
④ 토지이동에 따른 변동내역을 조회하는 기능

해설 측량결과파일(*.dat)은 지적측량성과작성시스템에서 생성되며 지적측량검사 요청을 할 경우에는 토지이동정리파일로서 지적도면정리에도 이용된다.

54 지적전산자료를 이용 또는 활용하고자 하는 자는 누구에게 신청서를 제출하여 심사를 신청하여야 하는가?

① 국무총리   ② 시 · 도지사

③ 서울특별시장   ④ 관계 중앙행정기관의 장

해설 지적전산자료를 이용하거나 활용하려는 자는 관계 중앙행정기관의 장에게 심사를 신청하여야 하며, 국토교통부장관, 시 · 도지사 또는 지적소관청의 승인을 받아야 한다.

55 지적도를 수치화하기 위한 작성과정으로 옳은 것은?

① 작업계획 수립 → 벡터라이징 → 좌표독취(스캐닝) → 정위치 편집 → 도면작성

② 작업계획 수립 → 좌표독취(스캐닝) → 벡터라이징 → 정위치 편집 → 도면작성

③ 작업계획 수립 → 벡터라이징 → 정위치 편집 → 좌표독취(스캐닝) → 도면작성

④ 작업계획 수립 → 좌표독취(스캐닝) → 정위치 편집 → 벡터라이징 → 도면작성

해설 지적도면의 수치파일화 순서는 작업계획 수립 → 좌표독취(스캐닝) → 벡터라이징 → 정위치 편집 → 도면작성 순으로 진행한다.

56 다음 중 실세계에서 기호화된 지형지물의 지도를 이루는 기본적인 지형요소로 공간객체의 단위인 것은?

① Feature   ② MDB   ③ Pointer   ④ Coverage

해설 Feature는 개방형 GIS에서 지리정보의 기본적인 최소단위로 실세계를 상징적으로 표현하는 지형요소이다.

57 다음 중 토지정보시스템(LIS)과 가장 관련이 깊은 것은?

① 법지적   ② 세지적   ③ 소유지적   ④ 다목적지적

해설 다목적지적은 토지에 대한 세금징수 및 소유권보호뿐만 아니라 토지이용의 효율화를 위하여 토지 관련 모든 정보를 종합적으로 관리하고 공급하며, 토지정책에 대한 의사결정을 지원하는 종합적 토지정보시스템이다.

58 래스터데이터에 해당하지 않는 것은?

① 이미지 데이터   ② 위성영상 데이터

③ 위치좌표 데이터   ④ 항공사진 데이터

해설 위치좌표 데이터는 벡터데이터에 해당된다.

59 다음 중 사진을 구성하는 요소로 영상에서 눈에 보이는 가장 작은 비분할 2차원적 요소는?

① 노드(Node)   ② 픽셀(Pixel)

③ 그리드(Gris)   ④ 폴리곤(Polygon)

해설 픽셀(Pixel, 화소 또는 영상소)은 디지털 영상에서 더이상 쪼갤 수 없는 가장 작은 2차원의 영상 단위이며, 픽셀의 개수가 많을수록 해상도가 높은 영상을 얻을 수 있다.

60 데이터베이스관리시스템이 파일시스템에 비하여 갖는 단점은?

① 자료의 중복성을 피할 수 없다.
② 자료의 일관성이 확보되지 않는다.
③ 일반적으로 시스템 도입비용이 비싸다.
④ 사용자별 자료접근에 대한 권한 부여를 할 수 없다.

해설 데이터베이스관리시스템은 데이터의 중복성을 최소화하고, 데이터의 일관성을 유지하며, 데이터베이스의 관리 및 접근을 효율적으로 통제할 수 있지만, 시스템 도입에 필요한 하드웨어와 소프트웨어의 비용이 높다. ①, ②, ④는 파일시스템의 단점이다.

4과목 지적학

61 다목적지적의 3대 구성요소가 아닌 것은?

① 기본도
② 경계표지
③ 지적중첩도
④ 측지기준망

해설
• 다목적지적의 3대 기본요소 : 측지기준망, 기본도, 지적도
• 다목적지적제도의 5대 구성요소 : 측지기준망, 기본도, 지적중첩도, 필지식별자, 토지자료파일

62 다음 중 지적이론의 발생설로 가장 지배적인 것으로 아래의 기록들이 근거가 되는 학설은?

• 3세기 말 디오클레티안(Diocletian) 황제의 로마제국 토지측량
• 모세의 탈무드법에 규정된 십일조(Tithe)
• 영국의 둠즈데이북(Domesday Book)

① 과세설
② 지배설
③ 치수설
④ 통치설

해설 과세설
지적의 발생설 중 가장 지배적인 이론으로서 국가가 과세를 목적으로 토지에 대한 각종 현상을 기록하고 관리하는 수단으로부터 지적제도가 출발하였다는 이론이다.

63 다음 중 일반적으로 지번을 부여하는 방법이 아닌 것은?

① 기번식
② 문장식
③ 분수식
④ 자유부번식

해설 일반적으로 지번을 부여하는 방법에는 분수식 지번제도, 기번식 부여제도, 자유부번제도가 있다.

64 근대적 세지적의 완성과 소유권제도의 확립을 위한 지적제도 성립의 전환점으로 평가되는 역사적인 사건은?

① 솔리만 1세의 오스만제국 토지법 시행
② 윌리엄 1세의 영국 둠즈데이 측량 시행
③ 나폴레옹 1세의 프랑스 토지관리법 시행
④ 디오클레시안 황제의 로마제국 토지 측량 시행

해설 프랑스의 지적제도는 토지에 대한 공평한 과세와 소유권 확립을 목적으로 1807년 제정된 나폴레옹 지적법(Napoleonien Cadastre Act)에 따라 1808~1850년까지 실시한 전국적인 지적측량으로 창설되었다. 나폴레옹의 영토 확장과 더불어 유럽의 전역에 대한 지적제도의 창설에 직접적인 영향을 미치게 되었고 근대적 지적제도의 효시로서 둠즈데이북과 함께 세지적의 근거가 되고 있다.

65 토지 표시사항 중 물권객체를 구분하여 표상(表象)할 수 있는 역할을 하는 것은?

① 경계　　　　② 지목　　　　③ 지번　　　　④ 소유자

해설 지번이란 지리적 위치의 고정성과 토지의 특정화와 개별화, 토지위치의 확인 등을 위해 리 · 동의 단위로 필지마다 아라비아숫자로 순차적으로 부여하여 지적공부에 등록한 번호를 말하며, 장소의 기준, 물권표시의 기준, 공간계획의 기준 등의 역할을 한다.

66 아래에서 설명하는 토렌스시스템의 기본이론은?

> 토지등록이 토지의 권리를 아주 정확하게 반영하는 것으로 인간의 과실로 착오가 발생하는 경우에 피해를 입은 사람은 누구나 피해보상에 관한 한 법률적으로 선의의 제3자와 동등한 입장에 놓여야만 된다.

① 공개이론　　　　　　　　② 거울이론
③ 보험이론　　　　　　　　④ 커튼이론

해설 토렌스시스템의 3대 기본이론은 거울이론, 커튼이론, 보험이론이다. 이 중 보험이론은 토지등록이 토지의 권리를 아주 정확하게 반영한 것이지만 인간의 과실로 인하여 착오가 발생하는 경우에는 피해를 입은 사람은 누구나 피해보상에 관한 한 법률적으로 선의의 제3자와 동등한 입장에 놓여야만 된다는 이론으로서 경제적 보상을 위한 이론이며, 손실된 토지의 복구를 의미하는 것은 아니다.

67 토지조사사업 당시 확정된 소유자가 다른 토지 간 사정된 경계선의 명칭으로 옳은 것은?

① 강계선　　　　② 지역선　　　　③ 지계선　　　　④ 구역선

해설 강계선은 토지조사사업 당시 확정된 소유자가 다른 토지 간의 경계선이며, 강계선의 상대는 소유자와 지목이 다르다는 원칙이 성립된다.

68 지적제도의 기능 및 역할로 옳지 않은 것은?

① 토지거래의 기준　　　　　　　　　② 토지등기의 기초
③ 토지소유제한의 기준　　　　　　　④ 토지에 대한 과세의 기준

> **해설** 지적의 실제적 기능에는 토지에 대한 기록의 법적인 효력 및 공시, 국토 및 도시계획의 자료, 토지관리의 자료, 토지유통의 자료, 토지에 대한 평가기준, 지방행정의 자료 등이 있다.

69 집 울타리 안에 꽃동산이 있을 때 지목으로 옳은 것은?

① 대　　　　　② 공원　　　　　③ 임야　　　　　④ 유원지

> **해설** 영구적 건축물 중 주거·사무실·점포와 박물관·극장·미술관 등 문화시설과 이에 접속된 정원 및 부속시설물의 부지 및 관계법령에 따른 택지조성공사가 준공된 토지의 지목은 "대"로 한다. 따라서 집 울타리 안에 있는 꽃동산이 집 전체 면적의 10% 또는 330m²를 초과하지 않는 경우 지목은 "대"로 부여된다.

70 지적공부정리를 위한 토지이동의 신청을 하는 경우 지적측량을 요하지 않는 토지이동은?

① 분할　　　　　② 합병　　　　　③ 등록전환　　　　　④ 축척변경

> **해설** 합병, 지번변경, 지목변경 등은 지적측량을 수반하지 않는 토지이동이다.

71 임야조사사업 당시 토지의 사정기관은?

① 면장　　　　　　　　　　　　　② 도지사
③ 임야조사위원회　　　　　　　④ 임시토지조사국장

> **해설** 토지조사사업의 사정기관은 임시토지조사국장이며, 임야조사사업의 사정기관은 도지사이다.

72 지번의 부여 단위에 따른 분류 중 해당 지번설정지역의 면적이 비교적 넓고 지적도의 매수가 많을 때 흔히 채택하는 방법은?

① 기우단위법　　　　　　　　　② 단지단위법
③ 도엽단위법　　　　　　　　　④ 지역단위법

> **해설**
> • 도엽단위법 : 도엽단위로 세분하여 지번을 부여하는 방법으로 지번부여지역이 넓거나 도면매수가 많은 지역에 적합하다.
> • 단지단위법 : 1개의 지번설정지역을 지적(임야)도의 단지단위로 세분하여 지번을 부여하는 방법으로 다수의 소규모 단지로 구성된 토지구획, 농지개량사업지역에 적합하다.
> • 지역단위법 : 1개의 지번설정지역 전체를 대상으로 하여 순차적으로 지번을 부여하는 방법으로 지번부여지역이 좁거나 도면매수가 적은 지역에 적합하다.

73 토지를 지적공부에 등록하여 외부에서 인식할 수 있도록 하는 제도의 이론적 근거는?

① 공개제도　　　　② 공시제도　　　　③ 공증제도　　　　④ 증명제도

해설 공시의 원칙은 토지등록의 법적 지위에 있어서 토지의 이동이나 물권의 변동은 반드시 외부에 알려야 한다는 원칙이며, 이에 따라 토지에 관한 사항은 지적공부에 등록하고 이를 일반에 공지하여 누구나 이용하고 활용할 수 있게 하여야 한다는 것은 지적공개주의의 이념이다.

74 지적소관청에서 지적공부 등본을 발급하는 것과 관계있는 지적의 기본이념은?

① 지적공개주의　　　　　　　　② 지적국정주의
③ 지적신청주의　　　　　　　　④ 지적형식주의

해설 지적공개주의는 국가의 통지권이 미치는 모든 영토를 지적공부에 등록·공시하여 국가기관, 지방자치단체, 공공기관 및 일반 국민에게 공개해서 공공의 토지정책의 기초자료 및 개인의 토지소유권 자료로 활용할 수 있다는 이념으로서 지적소관청은 지적공개주의의 이념에 따라서 지적공부 등본을 발급하고 있다.

75 다음 중 토지조사사업에서 소유권조사와 관계되는 사항에 해당하지 않는 것은?

① 준비조사　　　　　　　　　　② 분쟁지조사
③ 이동지조사　　　　　　　　　④ 일필지조사

해설 토지조사사업 당시 토지의 소유권조사는 준비조사, 일필지조사, 분쟁지조사, 지반측량, 사정 등으로 구분하여 실시하였다.

76 우리나라 지적제도의 원칙과 가장 관계가 없는 것은?

① 공시의 원칙　　　　　　　　　② 인적 편성주의
③ 실질적 심사주의　　　　　　　④ 적극적 등록주의

해설 우리나라는 토지를 중심으로 지적공부를 작성하는 물적 편성주의를 따르고 있다.

77 경계의 특징에 대한 설명으로 옳지 않은 것은?

① 필지 사이에는 1개의 경계가 존재한다.
② 경계는 크기가 없는 기하학적인 의미를 갖는다.
③ 경계는 경계점 사이를 직선으로 연결한 것이다.
④ 경계는 면적을 갖고 있으므로 분할이 가능하다.

해설 경계는 위치와 길이는 있으나 면적과 넓이는 없는 기하학적인 선이라는 특성이 있으므로 분할이 불가능하다.

78 다음 중 일필지에 대한 설명으로 옳지 않은 것은?

① 법률적 토지 단위

② 토지의 등록 단위

③ 인위적 토지 단위

④ 지형학적 토지 단위

해설 일필지는 법적으로 물권의 효력이 미치는 권리의 객체로서 토지의 등록단위, 소유단위, 이용단위가 되는 인위적 토지 단위이다.

79 토지조사사업 당시의 지목 중 비과세지에 해당하지 않는 것은?

① 구거　　　　② 도로　　　　③ 제방　　　　④ 지소

해설 토지조사사업 당시 지목의 분류
- 과세지 : 전 · 답 · 대 · 지소 · 임야 · 잡종지
- 면세지 : 사사지(社寺地) · 분묘지 · 공원지 · 철도용지 · 수도용지
- 비과세지 : 도로 · 하천 · 구거 · 제방 · 성첩 · 철도선로 · 수도선로

80 지적공부에 등록하는 면적에 이동이 있을 때 지적공부의 등록 결정권자는?

① 도지사

② 지적소관청

③ 토지소유자

④ 한국국토정보공사

해설 지적공부의 등록사항인 토지소재, 지번, 지목, 경계 또는 좌표, 면적 등은 지적국정주의의 이념에 따라 지적소관청이 결정한다.

5과목 **지적관계법규**

81 「지적재조사에 관한 특별법」상 사업지구의 경미한 변경에 해당하지 않는 사항은?

① 사업지구 명칭의 변경

② 면적의 100분의 20 이내의 증감

③ 필지의 100분의 30 이내의 증감

④ 1년 이내의 범위에서의 지적재조사사업기간의 조정

해설 필지의 100분의 20 이내의 증감이 경미한 변경에 해당된다.

82 「지적측량 시행규칙」상 면적측정의 대상으로 옳지 않은 것은?

① 신규등록   ② 등록전환   ③ 토지분할   ④ 토지합병

> **해설** 토지의 합병은 면적측정 대상이 아니며, 합병 후 필지의 면적은 합병 전 각 필지의 면적을 합산하여 결정한다.

83 「지적업무 처리규정」에서 사용하는 용어의 뜻이 옳지 않은 것은?

① "지적측량파일"이란 측량현형파일 및 측량성과파일을 말한다.
② "측량준비파일"이란 부동산종합공부시스템에서 지적측량 업무를 수행하기 위하여 도면 및 대장 속성 정보를 추출한 파일을 말한다.
③ "측량현형파일"이란 전자평판측량 및 위성측량방법으로 관측한 데이터 및 지적측량에 필요한 각종 정보가 들어 있는 파일을 말한다.
④ "측량성과파일"이란 전자평판측량 및 위성측량방법으로 관측 후 지적측량정보를 처리할 수 있는 시스템에 따라 작성된 측량결과도파일과 토지이동정리를 위한 지번, 지목 및 경계점의 좌표가 포함된 파일을 말한다.

> **해설** "지적측량파일"이란 측량준비파일, 측량현형파일 및 측량성과파일을 말한다.

84 토지의 분할을 신청할 수 있는 경우에 대한 설명으로 옳지 않은 것은?

① 토지의 소유자가 변경된 경우
② 토지소유자가 매매를 위하여 필요로 하는 경우
③ 토지이용상 불합리한 지상경계를 시정하기 위한 경우
④ 1필지의 일부가 형질변경 등으로 용도가 변경된 경우

> **해설** 토지의 소유자가 변경된 경우에는 분할을 신청할 필요가 없으며, 토지의 일부에 대한 소유권이 변경된 경우에는 분할이 필요하다.

85 다음 중 토지의 합병신청을 할 수 있는 것은?

① 소유자의 주소가 서로 다른 경우
② 지적도의 축척이 서로 다른 경우
③ 소유자별 공유지분이 서로 다른 경우
④ 「주택법」에 따른 공동주택의 부지로서 합병하여야 할 토지가 있는 경우

> **해설** 토지의 합병은 지번부여지역으로서 소유자와 용도가 같고 지반이 연속된 토지에 대해 신청할 수 있다.

86 지적전산자료를 이용 · 활용하고자 하는 자의 심사신청을 받은 관계 중앙행정기관의 장이 심사하여야 할 사항에 해당하지 않는 것은?

① 신청내용의 공익성 ② 신청내용의 비용성
③ 신청내용의 적합성 ④ 신청내용의 타당성

> **해설** 지적전산자료에 대한 중앙행정기관의 심사사항에는 ①, ③, ④ 외에 개인의 사생활 침해 여부 및 자료의 목적 외 사용 방지 및 안전관리대책 등이 있다.

87 「지적업무 처리규정」상 평판측량방법으로 세부측량을 하는 때에 작성하여야 할 측량기하적으로 옳지 않은 것은?

① 측정점의 방향선 길이는 측정점을 중심으로 약 1cm로 표시한다.
② 평판점 옆에 평판이동순서에 따라 점1, 점2 ----으로 표시한다.
③ 측량자는 평판점을 직경 1.5mm 이상 3mm 이하의 검은색 원으로 표시한다.
④ 측량자는 평판점의 결정 및 방위표정에 사용한 기지점을 직경 1mm와 2mm의 2중 원으로 표시한다.

> **해설** 평판측량방법 또는 전자평판측량방법으로 세부측량을 하는 경우 평판점 옆에 평판이동순서에 따라 不₁, 不₂ -----으로 표시한다.

88 「지적재조사에 관한 특별법」상 조정금을 받을 권리나 징수할 권리를 몇 년간 행사하지 아니하면 시효의 완성으로 소멸하는가?

① 1년 ② 2년 ③ 3년 ④ 5년

> **해설** 지적재조사사업에 따른 경계 확정으로 지적공부상의 면적이 증감된 경우에 산정되는 조정금을 받을 권리나 징수할 권리는 5년간 행사하지 아니하면 시효의 완성으로 소멸한다.

89 축척변경위원회의 심의 · 의결사항에 해당하지 않는 것은?

① 측량성과 검사에 관한 사항
② 청산금의 이의신청에 관한 사항
③ 축척변경 시행계획에 관한 사항
④ 지번별 m²당 금액의 결정과 청산금의 산정에 관한 사항

> **해설** 측량성과 검사에 관한 사항은 지적소관청의 소관사항이다.

90 축척변경에 대한 설명 중 옳지 않은 것은?

① 지적도에서 임야도로 변경하여 등록하는 것이다.

② 지적도에 등록된 경계점의 정밀도를 높이기 위한 것을 말한다.

③ 지적도의 작은 축척을 큰 축척으로 변경하여 등록하는 것을 말한다.

④ 하나의 지번부여지역에 서로 다른 축척의 지적도가 있는 경우 축척변경할 수 있다.

> **해설** 임야도에 등록된 토지를 지적도에 옮겨 등록하는 것은 등록전환에 해당되며, 지적도에서 임야도로 변경하여 등록하는 경우는 발생하지 않는다.

91 사업시행자가 토지이동에 관하여 대위신청을 할 수 있는 토지의 지목이 아닌 것은?

① 유지, 제방　　　　　　　　　② 과수원, 유원지

③ 철도용지, 하천　　　　　　　④ 수도용지, 학교용지

> **해설** 대위신청을 할 수 있는 토지의 지목에는 학교용지 · 도로 · 철도용지 · 제방 · 하천 · 구거 · 유지 · 수도용지 등이 있다.

92 지적공부의 등록을 말소시켜야 하는 경우는?

① 대규모 화재로 건물이 전소한 경우

② 토지에 형질변경의 사유가 생길 경우

③ 홍수로 인하여 하천이 범람하여 토지가 매몰된 경우

④ 토지가 지형의 변화 등으로 바다로 된 경우로서 원상회복이 불가능한 경우

> **해설** 지적소관청은 지적공부에 등록된 토지가 지형의 변화 등으로 바다로 된 경우로서 원상으로 회복될 수 없거나 다른 지목의 토지로 될 가능성이 없는 경우에는 지적공부에 등록된 토지소유자에게 지적공부의 등록말소 신청을 하도록 통지하여야 하며, 토지소유자가 통지를 받은 날부터 90일 이내에 등록말소 신청을 하지 않는 경우에는 등록을 말소한다.

93 「공간정보의 구축 및 관리 등에 관한 법률」상 "지번을 부여하는 지번지역으로서 동 · 리 또는 이에 준하는 지역"을 의미하는 용어는?

① 지목　　　　　　　　　　　② 필지

③ 지번지역　　　　　　　　　④ 지번부여지역

> **해설** 지번부여지역은 지번을 부여하는 단위지역으로서 동 · 리 또는 이에 준하는 지역(낙도)을 말한다.

94 다음 중 지적공부의 복구에 관한 관계자료로 옳지 않은 것은?

① 매매계약서
② 측량결과도
③ 지적공부의 등본
④ 토지이동정리결의서

해설 지적공부 복구자료는 지적공부의 등본, 측량결과도, 토지이동정리결의서, 부동산등기부등본 등 등기사실을 증명하는 서류, 지적소관청이 작성하거나 발행한 지적공부의 등록내용을 증명하는 서류, 복제된 지적공부, 법원의 확정판결서 정본 또는 사본 등이 있다.

95 「지적측량 시행규칙」상 지적도근점의 관측 및 계산의 기준으로 옳지 않은 것은?

① 관측은 20초독 이상의 경위의를 사용할 것
② 배각법으로 관측 시 측정횟수는 3회로 할 것
③ 수평각의 관측은 배각법과 방위각법을 혼용할 것
④ 점간거리를 측정하는 경우에는 2회 측정하여 그 측정치의 교차가 평균치를 점간거리로 할 것

해설 지적도근점의 수평각관측은 시가지지역, 축척변경지역 및 경계점좌표등록부 시행지역에 대하여는 배각법에 따른다. 그 밖의 지역에 대하여는 배각법과 방위각법을 혼용하여야 한다.

96 주된 용도의 토지에 편입하여 1필지로 할 수 있는 경우는?

① 종된 용도의 토지의 지목(地目)이 "대(垈)"인 경우
② 종된 용도의 토지면적이 330m²를 초과하는 경우
③ 주된 용도의 토지의 편의를 위하여 설치된 구거 등의 부지인 경우
④ 종된 용도의 토지면적이 주된 용도의 토지면적의 10%를 초과하는 경우

해설 용도의 토지에 편입하여 1필지로 할 수 있는 경우

양입지 조건	양입지 예외 조건
• 주된 용도의 토지의 편의를 위하여 설치된 도로·구거(溝渠, 도랑) 등의 부지 • 주된 용도의 토지에 접속되거나 주된 용도의 토지로 둘러싸인 토지로서 다른 용도로 사용되고 있는 토지 • 소유자가 동일하고 지반이 연속되지만, 지목이 다른 경우	• 종된 토지의 지목이 "대(垈)"인 경우 • 종된 용도의 토지면적이 주된 용도의 토지면적의 10%를 초과하는 경우 • 종된 용도의 토지면적이 주된 용도의 토지면적의 330m²를 초과하는 경우 ※ 염전, 광천지는 면적에 관계없이 양입지로 하지 않는다.

97 지목의 구분 중 "답"에 대한 설명으로 옳은 것은?

① 물을 상시적으로 이용하지 않고 곡물 등의 식물을 주로 재배하는 토지

② 물이 고이거나 상시적으로 물을 저장하고 있는 댐·저수지 등의 토지

③ 물을 상시적으로 직접 이용하여 벼·연(蓮)·미나리·왕골 등의 식물을 주로 재배하는 토지

④ 용수(用水) 또는 배수(排水)를 위하여 일정한 형태를 작춘 인공적인 수로·둑 및 그 부속시설물의 부지와 자연의 유수(流水)가 있거나 있을 것으로 예상되는 소규모 수로용지

해설 ①의 지목은 "전"이고, ②의 지목은 "유지"이며, ④의 지목은 "구거"이다.

98 지적서고의 설치기준 등에 관한 아래 내용 중 ㉠과 ㉡에 들어갈 수치로 모두 옳은 것은?

> 지적공부 보관상자는 벽으로부터 (㉠) 이상 띄워야 하며, 높이 (㉡) 이상의 깔판 위에 올려놓아야 한다.

① ㉠ 10cm, ㉡ 10cm
② ㉠ 10cm, ㉡ 15cm
③ ㉠ 15cm, ㉡ 10cm
④ ㉠ 15cm, ㉡ 15cm

해설 지적서고는 제한구역으로 지정하고, 인화물질의 반입을 금지하며, 지적공부 보관상자는 벽으로부터 (15cm) 이상 띄워야 하며, 높이 (10cm) 이상의 깔판 위에 올려놓아야 한다.

99 「지적업무 처리규정」상 지적측량성과의 검사항목 중 기초측량과 세부측량에서 공통으로 검사하는 항목은?

① 계산의 정확 여부

② 기지점사용의 적정 여부

③ 기지점과 지상경계와의 부합 여부

④ 지적기준점설치망 구성의 적정 여부

해설 지적측량성과검사의 검사항목

기초측량	세부측량
• 기지점사용의 적정 여부 • 지적기준점설치망 구성의 적정 여부 • 관측각 및 거리측정의 정확 여부 • 계산의 정확 여부 • 지적기준점 선점 및 표지설치의 정확 여부 • 지적기준점성과와 기지경계선의 부합 여부	• 기지점사용의 적정 여부 • 측량준비도 및 측량결과도 작성의 적정 여부 • 기지점과 지상경계와의 부합 여부 • 경계점 간 계산거리(도상거리)와 실측거리의 부합 여부 • 면적측정의 정확 여부 • 관계법령의 분할제한 등의 저촉 여부(다만, 각종 인가·허가 등의 내용과 다르게 토지의 형질이 변경되었을 경우에는 제외한다.)

100 「공간정보의 구축 및 관리 등에 관한 법률」에서 규정하는 내용이 아닌 것은?

① 부동산등기에 관한 사항

② 지적공부의 작성 및 관리에 관한 사항

③ 부동산종합공부의 작성 및 관리에 관한 사항

④ 측량 및 수로조사의 기준 및 절차에 관한 사항

해설 부동산등기에 관한 사항은 「부동산등기법」에서 규정하고 있다.

1과목 **지적측량**

---

01 경위의측량방법으로 세부측량을 한 경우 측량결과도의 기재사항으로 옳지 않은 것은?

① 측정점의 위치

② 측량대상 토지의 점유현황선

③ 도상에서의 측정 거리와 방향각

④ 측량대상 토지의 경계점 간 실측거리

해설 도상에서의 측정 거리와 방향각은 측량결과도의 기재사항이 아니다.

---

02 경위의측량방법에 따른 세부측량의 관측 및 계산에서 1방향각에 대한 수평각의 측각공차 기준으로 옳은 것은?

① 30초 이내

② 40초 이내

③ 50초 이내

④ 60초 이내

해설 경위의측량방법에 따른 세부측량의 관측에서 수평각의 측각공차 중 1방향각의 공차는 60초 이내이다.

---

03 지적도근점측량에서 도선의 표기방법이 옳은 것은?

① 2등 도선은 1, 2, 3 순으로 표기한다.

② 1등 도선은 A, B, C 순으로 표기한다.

③ 1등 도선은 가, 나, 다 순으로 표기한다.

④ 2등 도선은 (1), (2), (3) 순으로 표기한다.

해설 지적도근점측량에서 1등 도선은 가 · 나 · 다, 2등 도선은 ㄱ · ㄴ · ㄷ 순으로 표기한다.

04 지적기준점측량의 순서가 옳게 나열된 것은?

| ㉠ 계획의 수립 | ㉡ 준비 및 현지답사 |
| ㉢ 선점(選點) 및 조표(調標) | ㉣ 관측 및 계산과 성과표의 작성 |

① ㉡ → ㉠ → ㉣ → ㉢   ② ㉠ → ㉡ → ㉣ → ㉢
③ ㉡ → ㉠ → ㉢ → ㉣   ④ ㉠ → ㉡ → ㉢ → ㉣

해설 지적기준점측량은 계획 수립 → 준비 및 현지답사 → 선점 및 조표 → 관측 및 계산과 성과표의 작성 순으로 진행한다.

05 평판측량의 앨리데이드로 비탈진 거리를 관측하는 경우, 시준판 안쪽에 새겨진 한 눈금의 간격은 전후 시준판 간격의 얼마 정도인가?

① 1/50   ② 1/100   ③ 1/150   ④ 1/200

해설 전후 시준판의 안쪽 면에는 두 시준판이 고정된 안쪽 간격의 1/100에 해당하는 눈금이 새겨져 있으며 이를 이용하여 수평거리와 고저차를 구할 수 있다.

06 지적세부측량의 방법 및 실시대상으로 옳지 않은 것은?

① 지적기준점설치   ② 경계복원측량
③ 평판측량방법   ④ 경위의측량방법

해설 지적측량은 지적기준점을 정하기 위한 기초측량과 1필지의 경계와 면적을 정하는 세부측량으로 구분한다. 세부측량은 평판측량, 전자평판측량, 경위의측량 등의 방법에 의한다.

07 축척 1/600 지역에서 어느 지적도근점의 종선좌표가 X = 447,315.54m일 때 이 점이 위치하는 지적도 도곽선의 종선수치를 올바르게 나열한 것은?

① 445,400m, 445,200m   ② 447,400m, 447,200m
③ 448,500m, 448,300m   ④ 449,450m, 449,250m

해설 상 · 하부 종선좌표(X)의 계산
축척 1/600 지역의 도면 크기가 200m(세로)×250m(가로)일 경우 다음과 같이 계산한다.
• 원점에서부터 주어진 지적기준점까지의 종선거리 계산
  $500,000 - 447,315.54 = 52,684.46m$
• 원점에서부터의 종선거리를 이용하여 도곽수 계산
  $52,684.46 \div 200 = 263.42$
• 원점에서부터 주어진 지적기준점의 도곽까지 종선거리 계산
  $263 \times 200 = 52,600m$

- 원점좌표로부터 주어진 지적기준점 도곽의 상부 종선좌표 계산
  $500,000 - 52,600 = 447,400$m(상부 종선좌표)
- 상부 종선좌표를 이용하여 하부 종선좌표 계산
  $447,400 - 200 = 447,200$m(하부 종선좌표)

08 지적측량에 대한 설명으로 옳지 않은 것은?

① 지적측량은 기속측량이다.
② 지적측량은 지형측량을 목적으로 한다.
③ 지적측량은 측량의 정확성과 명확성을 중시한다.
④ 지적측량의 성과는 영구적으로 보존 · 활용한다.

해설 지적측량은 토지를 지적공부에 등록하거나 지적공부에 등록된 경계점을 지상에 복원하기 위하여 필지의 경계 또는 좌표와 면적을 정하는 측량이다.

② 지형측량은 지적측량의 대상이나 목적이 아니다.

09 각측정 기계의 기계오차 소거방법에서 망원경을 정 · 반으로 관측하여 소거할 수 없는 오차는?

① 수평축오차   ② 시준축오차   ③ 연직축오차   ④ 시준축 편심오차

해설 연직축오차는 정 · 반 관측하여 평균해도 그 오차를 소거할 수 없다.

10 평판측량방법에 따른 세부측량을 시행하는 경우의 기준으로 옳지 않은 것은?

① 지적도를 갖춰 두는 지역의 거리측정단위는 10cm로 한다.
② 임야도를 갖춰 두는 지역의 거리측정단위는 50cm로 한다.
③ 경계점은 기지점을 기준으로 하여 지상경계선과 도상경계선의 부합 여부를 현형법 등으로 확인한다.
④ 세부측량의 기준이 되는 기지점이 부족한 경우에는 측량상 필요한 위치에 보조점을 설치할 수 있다.

해설 지적도를 갖춰 두는 지역의 거리측정단위는 5cm로 한다.

11 지적도근점측량을 실시하던 중 $\overline{AB}$의 거리가 130m인 A점에서 내각을 관측한 결과 B점에서 40″의 시준오차가 생겼다면 B점에서의 편심거리는?

① 2.2cm   ② 2.5cm   ③ 2.9cm   ④ 3.5cm

해설 $\dfrac{\Delta l}{l} = \dfrac{\theta}{\rho''} \rightarrow$ 편심거리$(\Delta l) = l \cdot \dfrac{\theta''}{\rho''} = 130 \times \dfrac{40''}{206,265''} = 2.5$cm

08 ② **09** ③ **10** ① **11** ② | ANSWER

12 다음 중 지적기준점성과의 관리 등에 관한 내용으로 옳은 것은?

① 지적삼각점성과는 지적소관청이 관리하여야 한다.

② 지적도근점성과는 시 · 도지사가 관리하여야 한다.

③ 지적삼각보조점성과는 지적소관청이 관리하여야 한다.

④ 지적삼각점을 설치하거나 변경하였을 때에는 그 측량성과를 국토교통부장관에게 통보하여야
한다.

해설 지적기준점성과의 관리자(기관)

구분	관리기관
지적삼각점	시 · 도지사
지적삼각보조점 지적도근점	지적소관청

※ 지적소관청이 지적삼각점을 변경하였을 때에는 그 측량성과를 시 · 도지사에게 통보하여야 한다.

13 다각망도선법에 따른 지적삼각보조점의 관측 및 계산에서 도선별 평균방위각과 관측방위각과
의 폐색오차는 얼마 이내로 하여야 하는가?(단, n은 폐색변을 포함한 변의 수를 말한다.)

① $\pm 10\sqrt{n}$ 초 이내   ② $\pm 20\sqrt{n}$ 초 이내

③ $\pm 30\sqrt{n}$ 초 이내   ④ $\pm 40\sqrt{n}$ 초 이내

해설 경위의측량방법, 전파기 또는 광파기측량방법과 다각망도선법에 따른 지적삼각보조점의 관측 및 계산에서
도선별 평균방위각과 관측방위각의 폐색오차는 $\pm 10\sqrt{n}$ 초 이내로 한다.

14 두 점 간의 거리를 2회 측정하여 다음과 같은 측정값을 얻었다면, 그 정밀도는?(1회 : 63.18m,
2회 : 63.20m)

① 약 1/5,200   ② 약 1/4,200   ③ 약 1/3,200   ④ 약 1/2,200

해설 교차 $=63.20\text{m} - 63.18\text{m} = 0.02\text{m}$, 평균값 $= \dfrac{63.18 + 63.30}{2} = 63.19\text{m}$

$\therefore$ 정밀도 $= \dfrac{\text{교차}}{\text{평균값}} = \dfrac{0.02}{63.19} = \dfrac{1}{3,159.5} \fallingdotseq \dfrac{1}{3,200}$

15 다음 중 지번과 지목의 글자간격은 얼마를 기준으로 띄어서 제도하여야 하는가?

① 글자크기의 2분의 1 정도   ② 글자크기의 4분의 1 정도

③ 글자크기의 5분의 1 정도   ④ 글자크기의 10분의 1 정도

해설 지번 및 지목을 제도할 때에는 지번 다음에 지목을 제도하고, 지번의 글자간격은 글자크기의 4분의 1 정도,
지번과 지목의 글자간격은 글자크기의 2분의 1 정도 띄어서 제도한다.

16 도시개발사업 등의 공사를 완료하고 새로 지적공부를 등록하기 위하여 실시하는 측량은?

① 등록전환측량　　　　　　　　② 신규등록측량
③ 지적확정측량　　　　　　　　④ 축척변경측량

> **해설** 지적확정측량은 「도시개발법」에 따른 도시개발사업, 「농어촌정비법」에 따른 농어촌정비사업 등에 따른 토지개발사업이 끝나 토지의 표시를 새로 정하기 위하여 실시하는 지적측량을 말한다.

17 지적도에 직경 3mm의 원으로 제도하고 그 원 안에 십자선(+)을 표시하는 지적기준점은?

① 1등 삼각점　　　　　　　　　② 지적삼각점
③ 지적도근점　　　　　　　　　④ 지적삼각보조점

> **해설** 지적기준점의 제도방법
> 지적삼각점 및 지적삼각보조점은 직경 3mm의 원으로 제도하고 지적삼각점은 원 안에 십자선(+)을 표시하며, 지적삼각보조점은 원 안에 검은색으로 엷게 채색한다.

구분	위성기준점	1등 삼각점	2등 삼각점	3등 삼각점	4등 삼각점	지적삼각점	지적삼각보조점	지적도근점
기호	⊕	◎	◎	●	◎	⊕	●	○
크기	3mm/2mm	3mm/2mm/1mm		2mm/1mm		3mm		2mm

18 축척 1/1,000인 지적도에서 도곽선의 신축량이 각각 $\Delta X = -2\text{mm}$, $\Delta Y = -2\text{mm}$일 때 도곽선의 보정계수로 옳은 것은?

① 0.0145　　　② 0.9884　　　③ 1.0045　　　④ 1.0118

> **해설** 축척 1/1,000인 지적도 도곽크기는 300m×400m이며,
> 신축거리는 종횡선 각각 $-0.002 \times 1,000\text{m} = -2\text{m}$이므로,
> $\Delta X = 300\text{m} - 2\text{m} = 298\text{m}$, $\Delta Y = 400\text{m} - 2\text{m} = 398\text{m}$
> ∴ 도곽선의 보정계수$(Z) = \dfrac{X \cdot Y}{\Delta X \cdot \Delta Y} = \dfrac{300 \times 400}{298 \times 398} = 1.0118$
> (X : 도곽선 종선길이, Y : 도곽선 횡선길이, ΔX : 신축된 도곽선 종선길이의 합/2, ΔY : 신축된 도곽선 횡선길이의 합/2)

19 축척 1/600 임야도에서 분할토지의 원면적이 1,700m²일 때 오차허용면적은?

① 13.1m²　　　② 14.8m²　　　③ 16.7m²　　　④ 18.4m²

> **해설** 오차허용면적$(A) = 0.026^2 M\sqrt{F} = 0.026^2 \times 600\sqrt{1,700} = 16.7\text{m}^2$
> (M : 축척분모, F : 원면적)

20 다각망도선법에 따른 지적삼각보조점측량의 관측 및 계산에 대한 설명으로 옳지 않은 것은?

① 1도선의 거리는 4km 이하로 한다.

② 3점 이상의 교점을 포함한 폐합다각방식에 따른다.

③ 1도선은 기지점과 교점 간 또는 교점과 교점 간을 말한다.

④ 1도선의 점의 수는 기지점과 교점을 포함하여 5점 이하로 한다.

해설 3점 이상의 기지점을 포함한 결합다각방식에 따른다.

2과목 응용측량

21 야장기입방법 중 종단 및 횡단 수준측량에서 중간점이 많은 경우에 편리한 것은?

① 승강식　　　　② 고차식　　　　③ 기고식　　　　④ 교호식

해설
- 기고식 : 기계고를 이용하여 표고를 결정하며, 도로의 종횡단 측량처럼 중간점이 많을 때 사용(가장 많이 사용되는 방법이나 중간시에 대한 완전 검산이 어려움)하는 특징이 있다.
- 승강식 : 높이차(전시 − 후시)를 현장에서 계산하여 작성하며 정확도가 높은 측량에 적합하다(중간점이 많을 때에는 계산이 복잡하고 시간이 많이 소요됨).
- 고차식 : 전시 합과 후시 합의 차로서 고저차를 구하는 방법으로 시작점과 최종점 간의 고저차나 지반고를 계산하는 것이 주목적이며, 중간의 지반고를 구할 필요가 없을 때 사용한다.

22 노선측량의 작업과정으로 몇 개의 후보 노선 중 가장 좋은 노선을 결정하고 공사비를 개산(概算)할 목적으로 실시하는 것은?

① 답사　　　　② 예측　　　　③ 실측　　　　④ 공사측량

해설 노선측량의 순서는 도상계획 → 답사 → 예측 → 도상선정 → 실측 → 공사측량 등의 단계로 진행된다. 이 중 예측 단계에서는 답사에 의한 유망노선에 대해 보다 상세한 조사를 실시하며 공사비를 개략적으로 계산한다.

23 그림과 같은 등고선도에서 가장 급경사인 곳은?(단, A점은 산 정상이다.)

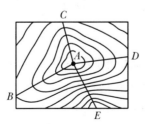

① AB　　　　② AC　　　　③ AD　　　　④ AE

등고선은 경사가 급한 곳에서는 간격이 좁고 완만한 경사지에서는 넓다.

24 지형이 고르지 않은 지역에서 연장이 긴 터널의 중심선 설치에 대한 설명으로 옳지 않은 것은?

① 삼각점 등을 이용하여 기준점 위치를 정한다.

② 예비측량을 시행하여 2점의 T.P점을 설치한다.

③ 2점의 T.P점을 연결하여 터널 입구에 필요한 기준점을 측설한다.

④ 기준점은 평판측량에 의하여 기준점망을 구성하여 결정한다.

기준점은 도상에서 기준점망을 구성하여 정밀한 삼각측량을 한다.

25 수평거리가 24.9m 떨어져 있는 등경사 지형의 두 측점 사이에 1m 간격의 등고선을 삽입할 때, 등고선의 개수는?(단, 낮은 측점의 표고=46.8m, 경사=15%)

① 2 ② 4 ③ 6 ④ 8

경사$(i) = \dfrac{높이(h)}{수평거리(L)} \rightarrow h = L \times i = 24.9 \times 0.15 = 3.7\text{m}$

높은 측점의 표고=낮은 측점의 표고+고저차=46.8m+3.7m=50.5m

∴ 표고가 각각 46.8m와 50.5m인 두 측점 사이의 등고선 개수 $= \dfrac{50\text{m} - 47\text{m}}{1\text{m}} + 1 = 4$개

26 축척 1/10,000의 항공사진에서 건물의 시차를 측정하니 상단이 21.51mm, 하단이 16.21mm이었다. 건물의 높이는?(단, 촬영고도는 1,000m, 촬영기선길이는 850m이다.)

① 61.55m ② 62.35m ③ 62.55m ④ 63.35m

$b_0 = \dfrac{B(촬영기선길이)}{m(축척분모수)} = \dfrac{850}{10,000} = 0.085$

$\triangle p = 정상시차 - 기준면시차 = 21.51 - 16.21 = 5.3\text{mm}$

건물높이$(h) = \dfrac{H}{b_0} \triangle p = \dfrac{1,000}{0.085} \times 5.3 = 62.35\text{m}$

(H : 촬영고도, b_0 : 주점기선길이, $\triangle p$: 시차차)

27 등고선의 성질에 대한 설명으로 틀린 것은?

① 등경사지에서 등고선의 간격은 일정하다.

② 높이가 다른 등고선은 절대로 서로 만나지 않는다.

③ 동일 등고선 상에 있는 모든 점은 같은 높이이다.

④ 등고선은 최대경사선, 유선, 분수선과 직각으로 만난다.

해설 등고선의 성질에는 ①, ③, ④ 외에 "등고선은 반드시 폐합하는 폐곡선이다.", "등고선은 절벽 또는 동굴에서는 교차할 수 있다." 등이 있다.

② 높이가 다른 두 등고선은 동굴이나 절벽의 지형이 아닌 곳에서는 교차하지 않는다.

28 어느 지역에 다목적 댐을 건설하여 댐의 저수용량을 산정하려고 할 때에 사용되는 방법으로 가장 적합한 것은?

① 점고법   ② 삼사법   ③ 중앙단면법   ④ 등고선법

해설 • 등고선법 : 동일표고의 점을 연결한 곡선, 즉 등고선에 의하여 지표를 표시하는 방법으로 토량의 산정 및 용량 등을 측정하는 데 사용된다.
• 점고법 : 해도, 호소, 항만의 심천을 나타내는데 이용되며, 임의점의 표고를 숫자로 나타낸다.

29 철도, 도로 등의 단곡선 설치에서 접선과 현이 이루는 각을 이용하여 곡선을 설치하는 방법은?

① 편각법   ② 중앙종거법   ③ 접선편거법   ④ 접선지거법

해설 편각법에 의한 단곡선 설치방법은 접선과 현이 이루는 각을 이용하여 곡선을 설치하는 방법으로서 도로, 철도 등의 곡선 설치에 가장 일반적이며, 다른 방법에 비해 정확하나 곡선반경이 적으면 오차가 많이 발생한다.

30 수준측량에서 발생할 수 있는 정오차인 것은?

① 전시와 후시를 바꿔 기입하는 오차
② 관측자의 습관에 따른 수평 조정오차
③ 표척 눈금의 부정확으로 인한 오차
④ 관측 중 기상 상태 변화에 의한 오차

해설 직접수준측량의 오차에는 정오차(지구 곡률오차 · 광선의 굴절오차 · 시준축오차 · 표척의 영눈금오차 · 표척의 눈금 부정확에 의한 오차)와 부정오차(시차에 의한 오차 · 기상변화에 의한 오차 · 기포관의 둔감 · 진동 및 지진에 의한 오차) 및 과실(눈금의 오독 · 야장의 오기) 등이 있다.

31 도로 기점으로부터 I.P(교점)까지의 거리가 418.25m, 곡률반지름 300m, 교각 38°08′인 단곡선을 편각법에 의해 설치하려고 할 때에 시단현의 거리는?

① 20.000m   ② 14.561m   ③ 5.439m   ④ 14.227m

해설
접선길이$(T.L) = R \cdot \tan\dfrac{I}{2} = 300 \times \tan\dfrac{38°08′}{2} = 103.69m$

곡선시점$(B.C)$의 위치 = 총연장 $- T.L = 418.25m - 103.689m = 314.561m \rightarrow No.15 + 14.561m$

∴ 시단현 거리$(l_1) = 20 - 14.561 = 5.439m$

32 레벨(Level)의 중심에서 40m 떨어진 지점에 표척을 세우고 기포가 중앙에 있을 때 1.248m, 기포가 2눈금을 움직였을 때 1.223m를 각각 읽은 경우, 이 레벨의 기포관 곡률반지름은?(단, 기포관 1눈금의 간격은 2mm이다.)

① 5.0m   ② 5.7m   ③ 6.4m   ④ 8.0m

해설 시준거리(h) $= 1.248\text{m} - 1.223\text{m} = 0.025\text{m}$

$$\frac{\triangle h}{nD} = \frac{a}{R} \rightarrow \text{기포관의 곡률반지름 } R = \frac{anD}{\triangle h} = \frac{0.002 \times 2 \times 40}{0.025} = 6.4\text{m}$$

[$\triangle h$: 기포가 수평일 때 읽음값과 기포가 움직였을 때의 높이차($l_1 - l_2$), n : 이동눈금수, a : 기포관 1눈금의 간격, D : 수평거리]

33 위성을 이용한 원격탐사의 특징에 대한 설명으로 옳지 않은 것은?

① 관측이 좁은 시야각으로 얻어진 영상은 중심투영에 가깝다.
② 회전주기가 일정한 위성의 경우 원하는 시기에 원하는 지점을 관측하기 어렵다.
③ 탐사된 자료는 재해, 환경문제 해결에 편리하게 이용할 수 있다.
④ 짧은 시간에 넓은 지역을 동시에 측정할 수 있으며 반복측정이 가능하다.

해설 좁은 시야각으로 관측되어 얻은 영상은 정사투영에 가깝다.

34 GNSS측량에서 지적기준점측량과 같이 높은 정밀도를 필요로 할 때 사용하는 관측방법은?

① 실시간 키네마틱(Realtime Kinematic) 관측
② 키네마틱(Kinematic)측량
③ 스태틱(Static)측량
④ 1점 측위관측

해설 정지측량(스태틱측량)은 2개 이상의 수신기를 각 측점에 고정하고 동시에 4개 이상의 위성으로부터 신호를 30분 이상 수신하는 방법으로 지적삼각점측량 등 고정밀측량에 이용된다.

35 촬영고도가 1,500m인 비행기에서 표고 1,000m의 지형을 촬영했을 때 이 지형의 사진 축척은 약 얼마인가?(단, 초점거리는 150mm)

① 1/3,300   ② 1/6,600   ③ 1/10,000   ④ 1/12,500

해설
$$M = \frac{1}{m} = \frac{l}{D} = \frac{f}{H} \rightarrow m = \frac{H}{f} = \frac{1,500 - 1,000}{0.15} = 3,333\text{m}$$

∴ 사진축척 $\fallingdotseq \dfrac{1}{3,300}$

(m : 축척분모, l : 사진상 거리, D : 지상거리, f : 렌즈의 초점거리, H : 촬영고도)

36 NNSS(Navy Navigation Satellite System)에 대한 설명으로 옳지 않은 것은?

① 미해군 항행위성 시스템으로 개발되었다.

② 처음부터 WGS-84를 채택하였다.

③ Doppler 효과를 이용한다.

④ 세계 좌표계를 이용한다.

해설 NNSS는 미국 해군에서 1964년부터 운용되다가 1990년 이후 GPS로 발전된 위성항법시스템으로서 초기에는 WGS-72를 채택하였다.

37 GNSS측량의 관측 시 주의사항으로 거리가 먼 것은?

① 측정점 주위에 수신을 방해하는 장애물이 없도록 하여야 한다.

② 충분한 시간 동안 수신이 이루어져야 한다.

③ 안테나 높이, 수신시간과 마침시간 등을 기록한다.

④ 온도의 영향을 많이 받으므로 5℃ 이하에서는 관측을 중단한다.

해설 GNSS측량의 관측 시 주의사항에는 ①, ②, ③ 외에 안테나 주위의 10m 이내에는 자동차 등의 접근을 피할 것, 관측 중에는 무전기 등 전파발신기의 사용을 금할 것, 발전기를 사용하는 경우에는 안테나로부터 20m 이상 떨어진 곳에서 사용할 것 등이 있다.

④ GNSS측량은 전파를 수신하기에 주위에 고압선 및 고층건물 등이 있으면 전파에 방해를 받을 수 있으며, 기상조건이나 온도에 영향을 받지 않는다.

38 클로소이드 곡선에 대한 설명으로 틀린 것은?

① 곡률이 곡선의 길이에 반비례한다.

② 형식에는 기본형, 복합형, S형 등이 있다.

③ 설치법에는 주접선에서 직교좌표에 의해 설치하는 방법이 있다.

④ 단위 클로소이드란 클로소이드의 매개변수 $A = 1$, 즉 $RL = 1$의 관계에 있는 경우를 말한다.

해설 클로소이드 곡선은 곡률이 곡선장에 비례하는 곡선이다.

39 축척 1/10,000으로 평지를 촬영한 연직사진의 사진크기 23cm×23cm, 종중복도 60%일 때 촬영기선장은?

① 1,380m   ② 1,180m   ③ 1,020m   ④ 920m

해설 주점기선길이$(b_0) = a\left(1 - \dfrac{p}{100}\right)$

촬영 종기선길이$(B) = m \cdot b_0 = 10,000 \times 0.23\left(1 - \dfrac{60}{100}\right) = 920\text{m}$

---

40 터널측량의 구분 중 터널 외 측량의 작업공정으로 틀린 것은?

① 두 터널 입구 부근의 수준점 설치
② 두 터널 입구 부근의 지형측량
③ 지표 중심선측량
④ 줄자에 의한 수직 터널의 심도 측정

> **해설** 터널 외 측량은 다른 일반측량과 같이 착공 전에 실시하는 측량으로서 지형측량, 터널 외 기준점측량, 중심선측량, 수준측량 등이 있다.

3과목 토지정보체계론

41 토지대장 전산화를 위하여 실시한 준비사항이 아닌 것은?

① 지적 관련 법령 정비
② 토지 · 임야대장의 카드화
③ 면적 표시의 평(坪)단위 통일
④ 소유권 주체의 고유번호 코드화

> **해설** 토지대장 전산화를 위하여 면적 표시체계를 m법 단위로 통일하였다.

42 전국 단위의 지적전산자료를 이용하려고 할 때 지적전산자료를 신청하여야 하는 대상이 아닌 것은?

① 시 · 도지사
② 지적소관청
③ 국토교통부장관
④ 한국토정보공사장

> **해설** 지적전산자료의 이용 및 활용에 관한 승인권자
>
> | 구분 | 승인권자 |
> |---|---|
> | 전국 단위 | 국토교통부장관, 시 · 도지사 또는 지적소관청 |
> | 시 · 도 단위 | 시 · 도지사 또는 지적소관청 |
> | 시 · 군 · 구 단위 | 지적소관청 |

43 사용자로 하여금 데이터베이스에 접근하여 데이터를 처리할 수 있도록 검색, 삽입, 삭제, 갱신 등의 역할을 하는 데이터 언어는?

① DCL
② DDL
③ DML
④ DNL

해설 데이터베이스 언어에는 데이터 정의어(DDL), 데이터 조작어(DML), 데이터 제어어(DCL) 등이 있다. 이 중 데이터 조작어는 사용자가 데이터베이스에 접근하여 데이터를 처리할 수 있는 데이터 언어이며, 데이터베이스에 저장된 자료에 대한 검색(SELECT), 삽입(INSERT), 삭제(DELETE), 갱신(UPDATE) 등의 기능이 있다.

44 데이터의 연혁, 품질 정보 및 공간 참조 정보 등을 담고 있는 세부적인 정보 데이터 용어는?

① 공간데이터
② 메타데이터
③ 속성데이터
④ 참조데이터

해설 메타데이터는 데이터에 대한 데이터로서 데이터의 내용, 품질, 조건, 상태, 제작시점, 제작자, 소유권자, 좌표체계 등 특성에 대한 정보를 포함하는 데이터의 이력서라 할 수 있으며 공간데이터, 속성데이터 및 추가적인 정보로 구성되어 있다.

45 토지정보시스템의 주된 구성요소로 옳지 않은 것은?

① 하드웨어
② 조사 · 측량
③ 소프트웨어
④ 조직과 인력

해설 토지정보시스템의 구성요소에는 자료, 하드웨어, 소프트웨어, 조직과 인력(인적 자원)이 있다.

46 지적정보에 대한 설명으로 옳지 않은 것은?

① 속성정보는 주로 대장자료를 말하며, 도형정보는 주로 도면자료를 말한다.
② 토지의 경계 · 면적 등의 물리적 현상을 표시한 지적에 대한 자료를 포함한다.
③ 도형정보와 속성정보는 서로 성격이 다르므로 별개로 존재하며, 별도로 분리하여 관리하여야 한다.
④ 토지에 대한 법적 권리관계 등을 등록 · 관리하기 위해 기록하는 등기에 대한 자료를 포함한다.

해설 도형정보와 속성정보는 유기적으로 통합하여 상호 데이터의 연계성을 유지하여야 한다.

47 토지정보체계의 필요성에 대한 설명으로 옳지 않은 것은?

① 토지 관련 정보의 보안 강화
② 여러 대장과 도면의 효율적 관리
③ 토지권리에 대한 분석과 정보 제공
④ 토지 관련 변동자료의 신속 · 정확한 처리

해설 토지정보체계는 여러 공공기관 및 부서 간의 토지정보 공유를 통해 활용성을 제고한다.

48 "부동산종합공부시스템에서 지적측량 업무를 수행하기 위하여 도면 및 대장속성 정보를 추출한 파일"을 정리하는 용어는?

① 측량계획파일　　　　　　　　　　② 측량전산파일
③ 측량준비파일　　　　　　　　　　④ 측량현형파일

해설 지적측량 업무를 수행하기 위하여 도면 및 대장 속성정보를 추출한 파일은 측량준비파일이다.

49 토지정보시스템의 공간분석 작업 중 성격이 다른 하나는?

① 속성 분석　　　　　　　　　　　　② 인접 분석
③ 중첩 분석　　　　　　　　　　　　④ 버퍼링 분석

해설 공간분석 유형에는 도형자료 분석(포맷변환 · 좌표변환 · 동형화 · 경계부합 · 면적분할 · 좌표삭감 · 편집), 속성자료 분석(질의 · 분류 · 일반화), 도형과 속성의 통합 분석[중첩 분석 · 근린 분석 · 공간 보간 · 지형 분석 · 연결성 분석 · 지역 분석 · 버퍼(Buffer) 분석 · 네트워크(Network) 분석] 등이 있다.

50 지적소관청이 대장전산자료에 오류가 발생하여 이를 정비한 경우, 그 정비내역은 몇 년간 보존하여야 하는가?

① 1년　　　　　　② 3년　　　　　　③ 5년　　　　　　④ 영구

해설 운영기관(부동산종합공부시스템이 설치되어 이를 운영하고 유지관리의 책임을 지는 지방자치단체)의 장은 전산자료의 구축이나 관리과정에서 장애 또는 오류가 발생한 때에는 지체 없이 이를 정비하고 그 내역을 3년간 보존하여야 한다.

51 도시개발사업에 따른 지구계 분할을 하고자 할 때, 지구계 구분코드 입력 사항으로 옳은 것은?

① 지구내 0, 지구외 2　　　　　　　② 지구내 0, 지구외 1
③ 지구내 1, 지구외 0　　　　　　　④ 지구내 2, 지구외 0

해설 지구계 분할을 하고자 하는 경우에는 시행지 번호와 지구계 구분코드(지구내 0, 지구외 2)를 입력한다.

52 필지중심토지정보시스템의 구성체계 중 주로 시 · 군 · 구 행정종합정보화시스템과 연계를 통한 통합데이터베이스를 구축하여 지적업무의 효율성과 정확도 향상 및 지적정보의 응용 · 가공으로 신속한 정책정보를 제공하는 시스템은?

① 지적측량시스템　　　　　　　　　② 토지행정시스템
③ 지적공부관리시스템　　　　　　　④ 지적측량성과작성시스템

해설 지적공부관리시스템은 사용자권한관리, 지적측량검사업무, 토지이동관리, 지적일반업무관리, 창구민원관리, 토지기록자료 조회 및 출력, 지적통계관리, 정책정보관리 등의 기능이 있어 지적소관청에서 많이 사용되며 지적업무의 효율성과 정확도를 향상시키고 신속한 정책정보를 제공한다.

53 도형정보의 자료구조에 관한 설명으로 옳지 않은 것은?

① 벡터구조는 자료구조가 복잡하다.
② 격자구조는 자료구조가 단순하다.
③ 벡터구조는 그래픽의 정확도가 높다.
④ 격자구조는 그래픽 자료의 양이 적다.

해설 격자구조는 그래픽 자료의 양이 많다.

54 지적전산자료를 활용한 정보화사업인 "정보처리시스템을 통한 도형자료의 기록·저장 업무나 속성자료의 전산화 업무"에서의 대상 자료가 아닌 것은?

① 지적도
② 토지대장
③ 연속지적도
④ 부동산등기부

해설 부동산등기부는 지적전산자료를 활용한 정보화사업의 대상 자료가 아니다.

55 메타데이터(Metadata)의 기본적인 요소가 아닌 것은?

① 공간참조
② 자료의 내용
③ 정보 획득방법
④ 공간자료의 구성

해설 메타데이터 기본요소에는 개요 및 자료소개, 자료 품질, 공간자료의 구성, 공간참조를 위한 정보, 형상 및 속성정보, 정보 획득방법, 참조정보 등이 있다.

56 도면에서 공간자료를 입력하는 데 많이 쓰이는 점(Point) 입력방식의 장비는?

① 스캐너
② 프린터
③ 플로터
④ 디지타이저

해설 디지타이징은 디지타이저(좌표독취기)를 이용하여 도면상의 점, 선, 면(영역)을 사람이 직접 입력하는 방법이며, 디지타이징에 의하여 벡터자료가 입력된다.

57 국토교통부장관이 시 · 군 · 구 자료를 취합하여 지적통계를 작성하는 주기로 옳은 것은?

① 매일　　　　　② 매주　　　　　③ 매월　　　　　④ 매년

> **해설** 국토교통부장관은 매년 시 · 군 · 구 자료를 취합하여 지적통계를 작성한다.

58 래스터자료의 특성으로 옳지 않은 것은?

① 정밀도는 격자의 간격에 의존한다.
② 점, 선, 면을 이용하여 도형을 처리한다.
③ 벡터자료에 비하여 데이터 구조가 간단하다.
④ 해상도를 높이면 자료의 크기가 방대해진다.

> **해설** 점, 선, 면을 이용하여 도형을 처리하는 것은 벡터자료의 특성이다.

59 캐드용 자료 파일을 다른 그래픽 체계에서 사용될 수 있도록 만든 ASCII 코드 형태의 그래픽자료 파일 형식은?

① DXF　　　　　　　　　② IGES
③ NSDI　　　　　　　　　④ TIGER

> **해설** DXF(Drawing eXchange Format)는 Auto Desk 사에서 제작한 AutoCAD의 파일포맷으로서 ASCII 코드 형태의 그래픽 자료 파일 형식이며, 서로 다른 CAD 프로그램 간에 설계도면 파일을 교환하는 데 사용된다.

60 벡터자료에 대한 설명으로 옳지 않은 것은?

① 자료의 구조는 그리드와 셀로 구성된다.
② 공간정보는 좌표계를 이용하여 기록한다.
③ 객체들의 지리적 위치를 방향과 크기로 나타낸다.
④ 지적도면의 수치화에 벡터방식이 주로 사용된다.

> **해설** 그리드와 셀로 구성된 자료의 구조는 래스터자료이다.

4과목 **지적학**

61 지목의 부호 표기방법으로 옳지 않은 것은?

① 하천은 "전"으로 한다.　　　　② 유원지는 "원"으로 한다.
③ 종교용지는 "교"로 한다.　　　　④ 공장용지는 "장"으로 한다.

지목의 표기방법
- 두문자(頭文字) 표기 : 전, 답, 대 등 24개 지목
- 차문자(次文字) 표기 : 장(공장용지), 천(하천), 원(유원지), 차(주차장) 등 4개 지목

62 지적도에 건물을 등록하여 사용하는 국가는?

① 일본   ② 대만

③ 한국   ④ 프랑스

해설   프랑스와 독일의 경우 지적도에 건물을 등록하여 관리하고 있다.

63 다음 중 경계점좌표등록부를 비치하는 지역의 측량 시행에 대한 가장 특징적인 토지표시사항은?

① 면적   ② 좌표

③ 지목   ④ 지번

해설   경계점좌표등록부를 비치하는 지역의 측량 시행에 대한 가장 큰 특징은 좌표이다.

64 지압조사(地押調査)에 대한 설명으로 가장 적합한 것은?

① 토지소유자를 입회시키는 일체의 토지검사이다.

② 도면에 의하여 측량성과를 확인하는 토지검사이다.

③ 신고가 없는 이동지를 조사 · 발견할 목적으로 국가가 자진하여 현지조사를 하는 것이다.

④ 지목변경의 신청이 있을 때에 그를 확인하고자 지적소관청이 현지조사를 시행하는 것이다.

해설   **지압조사(地押調査)**
토지에 이동이 있는 경우에는 토지소유자가 지적소관청에 신고하고 지적소관청에서는 "토지검사"를 실시하여 신고 또는 신청사항을 확인하였다. 토지소유자의 신고가 없는 경우 지적소관청이 무신고 이동지를 조사 · 발견할 목적으로 실시한 토지검사를 "지압조사"라고 하여 일반 토지검사와 구별하였다.

65 토지과세 및 토지거래의 안전을 도모하며 토지소유권의 보호를 주요 목적으로 하는 지적제도는?

① 법지적   ② 경제지적

③ 과세지적   ④ 유사지적

해설   토지거래의 안전과 소유권 보호를 주목적으로 하는 법지적을 "소유권지적"이라고도 하며, 이는 위치본위로 운영된다.

66 토지소유권에 관한 설명으로 옳은 것은?

① 무제한 사용, 수익할 수 있다.
② 존속기간이 있고 소멸시효에 걸린다.
③ 법률의 범위 내에서 사용, 수익, 처분할 수 있다.
④ 토지소유권은 토지를 일시 지배하는 제한물권이다.

해설 토지소유권은 토지를 처분하거나 자유롭게 이용하고 이익을 취할 수 있는 권리이지만 공공적 의의가 크기 때문에 우리나라 헌법은 토지소유권에 대해 법률이 정하는 바에 따라 제한과 의무를 과할 수 있도록 규정하고 있다.

67 토지의 소유권을 규제할 수 있는 근거로 가장 타당한 것은?

① 토지가 갖는 가역성, 경제성
② 토지가 갖는 공공성, 사회성
③ 토지가 갖는 사회성, 적법성
④ 토지가 갖는 경제성, 절대성

해설 대한민국 헌법과 민법의 정신을 볼 때 토지소유권의 규제 근거는 토지의 공공성과 사회성으로 보는 것이 적당하다.

68 토지조사사업 당시 필지를 구분함에 있어 일필지의 강계(彊界)를 설정할 때, 별필로 하였던 경우가 아닌 것은?

① 특히 면적이 협소한 것
② 지반의 고저가 심하게 차이 있는 것
③ 심히 형상이 구부러지거나 협장한 것
④ 도로, 하천, 구거, 제방, 성곽 등에 의하여 자연으로 구획을 이룬 것

해설 토지조사사업 당시 예외적인 별필 기준에는 ②, ③, ④ 외에 특별히 면적이 광대한 것, 지력 및 기타 사항이 현저히 다른 것, 분쟁에 관계되는 것, 시가지로서 기와담장, 돌담장, 기타 영구적 구축물로 구획된 지구 등이 있다.

69 물권객체로서의 토지 내용을 외부에서 인식할 수 있도록 하는 물권법상의 일반원칙은?

① 공신의 원칙   ② 공시의 원칙
③ 통지의 원칙   ④ 증명의 원칙

해설 공시의 원칙
토지등록의 법적 지위에 있어서 토지의 이동이나 물권의 변동은 반드시 외부에 알려야 한다는 원칙이며, 이에 따라 토지에 관한 등록사항은 지적공부에 등록하고 이를 일반에 공지하여 누구나 이용하고 활용할 수 있게 하여야 하는 것은 지적공개주의의 이념이다.

70 토지의 사정(査定)에 해당되는 것은?

① 재결
② 법원판결
③ 사법처분
④ 행정처분

> **해설** 토지의 사정이란 토지의 소유자 및 그 강계를 확정하는 행정처분으로서 이전의 권리와 무관한 창설적 · 확정적 효력이 있다.

71 다음 중 적극적 등록제도에 대한 설명으로 옳지 않은 것은?

① 토지등록을 의무로 하지 않는다.
② 적극적 등록제도의 발달된 형태로 토렌스시스템이 있다.
③ 선의의 제3자에 대하여 토지등록상의 피해는 법적으로 보장된다.
④ 지적공부에 등록되지 않은 토지에는 어떠한 권리도 인정되지 않는다.

> **해설** 소극적 등록제도에서는 토지의 등록의무는 없고 신청에 의하지만 적극적 등록제도에서 토지의 등록은 강제적이고 의무적이다.

72 토지가옥의 매매계약이 성립되기 위하여 매수인과 매도인 쌍방의 합의 외에 대가의 수수목적물의 인도 시에 서면으로 작성한 계약서는?

① 문기
② 양전
③ 양안
④ 전안

> **해설**
> • 문기(文記) : 조선시대에 토지 및 가옥을 매수 또는 매도할 때 작성한 매매 계약서를 말하며 "명문 문권"이라고도 한다.
> • 양안(전안) : 토지대장, 입안은 등기권리증과 같은 역할을 하였다.
> • 양전 : 현대의 지적측량과 같다.

73 지적도에서 도곽선의 역할로 옳지 않은 것은?

① 다른 도면과의 접합 기준선이 된다.
② 도면신축량 측정의 기준선이 된다.
③ 도곽에 걸친 큰 필지의 분할 기준선이 된다.
④ 도곽 내 모든 필지의 관계 위치를 명확히 하는 기준선이 된다.

> **해설** 도곽선의 역할(용도)에는 ①, ②, ④ 외에 지적측량기준점 전개 시의 기준, 도북방위선의 표시, 측량준비도와 현황의 부합 확인의 기준 등이 있다.

74 우리나라의 지번부여방법이 아닌 것은?

① 종서의 원칙
② 1필지1지번 원칙
③ 북서기번의 원칙
④ 아라비아숫자 표기원칙

해설 우리나라는 지번을 북서에서 남동으로 순차적으로 부여하는 "북서기번법"과 가로방향으로 기재하는 "횡서의 원칙"을 채택하고 있다.

75 토지에 대한 세를 부과함에 있어 과세자료로 이용하기 위한 목적의 지적제도는?

① 법지적
② 세지적
③ 경제지적
④ 다목적지적

해설 세지적은 농경시대에 개발된 최초의 지적제도로서 과세지적이라 하며, 면적 본위로 운영된다.

76 우리나라에서 채용하는 토지경계 표시방식은?

① 방형측량방식
② 입체기하적 방식
③ 도상경계 표시방식
④ 입체기하적 방식과 방형측량방식의 절충방식

해설 우리나라의 토지경계의 효력은 도상경계를 기준으로 하며, 도상경계는 지적도나 임야도의 도면상에 표시된 경계로서 "공부상 경계"라고도 한다.

77 조선시대 양안에 기재된 사항 중 성격이 다른 하나는?

① 기주(起主)
② 시작(時作)
③ 시주(時主)
④ 전주(田主)

해설 조선시대 양안에 기록된 전주와 기주, 시주 등은 소유자를 의미한다.
② 시작(時作)은 소작인 또는 경작자를 의미한다.

78 고구려에서 작성된 평면도로서 도로, 하천, 건축물 등이 그려진 도면이며 우리나라에 실물로 현재하는 도시 평면도로서 가장 오래된 것은?

① 방위도
② 어린도
③ 지안도
④ 요동성총도

해설 요동성총도는 평안남도 순천군에서 발견된 고구려시대의 벽화고분에 그려진 요동성의 지도를 의미하며, 요동성의 지형과 구조, 도로, 성벽, 주요 건물, 하천, 개울 등이 그려져 있는 우리나라의 가장 오래된 도시 평면도이다.

79 1910~1918년에 시행한 토지조사사업에서 조사한 내용이 아닌 것은?

① 토지의 지질조사
② 토지의 가격조사
③ 토지의 소유권조사
④ 토지의 외모(外貌)조사

해설 토지조사사업의 내용은 지적제도와 부동산등기제도의 확립을 위한 토지의 소유권조사(소유자조사), 지세제도의 확립을 위한 토지의 가격조사(지가조사), 국토의 지리를 밝히는 토지의 외모조사(지형·지모조사)가 해당된다.

80 토지조사사업 당시 사정 사항에 불복하여 재결을 받은 때의 효력 발생일은?

① 재결 신청일
② 재결 접수일
③ 사정일
④ 사정 후 30일

해설 토지조사사업의 사정은 토지의 소유자 및 그 강계를 확정하는 행정처분으로서 지방토지조사위원회의 자문을 받아 당시 임시토지조사국장이 사정을 실시하였으며, 사정에 불복하는 자는 공시기간(30일) 만료 후 60일 이내에 고등토지조사위원회에 이의를 제기하여 재결을 요청할 수 있도록 하였고 재결 시 효력 발생일을 사정일로 소급하였다.

5과목 **지적관계법규**

81 지적전산자료를 인쇄물로 제공하는 경우 1필지당 수수료는?

① 20원
② 30원
③ 50원
④ 100원

해설 지적전산자료의 사용료

지적전산자료 제공방법	수수료
전산매체로 제공하는 때	1필지당 20원
인쇄물로 제공하는 때	1필지당 30원

82 지적도의 축척이 1/600인 지역에서 1필지의 측정면적이 123.45m²인 경우 지적공부에 등록할 면적은?

① 123m²
② 123.4m²
③ 123.5m²
④ 123.45m²

해설 지적도의 축척이 1/600인 지역과 경계점좌표등록부에 등록하는 지역의 토지 면적은 m² 이하 한 자리 단위로 하되, 0.1m² 미만의 끝수가 있는 경우 0.05m² 미만일 때에는 버리고 0.05m²를 초과할 때에는 올리며, 0.05m²일 때에는 구하려는 끝자리의 숫자가 0 또는 짝수면 버리고 홀수면 올린다. 다만, 1필지의 면적이 0.1m² 미만인 때에는 0.1m²로 한다.

따라서 지적도의 축척이 1/600인 지역에서 측정면적이 123.45m²인 필지의 등록면적은 123.4m²이다.

83 지적소관청이 사업지구 지정을 신청하고자 할 때 주민에게 실시계획을 공람해야 하는 기간은?

① 7일 이상 　　② 15일 이상 　　③ 20일 이상 　　④ 30일 이상

해설 지적소관청은 지적재조사사업지구 지정을 신청하고자 할 때에는 실시계획 수립 내용을 주민에게 서면으로 통보한 후 주민설명회를 개최하고 실시계획을 30일 이상 주민에게 공람하여야 한다.

84 토지대장의 소유자변동일자의 정리기준에 대한 설명으로 옳지 않은 것은?

① 신규등록의 경우 : 매립준공일자
② 미등기토지의 경우 : 소유자정리결의일자
③ 등기부등본 · 초본에 의하는 경우 : 등기원인일자
④ 등기전산정보자료에 의하는 경우 : 등기접수일자

해설 등기필통지서, 등기필증, 등기부등본 · 초본, 등기관서에서 제공한 등기전산정보자료 등에 의하는 경우에 소유권변동일자는 등기접수일자이다.

85 다음 중 300만 원 이하의 과태료 처분을 받는 경우에 해당되지 않는 자는?

① 거짓으로 등록전환 신청을 한 자
② 정당한 사유 없이 측량을 방해한 자
③ 측량업의 휴업 · 폐업 등의 신고를 하지 아니한 자
④ 본인, 배우자 또는 직계 존속 · 비속이 소유한 토지에 대한 지적측량을 한 자

해설 거짓으로 등록전환 등 토지이동의 신청을 한 자는 1년 이하의 징역 또는 1천만 원 이하의 벌금에 처한다.

86 다음 합병 신청에 대한 내용 중 합병 신청이 가능한 경우는?

① 합병하려는 토지의 지목이 서로 다른 경우
② 합병하려는 토지의 승역지에 대한 지역권의 등기가 있는 경우
③ 합병하려는 토지의 지적도 및 임야도의 축척이 서로 다른 경우
④ 합병하려는 토지가 등기된 토지와 등기되지 아니한 토지인 경우

해설 합병을 신청할 수 없는 토지에는 ①, ③, ④ 외에 합병하려는 토지의 지번부여지역, 지목 또는 소유자가 서로 다른 경우, 소유권 · 지상권 · 전세권 또는 임차권의 등기 외의 등기가 있는 경우, 승역지에 대한 지역권의 등기 외의 등기가 있는 경우, 합병하려는 토지의 지적도 및 임야도의 축척이 서로 다른 경우 등이 있다.

87 다음 중 지목이 "잡종지"에 해당되지 않는 것은?

① 자갈땅　　　　　　　　② 비행장
③ 공동우물　　　　　　　④ 야외시장

해설　임야
　　　산림 및 원야를 이루고 있는 수림지 · 죽림지 · 암석지 · 자갈땅 · 모래땅 · 습지 · 황무지 등의 토지이다.

88 축척변경위원회의 심의 · 의결사항에 해당하지 않는 것은?

① 청산금의 산정에 관한 사항
② 축척변경 확정공고에 관한 사항
③ 축척변경 시행계획에 관한 사항
④ 지번별 m²당 금액의 결정과 청산금의 산정에 관한 사항

해설　청산금의 산정에 관한 사항은 지적소관청의 소관 사항이다.

89 지적도 축척 1/1,200 지역의 토지대장에 등록하는 최소면적단위는?

① 1m²　　　　② 0.5m²　　　　③ 0.1m²　　　　④ 0.01m²

해설　면적의 최소등록단위는 지적도의 축척이 1/600인 지역과 경계점좌표등록부에 등록하는 지역은 0.1m²이며,
　　　기타 지역은 1m²이다.

90 다음 중 "토지의 이동"과 관련이 없는 것은?

① 경계　　　　　　　　　② 좌표
③ 소유자　　　　　　　　④ 토지의 소재

해설　토지의 이동은 토지의 표시를 새로 정하거나 변경 또는 말소하는 것을 말하며, 토지의 표시는 지적공부에
　　　토지의 소재 · 지번 · 지목 · 면적 · 경계 또는 좌표를 등록한 것을 말한다. 합병은 경계 또는 좌표가 변경되므로
　　　토지이동에 속한다.

91 지적삼각점성과표의 기록 · 관리사항이 아닌 것은?

① 연직선편차　　　　　　② 경도 및 위도
③ 좌표 및 표고　　　　　④ 방위각 및 거리

해설	지적기준점성과표의 기록 · 관리사항

지적삼각점성과표	지적삼각보조점 및 지적도근점성과표
• 지적삼각점의 명칭과 기준 원점명 • 좌표 및 표고 • 경도 및 위도(필요한 경우로 한정한다.) • 자오선수차 • 시준점의 명칭, 방위각 및 거리 • 소재지와 측량연월일 • 그 밖의 참고사항	• 번호 및 위치의 약도 • 좌표와 직각좌표계 원점명 • 경도와 위도(필요한 경우로 한정한다.) • 표고(필요한 경우로 한정한다.) • 소재지와 측량연월일 • 도선등급 및 도선명 • 표지의 재질 • 도면번호 • 설치기관 • 조사연월일, 조사자의 직위 · 성명 및 조사 내용

92 경계점좌표측량부에 포함되지 않는 것은?

① 경계점관측부
② 수평각관측부
③ 좌표면적계산부
④ 교차점계산부

해설	경계점좌표측량부에는 지적도근점측량부, 경계점관측부, 좌표면적계산부 및 경계점 간 거리계산부, 교차점계산부 등이 포함된다.

93 측량업자가 보유한 측량기기의 성능검사주기 기준이 옳은 것은?(단, 한국국토정보공사의 경우는 고려하지 않는다.)

① 거리측정기 : 3년
② 토털스테이션 : 2년
③ 트랜싯(데오돌라이트) : 2년
④ 지피에스(GPS) 수신기 : 1년

해설	측량기기의 성능검사주기 기준은 트랜싯(데오돌라이트) 3년, 레벨 3년, 거리측정기 3년, 토털스테이션 3년, 지피에스(GPS) 수신기 3년, 금속관로 탐지기 3년이다.

94 「지적측량 시행규칙」상 면적측정의 대상이 아닌 것은?

① 경계를 정정하는 경우
② 축척변경을 하는 경우
③ 토지를 합병하는 경우
④ 필지분할을 하는 경우

해설	면적측정 대상은 지적공부의 복구 · 신규등록 · 등록전환 · 분할 및 축척변경을 하는 경우, 면적 또는 경계를 정정하는 경우, 도시개발사업 등으로 인한 토지의 이동에 따라 토지의 표시를 새로 결정하는 경우, 경계복원측량 및 지적현황측량에 면적측정이 수반되는 경우 등이다. ③ 토지를 합병하는 경우에는 면적을 측정하지 않고 합병 전 각 필지의 면적을 합산하여 결정한다.

95 「공간정보의 구축 및 관리 등에 관한 법률」상 규정하고 있는 용어로 옳지 않은 것은?

① 경계점   ② 토지의 이동

③ 지번설정지역   ④ 지적측량수행자

해설   지번설정지역은 지번부여지역으로 용어가 변경되어 사용하고 있다.

96 「공간정보의 구축 및 관리 등에 관한 법률」에서 구분하고 있는 28개의 지목에 해당되는 것은?

① 나대지   ② 선하지

③ 양어장   ④ 납골용지

해설   지목(총 28종)

전, 답, 과수원, 목장용지, 임야, 광천지, 염전, 대, 공장용지, 학교용지, 주차장, 주유소용지, 창고용지, 도로, 철도용지, 제방, 하천, 구거, 유지, 양어장, 수도용지, 공원, 체육용지, 유원지, 종교용지, 사적지, 묘지, 잡종지

97 과수원으로 이용되고 있는 1,000m² 면적의 토지에 지목이 대(垈)인 30m² 면적의 토지가 포함되어 있을 경우 필지의 결정방법으로 옳은 것은?(단, 토지의 소유자는 동일하다.)

① 1필지로 하거나 필지를 달리하여도 무방하다.

② 종된 용도의 토지의 지목이 대(垈)이므로 1필지로 할 수 없다.

③ 지목이 대(垈)인 토지의 지가가 더 높으므로 전체를 1필지로 한다.

④ 종된 용도의 토지면적이 주된 용도의 토지면적의 10% 미만이므로 전체를 1필지로 한다.

해설   용도의 토지에 편입하여 1필지로 할 수 있는 경우

양입지 조건	양입지 예외 조건
• 주된 용도의 토지의 편의를 위하여 설치된 도로 · 구거(溝渠, 도랑) 등의 부지 • 주된 용도의 토지에 접속되거나 주된 용도의 토지로 둘러싸인 토지로서 다른 용도로 사용되고 있는 토지 • 소유자가 동일하고 지반이 연속되지만, 지목이 다른 경우	• 종된 토지의 지목이 "대(垈)"인 경우 • 종된 용도의 토지면적이 주된 용도의 토지면적의 10%를 초과하는 경우 • 종된 용도의 토지면적이 주된 용도의 토지면적의 330 m²를 초과하는 경우 ※ 염전, 광천지는 면적에 관계없이 양입지로 하지 않는다.

② 종된 용도의 토지의 지목이 대(垈)이므로 1필지로 할 수 있다.

98 측량업의 등록을 하지 아니하고 지적측량업을 할 수 있는 자는?

① 지적측량업자   ② 측지측량업자

③ 한국국토정보공사   ④ 한국해양조사협회

해설   한국국토정보공사는 측량업의 등록을 하지 않고 지적측량업을 할 수 있다.

99 다음 중 지적측량 적부심사청구서를 받은 시·도지사가 지방지적위원회에 회부하여야 하는 사항이 아닌 것은?

① 다툼이 되는 지적측량의 경위
② 해당 토지에 대한 토지이동 연혁
③ 해당 토지에 대한 소유권 변동 연혁
④ 지적측량업자가 작성한 조사측량성과

해설 시·도지사의 지방지적위원회 회부 사항에는 다툼이 되는 지적측량의 경위 및 그 성과, 해당 토지에 대한 토지이동 및 소유권 변동 연혁, 해당 토지 주변의 측량기준점, 경계, 주요 구조물 등 현황 실측도 등이 있다.

100 지적공부에 신규등록하는 토지소유자의 정리로 옳은 것은?

① 모두 국가의 소유로 한다.
② 등기부초본이나 확정판결에 의한다.
③ 현재 점유하고 있는 자의 소유로 한다.
④ 지적소관청이 직접 조사하여 등록한다.

해설 신규등록하는 토지의 소유자는 지적소관청이 직접 조사하여 등록한다.

1과목 지적측량

---

01 전자면적측정기에 따른 면적측정은 도상에서 몇 회 측정하여야 하는가?

① 1회   ② 2회   ③ 3회   ④ 5회

해설 전자면적측정기에 따른 면적측정은 도상에서 2회 측정하여 그 교차가 다음 계산식에 따른 허용면적$(A)=$ $0.023^2 M\sqrt{F}$ 이하일 때에는 그 평균치를 측정면적으로 한다.
(M : 축척분모, F : 2회 측정한 면적의 합계를 2로 나눈 수)

---

02 좌표가 X = 2,907.36m, Y = 3,321.24m인 지적도근점에서 거리가 23.25m, 방위각이 179°20′ 33″일 경우, 필계점의 좌표는?

① X = 2,879.15m, Y = 3,317.20m   ② X = 2,879.15m, Y = 3,321.51m
③ X = 2,884.11m, Y = 3,315.47m   ④ X = 2,884.11m, Y = 3,321.51m

해설 필계점의 좌표
- X좌표 $X_P = X_A + (\overline{AP} \times \cos V_A^P) = 2{,}907.36\text{m} + \cos 179°20′33″ \times 23.25\text{m} = 2{,}884.11\text{m}$
- Y좌표 $Y_P = Y_A + (\overline{AP} \times \sin V_A^P) = 3{,}321.24\text{m} + \sin 179°20′33″ \times 23.25\text{m} = 3{,}321.51\text{m}$

---

03 지적도근점의 각도관측 시 배각법을 따르는 경우 오차의 배분방법으로 옳은 것은?

① 측선장에 비례하여 각 측선의 관측각에 배분한다.
② 변의 수에 비례하여 각 측선의 관측각에 배분한다.
③ 측선장에 반비례하여 각 측선의 관측각에 배분한다.
④ 변의 수에 반비례하여 각 측선의 관측각에 배분한다.

해설 지적도근점측량에서 연결오차의 배분방법
- 배각법은 측선장에 반비례하여 각 측선의 관측각에 배분한다.
- 방위각법은 변의 수에 비례하여 각 측선의 방위각에 배분한다.

---

04 지적도 축척 1/600인 지역의 평판측량방법에 있어서 도상에 영향을 미치지 아니하는 지상거리의 허용범위로 옳은 것은?

① 60mm 이내   ② 100mm 이내
③ 120mm 이내   ④ 240mm 이내

해설 평판측량방법에 있어서 도상에 영향을 미치지 아니하는 지상거리의 축척별 허용범위는 $\dfrac{M}{10}$mm(M : 축척분모)이다. 따라서, 허용범위 $= \dfrac{M}{10} = \dfrac{600}{10} = 60$mm

05 평면직각 좌표상의 두 점 $A(X_A, Y_A)$와 $B(X_B, Y_B)$를 연결하는 $\overline{AB}$를 2등분하는 점 P의 좌표(X_P, Y_P)를 구하는 식은?

① $X_P = \sqrt{X_B X_A}$, $Y_P = \sqrt{Y_B Y_A}$

② $X_P = \dfrac{X_B + X_A}{2}$, $Y_P = \dfrac{Y_B + Y_A}{2}$

③ $X_P = \dfrac{X_B - X_A}{2}$, $Y_P = \dfrac{Y_B - Y_A}{2}$

④ $X_P = \sqrt{X_B^2 + X_A^2}$, $Y_P = \sqrt{Y_B^2 + Y_A^2}$

해설 A점과 B점 사이의 중심 좌표를 구하는 계산식이다.

06 일람도의 제도에 있어서 도시개발사업 · 축척변경 등이 완료된 때에는 지구경계선을 제도한 후 지구 안을 어느 색으로 엷게 채색하는가?

① 남색   ② 청색   ③ 검은색   ④ 붉은색

해설 일람도는 도시개발사업 · 축척변경 등이 완료된 때에는 지구경계를 붉은색 0.1mm 폭의 선으로 제도한 후 지구 안을 붉은색으로 엷게 채색하고, 그 중앙에 사업명 및 사업완료연도를 기재한다.

07 수치지역 내의 P점과 Q점의 좌표가 아래와 같을 때 QP의 방위각은?

P(3,625.48, 2,105.25) Q(5,218.48, 3,945.18)

① 49°06′51″   ② 139°06′51″   ③ 229°06′51″   ④ 319°06′51″

해설
- $\Delta x = 3,625.48 - 5,218.48 = -1,593.00$m
- $\Delta y = 2,105.25 - 3,945.18 = -1,839.93$m
- 방위(θ) $= \tan^{-1}\left(\dfrac{\Delta y}{\Delta x}\right) = \tan^{-1}\left(\dfrac{1,839.93}{1,593.00}\right) = 49°06′51″$

Δx 값과 Δy 값 모두 (−)로 3상한이므로,
∴ QP의 방위각 $= 180° + 49°06'51'' = 229°06'51''$

08 평판측량방법으로 세부측량을 한 경우 측량결과도의 기재사항으로 옳지 않은 것은?

① 측량결과도의 제명 및 번호
② 측량대상 토지의 점유현황선
③ 인근 토지의 경계선 · 지번 및 지목
④ 측량기하적 및 도상에서 측정한 거리

해설 평판측량방법으로 세부측량을 한 경우 측량결과도의 기재사항
• 측량준비파일에 작성 사항
• 측량대상 토지의 경계선 · 지번 및 지목
• 인근 토지의 경계선 · 지번 및 지목
• 행정구역선과 그 명칭
• 지적기준점 및 그 번호와 지적기준점 간의 거리, 지적기준점의 좌표, 그 밖에 측량의 기점이 될 수 있는 기지점
• 도곽선과 그 수치
• 도곽선의 신축이 0.5mm 이상일 때에는 그 신축량 및 보정계수
• 측정점의 위치, 측량기하적 및 지상에서 측정한 거리
• 측량대상 토지의 토지이동 전의 지번과 지목(2개의 붉은 선으로 말소한다.)
• 측량결과도의 제명 및 번호와 도면번호
• 신규등록 또는 등록전환하려는 경계선 및 분할경계선
• 측량대상 토지의 점유현황선
• 측량 및 검사의 연월일, 측량자 및 검사자의 성명 · 소속 및 자격등급

09 지적측량성과와 검사성과의 연결오차 한계에 대한 설명으로 옳지 않은 것은?

① 지적삼각점은 0.20m 이내
② 지적삼각보조점은 0.25m 이내
③ 경계점좌표등록부 시행지역에서의 지적도근점은 0.20m 이내
④ 경계점좌표등록부 시행지역에서의 경계점은 0.10m 이내

해설 지적측량성과와 검사성과의 연결교차 허용범위

구분	분류		허용범위
기초측량	지적삼각점		0.20m
	지적삼각보조점		0.25m
	지적도근점	경계점좌표등록부 시행지역	0.15m
		그 밖의 지역	0.25m
세부측량	경계점	경계점좌표등록부 시행지역	0.10m
		그 밖의 지역	10분의 3Mmm (M은 축척분모)

10 지적측량성과의 검사방법에 대한 설명으로 틀린 것은?

① 면적측정검사는 필지별로 한다.

② 지적삼각점측량은 신설된 점을 검사한다.

③ 지적도근점측량은 주요 도선별로 지적도근점을 검사한다.

④ 측량성과를 검사하는 때에는 측량자가 실시한 측량방법과 같은 방법으로 한다.

해설 측량성과를 검사하는 때에는 측량자가 실시한 측량방법과 다른 방법으로 한다(부득이한 경우에는 그러하지 아니한다).

11 좌표면적계산법에 따른 면적측정에서 산출면적은 얼마의 단위까지 계산하여야 하는가?

① 10분의 $1m^2$

② 100분의 $1m^2$

③ 1,000분의 $1m^2$

④ 10,000분의 $1m^2$

해설 좌표면적계산법에 따른 면적측정에서 산출면적은 1,000분의 $1m^2$까지 계산하여 10분의 $1m^2$ 단위로 정한다.

12 「지적측량 시행규칙」상 지적삼각보조점측량의 기준으로 옳지 않은 것은?(단, 지형상 부득이한 경우는 고려하지 않는다.)

① 지적삼각보조점은 교회망 또는 교점다각망으로 구성하여야 한다.

② 광파기측량방법에 따라 교회법으로 지적삼각보조점측량을 하는 경우 3방향의 교회에 따른다.

③ 경위의측량방법과 교회법에 따른 지적삼각보조점의 수평각관측은 3대회의 방향관측법에 따른다.

④ 전파기측량방법에 따라 다각망도선법으로 지적삼각보조점측량을 하는 경우 3점 이상의 기지점을 포함한 결합다각방식에 따른다.

해설 경위의측량방법과 전파기 또는 광파기측량방법에 따라 교회법으로 지적삼각보조점측량을 할 때에는 3방향의 교회에 따른다. 다만, 지형상 부득이하여 2방향의 교회에 의하여 결정하려는 경우에는 각 내각을 관측하여 각 내각의 관측치의 합계와 180°의 차가 ±40초 이내일 때에는 이를 각 내각에 고르게 배분하여 사용할 수 있다.

13 지적측량이 수반되는 토지이동 사항으로 모두 올바르게 짝지어진 것은?

① 분할, 합병, 등록전환

② 등록전환, 신규등록, 분할

③ 분할, 합병, 신규등록, 등록전환

④ 지목변경, 등록전환, 분할, 합병

해설 • 토지의 이동이란 토지의 표시를 새로 정하거나 변경 또는 말소하는 것을 말한다.

• 지적측량을 수반하는 경우에는 신규등록측량·등록전환측량·분할측량·바다가 된 토지의 등록 말소측량·축척변경측량·등록사항정정측량·지적확정측량·경계복원측량·지적현황측량 등이 있다. 합병·지목변경·지번변경·행정구역변경 등의 경우에는 지적측량이 수반되지 않는다.

14 다음 그림에서 BP의 거리를 구하는 공식으로 옳은 것은?

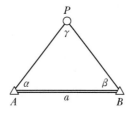

① $BP = \dfrac{\alpha \sin\alpha}{\sin\gamma}$

② $BP = \dfrac{\alpha \sin\alpha}{\sin\beta}$

③ $BP = \dfrac{\alpha \sin\beta}{\sin\gamma}$

④ $BP = \dfrac{\alpha \sin\gamma}{\sin\alpha}$

해설 sin법칙에 따르면, $\dfrac{\overline{BP}}{\sin\alpha} = \dfrac{\overline{AP}}{\sin\beta} = \dfrac{\overline{AB}}{\sin\gamma} \rightarrow BP$의 거리 $= \dfrac{\alpha \sin\alpha}{\sin\gamma}$

15 트랜싯 조작에서 시준선이란?

① 접안렌즈의 중심선
② 눈으로 내다보는 선
③ 십자선의 교점과 대물렌즈의 광심을 연결하는 선
④ 접안렌즈의 중심과 대물렌즈의 광심을 연결하는 선

해설 시준선은 십자선의 교점과 대물렌즈의 광심을 연결하는 선으로 수평축과 나란하고 연직축과 서로 직각을 이룬다.

16 5cm 늘어난 상태의 30m 줄자로 두 점의 거리를 측정한 값이 75.45m일 때 실제거리는?

① 75.53m　　　② 75.58m　　　③ 76.53m　　　④ 76.58m

해설 실제거리$(L_0) = L \pm \left(\dfrac{\triangle l}{l} \times L \right) = 75.45 + \left(\dfrac{0.05}{30} \times 75.45 \right) ≒ 75.58$m

(L : 관측 총거리, $\triangle l$: 구간 관측오차, l : 구간 관측거리)

17 광파측거기의 특성에 관한 설명으로 옳지 않은 것은?

① 관측장비는 측거기와 반사경으로 구성되어 있다.
② 송전선 등에 의한 주변전파의 간섭을 받지 않는다.
③ 전파측거기보다 중량이 가볍고 조작이 간편하다.
④ 시통이 안 되는 두 지점 간의 거리측정이 가능하다.

해설 광파측거기는 측정점 간 시통이 안 되는 경우에는 거리측정이 불가능하다.

18 9개의 도선을 3개의 교점으로 연결한 복합형 다각망의 오차방정식을 편성하기 위한 최소조건식의 수는?

① 3개   ② 4개

③ 5개   ④ 6개

해설 다각망도선법의 최소조건식 수(r)=도선 수(n)-교점 수(u)=9-3=6개

19 평판측량방법에 따른 세부측량을 교회법으로 하는 경우 방향각의 교각 기준은?

① 45° 이상 90° 이하   ② 0° 이상 180° 이하

③ 30° 이상 120° 이하   ④ 30° 이상 150° 이하

해설 평판측량방법에 따른 세부측량을 교회법으로 하는 경우 방향각의 교각은 30° 이상 150° 이하로 한다.

20 일람도의 제도방법으로 옳지 않은 것은?

① 도면번호는 3mm의 크기로 한다.

② 철도용지는 검은색 0.2mm 폭의 선으로 제도한다.

③ 수도용지 중 선로는 남색 0.1mm 폭의 2선으로 제도한다.

④ 건물은 검은색 0.1mm의 폭으로 제도하고 그 내부를 검은색으로 엷게 채색한다.

해설 철도용지는 붉은색 0.2mm 폭의 2선으로 제도한다.

2과목 응용측량

21 완화곡선의 성질에 대한 설명으로 옳지 않은 것은?

① 완화곡선의 반지름은 시점에서 무한대이다.

② 완화곡선의 반지름은 종점에서 원곡선의 반지름과 같다.

③ 완화곡선의 접선은 시점과 종점에서 직선에 접한다.

④ 곡선반지름의 감소율은 캔트의 증가율과 같다.

해설 완화곡선의 접선은 시점에서는 직선에 접하고, 종점에서는 원호에 접한다.

22 노선측량에서 그림과 같이 교점에 장애물이 있어 $\angle ACD = 150°$, $\angle CDB = 90°$를 측정하였다. 교각(I)은?

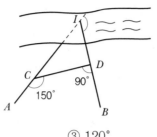

① 30° ② 90° ③ 120° ④ 240°

해설 $\angle ICD = 180° - \angle ACD = 30°$, $\angle IDC = 180° - \angle CDB = 90°$, $\angle CID = 180° - (30° + 90°) = 60°$
∴ 교각(I) $= 180° - 60° = 120°$

23 수준측량에서 전시와 후시의 시준거리를 같게 관측할 때 완전히 소거되는 오차는?

① 지구의 곡률오차
② 시차에 의한 오차
③ 수준척이 연직이 아니어서 발생되는 오차
④ 수준척의 눈금이 정확하지 않기 때문에 발생되는 오차

해설 수준측량에서 전시와 후시의 시준거리를 같게 관측하면 소거되는 오차에는 시준선이 기포관 축과 평행하지 않을 때 발생하는 오차, 레벨 조정 불완전에 의한 오차, 지구 곡률오차(구차), 대기 굴절오차(기차) 등이 있다.

24 절대표정에 대한 설명으로 틀린 것은?

① 사진의 축척을 결정한다.
② 주점의 위치를 결정한다.
③ 모델당 7개의 표정인자가 필요하다.
④ 최소한 3개의 표정점이 필요하다.

해설 절대표정(대지표정)은 가상좌표를 대상물의 좌표로 환산하는 작업으로서 모델좌표(x, y, z)에서 절대좌표(X, Y, Z)를 구하기 위해 항공삼각측량이 필요하며, 축척의 결정, 수준면의 결정, 위치의 결정 순으로 진행되고 λ, κ, ϕ, Ω, cx, cy, cz의 7개 표정인자가 필요하며 2점(x, y)의 좌표와 3점(H)이 필요하므로 최소한 3개의 표정점이 필요하다.

② 주점의 위치를 결정하는 것은 내부표정이다.

25 도로설계 시에 등경사 노선을 결정하려고 한다. 축척 1/5,000의 지형도에서 등고선의 간격이 5m일 때, 경사를 4%로 하려고 하면 등고선 간의 도상거리는?

① 25mm　　　　② 33mm　　　　③ 45mm　　　　④ 53mm

> **해설** 경사 $=\dfrac{높이}{수평거리}$ → 수평거리 $=\dfrac{5}{0.04}=125\text{m}$ 이므로,
>
> ∴ 도상거리 $=\dfrac{125}{5,000}=25\text{mm}$

26 GNSS를 이용하는 지적기준점(지적삼각점) 측량에서 가장 일반적으로 사용하는 방법은?

① 정지측량　　　　　　　　② 이동측량
③ 실시간 이동측량　　　　　④ 도근점측량

> **해설** 정지측량(스태틱측량)은 2개 이상의 수신기를 각 측점에 고정하고 동시에 4개 이상의 위성으로부터 신호를 30분 이상 수신하는 방법으로 지적삼각점측량 등 고정밀 측량에 이용된다.

27 등고선에 직각이며 물이 흐르는 방향이 되므로 유하선이라고도 하는 지성선은?

① 분수선　　　　　　　　　② 합수선
③ 경사변환선　　　　　　　④ 최대경사선

> **해설** 지성선은 지모의 골격을 나타내는 선으로 "지세선"이라고도 하며 능선(분수선), 합수선(합곡선, 계곡선), 경사변환선, 최대경사선(유하선)으로 구분한다. 이 중 최대경사선은 지표의 임의의 한 점에 있어서 그 경사가 최대로 되는 방향을 표시한 선으로서 등고선에 직각으로 교차한다.

28 우리나라 1/50,000 지형도의 간곡선 간격으로 옳은 것은?

① 5m　　　　　② 10m　　　　　③ 20m　　　　　④ 25m

> **해설** 등고선의 종류 및 간격　　　　　　　　　　　　　　　　　　　　　　(단위 : m)
>
> | 등고선의 종류 | 등고선의 간격 | | | |
> |---|---|---|---|---|
> | | 1/5,000 | 1/10,000 | 1/25,000 | 1/50,000 |
> | 계곡선 | 25 | 25 | 50 | 100 |
> | 주곡선 | 5 | 5 | 10 | 20 |
> | 간곡선 | 2.5 | 2.5 | 5 | 10 |
> | 조곡선 | 1.25 | 1.25 | 2.5 | 5 |

29 그림과 같이 2개의 수준점 A, B를 기준으로 임의의 점 P의 표고를 측량한 결과 A점 기준 42.375m, B점 기준 42.363m를 관측하였다면 P점의 표고는?

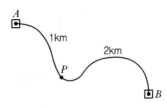

① 42.367m
② 42.369m
③ 42.371m
④ 42.373m

해설 관측값의 비중은 거리에 역비례하므로,

경중률 $P_A : P_B = \dfrac{1}{1} : \dfrac{1}{2} = 2 : 1$

∴ P점의 최확값$(P_h) = \dfrac{(42.375 \times 2) + (42.363 \times 1)}{2 + 1} = 42.371\text{m}$

---

30 정확한 위치에 기준국을 두고 GNSS 위성 신호를 받아 기준국 주위에서 움직이는 사용자에게 위성신호를 넘겨주어 정확한 위치를 계산하는 방법은?

① DGNSS
② DOP
③ SPS
④ S/A

해설 DGNSS(Differential GPS, 정밀GNSS)는 상대측위방식의 GNSS측량기법으로서 이미 알고 있는 기지점의 좌표를 이용하여 오차를 최대한 줄이기 위한 위치결정방식으로서 기지점에 기준국용 GNSS 수신기를 설치하여 위성을 관측하고 각 위성의 의사거리 보정값을 구한 다음 이를 이용하여 이동국용 GPS 수신기의 위치결정 오차를 개선하는 위치결정방식이다.

---

31 터널 내 측량에 대한 설명으로 옳은 것은?

① 지상측량보다 작업이 용이하다.
② 터널 내의 기준점은 터널 외의 기준점과 연결될 필요가 없다.
③ 기준점은 보통 천정에 설치한다.
④ 지상측량에 비하여 터널 내에서는 시통이 좋아서 측점간의 거리를 멀리한다.

해설 터널 내 측량에서 지하측량이 지상측량과 다른 점은 측점은 보통 천정에 설치한다. 시준하는 목표 및 망원경의 십자선을 조명해야 하며, 좁고 굴곡이 많은 터널 내는 급경사인 경우가 많아서 적합한 사용기계가 필요하다.

32 그림과 같이 직선 AB상의 점 B'에서 $B'C=10m$인 수직선을 세워 $\angle CAB=60°$가 되도록 측설 하려고 할 때, AB'의 거리는?

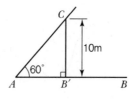

① 5.05m

② 5.77m

③ 8.66m

④ 17.3m

 $\tan 60° = \dfrac{10}{x} \rightarrow x = \dfrac{10}{\tan 60°} = 5.7737m$

33 항공사진측량용 카메라에 대한 설명으로 틀린 것은?

① 초광각 카메라의 피사각은 60°, 보통각 카메라의 피사각은 120°이다.

② 일반 카메라보다 렌즈 왜곡이 작으며 왜곡의 보정이 가능하다.

③ 일반 카메라와 비교하여 피사각이 크다.

④ 일반 카메라보다 해상력과 선명도가 좋다.

해설 항공사진측량용 카메라 렌즈의 피사각은 보통각카메라 60°, 광각카메라 90°, 초광각카메라 120°이다.

34 그림과 같이 $\triangle ABC$를 $\overline{AD}$로 면적을 $\triangle ABD : \triangle ABC = 1 : 3$으로 분할하려고 할 때, $\overline{BD}$의 거리는?(단, $\overline{BC}=42.6m$)

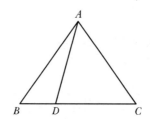

① 2.66m

② 4.73m

③ 10.65m

④ 14.20m

해설 $42.6 : 4 = \overline{BD} : 1 \rightarrow \therefore \overline{BD} = 10.65m$

35 그림과 같이 교호수준측량을 실시하여 구한 B점의 표고는?(단, $H_A = 20$m이다.)

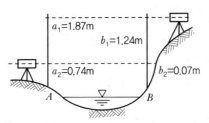

① 19.34m   ② 20.65m   ③ 20.67m   ④ 20.75m

해설 높이차$(\Delta h) = \dfrac{1}{2}\{(a_1 - b_1) + (a_2 - b_2)\} = \dfrac{1}{2}\{(1.87 - 1.24) + (0.74 - 0.07)\} = 0.65$m

∴ B점의 표고$(H_B) = 20 + 0.65 = 20.65$m

---

36 노선측량의 단곡선 설치에서 반지름이 200m, 교각이 67°42′일 때, 접선길이(T.L)와 곡선길이(C.L)는?

① T.L = 134.14m, C.L = 234.37m
② T.L = 134.14m, C.L = 236.32m
③ T.L = 136.14m, C.L = 234.37m
④ T.L = 136.14m, C.L = 236.32m

해설 접선길이$(T.L) = R \cdot \tan\dfrac{I}{2} = 200 \times \tan\dfrac{67°42′}{2} = 134.14$m

곡선길이$(C.L) = \dfrac{\pi}{180} \times RI = 0.01745RI = \dfrac{200 \times \pi \times 67°42′}{180} = 236.32$m

---

37 고속도로의 건설을 위한 노선측량을 하고자 한다. 각 단계별 작업이 다음과 같을 때, 노선측량의 순서로 옳은 것은?

㉠ 실시설계측량	㉡ 용지측량	㉢ 계획조사측량
㉣ 세부측량	㉤ 공사측량	㉥ 노선 선정

① ㉥ → ㉠ → ㉢ → ㉣ → ㉤ → ㉡
② ㉥ → ㉢ → ㉠ → ㉣ → ㉡ → ㉤
③ ㉥ → ㉤ → ㉢ → ㉠ → ㉣ → ㉡
④ ㉥ → ㉤ → ㉠ → ㉢ → ㉡ → ㉣

해설 노선측량의 작업순서는 일반적으로 노선 선정 → 계획조사측량 → 실시설계측량(세부지형측량 및 용지경계측량 포함) → 공사측량(시공측량 및 준공측량 포함) 단계로 진행된다.

38 GPS의 우주부분에 대한 설명으로 옳지 않은 것은?

① 각 궤도에는 4개의 위성과 예비위성으로 운영된다.

② 위성은 0.5항성일 주기로 지구 주위를 돌고 있다.

③ 위성은 모두 6개의 궤도로 구성되어 있다.

④ 위성은 고도 약 1,000km의 상공에 있다.

> **해설** GPS는 24개의 위성(항법사용 21 + 예비용 3)이 고도 20,200km 상공에서 12시간을 주기로 지구 주위를 돌고 있으며, 6개 궤도면은 지구의 적도면과 55°의 각도를 이루고 있다.

39 항공사진의 특수 3점이 아닌 것은?

① 주점   ② 연직점

③ 등각점   ④ 중심점

> **해설** 사진의 특수 3점이란 주점, 연직점, 등각점을 말하며 사진의 성질을 설명하는 데 중요한 요소이다.

40 항공사진측량의 특성에 대한 설명으로 옳지 않은 것은?

① 측량의 정확도가 균일하다.

② 정량적 및 정성적 해석이 가능하다.

③ 축척이 크고, 면적이 작을수록 경제적이다.

④ 동적인 대상물 및 접근하기 어려운 대상물의 측량이 가능하다.

> **해설** 사진측량은 축척이 작고, 면적이 클수록 경제적이다.

3과목 토지정보체계론

41 벡터데이터 편집 시 아래와 같은 상태가 발생하는 오류의 유형으로 옳은 것은?

> 하나의 선으로 연결되어야 할 곳에서 두 개의 선으로 어긋나게 입력되어 불필요한 폴리곤을 형성한 상태

① 스파이크(Spike)   ② 언더슈트(Undershoot)

③ 오버래핑(Overlapping)   ④ 슬리버 폴리곤(Sliver Polygon)

해설 디지타이징 및 벡터편집 오류 유형

- 오버슈트(Overshoot, 기준선 초과 오류) : 어떤 선이 다른 선과의 교차점을 지나서 선이 끝나는 형태
- 언더슈트(Undershoot, 기준선 미달 오류) : 어떤 선이 다른 선과의 교차점과 완전히 연결되지 못하고 선이 끝나는 형태
- 스파이크(Spike) : 교차점에서 두 선이 만나거나 연결되는 과정에서 주변 자료의 값보다 월등하게 크거나 작은 값을 가진 돌출된 선
- 슬리버 폴리곤(Sliver Polygon) : 하나의 선으로 입력되어야 할 곳에서 두 개의 선으로 입력되어 불필요한 가늘고 긴 폴리곤이며, 오류에 의해 발생하는 선 사이의 틈
- 점 · 선 중복(Overlapping) : 주로 영역의 경계선에서 점 · 선이 이중으로 입력되어 있는 상태
- 댕글(Dangle) : 한쪽 끝이 다른 연결점이나 절점에 완전히 연결되지 않은 상태의 연결선

스파이크	언더슈트	오버슈트	슬리버 폴리곤
한 점으로 불일치	두 선이 닿지 않음	한 선이 지나쳤음	두 다각형 사이의 공간

42 실세계의 표현을 위한 기본적인 요소로 가장 거리가 먼 것은?

① 시간데이터(Time Data)
② 메타데이터(Meta Data)
③ 공간데이터(Spatial Data)
④ 속성데이터(Attribute Data)

해설 메타데이터는 데이터에 대한 데이터로서 데이터의 내용, 품질, 조건, 상태, 제작시점, 제작자, 소유권자, 좌표체계 등 특성에 대한 정보를 포함하는 데이터의 이력서라 할 수 있으며, 실세계 표현을 위한 기본요소와 거리가 있다.

43 다음 공간데이터의 품질과 관련된 내용 중 무결성에 대한 설명으로 옳은 것은?

① 공간데이터의 관계 간에 충실성을 나타낸다.
② 지도 제작과 관련된 선택기준, 정의, 규칙 등 정보를 제공한다.
③ 유효값의 검사, 특정 위상구조 검사, 그래픽자료에 대한 일반검사를 수행한다.
④ 공간데이터의 생성에서 현재까지의 자료기술, 처리과정, 날짜 등을 기록한다.

해설 무결성(Integrity)은 데이터베이스의 내용이 서로 모순되지 않으면서 어떤 통합성 제약을 완전히 만족하게 되는 성질을 말한다. 정밀성, 정확성, 완전성, 유효성의 의미로 사용되기도 하므로 데이터의 무결성은 데이터를 보호하고 항상 정상인 데이터를 유지하는 것을 의미한다.

44 우리나라의 토지대장과 임야대장의 전산화 및 전국 온라인화를 수행했던 정보화 사업은?

① 지적도면 전산화
② 토지기록 전산화
③ 토지관리정보체계
④ 토지행정 정보전산화

> **해설** 토지기록 전산화사업은 토지대장과 임야대장을 정보화하는 대장 전산화사업으로서 1978년 대전시의 시범사업을 시작으로 1982~1984년까지 전국으로 확대·실시하고 1987~1990년까지 온라인 시스템을 구축하였다.

45 경계점좌표등록부의 수치 파일화 순서로 옳은 것은?

① 좌표 및 속성입력 → 좌표 및 속성검사 → 좌표와 속성결합 → 폴리곤 형성
② 좌표 및 속성입력 → 좌표 및 속성검사 → 폴리곤 형성 → 좌표와 속성결합
③ 좌표 및 속성검사 → 좌표 및 속성입력 → 좌표와 속성결합 → 폴리곤 형성
④ 좌표 및 속성검사 → 좌표 및 속성입력 → 폴리곤 형성 → 좌표와 속성결합

> **해설** 경계점좌표등록부는 토지의 소재, 지번, 좌표 등을 등록하고 있는 지적공부로서 일필지의 경계점이 숫자로 기록되어 있으므로 수치파일화를 위해서 좌표와 속성을 입력하고 검사를 거쳐 폴리곤을 형성한 다음 좌표와 속성을 결합시킨다.

46 지적도면 전산화에 따른 기대효과로 옳지 않은 것은?

① 지적도면의 효율적 관리
② 지적도면 관리업무의 자동화
③ 신속하고 효율적인 대민서비스 제공
④ 정부 사이버테러에 대비한 보안성 강화

> **해설** 지적도면 전산화의 기대효과에는 지적도면의 효율적 관리, 지적도면 관리업무의 자동화, 신속하고 효율적인 대민서비스 제공, 토지 관련 정보의 인프라 구축, NGIS와 연계된 다양한 활용체계 구축, 지적측량업무의 전산화와 공부정리의 자동화 등이 있다.

47 데이터베이스의 특징 중 "같은 데이터가 원칙적으로 중복되어 있지 않다."는 내용에 해당하는 것은?

① 저장 데이터(Stored Data)
② 공용 데이터(Shared Data)
③ 통합 데이터(Integrated Data)
④ 운영 데이터(Operational Data)

> **해설** 통합 데이터는 데이터를 효율적으로 활용하기 위하여 하나의 집합으로 축적시켜 놓은 것으로서 동일한 데이터가 중복되지 않아야 한다.

48 다음 중 필지식별자로서 가장 적합한 것은?

① 지목
② 토지의 소재지
③ 필지의 고유번호
④ 토지소유자의 성명

> **해설** 필지식별자(PID : Parcel Identifier)는 각 필지에 부여하는 가변성 없는 번호로서 필지에 관련된 자료의 공통적인 색인 역할과 필지별 대장과 도면의 등록사항 연결 및 각 필지별 등록사항의 저장과 수정 등을 용이하게 처리할 수 있어야 하므로 필지의 고유번호가 가장 적합하다.

49 래스터데이터의 압축방법이 아닌 것은?

① 사지수형(Quadtree)
② 블록코드(Block Code)기법
③ 스틸코드(Steel Code)기법
④ 체인코드(Chain Code)기법

> **해설** 래스터데이터의 저장구조인 자료압축방법에는 런렝스코드(Run-length Code, 연속분할코드)기법, 체인코드(Chain Code)기법, 블록코드(Block Code)기법, 사지수형(Quadtree)기법, R-tree기법 등이 있다.

50 토지정보 전산화의 목적에 해당하지 않는 것은?

① 지적서고의 확장을 방지할 수 있다.
② 지적공부를 토지소유자와 실시간으로 공유할 수 있다.
③ 지적정보의 정확성을 높이고 업무의 신속성을 확보할 수 있다.
④ 체계적이고 과학적인 토지 관련 정책자료와 지적행정을 실현할 수 있다.

> **해설** 토지정보 전산화로 지적공부를 효율적으로 관리하고 관리업무를 자동화하여 신속하고 효율적인 대민서비스를 제공할 수 있다.
>
> ② 지적공부를 토지소유자에게 공개하는 것은 규정과 절차에 따라야 하므로 실시간으로 공유할 수 없다.

51 KLIS에서 공시지가정보 검색 및 개발부담금 관리를 위한 시스템으로 옳은 것은?

① 지적공부관리시스템
② 토지민원발급시스템
③ 토지행정지원시스템
④ 용도지역지구관리시스템

> **해설** 토지행정지원시스템은 부동산거래, 외국인 토지취득, 부동산중개업, 개발부담금, 공시지가 등을 담당한다.

52 중첩의 유형에 해당하지 않는 것은?

① 선과 점의 중첩
② 점과 폴리곤의 중첩
③ 선과 폴리곤의 중첩
④ 폴리곤과 폴리곤의 중첩

53 지표면을 3차원적으로 표현할 수 있는 수치표고자료의 유형은?

① DEM 또는 TIN
② JPG 또는 GIF
③ SHF 또는 DBF
④ RFM 또는 GUM

54 토지정보시스템 구축의 목적으로 가장 거리가 먼 것은?

① 토지 관련 과세 자료의 이용
② 지적민원사항의 신속한 처리
③ 토지관계 정책 자료의 다목적 활용
④ 전산자원 및 지적도 DB 단독 활용

55 지적전산용 네트워크의 기본장비와 거리가 가장 먼 곳은?

① 교환 장비
② 전송 장비
③ 보안 장비
④ DLT 장비

56 아래와 같은 특징을 갖는 도형자료의 입력장치는?

• 필요한 주제의 형태에 따라 작업자가 좌표를 독취하는 방법이다.
• 일반적으로 많이 사용되는 방법으로, 간단하고 소요 비용이 저렴한 편이다.
• 작업자의 숙련도가 작업의 효율성에 큰 영향을 준다.

① 프린터
② 플로터
③ DLT 장비
④ 디지타이저

57 데이터의 표준화를 위해서 선행되어야 할 요건이 아닌 것은?

① 원격탐사
② 형상의 분류
③ 대상물의 표현
④ 자료의 질에 대한 분류

해설 원격탐사(R/S : Remote Sensing)
탐측기(Sensor)를 이용하여 지표, 지상, 지하, 대기권 및 우주 공간상의 대상들에서 반사 또는 방사되는 전자기파를 탐지하고 이들 자료로부터 정량적 혹은 정성적으로 해석하는 방법으로서 데이터의 표준화를 위한 선행요건과 거리가 멀다.

58 공간데이터의 표현 형태 중 폴리곤에 대한 설명으로 옳지 않은 것은?

① 이차원의 면적을 갖는다.
② 점, 선, 면의 데이터 중 가장 복잡한 형태를 갖는다.
③ 경계를 형성하는 연속된 선들로서 형태가 이루어진다.
④ 폴리곤 간의 공간적인 관계를 계량화하는 것은 매우 쉽다.

해설 도형정보인 벡터데이터는 점(Point), 선(Line), 면(Polygon)의 세 가지 요소로 구분되는데, 이 중 폴리곤은 최소 3개 이상의 선으로 폐합되는 2차원 객체의 표현으로서 하나의 노드와 수개의 버텍스로 구성되어 있고, 노드 혹은 버텍스는 링크로 연결된다. 필지 · 행정구역 · 호수 · 산림 · 도시 등은 대표적인 면사상으로 폴리곤 간의 공간적인 관계를 계량화하는 것은 쉽지 않다.

59 부동산종합공부시스템의 관리내용으로 옳지 않은 것은?

① 부동산종합공부시스템의 사용 시 발견된 프로그램의 문제점이나 개선사항은 국토교통부장관에게 요청해야 한다.
② 사용기관이 필요시 부동산종합공부시스템의 원시프로그램이나 조작 도구를 개발 · 설치할 수 있다.
③ 국토교통부장관은 부동산종합공부시스템이 단일 버전의 프로그램으로 설치 · 운영되도록 총괄 · 조정하여 배포해야 한다.
④ 국토교통부장관은 부동산종합공부시스템 프로그램의 추가 · 변경 또는 폐기 등의 변동사항이 발생한 때에는 그 세부내역을 작성 · 관리해야 한다.

해설 부동산종합공부시스템에는 국토교통부장관의 승인을 받지 아니한 어떠한 형태의 원시프로그램과 이를 조작할 수 있는 도구 등을 개발 · 제작 · 저장 · 설치할 수 없다.

60 네트워크를 통하여 정보를 공유하고자 하는 온라인 활용분야에서 사용되는 공통어는?

① 메타데이터　　　② 속성데이터　　　③ 위성데이터　　　④ 데이터 표준화

해설 메타데이터는 데이터에 대한 정보로서 여러 용도로 사용되나 주로 빠른 검색과 내용을 간략하고 체계적으로 하기 위해 사용되며, 온라인 활용분야에서 사용되는 공통표준이다.

4과목 지적학

61 다음 중 토렌스시스템의 기본이론에 해당되지 않는 것은?

① 거울이론　　　② 보상이론　　　③ 보험이론　　　④ 커튼이론

해설 토렌스시스템의 3대 기본이론에는 거울이론, 커튼이론, 보험이론이 해당된다.

---

62 다음 중 고대 바빌로니아의 지적 관련 사료가 아닌 것은?

① 미쇼(Michaux)의 돌
② 테라코타(Terra Cotta) 서판
③ 누지(Nuzi)의 점토판 지도(Clay Tablet)
④ 메나 무덤(Tomb of Menna)의 고분벽화

해설 메나 무덤의 고분벽화는 고대 이집트의 지적사료이다.

---

63 다음 중 토지조사사업 당시 일필지조사와 관련이 가장 적은 것은?

① 경계조사　　　② 지목조사　　　③ 지주조사　　　④ 지형조사

해설 일필지조사의 내용에는 지주의 조사, 강계 및 지역의 조사, 지목의 조사, 증명 및 등기필지의 조사, 각종 특별조사 등이 있다.

---

64 토지 분할 후의 면적 합계는 분할 전 면적과 어떻게 되도록 처리하는가?

① $1m^2$까지 작아지는 것은 허용한다.
② $1m^2$까지 많아지는 것은 허용한다.
③ $1m^2$까지는 많아지거나 적어지거나 모두 좋다.
④ 분할 전 면적에 증감이 없도록 하여야 한다.

해설 토지가 분할되는 경우 원필지에서 분할되는 각각의 필지 면적 합계가 분할 전 필지의 원면적과 같아야 한다.

65 토지에 관한 권리객체의 공시 역할을 하고 있는 지적의 가장 중요한 역할이라 할 수 있는 것은?

① 필지 획정   ② 지목 결정   ③ 면적 결정   ④ 소유자 등록

해설 필지는 법적으로 물권의 효력이 미치는 권리의 객체로 토지의 등록단위 · 소유단위 · 이용단위 · 거래단위로서 토지에 대한 물권의 효력이 미치는 범위를 정하고 토지를 개별화 · 특정화시키기 위하여 인위적으로 구획한 법적 등록단위이다. 이와 같이 지적제도에서 필지는 기본단위이므로 필지 획정이 가장 중요한 사항이다.

66 진행방향에 따른 지번 부여방법의 분류에 해당하는 것은?

① 자유식   ② 분수식   ③ 사행식   ④ 도엽단위식

해설 지번 부여방법의 종류
- 진행방향에 따른 분류 : 사행식, 기우식, 단지식
- 부여단위에 따른 분류 : 지역단위법, 도엽단위, 단지단위법
- 기번위치에 따른 분류 : 북동기번법, 북서기번법

67 우리나라 임야조사사업 당시의 재결기관으로 옳은 것은?

① 도지사   ② 임야조사위원회
③ 고등토지조사위원회   ④ 세부측량검사위원회

해설 사정에 대하여 불복이 있는 경우의 재결기관은 토지조사사업에서는 고등토지조사위원회이며, 임야조사사업에서는 임야조사위원회이다.

68 1필지에 대한 설명으로 가장 거리가 먼 것은?

① 토지의 거래 단위가 되고 있다.
② 논둑이나 밭둑으로 구획된 단위 지역이다.
③ 토지에 대한 물권의 효력이 미치는 범위이다.
④ 하나의 지번이 부여되는 토지의 등록 단위이다.

해설 일필지는 법적으로 물권의 효력이 미치는 권리의 객체로서 토지의 등록단위 · 소유단위 · 이용단위 · 거래단위이다. 즉, 토지에 대한 물권의 효력이 미치는 범위를 정하고 토지를 개별화 · 특정화시키기 위하여 인위적으로 구획한 법적 등록단위이다.

69 지번의 설정 이유 및 역할로 가장 거리가 먼 것은?

① 토지의 개별화   ② 토지의 특정화
③ 토지의 위치 확인   ④ 토지이용의 효율화

해설 지번의 역할 및 기능(특성)

지번의 역할	지번의 기능(특성)
• 장소의 기준 • 물권표시의 기준 • 공간계획의 기준	• 토지의 고정화 • 토지의 특정화 • 토지의 개별화 • 토지의 식별화 • 토지위치의 확인 • 행정주소표기, 토지이용의 편리성 • 토지관계 자료의 연결매체 기능

70 지적공부에 등록하지 아니하는 것은?

① 해면   ② 국유림   ③ 암석지   ④ 황무지

해설 지적공부는 토지대장, 임야대장, 공유지연명부, 대지권등록부, 지적도, 임야도 및 경계점좌표등록부 등 지적측량 등을 통하여 조사된 토지의 표시와 해당 토지의 소유자 등을 기록한 대장 및 도면(정보처리시스템을 통하여 기록·저장된 것을 포함)이다.

① 해면은 토지가 아니므로 지적공부에 등록하지 않는다.

71 지적도 축척에 관한 설명으로 옳지 않은 것은?

① 일반적으로 축척이 크면 도면의 정밀도가 크다.
② 지도상에서의 거리와 지표상에서의 거리의 관계를 나타내는 것이다.
③ 축척의 표현방법에는 분수식, 서술식, 그래프식 등의 방법이 있다.
④ 축척이 분수로 표현될 때에 분자가 같으면 분모가 큰 것이 축척이 크다.

해설 분자가 같을 경우 분모가 작은 것이 축척이 크다. 즉, 1/6,000보다 1/1,200의 축척이 더 크다.

72 1910년 대한제국의 탁지부에서 근대적인 지적제도를 창설하기 위하여 전 국토에 대한 토지조사사업을 추진할 목적으로 제정·공포한 것은?

① 지세령   ② 토지조사령   ③ 토지조사법   ④ 토지측량규칙

해설 대한제국은 근대적인 토지조사사업의 실시를 위하여 1910년 8월 23일 토지조사법을 제정하여 전국의 토지조사업무를 전담하도록 하였으나, 1910년 8월 29일 한일합방 이후 설치된 임시토지조사국에 승계되었다.

73 지적제도에서 채택하고 있는 토지등록의 일반원칙이 아닌 것은?

① 등록의 직권주의   ② 실질적 심사주의
③ 심사의 형식주의   ④ 적극적 등록주의

형식적 심사주의는 등기제도에서 채택하고 있다.

74 아래에서 설명하는 내용의 의미로 옳은 것은?

> 지번, 지목, 경계 및 면적은 국가가 비치하는 지적공부에 등록해야만 공식적 효력이 있다.

① 지적공개주의   ② 지적국정주의   ③ 지적비밀주의   ④ 지적형식주의

지적형식주의는 지번, 지목, 경계 또는 좌표 및 면적 등 토지의 등록사항은 국가의 공적장부인 지적공부에 등록·공시해야만 효력이 인정된다는 지적제도의 이념이다.

75 조선시대에 정약용이 주장한 양전개정론의 내용에 해당하지 않는 것은?

① 경무법   ② 망척제   ③ 정전제   ④ 방량법과 어린도법

망척제는 이기가 『해학유서』에서 수등이척제에 대한 개선방법으로 도입을 주장한 것이다.

76 적극적 토지등록제도의 기본원칙이라고 할 수 없는 것은?

① 토지등록은 국가공권력에 의해 성립된다.
② 토지등록은 형식적 심사에 의해 이루어진다.
③ 등록내용의 유효성은 법률적으로 보장된다.
④ 토지에 대한 권리는 등록에 의해서만 인정된다.

적극적 등록제도에서 토지등록은 실질적 심사에 의하여 이루어진다.

77 합병한 토지의 면적 결정방법으로 옳은 것은?

① 새로이 삼사법으로 측정한다.
② 새로이 전자면적기로 측정한다.
③ 합병 전 각 필지의 면적을 합산한 것으로 한다.
④ 합병 전 각 필지의 면적을 합산하여 나머지는 4사5입한다.

토지를 합병하는 경우에는 면적을 측정하지 않고 합병 전 각 필지의 면적을 합산하여 결정한다.

78 우리나라의 지목설정 원칙과 가장 거리가 먼 것은?

① 1필1지목의 원칙   ② 용도경중의 원칙
③ 지형지목의 원칙   ④ 주지목추종의 원칙

해설 지목설정의 원칙에는 1필1지목의 원칙, 주지목추종의 원칙, 등록선후의 원칙, 용도경중의 원칙, 일시변경불가의 원칙, 사용목적추종의 원칙 등이 있다.

79 각 시대별 지적제도의 연결이 옳지 않은 것은?

① 고려 – 수등이척제
② 조선 – 수등이척제
③ 고구려 – 두락제(斗落制)
④ 대한제국 – 지계아문(地契衙門)

해설 두락제(斗落制)는 전답에 뿌리는 씨앗의 수량으로 면적을 표시하는 제도이며, 백제의 토지면적 산정기준이다.

80 조선시대 『경국대전』 호전(戶典)에 의한 양전은 몇 년마다 실시되었는가?

① 5년
② 10년
③ 15년
④ 20년

해설 『경국대전』 호전 양전조(量田條)에서 모든 전지는 6등급으로 구분하고 20년마다 다시 측량하여 장부를 만들어 호조(戶曹)와 그 도(道), 그 읍(邑)에 비치한다고 규정하였다.

5과목 **지적관계법규**

81 세부측량을 하는 경우 필지마다 면적을 측정하여야 하는 대상으로 옳지 않은 것은?

① 면적 또는 경계를 정정하는 경우
② 지적공부의 신규등록을 하는 경우
③ 경계복원측량 및 지적현황측량에 면적측정이 수반되는 경우
④ 지상건축물 등의 현황을 지적도 및 임야도에 등록된 경계와 대비하여 표시하는 데에 필요한 경우

해설 세부측량에서 면적측정의 대상에는 지적공부의 복구 · 신규등록 · 등록전환 · 분할 · 축척변경, 등록사항정정에 따른 면적의 정정, 도시개발사업 등으로 인한 새로운 토지표시의 결정, 경계복원측량 및 지적현황측량에 수반되는 면적측정 등이 있다.

82 다음 중 지적공부에 해당하지 않는 것은?

① 지적도
② 지적약도
③ 임야대장
④ 경계점좌표등록부

해설 "지적공부"란 토지대장, 임야대장, 공유지연명부, 대지권등록부, 지적도, 임야도 및 경계점좌표등록부 등 지적측량 등을 통하여 조사된 토지의 표시와 해당 토지의 소유자 등을 기록한 대장 및 도면(정보처리시스템을 통하여 기록 · 저장된 것을 포함한다)을 말한다.

83 1필지의 일부가 형질변경 등으로 용도가 변경되어 분할을 신청하는 경우 함께 제출할 신청서로 옳은 것은?

① 신규등록 신청서   ② 용도전용 신청서
③ 지목변경 신청서   ④ 토지합병 신청서

해설 토지소유자는 토지의 분할을 신청할 때에는 분할신청서에 서류를 첨부하여 지적소관청에 제출하여야 하며, 1필지의 일부가 형질변경 등으로 용도가 변경된 경우에는 지목변경 신청서를 함께 제출하여야 한다.

84 다음 중 임야도에 등록된 등록전환을 신청할 수 있는 경우가 아닌 것은?

① 「산지관리법」에 따라 토지의 형질이 변경되는 경우
② 도시 · 군관리계획선에 따라 토지를 분할하는 경우
③ 임야도에 등록된 토지가 사실상 형질변경되었으나 지목변경을 할 수 없는 경우
④ 대부분의 토지가 등록전환되어 나머지 토지를 임야도에 계속 존치하는 것이 불합리한 경우

해설 등록전환을 신청할 수 있는 토지에는 ②, ③, ④ 외에 「산지관리법」에 따른 산지전용허가 · 신고, 산지일시사용 허가 · 신고, 「건축법」에 따른 건축허가 · 신고 또는 그 밖의 관계법령에 따른 개발행위 허가 등을 받은 경우 등이 있다.

85 다른 사람에게 측량업등록증 또는 측량업등록수첩을 빌려주거나 자기의 성명 또는 상호를 사용하여 측량업무를 하게 한 자에 대한 벌칙 기준으로 옳은 것은?

① 300만 원 이하의 과태료를 부과한다.
② 1년 이하의 징역 또는 1천만 원 이하의 벌금에 처한다.
③ 2년 이하의 징역 또는 2천만 원 이하의 벌금에 처한다.
④ 3년 이하의 징역 또는 3천만 원 이하의 벌금에 처한다.

해설 다른 사람에게 측량업등록증 또는 측량업등록수첩을 빌려주거나 자기의 성명 또는 상호를 사용하여 측량업무를 하게 한 자는 1년 이하의 징역 또는 1천만 원 이하의 벌금에 처한다.

86 일람도의 등록사항이 아닌 것은?

① 도면의 제명 및 축척   ② 지번부여지역의 경계
③ 지번 · 도면번호 및 결번   ④ 주요 지형지물의 표시

해설 일람도 및 지번색인표의 등재사항

일람도	지번색인표
• 지번부여지역의 경계 및 인접지역의 행정구역명칭 • 도면의 제명 및 축척 • 도곽선과 그 수치 • 도면번호 • 도로 · 철도 · 하천 · 구거 · 유지 · 취락 등 주요 지형지물의 표시	• 제명 • 지번 · 도면번호 및 결번

87 「공간정보의 구축 및 관리 등에 관한 법률」상 용어에 대한 설명으로 옳지 않은 것은?

① "면적"이란 지적공부에 등록한 필지의 수평면상 넓이를 말한다.

② "토지의 이동"이란 토지의 표시를 새로 정하거나 변경 또는 말소하는 것을 말한다.

③ "지번부여지역"이란 지번을 부여하는 단위지역으로서 동·리 또는 이에 준하는 지역을 말한다.

④ "축척변경"이란 지적도에 등록된 경계점의 정밀도를 높이기 위하여 큰 축척을 작은 축척으로 변경하여 등록하는 것을 말한다.

> **해설** "축척변경"이란 지적도에 등록된 경계점의 정밀도를 높이기 위하여 작은 축척을 큰 축척으로 변경하여 등록하는 것을 말한다.

88 「지적측량 시행규칙」상 지적도근점측량을 시행하는 경우, 지적도근점을 구성하는 도선이 아닌 것은?

① 개방도선　　② 결합도선　　③ 왕복도선　　④ 폐합도선

> **해설** 지적도근점의 도선은 결합도선, 폐합도선, 왕복도선 및 다각망도선으로 구성하여야 한다.

89 지적측량업자가 손해배상책임을 보장하기 위하여 가입하여야 하는 보증보험의 보증금액 기준으로 옳은 것은?

① 1억 원 이상
③ 10억 원 이상
② 5억 원 이상
④ 20억 원 이상

> **해설** 지적측량수행자의 손해배상책임 보장기준
> • 지적측량업자 : 보장기간 10년 이상 및 보증금액 1억 원 이상인 보증보험
> • 한국국토정보공사 : 보증금액 20억 원 이상의 보증보험

90 「공간정보의 구축 및 관리 등에 관한 법률」상 지적측량을 하여야 하는 경우가 아닌 것은?

① 토지를 합병하는 경우
③ 지적공부를 복구하는 경우
② 축척을 변경하는 경우
④ 토지를 등록전환하는 경우

> **해설** 토지의 합병, 지목변경, 지번변경, 행정구역변경 등은 지적측량을 수반하지 않는다.

91 「공간정보의 구축 및 관리 등에 관한 법률」상 「국유재산법」에 따른 총괄청이 소유자 없는 부동산에 대한 소유자 등록을 신청하는 경우의 소유자변동일자는?

① 등기신청일
③ 신규등록신청일
② 등기접수일자
④ 소유자정리결의일자

92 「공간정보의 구축 및 관리 등에 관한 법률」상 지상경계의 결정기준 등에 관한 내용으로 옳지 않은 것은?

① 연접되는 토지 간에 높낮이 차이가 없는 경우에는 그 구조물 등의 중앙

② 도로·구거 등의 토지에 절토된 부분이 있는 경우에는 그 경사면의 상단부

③ 토지가 해면 또는 수면에 접하는 경우에는 최대만조위 또는 최대만수위가 되는 선

④ 공유수면매립지의 토지 중 제방 등을 토지에 편입하여 등록하는 경우에는 안쪽 어깨부분

93 다음 중 합병 신청을 할 수 있는 것은?

① 합병하려는 토지의 소유 형태가 공동소유인 경우

② 합병하려는 각 필지의 지반이 연속되지 아니한 경우

③ 합병하려는 토지의 지적도 및 임야도의 축척이 서로 다른 경우

④ 합병하려는 토지가 축척변경을 시행하고 있는 지역의 토지와 그 지역 밖의 토지인 경우

94 지적소관청이 관할등기소에 토지의 표시변경에 관한 등기를 할 필요가 있는 사유가 아닌 것은?

① 토지소유자의 신청을 받아 지적소관청이 신규등록한 경우

② 지적소관청이 지적공부의 등록사항에 잘못이 있음을 발견하여 이를 직권으로 조사·측량하여 정정한 경우

③ 지적공부를 관리하기 위하여 필요하다고 인정되어 지적소관청이 직권으로 일정한 지역을 정하여 그 지역의 축척을 변경한 경우

④ 지번부여지역의 일부가 행정구역의 개편으로 다른 지번부여지역에 속하게 되어 지적소관청이 새로 속하게 된 지번부여지역의 지번을 부여한 경우

95 지적재조사측량에 따른 경계설정 기준으로 옳은 것은?

① 지상경계에 대하여 다툼이 있는 경우 현재의 지적공부상 경계
② 지상경계에 대하여 다툼이 없는 경우 등록할 때의 측량기록을 조사한 경계
③ 지상경계에 대하여 다툼이 있는 경우 토지소유자가 점유하는 토지의 현실경계
④ 지상경계에 대하여 다툼이 없는 경우 토지소유자가 점유하는 토지의 현실경계

해설 지적재조사에 따른 경계설정 기준
- 지상경계에 대하여 다툼이 없는 경우 토지소유자가 점유하는 토지의 현실경계
- 지상경계에 대하여 다툼이 있는 경우 등록할 때의 측량기록을 조사한 경계
- 지방관습에 의한 경계
- 지적재조사를 위한 경계설정을 하는 것이 불합리하다고 인정하는 경우에는 토지소유자들이 합의한 경계
- 해당 토지소유자들 간의 합의에 따라 변경된 「도로법」, 「하천법」 등 관계법령에 따라 고시·설치된 공공용지의 경계

96 다음 중 "체육용지"로 지목 설정을 할 수 있는 것은?

① 공원   ② 골프장   ③ 경마장   ④ 유선장

해설 종합운동장·실내체육관·야구장·골프장·스키장·승마장·경륜장 등의 토지는 체육용지이며, 수영장·유선장·낚시터·어린이놀이터·동물원·식물원·민속촌·경마장 등의 토지는 유원지이다.

97 토지이동과 관련하여 지적공부에 등록하는 시기로 옳은 것은?

① 신규등록 – 공유수면매립 인가일   ② 축척변경 – 축척변경 확정 공고일
③ 도시개발사업 – 사업의 완료 신고일   ④ 지목변경 – 토지형질변경 공사 허가일

해설 ① 신규등록 – 공유수면매립 준공일
③ 도시개발사업 – 토지의 형질변경 등의 공사 준공일
④ 지목변경 – 토지의 형질변경 등의 공사 준공일

98 「지적업무 처리규정」상 측량결과에 대한 측량파일 코드에 관한 내용으로 옳은 것은?

① 분할선은 검은색 점선으로 제도한다.
② 현황선은 붉은색 점선으로 제도한다.
③ 지적경계선은 파란색 실선으로 제도한다.
④ 방위표정 방향선은 검은색 실선 화살표로 제도한다.

① 분할선은 붉은색 실선으로 제도한다.
③ 지적경계선은 검은색 실선으로 제도한다.
④ 방위표정 방향선은 파란색 실선 화살표로 제도한다.

99 면적측정의 방법에 관한 내용으로 옳은 것은?

① 좌표면적계산법에 따른 산출면적은 1,000분의 1m² 까지 계산하여 100분의 1m² 단위로 정해야 한다.

② 전자면적측정기에 따른 측정면적은 100분의 1m² 까지 계산하여 10분의 1m² 단위로 정해야 한다.

③ 경위의측량방법으로 세부측량을 한 지역의 필지별 면적 측정은 경계점좌표에 따라야 한다.

④ 면적을 측정하는 경우 도곽선의 길이에 1mm 이상의 신축이 있을 때에는 이를 보정하여야 한다.

① 좌표면적계산법(경계점좌표등록부 지역)에 따른 산출면적은 1,000분의 1m² 까지 계산하여 10분의 1m² 단위로 정한다.
② 전자면적측정기(도해지역)에 따른 측정면적은 1,000분의 1m² 까지 계산하여 10분의 1m² 단위로 정한다.
④ 면적을 측정하는 경우 도곽선의 길이에 5mm 이상의 신축이 있을 때에는 이를 보정하여야 한다.

100 「지적재조사에 관한 특별법」상 조정금의 산정에 관한 내용으로 옳지 않은 것은?

① 조정금은 경계가 확정된 시점을 기준으로 개별공시지가액으로 산정한다.

② 국가 또는 지방자치단체 소유의 국유지·공유지 행정재산의 조정금은 징수하거나 지급하지 아니한다.

③ 토지소유자협의회가 요청하는 경우 시·군·구 지적재조사위원회의 심의를 거쳐 개별공시지가로 조정금을 산정할 수 있다.

④ 지적소관청은 경계 확정으로 지적공부상의 면적이 증감된 경우에는 필지별 면적 증감내역을 기준으로 조정금을 산정하여 징수하거나 지급한다.

조정금은 경계가 확정된 시점을 기준으로 감정평가액으로 산정한다. 「부동산 가격공시에 관한 법률」에 따른 개별공시지가로 산정하는 경우에는 경계가 확정된 시점을 기준으로 필지별 증감면적에 개별공시지가를 곱하여 산정한다.

1과목 지적측량

01 지적측량에서 측량계산의 끝수처리가 잘못된 것은?

① 12.6m²는 13m²

② 22.5m²는 22m²

③ 13.5m²는 14m²

④ 10.5m²는 11m²

해설 지적공부에 등록하는 면적의 최소등록단위는 1m²(지적도 축척 1/600인 지역과 경계점좌표등록부에 등록하는 지역은 0.1m²)이며, 면적의 결정방법은 5사5입의 원칙에 따라 1m² 미만의 끝수가 있는 경우 0.5m² 미만은 버리고 초과는 올리며 0.5m²인 경우에는 홀수만 올린다(지적도 축척 1/600인 지역과 경계점좌표등록부에 등록하는 지역은 0.05m² 미만은 버리고 초과는 올리며 0.05m²인 경우에는 홀수만 올린다).

④ 10.5m²는 10m²로 결정된다.

02 삼각점과 지적기준점 등의 제도방법으로 옳지 않은 것은?

① 지적도근점은 직경 2mm의 원으로 제도한다.

② 삼각점 및 지적기준점은 0.2mm 폭의 선으로 제도한다.

③ 2등 삼각점은 직경 1mm 및 2mm의 2중 원으로 제도한다.

④ 지적삼각점은 직경 3mm의 원으로 제도하고 원 안에 십자선으로 표시한다.

해설 지적기준점의 제도방법

구분	위성기준점	1등 삼각점	2등 삼각점	3등 삼각점	4등 삼각점	지적삼각점	지적삼각 보조점	지적도근점
기호	⊕	◉	◎	⦿	◎	⊕	●	○
크기	3mm/2mm	3mm/2mm/1mm		2mm/1mm		3mm		2mm

③ 2등 삼각점은 직경 1mm, 2mm 및 3mm의 3중 원으로 제도한다.

03 지적측량의 법률적 효력으로 옳지 않은 것은?

① 강제력   ② 공정력   ③ 구인력   ④ 확정력

지적측량 및 토지등록의 법률적 효력에는 행정처분의 구속력, 공정력, 확정력, 강제력이 있다.

04 지적삼각점성과표에 기록 · 관리하여야 하는 사항이 아닌 것은?

① 경계점좌표

② 자오선수차

③ 소재지와 측량연월일

④ 지적삼각점의 명칭과 기준 원점명

지적기준점성과표의 기록 · 관리사항

지적삼각점성과표	지적삼각보조점 및 지적도근점성과표
• 지적삼각점의 명칭과 기준 원점명 • 좌표 및 표고 • 경도 및 위도(필요한 경우로 한정한다.) • 자오선수차 • 시준점의 명칭, 방위각 및 거리 • 소재지와 측량연월일 • 그 밖의 참고사항	• 번호 및 위치의 약도 • 좌표와 직각좌표계 원점명 • 경도와 위도(필요한 경우로 한정한다.) • 표고(필요한 경우로 한정한다.) • 소재지와 측량연월일 • 도선등급 및 도선명 • 표지의 재질 • 도면번호 • 설치기관 • 조사연월일, 조사자의 직위 · 성명 및 조사 내용

05 평판측량에서 경사거리 l과 경사분획 n을 측정할 때 수평거리 L을 산출하는 공식은?

① $L = l \dfrac{100}{\sqrt{1 + \left(\dfrac{n}{100}\right)^2}}$

② $L = l \dfrac{1}{\sqrt{1 + \left(\dfrac{n}{100}\right)^2}}$

③ $L = l \dfrac{1}{\sqrt{1 - \left(\dfrac{n}{100}\right)^2}}$

④ $L = l \dfrac{1}{\sqrt{100^2 + n^2}}$

평판측량방법에 따라 경사거리를 조준의(앨리데이드)를 사용한 경우,

수평거리$(D) = l \dfrac{1}{\sqrt{1 + \left(\dfrac{n}{100}\right)^2}}$ (l은 경사거리, n은 경사분획)

06 일반지역에서 축척이 1/6,000인 임야도의 지상 도곽선 규격(종선×횡선)으로 옳은 것은?

① $500\text{m} \times 400\text{m}$

② $1,200\text{m} \times 1,000\text{m}$

③ $1,250\text{m} \times 1500\text{m}$

④ $2,400\text{m} \times 3,000\text{m}$

지적도면의 축척 및 크기

구분	축척	도상길이		지상길이	
		X(mm)	Y(mm)	X(m)	Y(m)
토지대장등록지 (지적도)	1/500	300.000	400.000	150	200
	1/1,000	300.000	400.000	300	400
	1/600	333.333	416.667	200	250
	1/1,200	333.333	416.667	400	500
	1/2,400	333.333	416.667	800	1,000
	1/3,000	400.000	500.000	1,200	1,500
	1/6,000	400.000	500.000	2,400	3,000
임야대장등록지 (임야도)	1/3,000	400.000	500.000	1,200	1,500
	1/6,000	400.000	500.000	2,400	3,000

④ 축척 1/6,000인 임야도 도곽선의 도상거리는 40cm×50cm이고, 지상거리는 2,400m×3,000m이다.

---

07 미지점에 평판을 설치하여 그 점의 위치를 결정하기 위한 측량방법은?

① 전방교회법

② 측방교회법

③ 후방교회법

④ 측방과 전방교회법의 혼용

후방교회법은 구하고자 하는 미지점에 평판을 세우고 기지점의 방향선에 의하여 미지점의 위치를 결정하는 방법으로 2점법, 3점법, 자침에 의한 방법 등이 있다.

---

08 다각망도선법에 의한 지적삼각보조점측량 및 지적도근점측량을 시행하는 경우, 기지점 간 직선상의 외부에 두는 지적삼각보조점 및 지적도근점의 선점은 기지점 직선과의 사이각을 얼마 이내로 하도록 규정하고 있는가?

① 10° 이내

② 20° 이내

③ 30° 이내

④ 30° 이내

다각망도선법으로 지적삼각보조점측량 및 지적도근점측량을 할 경우에 기지점 간 직선상의 외부에 두는 지적삼각보조점 및 지적도근점과 기지점 직선과의 사이각은 30° 이내로 한다.

---

09 다음 그림에서 측선 CD의 방위각(V_C^D)은?

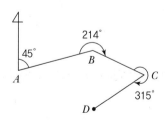

① 146°

② 214°

③ 266°

④ 326°

해설 외각 관측
임의 방위각 = 앞측선의 방위각 + 180° + 해당 측선의 내각

AB의 방위각(V_A^B) = 45°

BC의 방위각(V_B^C) = 45° + 180° + 214° = 439° − 360° = 79°

∴ CD의 방위각(V_C^D) = 79° + 180° + 315° = 574° − 360° = 214°

10 경위의측량방법에 따른 세부측량을 행하는 경우에 수평각의 측각공차는 1회 측정각과 2회 측정각의 평균값에 대한 교차를 얼마까지 허용하는가?

① 10초 이내
② 20초 이내
③ 30초 이내
④ 40초 이내

해설 경위의측량방법에 따른 세부측량을 행하는 경우 수평각의 측각공차는 1회 측정각과 2회 측정각의 평균값에 대한 교차를 40초 이내로 하여야 한다.

11 교회법에 따른 지적삼각보조점의 관측 및 계산에 대한 기준으로 틀린 것은?

① 1방향각의 측각공차는 40초 이내로 한다.
② 관측은 10초독 이상의 경위의를 사용한다.
③ 수평각관측은 2대회의 방향관측법에 따른다.
④ 1측회의 폐색 측각공차는 ±40초 이내로 한다.

해설 지적삼각보조점측량의 수평각 측각공차

종별	1방향각	1측회 폐색	삼각형 내각관측의 합과 180°의 차	기지각과의 차
공차	40초 이내	±40초 이내	±50초 이내	±50초 이내

② 교회법에 따른 지적삼각보조점의 관측은 20초독 이상의 경위의를 사용하여야 한다.

12 축척 1/1,200 지역에서 평판측량을 도선법으로 하는 경우 일반적인 도선의 거리제한으로 옳은 것은?

① 68m 이내
② 86m 이내
③ 96m 이내
④ 100m 이내

해설 평판측량방법에 따른 세부측량을 도선법으로 하는 경우 도선의 측선장은 도상길이 8cm 이하(광파조준의 또는 광파측거기를 사용할 때에는 30cm 이하)로 한다.
따라서 축척 1/1,200 지역에서 도선의 거리제한 = 1,200 × 0.08 = 96m 이내

13 지적기준점 표지설치의 점간거리 기준으로 옳은 것은?

① 지적삼각점 : 평균 2km 이상 5km 이하
② 지적도근점 : 평균 40m 이상 300m 이하
③ 지적삼각보조점 : 평균 1km 이상 2km 이하
④ 지적삼각보조점 : 다각망도선법에 따르는 경우 평균 2km 이하

해설 지적기준점표지의 점간거리
• 지적삼각점은 평균 2km 이상 5km 이하
• 지적삼각보조점은 평균 1km 이상 3km 이하(다각망도선법은 평균 0.5km 이상 1km 이하)
• 지적도근점은 평균 50m 이상 300m 이하(다각망도선법은 평균 500m 이하)

14 지적도근점성과표에 기록 · 관리하여야 할 사항에 해당하지 않는 것은?

① 좌표   ② 도선 등급   ③ 자오선수차   ④ 표지의 재질

해설 문제 04번 해설 참조

15 필지의 면적측정 방법에 대한 설명으로 적합하지 않은 것은?

① 필지별 면적측정은 지상경계 및 도상좌표에 의한다.
② 전자면적측정기로 면적을 측정하는 경우 도상에서 2회 측정한다.
③ 경계점좌표등록부 시행지역은 좌표면적계산법으로 면적을 측정한다.
④ 측정면적은 1,000분의 $1m^2$까지 계산하여 10분의 $1m^2$ 단위로 정한다.

해설 필지별 면적측정은 경계점좌표(좌표면적계산법) 및 도상경계(전자면적측정기)에 의한다.

16 지적도의 도곽선수치는 원점으로부터 각각 얼마를 가산하여 사용할 수 있는가?(단, 제주도지역은 제외한다.)

① 종선 50만 m, 횡선 20만 m   ② 종선 55만 m, 횡선 20만 m
③ 종선 20만 m, 횡선 50만 m   ④ 종선 20만 m, 횡선 55만 m

해설 세계측지계에 따르지 않는 지적측량은 가우스상사이중투영법으로 표시하되, 직각좌표계 투영원점의 가산수치를 종선(X) = 500,000m(제주도지역 550,000m), 횡선(Y) = 200,000m로 사용할 수 있다.

17 다음 중 지적측량을 실시하지 않아도 되는 경우는?

① 지적기준점을 정하는 경우
② 지적측량성과를 검사하는 경우

③ 경계점을 지상에 복원하는 경우

④ 토지를 합병하고 면적을 결정하는 경우

해설 토지의 합병, 지번변경, 지목변경 등의 경우에는 지적측량을 실시하지 않는다.

18 다음 평판측량에 의한 오차 중 기계적 오차에 해당하는 것은?

① 평판의 경사에 의한 오차

② 방향선의 변위에 의한 오차

③ 시준선의 경사에 의한 오차

④ 평판의 방향 표정 불완전에 의한 오차

해설 평판측량의 기계적 오차에는 시준판의 전후 또는 좌우 경사에 의한 오차, 시준선 및 시준축의 기울어짐에 의한 오차, 시준축과 앨리데이드 잣눈 방향의 불일치 및 불평행에 의한 오차 등이 있다.

19 지적삼각보조점측량에 관한 설명으로 옳지 않은 것은?

① 영구표지를 설치하는 경우에는 시·군·구별로 일련번호를 부여한다.

② 지적삼각보조점은 측량지역별로 설치순서에 따라 일련번호를 부여한다.

③ 지적삼각보조점은 교회망 또는 교점다각망으로 구성하여야 한다.

④ 전파기 또는 광파기측량방법에 따라 다각망도선법으로 지적삼각보조점측량을 할 때에는 5점 이상의 기지점을 포함한 결합다각방식에 따른다.

해설 전파기 또는 광파기측량방법에 따라 다각망도선법으로 지적삼각보조점측량을 할 때에는 3점 이상의 기지점을 포함한 결합다각방식에 따른다.

20 평판측량방법에 의한 세부측량 시 일반적인 방향선 또는 측선장의 도상길이로 옳지 않은 것은?

① 교회법은 10cm 이하

② 도선법은 10cm 이하

③ 광파조준의에 의한 도선법은 30cm 이하

④ 광파조준의에 의한 교회법은 30cm 이하

해설 세부측량에서 측선장과 방향선의 도상길이
- 도선법은 도선 측선장의 도상길이를 8cm 이하(광파조준의 또는 광파측거기를 사용할 때에는 30cm 이하)로 한다.
- 방사법은 1방향선의 도상길이를 10cm 이하(광파조준의 또는 광파측거기를 사용할 때에는 30cm 이하)로 한다.
- 교회법으로 하는 경우 방향선의 도상길이는 측판의 방위표정에 사용한 방향선의 도상길이 이하로서 10cm 이하(광파조준의 또는 광파측거기를 사용하는 경우에는 30cm 이하)로 한다.

21 GNSS를 이용하여 위치를 결정할 때 발생하는 중요한 오차요인이 아닌 것은?

① 위성의 배치상태와 관련된 오차

② 자료 호환과 관련된 오차

③ 신호전달과 관련된 오차

④ 수신기에 관련된 오차

해설 GNSS측량의 오차에는 구조적 요인에 의한 오차(위성시계오차·위성궤도오차·전리층과 대류권에 의한 전파지연·수신기 자체의 전자파적 잡음에 따른 오차), 측위 환경에 따른 오차[정밀도 저하율(DOP)·주파단절(Cycle Slip)·다중경로(Multipath) 오차], 선택적 가용성(SA), 위상신호의 가변성(PCV) 등이 있다.

22 그림과 같이 지표면에서 성토하여 도로폭 $b = 6$m의 도로면을 단면으로 개설하고자 한다. 성토높이 $h = 5.0$m, 성토기울기를 1 : 1로 한다면 용지폭($2x$)은?(단, a : 여유폭 = 1m)

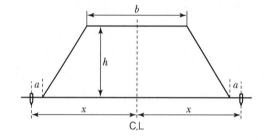

① 10.0m ② 14.0m ③ 18.0m ④ 22.0m

해설 용지폭$(2x) = 2 \times \left(\dfrac{b}{2} + sh + a \right)$ $(s : 기울기)$

$= 2 \times \left[\dfrac{6}{2} + (1 \times 5) + 1 \right]$

$= 18.0$m

23 GNSS 시스템의 구성요소에 해당하지 않는 것은?

① 위성에 대한 우주부문 ② 지상 관제소의 제어부문

③ 경영활동을 위한 영업부문 ④ 수신기에 대한 사용자부문

해설 GNSS 시스템은 우주부문, 제어부문, 사용자부문으로 구성된다.

24 축척 1/1,000, 등고선 간격 2m, 경사 5%일 때 등고선 간의 수평거리 L의 도상길이는?

① 1.2cm ② 2.7cm ③ 3.1cm ④ 4.0cm

해설
경사도 = $\dfrac{\text{높이}}{\text{수평거리}}$ → 수평거리(L) = $\dfrac{2}{0.05}$ = 40m

∴ 도상거리 = $\dfrac{\text{실제거리}}{\text{축척분모}}$ = $\dfrac{40}{1,000}$ = 0.04m = 4.0cm

---

25 촬영고도 10,000m에서 축척 1/5,000의 편위수정 사진에서 지상연직점으로부터 400m 떨어진 곳의 비고 100m인 산악 지역의 사진상 기복변위는?

① 0.008mm ② 0.8mm ③ 8mm ④ 80mm

해설
지상의 기복변위$(\triangle r)$ = $\dfrac{h}{H} \cdot r$ = $\dfrac{100}{10,000} \times 400$ = 4m

(h : 비고, H : 비행촬영고도, r : 주점에서 측정점까지의 거리)

$\dfrac{1}{m} = \dfrac{l}{L}$ → 사진상 거리(l) = $\dfrac{\text{지상거리}}{\text{축척분모}}$ = $\dfrac{4}{5,000}$ = 0.0008m = 0.8mm

---

26 경사가 일정한 터널에서 두 점 AB 간의 경사거리가 150m이고 고저차가 15m일 때 AB 간의 수평거리는?

① 149.2m ② 148.5m ③ 147.2m ④ 146.5m

해설
수평거리$(\overline{AB})$ = $\sqrt{\text{경사거리}^2 - \text{고저차}^2}$ = $\sqrt{150^2 - 15^2}$ = 149.2m

---

27 그림과 같은 수준측량에서 B점의 지반고는?(단, α = 13°20′30″, A점의 지반고 = 27.30m, $I.H$(기계고) = 1.54m, 표척 읽음값 = 1.20m, AB의 수평거리 = 50.13m)

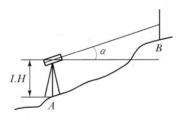

① 38.53m ② 38.98m ③ 39.40m ④ 39.53m

해설
$h = D \cdot \tan\alpha = 50.13 \times \tan13°20′30″ = 11.89$m

B점의 지반고$(H_B) = H_A + I.H + h - l$

(H_A : A점의 지반고, h : 높이, l : 표척 읽음값)

∴ $H_B = 27.30 + 1.54 + 11.89 - 1.20 = 39.53$m

28 터널측량에 관한 설명 중 틀린 것은?

① 터널측량은 터널 외 측량, 터널 내 측량, 터널 내외 연결측량으로 구분할 수 있다.

② 터널 굴착이 끝난 구간에는 기준점을 주로 바닥의 중심선에 설치한다.

③ 터널 내 측량에서는 기계의 십자선 및 표척 등에 조명이 필요하다.

④ 터널의 길이방향측량은 삼각 또는 트래버스측량으로 한다.

> **해설** 터널 내 측량에서 지하측량이 지상측량과 다른 점은 측점을 보통 천정에 설치하는 것이다. 시준하는 목표 및 망원경의 십자선을 조명해야 하며, 좁고 굴곡이 많은 터널 내는 급경사인 경우가 많아서 적합한 사용기계가 필요하다.

29 사진판독에 사용하는 주요 요소가 아닌 것은?

① 음영(Shadow)
② 형상(Shape)
③ 질감(Texture)
④ 촬영고도(Flight Height)

> **해설** 사진판독 요소에는 색조(Tone, Color), 모양(Patten), 질감(Texture), 형상(Shape), 크기(Size), 음영(Shadow), 상호위치관계(Location), 과고감(Vertical Exaggeration)이 있다.

30 초광각 카메라의 특징으로 옳지 않은 것은?

① 같은 축척으로 촬영할 경우 다른 사진에 비하여 촬영고도가 낮다.

② 동일한 고도에서 촬영된 사진 1장의 포괄면적이 크다.

③ 사각부분이 많이 발생된다.

④ 표고 측정의 정확도가 높다.

> **해설** 초광각 카메라의 화각(렌즈각)은 120°로 소축척 도화용이며, 완전 평지에 이용되는 카메라이므로 표고 측정의 정확도가 낮다.

31 레벨에서 기포관 한 눈금의 길이가 4mm이고, 기포가 한 눈금 움직일 때의 중심각 변화가 10″라 하면 이 기포관의 곡률반지름은?

① 80.2m
② 81.5m
③ 82.5m
④ 84.2m

> **해설** $\dfrac{a}{R} = \dfrac{\theta''}{\rho''} \rightarrow R = \dfrac{0.004}{10''} \times 206265'' = 82.5\text{m}$
>
> (a : 기포관 한 눈금의 길이, R : 기포관의 곡률반지름)

32 철도의 캔트량을 결정하는 데 고려하지 않아도 되는 사항은?

① 확폭
② 주행속도
③ 레일간격
④ 곡선반지름

캔트는 곡선부를 통과하는 차량이 원심력이 발생하여 접선 방향으로 탈선하려는 것을 방지하기 위해 바깥쪽 노면을 안쪽 노면보다 높이는 정도로서 편경사라고도 한다. 철도의 캔트량 결정에는 레일간격, 주행속도, 곡선반경, 중력가속도 등을 고려하여야 한다.

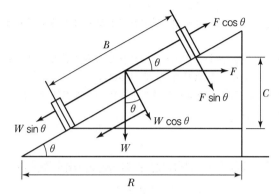

$$캔트(C) = \frac{SV^2}{Rg}$$

여기서, C : 캔트
  s : 레일간격
  V : 주행속도
  R : 곡선반경
  g : 중력가속도

33 사진측량의 특징에 대한 설명으로 틀린 것은?

① 현장 측량이 불필요하므로 경제적이고 신속하다.
② 동일 모델 내에서는 정확도가 균일하다.
③ 작업단계가 분업화되어 있으므로 능률적이다.
④ 접근하기 어려운 대상물의 관측이 가능하다.

해설 사진측량은 사진으로 판단이 불가능한 경계선은 외업과 내업을 통해 협조가 필요하다. 현지조사 등 보안측량이 필요하고 소규모 지역에서는 비경제적인 단점이 있다.

34 일반적으로 GNSS 측위 정밀도가 가장 높은 방법은?

① 단독측위 ② DGPS
③ 후처리 상대측위 ④ 실시간 이동측위(Real Time Kinematic)

해설 GNSS측량에서 상대측위방법 중 정지측량(스태틱측량)은 2개 이상의 수신기를 각 측점에 고정하고 동시에 4개 이상의 위성으로부터 신호를 30분 이상 수신하여 수신기의 위치와 거리를 결정하는 방법으로서 측위 정밀도가 높아 지적삼각점측량 등 고정밀측량에 이용된다.

35 축척 1/50,000 지형도 1매에 해당되는 지역을 동일한 크기의 축척 1/5,000 지형도로 확대 제작할 경우에 새로 제작되는 해당 지역의 지형도 총 매수는?

① 10매 ② 20매 ③ 50매 ④ 100매

해설 축척비$= \frac{50,000}{5,000} = 10 \rightarrow \therefore$ 면적비$= 10 \times 10 = 100$매

36 수준측량 야장기입법 중 중간점이 많은 경우에 편리한 방법은?

① 고차식　　　　② 기고식　　　　③ 승강식　　　　④ 약도식

해설 **수준측량 야장기입법**
- 기고식 : 기계고를 이용하여 표고를 결정하며, 도로의 종횡단측량처럼 중간점이 많을 때 편리하게 사용되는 야장기입법이다.
- 고차식 : 전시 합과 후시 합의 차로서 고저차를 구하는 방법으로 시작점과 최종점 간의 고저차나 지반고를 계산하는 것이 주목적이며 중간의 지반고를 구할 필요가 없을 때 사용한다.
- 승강식 : 높이차(전시－후시)를 현장에서 계산하여 작성하며 정확도가 높은 측량에 적합(중간점이 많을 때에는 계산이 복잡하고 시간이 많이 소요됨)하다.

37 곡선길이 및 횡거 등에 의해 캔트를 직설적으로 체감하는 완화곡선이 아닌 것은?

① 3차 포물선　　　　　　　　② 반파장 정현곡선
③ 클로소이드 곡선　　　　　　④ 렘니스케이트 곡선

해설 평면곡선에서는 단곡선, 복심곡선, 반향곡선, 완화곡선 등이 있다. 이 중 완화곡선에는 클로소이드 곡선(가장 많이 사용됨), 렘니스케이트 곡선, 3차 포물선, 대수나선곡선(감속곡선) 등이 있다.

38 지형도의 이용에 관한 설명으로 틀린 것은?

① 토량의 결정　　　　　　　　② 저수량의 결정
③ 하천유역면적의 결정　　　　④ 지적 일필지 면적의 결정

해설 지형도는 등경사선 관측 후 종단면도 및 횡단면도 작성, 도로·철도·수로 등의 도상 선정, 저수량의 관측에 의한 집수면적의 측정, 절토 및 성토 범위의 결정, 등고선의 체적 계산 등에 이용된다.

39 단곡선에서 반지름이 300m이고 교각이 80°일 경우에 접선길이(T.L)와 곡선길이(C.L)는?

① T.L＝251.73m, C.L＝418.88m　　② T.L＝251.73m, C.L＝209.44m
③ T.L＝192.84m, C.L＝418.88m　　④ T.L＝192.84m, C.L＝209.44m

해설
$$접선길이(T.L) = R \cdot \tan\frac{I}{2} = 300 \times \tan\frac{80°}{2} = 251.73m$$

$$곡선길이(C.L) = \frac{\pi}{180} \times RI = 0.01745RI = \frac{300 \times \pi \times 80°}{180} = 418.88m$$

40 축척 1/50,000 지형도에서 표고 317.6m로부터 521.4m 사이에 주곡선 간격의 등고선 개수는?

① 5개　　　　　② 9개　　　　　③ 11개　　　　　④ 21개

축척 1/50,000의 지형도에서 주곡선의 간격은 20m이므로,

∴ A, B 사이의 등고선개수 = $\dfrac{520-320}{20}+1=11$개

3과목 **토지정보체계론**

41 지적측량수행자는 지적측량파일을 얼마의 주기로 데이터를 백업하여 보관하여야 하는가?

① 월 1회 이상　　　　　　　　　② 연 1회 이상

③ 분기 1회 이상　　　　　　　　④ 반기 1회 이상

지적측량수행자는 전자평판측량으로 측량을 하여 작성된 지적측량파일을 데이터베이스에 저장하여 후속 측량자료 및 민원 업무에 활용할 수 있도록 관리하여야 하며, 지적측량파일은 월 1회 이상 데이터를 백업하여 보관하여야 한다.

---

42 사용자의 필요에 따라 일정한 기준에 맞추어 자료를 나누는 것을 무엇이라 하는가?

① 질의(Query)　　　　　　　　　② 세선화(Thinning)

③ 분류(Classification)　　　　　　④ 일반화(Generalization)

① 질의(Query) : 조회라고도 하며, 데이터베이스에 질문(요청)하는 것으로 보통은 특정 자료에 따른 명령의 형태이다.

② 세선화(Thinning) : 지형의 기본 형태를 유지하고 자료 점의 수를 적게 하는 연속적인 법칙 적용을 통해 선형 지형을 일반화하는 과정이다.

③ 분류(Classification) : 원래 자료의 복잡성을 줄여서 동일하거나 유사한 자료를 그룹으로 분류하여 표현하는 것을 말한다.

④ 일반화(Generalization) : 모형에서 세밀한 항목을 줄이는 것으로 큰 공간에서 다시 추출하거나 선에서 점을 줄이는 것이다.

---

43 런렝스(Run–length) 코드 압축방법에 대한 설명으로 옳지 않은 것은?

① 격자들의 연속적인 연결 상태를 파악하여 압축하는 방법이다.

② 런(Run)은 하나의 행에서 동일한 속성값을 갖는 격자를 의미한다.

③ Quadtree 방법과 함께 많이 쓰이는 격자자료 압축방법이다.

④ 동일한 속성값을 개별적으로 저장하는 대신 하나의 런(Run)에 해당하는 속성값이 한 번 저장된다.

대상지역에 해당하는 격자들의 연속적인 연결 상태를 파악하여 동일한 지역의 정보를 제공하는 방법은 체인코드(Chain Code) 방법이다.

44 다음의 위상정보 중 하나의 지점에서 또 다른 지점으로 이동 시 경로 선정이나 자원의 배분 등과 가장 밀접한 것은?

① 중첩성(Overlay)
② 연결성(Connectivity)
③ 계급성(Hierarchy or Containment)
④ 인접성(Neighborhood or Adjacency)

해설 위상관계는 공간상에서 대상물들의 위치나 관계를 나타내는 것으로서 연결성(Connectivity), 인접성(Adjacency), 포함성(Containment) 등의 관점에서 묘사되며 다양한 공간분석이 가능하다. 이 중 연결성은 서로 연결된 지역의 공간객체들의 특징을 파악하고 두 개 이상의 객체가 연결되어 있는지를 판단하는 기법으로 경로 선정, 자원배분 등과 밀접하고 연속성 분석, 근접성 분석, 관망(네트워크) 분석 등이 포함된다.

45 토지정보시스템의 기본적인 구성요소와 가장 거리가 먼 것은?

① 하드웨어
② 소프트웨어
③ 보안시스템
④ 데이터베이스

해설 토지정보시스템의 구성요소에는 자료, 하드웨어, 소프트웨어, 조직과 인력(인적 자원)이 있다.

46 테이블 형태로 데이터베이스를 구축하는 전형적인 모델로 두 개 이상의 테이블을 공통의 키필드에 의해 효율적인 자료관리가 가능한 데이터 모델은?

① 계층형 데이터 모델
② 관계형 데이터 모델
③ 객체지향형 데이터 모델
④ 네트워크형 데이터 모델

해설 데이터베이스의 모형에는 계층형(계급형), 네트워크(관망)형, 관계형, 객체지향형, 객체관계형 등이 있다. 이 중 관계형 데이터 모델은 2차원의 테이블 형태를 가지고 있는 구조로서 전문적·효율적인 자료관리를 위해 데이터베이스 구축에 가장 많이 사용되는 전형적인 모델이다.

47 시·군·구(지자체가 아닌 구 포함) 단위의 지적공부에 관한 지적전산자료의 이용 및 활용에 관한 승인권자로 옳은 것은?

① 광역시장
② 시·도지사
③ 지적소관청
④ 국토교통부장관

해설 지적전산자료의 이용 및 활용에 관한 승인권자

구분	승인권자
전국 단위	국토교통부장관, 시·도지사 또는 지적소관청
시·도 단위	시·도지사 또는 지적소관청
시·군·구 단위	지적소관청

48 토지정보시스템에 사용되는 지도투영법에 대한 설명으로 옳은 것은?

① 우리나라 지적도의 투영에 사용된 지도투영법은 램버트 등각투영법이다.
② 어떤 지도투영법으로 만들어진 자료를 다른 투영법의 자료로 변환하지는 못한다.
③ 지구타원체의 형상을 평면직각좌표로 표현할 때에는 비틀림이 발생한다.
④ 토지정보시스템에서 지도투영법은 속성데이터를 표현하는 데 사용되는 것이다.

해설 ① 우리나라 지적도는 가우스상사이중투영법에 의해 작성되었다.
② 투영법 간 자료의 변환은 가능하다.
④ 토지정보시스템에서 지도투영법은 도형데이터를 표현하는 데 사용된다.

49 다음 중 2차원 표현의 내용이 아닌 것은?

① 선(Line) ② 면적(Area) ③ 영상소(Pixel) ④ 격자셀(Grid Cell)

해설 **공간객체의 표현**
- 0차원 : 점(Point) · 노드(Node)
- 1차원 : 선((Line Segment) · Arc · Link · Chain · G−ring · GT−ring
- 2차원 : 면적(Interior Area) · 영상소(Pixel) · 격자셀(Grid Cell) · Image · G−polygon · GT−polygon · Grid · Layer · Laster · Planar Graph · 2D−Manifold
- 3차원 : Voxel
- 4차원 : Voxel Space

50 부동산종합공부시스템의 전산자료에 대한 구축 · 관리자로 옳은 것은?

① 업무 담당자 ② 업무 부서장
③ 국토교통부장관 ④ 지방자치단체장

해설 **부동산종합공부시스템 전산자료의 구축 · 관리자**
- 지적공부 및 부동산종합공부 : 지적업무 처리 부서장
- 연속지적도 : 지적도면 변동사항 정리 부서장
- 용도지역 · 지구도 등 : 해당 용도지역 · 지구 등의 입안 · 결정 · 관리 부서장(관리부서가 없는 경우에는 도시계획의 입안 · 결정 · 관리 부서장)
- 개별공시지가 및 개별주택가격정보 등의 자료 : 해당 업무 수행 부서장
- 건물통합정보 및 통계 : 해당 자료관리 부서장

51 한국토지정보시스템의 구축에 따른 기대 효과로 가장 거리가 먼 것은?

① 다양하고 입체적인 토지정보를 제공할 수 있다.
② 건축물의 유지 및 보수 현황의 관리가 용이해진다.
③ 민원처리기간을 단축하고 온라인으로 서비스를 제공할 수 있다.
④ 각 부서 간의 다양한 토지 관련 정보를 공동으로 활용하여 업무의 효율을 높일 수 있다.

52 데이터베이스의 설명으로 옳지 않은 것은?

① 파일 내 레코드는 검색, 생성, 삭제할 수 있다.
② 데이터베이스의 데이터들은 레코드 단위로 저장된다.
③ 파일에서 레코드는 색인(Index)을 통해서 효율적으로 검색할 수 있다.
④ 효율적인 탐색을 위해 B−tree 방법을 개선한 것이 역파일(Inverted File) 방식이다.

해설 효율적인 탐색을 위해 B−tree 방법을 개선한 것은 B+tree 방식이다.

53 한 픽셀에 대해 8bit를 사용하면 서로 다른 값을 표현할 수 있는 가지 수는?

① 8가지
② 64가지
③ 128가지
④ 256가지

해설 1bit는 이진수 체계(0, 1)의 한 자리로, 8bit는 1바이트로서 $2^8 = 256$가지의 서로 다른 값을 표현할 수 있다.

54 위상구조에 대한 설명으로 옳은 것은?

① 노드는 3차원의 위상 기본요소이다.
② 위상구조는 래스터데이터에 적합하다.
③ 최단경로탐색은 영역형 위상구조를 활용하는 예이다.
④ 체인은 시작노드와 끝노드에 대한 위상정보를 가진다.

해설 위상구조화의 영역에는 선형 위상구조와 영역형 위상구조가 있으며, 위상구조의 구성요소에는 노드(Node), 체인(Chain), 영역(Area)이 있다. 선형 위상구조는 최단경로탐색, 흐름분석과 같은 네트워크 분석을 할 수 있으며, 영역형 위상구조는 인접영역탐색, 포함관계판단 등을 할 수 있다.

① 노드는 0차원 공간객체로 체인이 시작되고 끝나는 점, 서로 다른 체인 또는 링크가 연결되는 곳에 위치한다.
② 위상구조는 벡터데이터에 적합하다.
③ 최단경로탐색은 선형 위상구조를 활용하는 예이다.

55 벡터데이터에 대한 설명이 옳지 않은 것은?

① 디지타이징에 의해 입력된 자료가 해당된다.
② 지도와 비슷하고 시각적 효과가 높으며 실세계의 묘사가 가능하다.
③ 위상에 관한 정보가 제공되므로 관망분석과 같은 다양한 공간분석이 가능하다.
④ 상대적으로 자료구조가 단순하며 체인코드, 블록코드 등의 방법에 의한 자료의 압축효율이 우수하다.

해설 상대적으로 자료구조가 단순하며 체인코드, 블록코드 등의 방법에 의한 자료의 압축효율이 우수한 것은 래스터 데이터이다.

56 아래의 설명에서 정의하는 용어는?

> 토지의 표시와 소유자에 관한 사항, 건축물의 표시와 소유자에 관한 사항, 토지 이용 및 규제에 관한 사항, 부동산 가격에 관한 사항 등 부동산에 관한 종합정보들을 정보관리체계를 통하여 기록 · 저장한 것을 말한다.

① 지적공부   ② 공시지가

③ 부동산종합공부   ④ 토지이용계획확인서

해설 "부동산종합공부"란 토지의 표시와 소유자에 관한 사항, 건축물의 표시와 소유자에 관한 사항, 토지의 이용 및 규제에 관한 사항, 부동산의 가격에 관한 사항 등 부동산에 관한 종합정보를 정보관리체계를 통하여 기록 · 저장한 것을 말한다.

57 지적행정시스템에서 지적공부 오기정정을 실시하는 자료수정 방법이 아닌 것은?

① 갱신   ② 복구   ③ 삭제   ④ 추가

해설 대장의 속성정보만을 관리하는 지적행정시스템에서 지적공부 오기정정을 수행하기 위해서는 데이터 조작어(DML) 기능인 자료 검색(SELECT), 삽입(INSERT), 삭제(DELETE), 수정(UPDATE) 등의 방법을 사용한다.

② 지적공부의 복구는 데이터 조작어(DML) 기능으로는 할 수 없다.

58 지적도와 시 · 군 · 구 대장 정보를 기반으로 하는 지적행정시스템과의 연계를 통해 각종 지적업무를 수행할 수 있도록 만들어진 정보시스템은?

① 지리정보시스템   ② 시설물관리시스템

③ 도시계획정보시스템   ④ 필지중심토지정보시스템

해설 필지중심토지정보시스템(PBLIS : Parcel Based Land Information)
토지대장과 임야대장 등 대장의 속성정보를 기반으로 하는 지적행정시스템과 전산화된 지적도면의 연계를 통해 토지의 소유권을 보호하고 국토의 효율적 이용과 개발 및 의사결정을 지원하는 등 각종 지적업무를 수행할 수 있는 시스템이다.

59 토지대장 전산화 과정에 대한 설명으로 옳지 않은 것은?

① 1975년 「지적법」 전문개정으로 대장의 카드화

② 1976년부터 1978년까지 척관법에서 m법으로 환산등록

③ 1982년부터 1984년까지 토지대장 및 임야대장 전산입력

④ 1989년 1월부터 온라인 서비스 최초 실시

해설 1987년부터 1990년까지 4개년에 걸쳐 전국 온라인 시스템 구축을 추진하고 1990년 4월 1일 행정기관 중에서 국내 최초로 토지대장과 임야대장 열람·등본교부 등 전국 온라인에 의한 대민서비스를 시작하였다.

60 다음 중 중첩(Overlay)의 기능으로 옳지 않은 것은?

① 도형자료와 속성자료를 입력할 수 있게 한다.
② 각종 주제도를 통합 또는 분산 관리할 수 있다.
③ 다양한 데이터베이스로부터 필요한 정보를 추출할 수 있다.
④ 새로운 가설이나 시뮬레이션을 통한 모델링 작업을 수행할 수 있게 한다.

해설 중첩은 하나의 레이어 위에 다른 레이어를 올려놓고 비교하고 분석하는 기법으로서 입력되어 있는 도형정보와 속성정보를 활용한다.

4과목 **지적학**

61 현대 지적의 성격으로 가장 거리가 먼 것은?

① 역사성과 영구성　　　　　　　② 전문성과 기술성
③ 서비스성과 윤리성　　　　　　④ 일시적 민원성과 개별성

해설 현대 지적의 특성에는 역사성과 영구성, 반복민원성, 전문기술성, 서비스성과 윤리성, 정보원 등이 있다.

62 토지의 표시사항은 지적공부에 등록, 공시하여야만 효력이 인정된다는 토지등록의 원칙은?

① 공신주의　　　② 신청주의　　　③ 직권주의　　　④ 형식주의

해설 지적형식주의
지번, 지목, 경계 또는 좌표 및 면적 등 토지의 등록사항은 국가의 공적장부인 지적공부에 등록·공시해야만 효력이 인정된다는 지적제도의 이념이다.

63 지적공부에 토지등록을 하는 경우에 채택하고 있는 기본원칙에 해당하지 않는 것은?

① 등록주의　　　　　　　　　　③ 직권주의
③ 임의 신청주의　　　　　　　　④ 실질적 심사주의

해설 지적법의 3대 이념에는 지적국정주의, 지적형식주의, 지적공개주의가 해당되며, 실질적 심사주의(사실심사주의)와 직권등록주의(강제등록주의)를 더하여 5대 이념이라고 한다.

64 행정구역제도로 국도를 중심으로 영토를 사방으로 구획하는 "사출도"라는 토지구획방법을 시행하였던 나라는?

① 고구려　　　　② 부여　　　　③ 백제　　　　④ 조선

> **해설** 부여에서는 사출도(四出道)라는 토지구획방법 시행하였는데, 사출도는 그 당시 일종의 지방행정 구획이다.

65 아래와 같은 지적의 어원이 지닌 공통적 의미는?

Katastikhon, Capitastrum, Catastrum

① 지형도　　　　② 조세부과　　　　③ 지적공부　　　　④ 토지측량

> **해설** 지적의 어원은 그리스어인 카타스티콘(Katastikhon)과 라틴어인 카타스트럼(Catastrum) 또는 캐피타스트럼(Capitastrum)에서 유래되었다고 본다. Katastichon은 Kata(위에서 아래로)와 Stikhon(부과)의 합성어로 조세등록이란 의미이기 때문에 지적의 어원은 조세에서 출발한 것으로 보는 것이 보편적인 견해이며, Katastikhon과 Capitastrum 또는 Catastrum은 모두 "세금 부과"의 뜻을 내포하고 있다.

66 다음 중 도로 · 철도 · 하천 · 제방 등의 지목이 서로 중복되는 경우 지목을 결정하기 위하여 고려하는 사항으로 가장 거리가 먼 것은?

① 용도의 경중　　　　　　② 등록지가의 고저
③ 등록시기의 선후　　　　④ 일필일목의 원칙

> **해설** 지목설정의 원칙에는 1필1지목의 원칙, 주지목추종의 원칙, 등록선후의 원칙, 용도경중의 원칙, 일시변경불가의 원칙, 사용목적추종의 원칙 등이 있다.

67 우리나라의 근대적인 지적제도가 이루어진 연대는?

① 1710년대　　　　② 1810년대　　　　③ 1850년대　　　　④ 1910년대

> **해설** 우리나라는 토지조사사업(1910~1918년)과 임야조사사업(1916~1924년)에 의해 토지대장과 임야대장 및 지적도와 임야대장이 작성됨으로써 근대적인 지적제도가 도입되었다.

68 토지소유권 보호가 주요 목적이며, 토지거래의 안전을 보장하기 위해 만들어진 지적제도로서 토지의 평가보다 소유권의 한계설정과 경계복원의 가능성을 중요시하는 것은?

① 법지적　　　　② 세지적　　　　③ 경제지적　　　　④ 유사지적

> **해설** 법지적은 17세기 유럽의 산업화시대에 개발된 제도로서 토지거래의 안전과 소유권보호를 주목적으로 하여 "소유권지적"이라 하며, 소유권의 한계설정과 경계의 복원을 강조하는 위치본위로 운영된다.

69 법지적 제도운영을 위한 토지등록에서 일반적인 필지 획정의 기준은?

① 개발단위　　　② 거래단위　　　③ 경작단위　　　④ 소유단위

해설　법지적(Legal Cadastre)은 토지거래의 안전과 소유권 보호를 주목적으로 하는 제도로서 "소유권지적"이라 하며, 토지등록에서 필지 획정의 기준은 소유단위에 해당된다.

70 지번의 역할 및 기능으로 가장 거리가 먼 것은?

① 토지 용도의 식별　　　　　　② 토지 위치의 추측
③ 토지의 특정성 보장　　　　　④ 토지의 필지별 개별화

해설　지번이란 지리적 위치의 고정성과 토지의 특정화와 개별화, 토지위치의 확인 등을 위해 리·동의 단위로 필지마다 아라비아숫자로 순차적으로 부여하여 지적공부에 등록한 번호를 말하며, 장소의 기준, 물권표시의 기준, 공간계획의 기준 등의 역할을 한다.

① 토지용도의 식별은 지목과 관계된 사항이다.

71 밤나무 숲을 측량한 지적도로 탁지부 임시재산정리국 측량과에서 실시한 측량원도의 명칭으로 옳은 것은?

① 산록도　　　　② 관저원도　　　③ 궁채전도　　　④ 율림기지원도

해설　① 산록도 : 구한말 동(洞)의 뒷산을 실측한 도면
③ 궁채전도 : 내수사 등 7궁 소속의 채소밭을 실측한 도면
② 관저원도 : 대한제국의 고위관리 관저를 실측한 도면
④ 율림기지원도 : 밤나무 숲을 측량한 도면

72 토지의 등록사항 중 경계의 역할로 옳지 않은 것은?

① 토지의 용도 결정　　　　　　② 토지의 위치 결정
③ 필지의 형상 결정　　　　　　④ 소유권의 범위 결정

해설　경계
• 기능 : 소유권의 범위 결정, 필지의 양태 결정, 면적의 결정 등
• 특성
　－ 인접한 필지 간에 성립
　－ 각종 공사 등에서 거리를 측정하는 기준선
　－ 필지 간 이질성을 구분하는 구분선 역할
　－ 인위적으로 만든 인공선
　－ 위치와 길이는 있으나 면적과 넓이는 없음

① 토지의 용도 결정은 지목과 관계된 사항이다.

73 단식지번과 복식지번에 대한 설명으로 옳지 않은 것은?

① 단식지번이란 본번만으로 구성된 지번을 말한다.
② 단식지번은 협소한 토지의 부번(附番)에 적합하다.
③ 복식지번이란 본번에 부번을 붙여서 구성하는 지번을 말한다.
④ 복식지번은 일반적인 신규등록지, 분할지에는 물론 단지단위법 등에 의한 부번에 적합하다.

해설 단식지번은 본번만으로 구성된 지번으로 광대한 지역의 토지에 적합하고, 복식지번은 본번에 부번을 붙여서 구성된 지번으로 단지단위법에 의한 부번에 적합하며 일반적인 분할, 신규등록, 등록전환의 경우에 사용된다.

74 다음 중 지적의 구성요소로 가장 거리가 먼 것은?

① 토지이용에 의한 활동
② 토지정보에 대한 등록
③ 기록의 대상인 지적공부
④ 일필지를 의미하는 토지

해설 지적의 구성요소
• 외부 요소 : 지리적 요소, 법률적 요소, 사회 · 정치 · 경제적 요소
• 내부 요소 : 토지, 등록, 공부(협의적 개념) 또는 소유자, 권리, 필지(광의적 개념)

75 다음 중 토지조사사업 당시 작성된 지형도의 종류가 아닌 것은?

① 축척 1/5,000 도면
② 축척 1/10,000 도면
③ 축척 1/25,000 도면
④ 축척 1/50,000 도면

해설 토지조사사업 당시 지형도는 축척 1/10,000(경제상 특별히 긴요한 경성 · 부산 등 45개 시가지), 1/25,000(개성 · 부여 · 경주 등 명승고적이 많은 3개 지방과 주요 도읍), 1/50,000(기타 지역)로 작성하였다.

76 다음 중 고려시대의 토지소유제도와 관계가 없는 것은?

① 과전(科田)
② 전시과(田柴科)
③ 정전(丁田)
④ 투화전(投化田)

해설 고려시대의 토지 분류
토지제도는 국가의 관직이나 직역을 담당하는 사람의 지위에 따라 역분전(役分田), 전시과(田柴科), 녹과전(祿科田)으로 구분하여 지급하였다.
토지는 공전(公田)과 사전(私田)으로 분류하였으며, 공전에는 내장전(內庄田), 공해전시(公廨田柴), 둔전(屯田), 학전(學田), 적전(藉田)이 있었고, 사전에는 민전(民田), 양반전(兩班田), 공음전(功蔭田), 사원전(寺院田), 한인전(閑人田), 구분전(口分田), 향리전(鄕吏田), 군인전(軍人田), 투화전(投化田), 등과전(登科田)이 있었다.

③ 정전(丁田)은 통일신라시대의 토지제도이다.

77 일본의 국토에 대한 기초조사로 실시한 국토조사사업에 해당되지 않는 것은?

① 지적조사
② 임야수종조사
③ 토지분류조사
④ 수조사(水調査)

일본의 「국토조사법」에서 규정하고 있는 국토조사에는 국가기관이 실시하는 기본조사 · 토지분류조사 · 수조사, 도도부현이 실시하는 기본조사, 지방공공단체 또는 토지개량구, 기타 정령으로 정한 자가 실시하는 토지분류조사 · 수조사, 지방공공단체 또는 토지개량구 등이 행하는 지적조사가 있다.

78 다음의 지적제도 중 토지정보시스템과 가장 밀접한 관계가 있는 것은?

① 법지적
② 세지적
③ 경계지적
④ 다목적지적

다목적지적
토지에 대한 세금징수 및 소유권보호뿐만 아니라 토지이용의 효율화를 위하여 토지 관련 모든 정보를 종합적으로 관리하고 공급하며, 토지정책에 대한 의사결정을 지원하는 종합적 토지정보시스템이다.

79 토지를 지적공부에 등록함으로써 발생하는 효력이 아닌 것은?

① 공증의 효력
② 대항적 효력
③ 추정의 효력
④ 형성의 효력

지적의 기본이념에 따라 토지의 표시사항은 국가가 결정하여 지적공부에 등록 · 공시하여야만 효력이 인정되고, 국민에게 공개하여 이용하게 하므로 토지의 등록에는 행정처분의 구속력 · 공정력 · 확정력 · 강제력 등 토지등록의 효력 또는 지적측량의 효력이 발생한다.

④ 토지를 지적공부에 등록함으로써 추정의 효력이 아닌 확정의 효력이 발생된다.

80 다음 중 지적에서의 "경계"에 대한 설명으로 옳지 않은 것은?

① 경계불가분의 원칙을 적용한다.
② 지상의 말뚝, 울타리와 같은 목표물로 구획된 선을 말한다.
③ 지적공부에 등록된 경계에 의하여 토지소유권의 범위가 확정된다.
④ 필지별로 경계점들을 직선으로 연결하여 지적공부에 등록한 선을 말한다.

경계란 필지별로 경계점들을 직선으로 연결하여 지적공부에 등록한 선이므로 실지의 구조물이 아닌 지적공부에 등록된 도상경계를 인정한다.

81 다음 중 지목을 부호로 표기하는 지적공부는?

① 지적도   ② 임야대장   ③ 토지대장   ④ 경계점좌표등록부

> **해설** 지목의 표기 시 토지대장과 임야대장 등 대장에는 지목 명칭의 전체를 기재하고 지적도와 임야도 등 도면에는 지목을 뜻하는 부호를 기재한다.

82 도시계획구역의 토지를 그 지방자치단체의 명의로 신규등록을 신청할 때 신청서에 첨부해야 할 서류로 옳은 것은?

① 국토교통부장관과 협의한 문서의 사본
② 기획재정부장관과 협의한 문서의 사본
③ 행정안전부장관과 협의한 문서의 사본
④ 공정거래위원회위원장과 협의한 문서의 사본

> **해설** 신규등록의 신청서류
> • 법원의 확정판결서 정본 또는 사본
> • 준공검사확인증 사본
> • 도시계획구역의 토지를 그 지방자치단체의 명의로 등록하는 때에는 기획재정부장관과 협의한 문서의 사본
> • 그 밖에 소유권을 증명할 수 있는 서류

83 공유수면매립으로 신규등록을 할 경우 지번부여방법으로 옳지 않은 것은?

① 종전 지번의 수에서 결번을 찾아서 새로이 부여한다.
② 그 지번부여지역에서 인접토지의 본번에 부번을 붙여서 지번을 부여한다.
③ 최종 지번의 토지에 인접하여 있는 경우는 최종 본번의 다음 순번부터 본번으로 하여 순차적으로 지번을 부여할 수 있다.
④ 신규등록 토지가 여러 필지로 되어 있는 경우는 최종 본번의 다음 순번부터 본번으로 하여 순차적으로 지번을 부여할 수 있다.

> **해설** 신규등록 및 등록전환의 경우에는 그 지번부여지역에서 인접토지의 본번에 부번을 붙여서 지번을 부여한다. 다음 대상토지의 경우에는 그 지번부여지역의 최종본번의 다음 순번부터 본번으로 하여 순차적으로 지번을 부여할 수 있다.
> • 대상토지가 그 지번부여지역의 최종 지번의 토지에 인접하여 있는 경우
> • 대상토지가 이미 등록된 토지와 멀리 떨어져 있어서 등록된 토지의 본번에 부번을 부여하는 것이 불합리한 경우
> • 대상토지가 여러 필지로 되어 있는 경우

84 「지적업무 처리규정」에 따른 측량성과도의 작성방법에 관한 설명으로 옳지 않은 것은?

① 측량성과도의 문자와 숫자는 레터링 또는 전자측량시스템에 따라 작성하여야 한다.
② 경계점좌표로 등록된 지역의 측량성과도에는 경계점 간 계산거리를 기재하여야 한다.
③ 복원된 경계점과 측량대상토지의 점유현황선이 일치하더라도 점유현황선을 표시하여야 한다.
④ 분할측량성과 등을 결정하였을 때에는 "인가·허가 내용을 변경하여야 지적공부가 가능함"이라고 붉은색으로 표시하여야 한다.

해설 분할측량성과도와 경계복원측량성과도를 작성하는 때에는 측량대상토지의 점유현황선은 붉은색 점선으로 표시하여야 한다. 다만, 경계와 점유현황선이 같을 경우(분할)나 복원된 경계점과 측량 대상토지의 점유현황선이 일치할 경우(경계복원)에는 점유현황선의 표시를 생략한다.

---

85 경위의측량방법으로 세부측량을 한 경우 측량결과도에 적어야 하는 사항으로 옳지 않은 것은?

① 측량기하적
② 측정점의 위치
③ 측량대상 토지의 점유현황선
④ 측량대상 토지의 경계점 간 실측거리

해설 경위의측량방법으로 세부측량을 한 경우 측량결과도의 기재사항
• 측량대상 토지의 경계와 경계점의 좌표 및 부호도·지번·지목
• 인근 토지의 경계와 경계점의 좌표 및 부호도·지번·지목
• 행정구역선과 그 명칭
• 지적기준점 및 그 번호와 지적기준점 간의 방위각 및 그 거리
• 경계점 간 계산거리
• 도곽선과 그 수치
• 그 밖에 국토교통부장관이 정하는 사항
• 측정점의 위치(측량계산부의 좌표를 전개하여 적는다.), 측정점 거리 및 방위각
• 측량대상 토지의 경계점 간 실측거리
• 측량대상 토지의 토지이동 전의 지번과 지목(2개의 붉은색으로 말소한다.)
• 측량대상 토지의 점유현황선
• 측량결과도의 제명 및 번호와 지적도의 도면번호
• 신규등록 또는 등록전환하려는 경계선 및 분할경계선
• 측량 및 검사의 연월일, 측량자 및 검사자의 성명·소속 및 자격등급
※ 측량기하적은 측량결과도의 기재사항이 아니다.

---

86 닥나무, 묘목, 관상수 등의 식물을 주로 재배하는 토지의 지목은?

① 전
② 답
③ 임야
④ 잡종지

해설 물을 상시적으로 이용하지 않고 곡물·원예작물(과수류 제외)·약초·뽕나무·닥나무·묘목·관상수 등의 식물을 주로 재배하는 토지와 식용으로 죽순을 재배하는 토지는 "전"으로 한다.

87 「공간정보의 구축 및 관리 등에 관한 법률」상 도시개발사업 등의 신고에 관한 설명으로 옳지 않은 것은?

① 도시개발사업의 변경신고 시 첨부서류에는 지번별 조서도 포함된다.

② 도시개발사업의 완료신고 시에는 지번별 조서와 사업계획도의 부합 여부를 확인하여야 한다.

③ 도시개발사업의 착수·변경 또는 완료 사실의 신고는 그 사유가 발생한 날로부터 15일 이내에 하여야 한다.

④ 도시개발사업의 완료신고 시에는 확정될 토지의 지번별 조서 및 종전 토지의 지번별 조서를 첨부하여야 한다.

해설 도시개발사업과 관련하여 지적소관청에 제출하는 신고서류

착수 및 변경신고 시	완료신고 시
• 사업인가서 • 지번별 조서 • 사업계획도	• 확정될 토지의 지번별 조서 및 종전 토지의 지번별 조서 • 환지처분과 같은 효력이 있는 고시된 환지계획서(다만, 환지를 수반하지 않는 사업인 경우에는 사업의 완료를 증명하는 서류)

88 다음 중 지목을 지적도면에 등록하는 때의 부호 표기가 옳지 않은 것은?

① 광천지 → 광   ② 유원지 → 유   ③ 공장용지 → 장   ④ 목장용지 → 목

해설 지목의 표기

대장에는 지목 명칭의 전체를 기재하고 도면에는 지목을 뜻하는 부호를 기재하는데 지목의 첫 번째 문자를 지목표기의 부호로 사용하는 두문자 표기는 전, 답, 대 등 24개 지목이며, 지목명칭의 두 번째 문자를 지목표기의 부호로 사용하는 차문자 표기는 장(공장용지), 천(하천), 원(유원지), 차(주차장) 등 4개 지목이다.

89 축척변경위원회의 구성에 관한 설명으로 옳은 것은?

① 위원장은 위원 중에서 선출한다.

② 10명 이상 15명 이하의 위원으로 구성한다.

③ 위원의 3분의 1 이상을 토지소유자로 하여야 한다.

④ 토지소유자가 5명 이하일 때에는 토지소유자 전원을 위원으로 위촉하여야 한다.

해설 • 위원장은 위원 중에서 지적소관청이 지명하고, 위원은 해당 축척변경 시행지역의 토지소유자로서 지역 사정에 정통한 사람과 지적에 관하여 전문지식을 가진 사람 중에서 지적소관청이 위촉한다.
• 축척변경위원회는 5명 이상 10명 이하의 위원으로 구성하되, 위원의 2분의 1 이상을 토지소유자로 하여야한다(축척변경 시행지역의 토지소유자가 5명 이하일 때에는 토지소유자 전원을 위원으로 위촉).

90 「공간정보의 구축 및 관리 등에 관한 법률」에 따른 지목설정의 원칙이 아닌 것은?

① 1필1지목의 원칙   ② 자연지목의 원칙
③ 주지목추종의 원칙   ④ 임시적 변경불변의 원칙

91 지적공부 등록 필지수가 20만 필지 초과 30만 필지 이하일 때 지적서고의 기준면적은?

① 80m²   ② 110m²   ③ 130m²   ④ 150m²

해설 지적서고의 기준면적

구분	기준면적(m²)	구분	기준면적(m²)
10만 필지 이하	80	30만 필지 초과 40만 필지 이하	150
10만 필지 초과 20만 필지 이하	110	40만 필지 초과 50만 필지 이하	165
20만 필지 초과 30만 필지 이하	130	50만 필지 초과	180

※ 60만 필지를 초과하는 10만 필지마다 10m²를 가산한 면적으로 한다.

92 아래의 조정금에 관한 이의신청에 대한 내용 중 (　) 안에 들어갈 알맞은 일자는?

- 수령통지 또는 납부고지된 조정금에 이의가 있는 토지소유자는 수령통지 또는 납부고지를 받은 날부터 (㉠) 이내에 지적소관청에 이의신청을 할 수 있다.
- 지적소관청은 이의신청을 받은 날부터 (㉡) 이내에 시·군·구 지적재조사위원회의 심의·의결을 거쳐 이의신청에 대한 결과를 신청인에게 서면으로 알려야 한다.

① ㉠ 30일, ㉡ 30일   ② ㉠ 30일, ㉡ 60일
③ ㉠ 60일, ㉡ 30일   ④ ㉠ 60일, ㉡ 60일

해설 지적재조사사업에서 수령통지 또는 납부고지된 조정금에 이의가 있는 토지소유자는 수령통지 또는 납부고지를 받은 날부터 (60일) 이내에 지적소관청에 이의신청을 할 수 있고, 지적소관청은 이의신청을 받은 날부터 (30일) 이내에 시·군·구 지적재조사위원회의 심의·의결을 거쳐 이의신청에 대한 결과를 신청인에게 서면으로 알려야 한다.

93 「지적재조사에 관한 특별법」상 사업지구의 경미한 변경에 해당하는 사항으로 옳지 않은 것은?

① 사업지구 명칭의 변경
② 1년 이내의 범위에서의 지적재조사사업기간의 조정
③ 지적재조사사업 총사업비의 처음 계획 대비 100분의 20 이내의 증감
④ 지적재조사사업 대상 필지의 100분의 20 이내 및 면적의 100분의 20 이내의 증감

해설 지적재조사사업지구의 경미한 변경이란 ①, ②, ④의 경우에만 해당한다.

94 「공간정보의 구축 및 관리 등에 관한 법률」상 축척변경위원회의 구성 등에 관한 설명 중 ( ) 안에 들어갈 숫자로 옳은 것은?

> 축척변경위원회는 (㉠)명 이상 (㉡)명 이하의 위원으로 구성하되, 위원의 2분의 1 이상을 토지소유자로 하여야 한다.

① ㉠ 5, ㉡ 10
② ㉠ 10, ㉡ 15
③ ㉠ 15, ㉡ 25
④ ㉠ 25, ㉡ 30

해설 축척변경위원회는 (5명) 이상 (10명) 이하의 위원으로 구성한다.

95 다음 중 지적공부의 복구자료에 해당하지 않는 것은?

① 측량결과도
② 지적측량신청서
③ 토지이동정리결의서
④ 부동산등기부 등본 등 등기사실을 증명하는 서류

해설 지적공부 복구자료에는 지적공부의 등본, 측량결과도, 토지이동정리결의서, 부동산등기부등본 등 등기사실을 증명하는 서류, 지적소관청이 작성하거나 발행한 지적공부의 등록내용을 증명하는 서류, 복제된 지적공부, 법원의 확정판결서 정본 또는 사본 등이 있다.

96 지적소관청의 측량결과도 보관방법으로 옳은 것은?

① 동 · 리별, 측량종목별로 지번순으로 편철하여 보관하여야 한다.
② 연도별, 동 · 리별로 지번순으로 편철하여야 한다.
③ 동 · 리별, 지적측량수행자별로 지번순으로 편철하여야 한다.
④ 연도별, 측량종목별, 지적공부정리 일자별, 동 · 리별로 지번순으로 편철하여 보관하여야 한다.

해설 측량결과도의 보관은 지적소관청은 연도별, 측량종목별, 지적공부정리 일자별, 동 · 리별로, 지적측량수행자는 연도별, 동 · 리별로 지번순으로 편철하여 보관하여야 한다.

97 다음 중 축척변경위원회의 심의 · 의결사항에 해당하는 것은?

① 지적측량 적부심사에 관한 사항
② 지적기술자의 징계에 관한 사항
③ 지적기술자의 양성방안에 관한 사항
④ 지번별 m²당 금액의 결정에 관한 사항

해설 축척변경위원회의 심의 · 의결사항은 축척변경 시행계획에 관한 사항, 지번별 m²당 금액의 결정과 청산금의 산정에 관한 사항, 청산금의 이의신청에 관한 사항, 그 밖에 축척변경과 관련하여 지적소관청이 회의에 부치는 사항이다.
① 지적측량 적부심사는 지방지적위원회의 심의 · 의결사항이며, ②, ③ 지적기술자의 징계와 양성방안 및 적부재심사는 중앙지적위원회의 심의 · 의결사항이다.

98 「공간정보의 구축 및 관리 등에 관한 법률」상 지적공부를 복구하는 경우 참고자료에 해당되지 않는 것은?

① 측량결과도
② 토지이동정리결의서
③ 지적공부등록현황 집계표
④ 법원의 확정판결서 정본 또는 사본

해설 지적공부 복구자료에는 지적공부의 등본, 측량결과도, 토지이동정리결의서, 부동산등기부등본 등 등기사실을 증명하는 서류, 지적소관청이 작성하거나 발행한 지적공부의 등록내용을 증명하는 서류, 복제된 지적공부, 법원의 확정판결서 정본 또는 사본 등이 있다.

99 「지적업무 처리규정」상 대장등본을 복사하여 작성 발급할 때, 대장등본의 규격으로 옳은 것은?

① 가로 10cm, 세로 2cm
② 가로 10cm, 세로 4cm
③ 가로 13cm, 세로 2cm
④ 가로 13cm, 세로 4cm

해설 대장등본을 복사하여 작성 발급하는 때에는 대장의 앞면과 뒷면을 각각 복사하여 기재사항 끝부분에 가로 10cm, 세로 4cm 규격의 문안을 날인한다.

[대장등본 날인문안 및 규격]

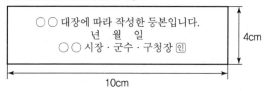

100 다음 중 경계점표지의 규격과 재질에 대한 설명으로 옳은 것은?

① 목제는 아스팔트 포장지역에 설치한다.
② 철못1호는 콘크리트 포장지역에 설치한다.
③ 철못2호는 콘크리트 구조물·담장·벽에 설치한다.
④ 표석은 소유자의 요구가 있는 경우 설치한다.

해설 경계점표지의 설치
목제는 비포장지역에 설치하고, 철못1호는 아스팔트 포장지역에 설치하며, 철못2호는 콘크리트 포장지역에 설치한다. 또한, 철못3호는 콘크리트 구조물·담장·벽에 설치하고, 표석은 소유자의 요구가 있는 경우에 설치한다.

1과목 지적측량

01 좌표면적계산법에 따른 면적측정에서 산출면적은 얼마의 단위까지 계산하여야 하는가?

① 1m²까지 계산

② $\dfrac{1}{10}$ m²까지 계산

③ $\dfrac{1}{100}$ m²까지 계산

④ $\dfrac{1}{1,000}$ m²까지 계산

해설 좌표면적계산법(경계점좌표등록부 지역)에 따른 산출면적은 1,000분의 1m²까지 계산하여 10분의 1m² 단위로 정하고, 전자면적측정기(도해지역)에 따른 측정면적은 1,000분의 1m²까지 계산하여 10분의 1m² 단위로 정한다.

02 지적도를 제도하는 ㉠ 경계의 폭 및 ㉡ 행정구역선의 폭 기준으로 옳은 것은?(단, 동 · 리의 행정구역선의 경우는 제외한다.)

① ㉠ 0.1mm, ㉡ 0.4mm

② ㉠ 0.15mm, ㉡ 0.5mm

③ ㉠ 0.2mm, ㉡ 0.5mm

④ ㉠ 0.25mm, ㉡ 0.4mm

해설 도면에 등록하는 경계는 (0.1mm) 폭의 선으로 제도하고, 행정구역선은 (0.4mm) 폭의 선으로 제도한다. 다만, 동 · 리는 0.2mm의 선으로 제도한다.

03 지적측량성과와 검사성과의 연결교차 허용범위 기준으로 옳지 않은 것은?(단, M은 축척분모이며, 경계점좌표등록부 시행지역의 경우는 고려하지 않는다.)

① 지적도근점 : 0.2m 이내

② 지적삼각점 : 0.2m 이내

③ 경계점 : 10분의 3Mmm 이내

④ 지적삼각보조점 : 0.25m 이내

지적측량성과와 검사성과의 연결교차 허용범위

구분	분류		허용범위
기초측량	지적삼각점		0.20m
	지적삼각보조점		0.25m
	지적도근점	경계점좌표등록부 시행지역	0.15m
		그 밖의 지역	0.25m
세부측량	경계점	경계점좌표등록부 시행지역	0.10m
		그 밖의 지역	10분의 3Mmm (M은 축척분모)

04 무한히 확산되는 평면전자기파가 1/299,792,458초 동안 진공 중을 진행하는 길이로 표시되는 단위는?

① 1미터(m)
② 1칸델라(cd)
③ 1피피엠(ppm)
④ 1스테라디안(sr)

1m는 "빛이 진공에서 1/299,792,458초 동안 진행하는 경로의 길이"이다.

05 지적삼각보조점성과표의 기록·관리 등에 관한 내용으로 옳은 것은?

① 표지의 재질을 기록·관리할 것
② 자오선수차(子午線收差)를 기록·관리할 것
③ 지적삼각보조점성과는 시·도지사가 관리할 것
④ 시준점(視準點)의 명칭, 방위각 및 거리를 기록·관리할 것

지적기준점성과표의 기록·관리사항

지적삼각점성과표	지적삼각보조점 및 지적도근점성과표
• 지적삼각점의 명칭과 기준 원점명 • 좌표 및 표고 • 경도 및 위도(필요한 경우로 한정한다.) • 자오선수차 • 시준점의 명칭, 방위각 및 거리 • 소재지와 측량연월일 • 그 밖의 참고사항	• 번호 및 위치의 약도 • 좌표와 직각좌표계 원점명 • 경도와 위도(필요한 경우로 한정한다.) • 표고(필요한 경우로 한정한다.) • 소재지와 측량연월일 • 도선등급 및 도선명 • 표지의 재질 • 도면번호 • 설치기관 • 조사연월일, 조사자의 직위·성명 및 조사 내용

06 평판측량방법에 따른 세부측량을 도선법으로 하는 경우에 대한 설명으로 옳지 않은 것은?

① 도선의 변은 20개 이하로 한다.

② 지적측량기준점 간을 서로 연결한다.

③ 도선의 측선장은 도상길이 12cm 이하로 한다.

④ 도선의 폐색오차가 도상길이 $\dfrac{\sqrt{n}}{3}$ mm 이하인 경우, 계산식에 따라 이를 각 점에 배부하여 그 점의 위치로 한다.

해설 평판측량방법에 따른 세부측량을 도선법으로 하는 경우 도선의 측선장은 도상길이 8cm 이하(광파조준의 또는 광파측거기를 사용할 때에는 30cm 이하)로 한다.

07 축척 1/500에서 지적도근점측량 시 도선의 총길이가 3,318.55m일 때 2등 도선인 경우 연결오차의 허용범위는?

① 0.29m 이하

② 0.34m 이하

③ 0.43m 이하

④ 0.92m 이하

해설 지적도근점측량의 연결오차 허용범위(공차)

측량방법	등급	연결오차의 허용범위(공차)
배각법	1등 도선	$M \times \dfrac{1}{100} \sqrt{n}$ cm 이내
	2등 도선	$M \times \dfrac{1.5}{100} \sqrt{n}$ cm 이내

※ M : 축척분모, n : 각 측선의 수평거리의 총합계를 100으로 나눈 수

2등 도선의 연결오차 허용범위 $= M \times \dfrac{1.5}{100} \sqrt{n} = 500 \times \dfrac{1.5}{100} \sqrt{33.1855} = 43.2$cm

∴ 0.43m 이하

08 지적도근점측량의 1등 도선으로 할 수 없는 것은?

① 삼각점의 상호 간 연결

② 지적삼각점의 상호 간 연결

③ 지적삼각보조점의 상호 간 연결

④ 지적도근점의 상호 간 연결

해설 지적도근점측량의 도선
- 1등 도선은 위성기준점, 통합기준점, 삼각점, 지적삼각점 및 지적삼각보조점의 상호 간을 연결하는 도선 또는 다각망도선으로 한다.
- 2등 도선은 위성기준점, 통합기준점, 삼각점, 지적삼각점 및 지적삼각보조점과 지적도근점을 연결하거나 지적도근점 상호 간을 연결하는 도선으로 한다.

09 평판측량방법에 따른 세부측량을 시행할 때 경계위치는 기지점을 기준으로 하여 지상경계선과 도상경계선의 부합 여부를 확인하여야 하는데 이를 확인하는 방법이 아닌 것은?

① 현형법

② 거리비례확인법

③ 도상원호교회법

④ 지상원호교회법

해설 평판측량방법에 따른 세부측량에서 경계점은 기지점을 기준으로 하여 지상경계선과 도상경계선의 부합 여부를 현형법 · 도상원호교회법 · 지상원호교회법 · 거리비교확인법 등으로 확인하여 결정한다.

10 기초측량 및 세부측량을 위하여 실시하는 지적측량의 방법이 아닌 것은?

① 사진측량

② 수준측량

③ 위성측량

④ 경위의측량

해설 지적측량 방법은 평판측량, 전자평판측량, 경위의측량, 전파기 또는 광파기측량, 사진측량 및 위성측량 등에 의한다.

11 평판측량방법에 따른 세부측량을 도선법으로 시행한 결과 변의 수(N)가 20, 도상오차(e)가 1.0mm 발생하였다면 16번째 변(n)에 배부하여야 할 도상길이(M_n)는?

① 0.5mm

② 0.6mm

③ 0.7mm

④ 0.8mm

해설 $M_n = \dfrac{e}{N} \times n = \dfrac{1.0}{20} \times 16 = 0.8\text{mm}$

(M_n : 각 점에 순서대로 배분할 mm 단위의 도상길이, e : mm 단위의 오차, N : 변의 수, n : 변의 순서)

12 전자면적측정기에 따른 면적측정 기준으로 옳지 않은 것은?

① 도상에서 2회 측정한다.

② 측정면적은 100분의 1m^{2}까지 계산한다.

③ 측정면적은 10분의 1m^2 단위로 정한다.

④ 교차가 허용면적 이하일 때에는 그 평균치를 측정면적으로 한다.

해설 • 좌표면적계산법(경계점좌표등록부 지역)에 따른 산출면적은 1,000분의 1m^{2}까지 계산하여 10분의 1m^2 단위로 정한다.
• 전자면적측정기(도해지역)에 따른 측정면적은 1,000분의 1m^{2}까지 계산하여 10분의 1m^2 단위로 정한다.

13 어떤 두 점 간의 거리를 같은 측정방법으로 n회 측정하였다. 그 참값을 L, 최확값을 L_0라 할 때 참오차(E)를 구하는 방법으로 옳은 것은?

① $E = L \div L_0$ ② $E = L \times L_0$

③ $E = L - L_0$ ④ $E = L + L_0$

> **해설** 참오차=관측값−참값, 편의=참값−평균값(최확값), 잔차=관측값−평균값(최확값)으로 산정한다. 일반적으로 참값은 알 수 없는 값이므로 참값에 가장 가까운 의미로 최확값 또는 평균값을 사용한다.

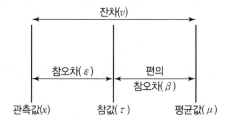

14 지적삼각보조점측량을 2방향의 교회에 의하여 결정하려는 경우의 처리방법은?(단, 각 내각의 관측치 합계와 180°와의 차가 ±40초 이내일 때이다.)

① 각 내각에 고르게 배부한다.

② 각 내각의 크기에 비례하여 배부한다.

③ 각 내각의 크기에 반비례하여 배부한다.

④ 허용오차이므로 관측내각에 배부할 필요가 없다.

> **해설** 경위의측량방법과 전파기 또는 광파기측량방법에 따라 교회법으로 지적삼각보조점측량을 할 때에는 3방향의 교회에 따른다. 다만, 지형상 부득이하여 2방향의 교회에 의하여 결정하려는 경우에는 각 내각을 관측하여 각 내각의 관측치 합계와 180°와의 차가 ±40초 이내일 때에는 이를 각 내각에 고르게 배분하여 사용할 수 있다.

15 다음 중 지적도근점측량을 필요로 하지 않는 경우는?

① 축척변경을 위한 측량을 하는 경우

② 대단위 합병을 위한 측량을 하는 경우

③ 도시개발사업 등으로 인하여 지적확정측량을 하는 경우

④ 측량지역의 면적이 해당 지적도 1장에 해당하는 면적 이상인 경우

> **해설** 토지의 합병, 지목변경, 지번변경, 행정구역변경 등은 지적측량을 수반하지 않는다.

16 직접거리측정에 따른 오차 중 그 성질이 부(−)인 것은?

① 줄자의 처짐으로 인한 오차
② 측정 시 장력의 과다로 인한 오차
③ 측선이 수평이 안 됨으로 나타난 오차
④ 측선이 일직선이 안 됨으로 나타난 오차

해설 장력이 과다하게 작용해서 발생한 오차는 실제 거리보다 짧게 측정되어 (−) 성질을 갖게 되며, 줄자가 늘어지거나 측선이 수평이 안 되거나 측선이 일직선이 안 되었을 경우에는 줄자가 측정거리보다 길어지므로 (+) 성질을 갖게 된다.

17 망원경조준의(망원경 앨리데이드)로 측정한 경사거리가 150.23m, 연직각이 +3°50′25″일 때 수평거리는?

① 138.56m　　② 140.25m　　③ 145.69m　　④ 149.89m

해설 수평거리 = 경사거리 × cosα = 150.23 × cos3°50′25″ = 149.89m

18 지적측량 시 광파거리측량기를 이용하여 3km 거리를 5회 관측하였을 때 허용되는 평균교차는?

① 3cm　　② 5cm　　③ 6cm　　④ 10cm

해설 전파기 또는 광파기측량방법에 따른 지적삼각점의 관측과 계산에서 점간거리는 5회 측정하여 그 측정치의 최대치와 최소치의 교차가 평균치의 10만분의 1 이하일 때에는 그 평균치를 측정거리로 한다.

따라서, $\dfrac{300,000}{100,000} = 3\text{cm}$

19 평판측량에 의한 세부측량 시, 도상의 위치오차를 0.1mm까지 허용할 때 구심오차의 허용범위는?(단, 축척은 1/1,200이다.)

① 1cm 이하　　② 3cm 이하　　③ 6cm 이하　　④ 12cm 이하

해설 $q = \dfrac{2e}{M} \rightarrow$ 편심거리$(e) = \dfrac{Mq}{2} = \dfrac{1200 \times 0.1}{2} = 60\text{mm}$이므로,

6cm 이하까지 허용할 수 있다.

20 지번 및 지목의 제도방법에 대한 설명으로 옳지 않은 것은?

① 지번 및 지목은 2mm 이상 3mm 이하의 크기로 제도한다.
② 지번의 글자간격은 글자크기의 4분의 1정도 띄어서 제도한다.
③ 지번 및 지목은 경계에 닿지 않도록 필지의 중앙에 제도한다.
④ 지번과 지목의 글자간격은 글자크기의 3분의 1정도 띄어서 제도한다.

해설 지번 및 지목을 제도할 때에는 지번 다음에 지목을 제도하고, 지번의 글자간격은 글자크기의 4분의 1 정도, 지번과 지목의 글자간격은 글자크기의 2분의 1정도 띄어서 제도한다.

2과목 응용측량

21 GNSS측량에서 GDOP에 관한 설명으로 옳은 것은?

① 위성의 수치적인 평면의 함수값이다.
② 수신기의 기하학적인 높이의 함수값이다.
③ 위성의 신호강도와 관련된 오차로서 그 값이 크면 정밀도가 낮다.
④ 위성의 기하학적인 배열과 관련된 함수값이다.

해설 GNSS 오차 중 DOP(Dilution of Precision, 정밀도저하율)는 상대적인 기하학이 위치결정에 미치는 오차를 나타내는 무차원의 수로서 측위정확도의 영향을 표시하는 계수로 사용되며, GDOP(기하학적 정밀도저하율)는 위성의 기하학적인 배치와 관련된 정밀도를 나타낸다.

22 GPS에서 채택하고 있는 타원체는?

① Hayford   ② WGS84   ③ Bessel1841   ④ 지오이드

해설 GPS는 WGS84라고 하는 기준좌표계와 WGS84 타원체를 이용한다.

23 측량의 구분에서 노선측량과 가장 거리가 먼 것은?

① 철도의 노선 설계를 위한 측량
② 지형지물 등을 조사하는 측량
③ 상하수도의 도수관 부설을 위한 측량
④ 도로의 계획조사를 위한 측량

해설 노선측량이란 도로·철도·운하·상하수도·송전선 등 폭이 좁고 긴 형태의 노선 또는 선형 구조물의 설계·공사·유지관리를 위한 측량을 말한다.

② 지형지물 등의 조사는 지형측량에 해당한다.

24 터널 내에서 차량 등에 의하여 파손되지 않도록 콘크리트 등을 이용하여 일반적으로 천정에 설치하는 중심말뚝을 무엇이라 하는가?

① 도갱   ② 자이로(Gyro)   ③ 레벨(Level)   ④ 다보(Dowel)

25 노선측량에서 원곡선 설치에 대한 설명으로 틀린 것은?

① 철도, 도로 등에는 차량의 운전에 편리하도록 단곡선보다는 복심곡선을 많이 설치하는 것이 좋다.

② 교통안전의 관점에서 반향곡선은 가능하면 사용하지 않는 것이 좋고 불가피한 경우에는 두 곡선 사이에 충분한 길이의 완화곡선을 설치한다.

③ 두 원의 중심이 같은 쪽에 있고 반지름이 각기 다른 두 개의 원곡선을 설치하는 경우에는 완화곡선을 넣어 곡선이 점차로 변하도록 해야 한다.

④ 고속주행 차량의 통과를 위하여 직선부와 원곡선 사이나 큰 원과 작은 원 사이에는 곡률반지름이 점차 변화하는 곡선부를 설치하는 것이 좋다.

해설 철도, 도로 등에는 차량의 운전에 편리하도록 단곡선을 많이 이용하며, 복심곡선은 반경이 다른 두 개의 원곡선으로 되어 있어 철도, 도로 등에 복심곡선이 삽입된 경우 차량의 운전에 위험이 따르므로 가능한 한 피하는 것이 좋다.

26 노선측량에서 단곡선의 교각이 75°, 곡선반지름이 100m, 노선 시작점에서 교점까지의 추가거리가 250.73m일 때 시단현의 편각은?(단, 중심말뚝의 거리는 20m이다.)

① 4°00′39″

② 1°43′08″

③ 0°56′12″

④ 4°47′34″

해설 접선길이$(T.L) = R \cdot \tan\dfrac{I}{2} = 100 \times \tan\dfrac{75°}{2} = 76.73\text{m}$

곡선시점$(B.C)$의 위치 $=$ 총연장 $- T.L = 250.73\text{m} - 76.73\text{m} = 174.0 \rightarrow \text{No.8} + 14.0\text{m}$

시단현길이$(l_1) = 20\text{m} - 14.0\text{m} = 6.0\text{m}$

시단현의 편각$(\delta_1) = 1,718.87' \times \dfrac{l_1}{R} = 1,718.87' \times \dfrac{6}{100} = 1°43'07.93'' ≒ 1°43'08''$

27 2km를 왕복 직접수준측량하여 ±10mm의 오차를 허용한다면 동일한 정확도로 측량하여 4km를 왕복 직접수준측량할 때 허용오차는?

① ±8mm

② ±14mm

③ ±20mm

④ ±24mm

해설 수준측량 오차는 거리의 제곱근에 비례하므로,

$$\sqrt{2\text{km}} : 10\text{mm} = \sqrt{4\text{km}} : x \rightarrow x = \dfrac{\sqrt{4}}{\sqrt{2}} \times 10 = 14.14 ≒ 14\text{mm}$$

28 축척 1/500 지형도를 이용하여 1/1,000 지형도를 만들고자 할 때 1/1,000 지형도 1장을 완성하려면 1/500 지형도 몇 매가 필요한가?

① 16매   ② 8매   ③ 4매   ④ 2매

해설 축척비 $= \dfrac{1,000}{500} = 2 \rightarrow$ 면적비 $= 2 \times 2 = 4$매

---

29 지형도의 등고선 간격을 결정하는 데 고려되지 않아도 되는 사항은?

① 지형   ② 축척   ③ 측량목적   ④ 측정거리

해설 등고선의 간격은 등고선 간의 일정한 수직거리를 말한다. 지도의 축척 · 측량의 목적 · 지형의 상태 · 세부지물의 자세도(仔細度) · 소요시간 및 비용 · 지도의 미려도(美麗度) 등을 고려하여 정한다.

---

30 터널측량에 관한 설명으로 옳지 않은 것은?

① 터널 내에서의 곡선 설치는 지상의 측량방법과 동일하게 한다.
② 터널 내의 측량기기에는 조명이 필요하다.
③ 터널 내의 측점은 천정에 설치하는 것이 좋다.
④ 터널측량은 터널 내 측량, 터널 외 측량, 터널 내외 측량으로 구분할 수 있다.

해설 터널이 곡선인 경우 터널 내에는 정확한 곡선을 설치하여야 하므로 지상의 곡선설치법을 정확히 따라야 하나 터널 내부가 협소하므로 보통 현편거법과 접선편거법을 사용한다. 하지만 이 방법은 오차의 누적 위험이 있으므로 어느 정도 길어지면 내접다각형법과 외접다각형법을 사용한다.

---

31 클로소이드 곡선에서 매개변수 $A = 400$m, 곡선반지름 $R = 150$m일 때 곡선의 길이 L은?

① 560.2m   ② 898.4m   ③ 1,066.7m   ④ 2,066.7m

해설 클로소이드의 파라미터(매개변수) $A = \sqrt{RL} \rightarrow L = \dfrac{A^2}{R} = \dfrac{400^2}{150} = 1,066.7$m

---

32 항공사진의 촬영고도 6,000m, 초점거리 150mm, 사진크기 18cm×18cm에 포함되는 실면적은?

① 48.7km^2 ② 50.6km^2 ③ 51.8km^2 ④ 52.4km^2

해설 사진축척$(M) = \dfrac{1}{m} = \dfrac{f}{H} \rightarrow m = \dfrac{6,000}{0.15} = 40,000$

(m : 축척분모, f : 렌즈의 초점거리, H : 촬영고도)

따라서, 사진의 실제면적$(A) = (ma)^2 = (40,000 \times 0.18)^2 = 51.8$km^2

---

33 항공사진에서 기복변위량을 구하는 데 필요한 요소가 아닌 것은?

① 지형의 비고
② 촬영고도
③ 사진의 크기
④ 연직점으로부터의 거리

> **해설** 기복변위$(\triangle r) = \dfrac{h}{H} \cdot r$ (h : 비고, H : 비행촬영고도, r : 연직점에서 측정점까지의 거리)

34 두 개 이상의 표고 기지점에서 미지점의 표고를 측정하는 경우에 경중률과 관측거리의 관계를 설명한 것으로 옳은 것은?

① 관측값의 경중률은 관측거리의 제곱근에 비례한다.
② 관측값의 경중률은 관측거리의 제곱근에 반비례한다.
③ 관측값의 경중률은 관측거리에 비례한다.
④ 관측값의 경중률은 관측거리에 반비례한다.

> **해설** $W_1 : W_2 : W_3 = \dfrac{1}{S_1} : \dfrac{1}{S_2} : \dfrac{1}{S_3}$ (W : 경중률, S : 관측거리)
> ④ 관측값의 경중률은 관측거리에 반비례한다.

35 그림과 같이 지성선 방향이나 주요 방향의 여러 개 관측선에 대하여 A로부터의 거리와 높이를 관측하여 등고선을 삽입하는 방법은?

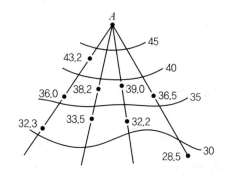

① 직접법
② 횡단점법
③ 종단점법(기준점법)
④ 좌표점법(사각형 분할법)

> **해설** 등고선 관측방법에는 직접관측법(레벨에 의한 방법·평판에 의한 방법·토털스테이션에 의한 방법)과 간접관측법[목측에 의한 방법, 방안법(좌표점검법, 모눈종이법), 종단점법, 횡단점법]이 있다. 이 중 종단점법은 지성선의 방향이나 주요 방향의 여러 개의 측선에 대하여 기준점에서 필요한 점까지의 높이를 관측하고 등록선을 삽입하는 방법으로 주로 소축척의 산지 등에 이용된다.

36 항공사진을 판독할 때 미리 알아두어야 할 조건이 아닌 것은?

① 카메라의 초점거리
② 촬영고도
③ 촬영 연월일 및 촬영시각
④ 도식기호

해설 항공사진의 판독은 사진면으로부터 얻은 여러 가지 피사체의 정보를 목적에 따라 적절히 해석하는 기술이며, 대상지 선정, 사진의 축척, 사진의 종류, 촬영일시, 촬영범위, 촬영고도, 렌즈의 선정 등을 고려하여야 한다.

37 사진면에 직교하는 광선과 연직선이 이루는 각을 2등분하는 광선이 사진면과 만나는 점은?

① 등각점
② 주점
③ 연직점
④ 수평점

해설 항공사진의 특수 3점이란 주점, 연직점, 등각점을 말하며 모두 사진의 성질을 설명하는 데 중요한 요소이다. 이 중 등각점(Isocenter)은 사진면과 직교하는 광선과 연직선이 이루는 각을 2등분하는 광선이 교차하는 점으로, 평탄한 지역의 경사사진에서 각관측의 중심점으로 사용된다.

38 GNSS 오차 중 송신된 신호를 동기화하는 데 발생하는 시계오차와 전기적 잡음에 의한 오차는?

① 수신기 오차
② 위성의 시계 오차
③ 다중 전파경로에 의한 오차
④ 대기조건에 의한 오차

해설 GNSS측량의 오차에는 구조적 요인에 의한 오차(위성시계오차 · 위성궤도오차 · 전리층과 대류권에 의한 전파지연 · 수신기 자체의 전자파적 잡음에 따른 오차), 측위 환경에 따른 오차[정밀도 저하율(DOP) · 주파단절(Cycle Slip) · 다중경로(Multipath) 오차], 선택적 가용성(SA), 위상신호의 가변성(PCV) 등이 있다.

39 지형도의 등고선에 대한 설명으로 옳지 않은 것은?

① 등고선의 표고수치는 평균해수면을 기준으로 한다.
② 한 장의 지형도에서 주곡선의 높이간격은 일정하다.
③ 등고선은 수준점 높이와 같은 정도의 정밀도가 있어야 한다.
④ 계곡선은 도면의 안팎에서 반드시 폐합한다.

해설 등고선은 지표상의 동일한 높이의 점을 연결한 선으로 중요한 측점을 선정하여 표고와 위치를 정하고 이 점들을 기준으로 지형과 충분히 일치하도록 직접법과 간접법에 의해 등고선을 관측한다.

③ 등고선은 수준점 높이와 같은 정도의 정밀도가 요구되지는 않는다.

40 수준면(Level Surface)에 대한 설명으로 옳은 것은?

① 레벨의 시준면으로 고저각을 잴 때 기준이 되는 평면
② 지구상 어떤 점에서 지구의 중심 방향에 수직한 평면
③ 지구상 모든 점에서 중력의 방향에 직각인 곡면
④ 지구상 어떤 점에서 수평면에 접하는 평면

> **해설** 수준면은 각 점들이 중력 방향에 직각으로 이루어진 곡면, 즉 중력포텐셜이 동일한 곡면으로 지오이드면이나 평균해수면을 의미하며, 수준측량에서 높이의 기준이 된다.

3과목 **토지정보체계론**

41 SQL의 특징에 대한 설명으로 옳지 않은 것은?

① 상호 대화식 언어이다.
② 집합단위로 연산하는 언어이다.
③ ISO 8211에 근거한 정보처리체계와 코딩규칙을 갖는다.
④ 관계형 DBMS에서 자료를 만들고 조회할 수 있는 도구이다.

> **해설** SQL((Structured Query Language, 구조화 질의어)은 데이터베이스로부터 정보를 얻거나 갱신하기 위한 표준 대화식 프로그래밍 언어이다. 관계형 데이터베이스관리시스템에서 자료의 검색과 관리, 데이터베이스 스키마 생성과 수정, 데이터베이스 객체 접근 조정 관리를 위해 고안되었다.
>
> ③ ISO 8211에 근거한 정보처리체계와 코딩규칙을 갖는 것은 SDTS(Spatial Data Transfer Standard, 공간자료교환표준)이다.

42 지적도면 전산화사업으로 생성된 지적도면 파일을 이용하여 지적업무를 수행할 경우의 장점으로 옳지 않은 것은?

① 지적측량성과의 효율적인 전산관리가 가능하다.
② 지적도면에서 신축에 따른 지적도의 변형이나 훼손 등의 오류를 제거할 수 있다.
③ 공간정보 분야의 다양한 주제도에 융합하여 새로운 콘텐츠를 생성할 수 있다.
④ 원시 지적도면의 정확도가 한층 높아져 지적측량성과의 정확도 향상을 기할 수 있다.

> **해설** 지적도면파일은 지적도면 전산화사업 당시 원시 지적도면을 디지타이징하여 만든 결과물이므로 지적도면파일을 이용하여 지적업무를 수행한다 하더라도 원시 지적도 자체의 정확도가 향상될 수 없다.

43 공간질의에 이용되는 연산방법 중 일반적인 분류에 포함되지 않은 것은?

① 공간연산   ② 논리연산   ③ 산술연산   ④ 통계연산

> **해설** 공간분석을 위한 연산에는 논리연산, 산술연산, 기하연산, 통계연산이 있다.

---

44 메타데이터(Metadata)에 대한 설명으로 옳은 것은?

① 수학적으로 데이터의 모형을 정의하는 데 필요한 구성요소다.
② 여러 변수 사이에 함수 관계를 설정하기 위하여 사용되는 매개 데이터를 말한다.
③ 데이터의 내용, 논리적 관계, 기초자료의 정확도, 경계 등 자료의 특성을 설명하는 정보의 이력서이다.
④ 토지정보시스템에 사용되는 GPS, 사진측량 등으로 얻은 위치자료를 데이터베이스화한 자료를 말한다.

> **해설** 메타데이터(Metadata)
> 데이터에 대한 데이터로서 데이터의 내용, 품질, 조건, 상태, 제작시점, 제작자, 소유권자, 좌표체계 등 특성에 대한 정보를 포함하는 데이터의 이력서라 할 수 있으며, 공간데이터, 속성데이터 및 추가적인 정보로 구성되어 있다.

---

45 속성데이터에 해당하지 않은 것은?

① 지적도   ② 토지대장
③ 공유지연명부   ④ 대지권등록부

> **해설** 지적공부 중 속성정보는 토지소재 · 지번 · 지목 · 행정구역 · 면적 · 소유권 · 토지등급 · 토지이동사항 등으로 대장의 등록사항이 대부분이다.
>
> ① 지적도와 임야도의 등록사항인 경계선과 도곽선은 도형정보에 해당한다.

---

46 속성자료의 관리에 대한 설명으로 옳지 않은 것은?

① 속성테이블은 대표적으로 파일시스템과 데이터베이스 관리시스템으로 관리한다.
② 토지대장, 임야대장, 경계점좌표등록부 등과 같이 문자와 수치로 된 자료는 키보드를 사용하기 쉽고 편리하게 입력할 수 있다.
③ 데이터베이스 관리시스템으로 관리하는 것은 시스템이 비교적 간단하고 데이터베이스가 소규모일 때 사용하는 방법이다.
④ 속성자료를 입력할 때 입력자의 착오로 인한 오류가 발생할 수 있으므로 입력한 자료를 출력하여 재검토한 후 오류가 발견되면 수정하여야 한다.

47 지적도 재작성사업을 시행하여 지적도 독취자료를 이용하는 도면전산화의 추진연도는?

① 1975년　　　　② 1978년　　　　③ 1990년　　　　④ 2003년

48 경위도좌표계에 대한 설명으로 옳지 않은 것은?

① 지구타원체의 회전에 기반을 둔 3차원 구형좌표계이다.
② 횡측 메르카토르 투영을 이용한 2차원 평면좌표계이다.
③ 위도는 한 점에서 기준타원체의 수직선과 적도평면이 이루는 각으로 정의된다.
④ 본초자오선 면이 이루는 각으로 정의된다.

49 지적전산자료의 이용 또는 활용 시 사용료를 면제할 수 있는 자는?

① 학생　　　　　　　　　　　② 공기업
③ 민간기업　　　　　　　　　④ 지방자치단체

50 래스터데이터의 각 행마다 왼쪽에서 오른쪽으로 진행하면서 동일한 수치를 갖은 값들을 묶어 압축하는 방식은?

① 블록코드　　　　　　　　　② 사지수형
③ 체인코드　　　　　　　　　④ 런렝스코드

51 디지타이징과 비교하여 스캐닝 작업이 갖는 특징에 대한 설명으로 옳은 것은?

① 스캐너는 장치운영방법이 복잡하여 위상에 관한 정보가 제공된다.

② 스캐너로 읽은 자료는 디지털카메라로 촬영하여 얻은 자료와 유사하다.

③ 스캐너로 입력한 자료는 벡터자료로서 벡터라이징 작업이 필요하지 않다.

④ 디지타이징은 스캐닝 방법에 비해 자동으로 작업할 수 있으므로 작업속도가 빠르다.

해설 위상에 관한 정보가 제공되는 것은 벡터자료이며, 스캐너로 입력된 자료 중 래스터자료는 벡터라이징(벡터화)이 필요하고, 디지타이징은 수작업에 의해야 하므로 작업속도가 느리다.

52 다음 (   ) 안에 들어갈 용어로 옳은 것은?

> (   )이란 국토교통부장관이 지적공부 및 부동산종합공부 정보를 전국 단위로 통합하여 관리·운영하는 시스템을 말한다.

① 국토정보시스템　　　　　　　　② 지적행정시스템

③ 한국토지정보시스템　　　　　　④ 부동산종합공부시스템

해설 (국토정보시스템)이란 국토교통부장관이 지적공부 및 부동산종합공부의 정보를 전국 단위로 통합하여 관리·운영하는 시스템으로서 부동산 관련 자료(주민등록전산자료, 가족관계등록전산자료, 부동산등기전산자료 또는 공시지가전산자료), 지적전산자료(연속지적도 포함)와 부동산종합공부에 등록된 자료, 편집지적도 및 용도지역지구도 등의 도형데이터 등의 자료가 포함된 정보체계를 말한다.

53 토지정보시스템(Lend Information System) 운용에서 역점을 두어야 할 측면은?

① 민주성과 기술성　　　　　　　② 사회성과 기술성

③ 자율성과 경제성　　　　　　　④ 정확성과 신속성

해설 토지정보시스템(LIS)은 토지의 효율적인 이용과 관리를 목적으로 각종 토지 관련 자료를 체계적이고 종합적으로 수집·처리·저장·관리하여 토지에 관련된 정보를 신속·정확하게 제공하는 정보체계이다.

54 제6차 국가공간정보정책 기본계획의 계획기간으로 옳은 것은?

① 2010~2015년　　　　　　　　② 2013~2017년

③ 2014~2019년　　　　　　　　④ 2018~2022년

해설 국가지리정보체계(NGIS)의 추진과정
- 제1차 기본계획(1995~2000년) : 국가 GIS사업으로 국토정보화의 기반 준비
- 제2차 기본계획(2001~2005년) : 국가공간정보기반을 확충하여 디지털 국토 실현
- 제3차 기본계획(2006~2010년) : 유비쿼터스 국토 실현을 위한 기반 조성
- 제4차 기본계획(2010~2012년) : 녹색성장을 위한 그린(GREEN) 공간정보사회 실현

- 제5차 기본계획(2013~2017년) : 공간정보로 실현하는 국민행복과 국가발전
- 제6차 기본계획(2018~2022년) : 공간정보 융·복합 르네상스로 살기 좋고 풍요로운 스마트코리아 실현

55 래스터데이터의 설명으로 옳지 않은 것은?

① 데이터 구조가 간단하다.
② 격자로 표현하기 때문에 데이터 표출에 한계가 있다.
③ 데이터가 위상구조로 되어 있어 공간적인 상관성 분석에 유리하다.
④ 공간해상도를 높일 수 있으나 데이터의 양이 방대해지는 단점이 있다.

> **해설** 데이터가 위상구조로 되어 있어 공간적인 상관성 분석에 유리한 것은 벡터데이터이다.

56 시·군·구 단위의 지적전산자료를 활용하려는 자가 지적전산자료를 신청하여야 하는 곳은? (단, 자치구가 아닌 구를 포함한다.)

① 도지사   ② 지적소관청
③ 국토교통부장관   ④ 행정안전부장관

> **해설** 지적전산자료의 이용 및 활용에 관한 승인권자
>
> | 구분 | 승인권자 |
> | --- | --- |
> | 전국 단위 | 국토교통부장관, 시·도지사 또는 지적소관청 |
> | 시·도 단위 | 시·도지사 또는 지적소관청 |
> | 시·군·구 단위 | 지적소관청 |

57 데이터베이스의 장점으로 옳지 않은 것은?

① 자료의 독립성 유지
② 여러 사용자의 동시 사용 가능
③ 초기 구축비용과 유지비가 저렴
④ 표준화되고 구조적인 자료 저장 가능

> **해설** 데이터베이스는 시스템의 구성이 복잡하여 필요한 하드웨어와 소프트웨어 설치비용이 많이 소요되어 운영비용이 가중된다.

58 다음 중 필지중심토지정보시스템(PBLIS)의 구성체계에 해당되지 않은 것은?

① 지적측량시스템   ② 지적공부관리시스템
③ 토지거래관리시스템   ④ 지적측량성과작성시스템

59 1970년대에 우리나라 정부가 지정한 지적전산화 업무의 최초 시행지역은?

① 서울 　　　　　② 대전 　　　　　③ 대구 　　　　　④ 부산

60 래스터데이터에 해당하는 파일은?

① TIF 파일 　　　　　　　　　② SHP 파일
③ DGN 파일 　　　　　　　　　④ DWG 파일

4과목 **지적학**

61 적극적 지적제도의 특징이 아닌 것은?

① 토지의 등록은 의무화되어 있지 않다.
② 토지등록의 효력은 정부에 의하여 보장된다.
③ 토지등록상 문제로 인한 피해는 법적으로 보장된다.
④ 등록되지 않은 토지에는 어떤 권리도 인정될 수 없다.

62 경계점표지의 특성이 아닌 것은?

① 명확성 　　　　　② 안전성 　　　　　③ 영구성 　　　　　④ 유동성

63 1916년부터 1924년까지 실시한 임야조사사업에서 사정한 임야의 구획선은?

① 강계선(疆界線)
② 경계선(境界線)
③ 지계선(地界線)
④ 지역선(地域線)

> **해설** 토지조사사업 당시 사정선의 명칭은 강계선이고, 임야조사사업 당시 사정선의 명칭은 경계선이다.

64 토지의 물권설정을 위해서는 물권객체의 설정이 필요하다. 물권객체 설정을 위한 지적의 가장 중요한 역할은?

① 면적측정
② 지번설정
③ 필지획정
④ 소유권 조사

> **해설** 필지는 법적으로 물권의 효력이 미치는 권리의 객체로, 토지의 등록단위·소유단위·이용단위·거래단위로서 토지에 대한 물권의 효력이 미치는 범위를 정하고 토지를 개별화·특정화시키기 위하여 인위적으로 구획한 법적 등록단위이다. 이와 같이 지적제도에서 필지는 기본단위이므로 물권객체 설정을 위해 필지획정이 가장 중요한 사항이다.

65 초기에 부여된 지목 명칭을 변경한 것으로 잘못된 것은?

① 공원지 → 공원
② 분묘지 → 묘지
③ 사사지 → 사적지
④ 운동장 → 체육용지

> **해설** 1976년 제1차 「지적법」 전문개정으로 6개의 지목이 신설(과수원, 목장용지, 공장용지, 학교용지, 운동장, 유원지)되고, 3개 지목이 통·폐합(철도용지+철도선로 → 철도용지, 수도용지+수도선로 → 수도용지, 유지+지소 → 유지)되었으며, 5개 지목의 명칭이 변경(공원지 → 공원, 사사지 → 종교용지, 성첩 → 사적지, 분묘지 → 묘지, 운동장 → 체육용지)되었다.

66 지적의 원리 중 지적활동의 정확성을 설명한 것으로 옳지 않은 것은?

① 서비스의 정확성 – 기술의 정확도
② 토지현황조사의 정확성 – 일필지 조사
③ 기록과 도면의 정확성 – 측량의 정확도
④ 관리·운영의 정확성 – 지적조직의 업무분화 정확도

> **해설** 현대 지적의 원리에는 공기능성, 민주성, 능률성, 정확성 등이 있다. 이 중 토지현황조사의 정확성은 일필지 조사, 기록과 도면의 정확성은 측량의 정확도, 관리와 운영의 정확성는 지적조직의 업무분화의 정확도와 관련된다.
>
> ① 서비스의 정확성은 조사항목에 대한 정확도를 나타낸다.

67 다음 중 토지경계를 설명한 것으로 옳지 않은 것은?

① 토지경계에는 불가분의 원칙이 적용된다.
② 공부에 등록된 경계는 말소가 불가능하다.
③ 토지경계는 국가기관인 소관청이 결정한다.
④ 지적공부에 등록된 필지의 구획선을 말한다.

해설 지적공부에 등록된 경계는 합병 및 바다로 된 토지의 등록말소 등의 사유로 말소가 가능하다.

68 우리나라의 현행 지적제도에서 채택하고 있는 지목설정 기준은?

① 용도지목　　　② 자연지목　　　③ 지형지목　　　④ 토성지목

해설 토지의 현황에 따른 지목의 분류
• 용도지목 : 토지의 현실적 용도에 따라 결정하는 것으로, 우리나라 및 대부분의 국가에서는 이 용도지목을 사용한다.
• 지형지목 : 지표면의 형상, 토지의 고저 등 토지의 모양에 따라 결정한다.
• 토성지목 : 지층, 암석, 토양 등 토지의 성질에 따라 결정한다.

69 토렌스시스템(Torrens System)이 창안된 국가는?

① 영국
③ 네덜란드
② 프랑스
④ 오스트레일리아

해설 토렌스시스템은 적극적 등록제도의 발전된 형태로서 토지의 권원을 등록함으로써 토지등록의 완전성을 추구하고 선의의 제3자를 완벽하게 보호하는 것을 목표로 오스트레일리아의 로버트 토렌스(Robert Torrens)에 의하여 창안되었다.

70 일필지로 정할 수 있는 기준에 해당하지 않는 것은?

① 지번부여지역의 토지로서 용도가 동일한 토지
② 지번부여지역의 토지로서 지가가 동일한 토지
③ 지번부여지역의 토지로서 지반가 동일한 토지
④ 지번부여지역의 토지로서 소유자가 동일한 토지

해설 일필지의 성립요건에는 지번부여지역 · 소유자 · 지목 · 축척의 동일, 지반의 연속, 소유권 이외 권리의 동일, 등기 여부의 동일 등이 있다.

71 지적의 실체를 구체화시키기 위한 법률 행위를 담당하는 토지등록의 주체는?

① 지적소관청
② 지적측량업자
③ 행정안전부장관
④ 한국국토정보공사장

> **해설** 토지등록의 주체는 토지를 지적공부에 등록하는 지적소관청(국가기관으로서의 시장 · 군수 · 구청장)이며, 등록의 객체는 통치권이 미치는 모든 영토(한반도와 그 부속도서)이다.

72 지적의 3요소와 가장 거리가 먼 것은?

① 공부
② 등기
③ 등록
④ 토지

> **해설** 지적의 3대 구성요소
> • 광의적 개념 : 소유자, 권리, 필지
> • 협의적 개념 : 토지, 등록, 공부

73 조선시대 양전의 개혁을 주장한 학자가 아닌 사람은?

① 이기
② 김응원
③ 서유구
④ 정약용

> **해설** 정약용은 『목민심서(牧民心書)』, 서유구는 『의상경계책(擬上經界策)』, 이기는 『해학유서(海鶴遺書)』를 통해 양전개정론을 주장하였다.

74 공훈의 차등에 따라 공신들에게 일정한 면적의 토지를 나누어 준 것으로, 고려시대 토지제도 정비의 효시가 된 것은?

① 정전
② 공신전
③ 관료전
④ 역분전

> **해설** 역분전(役分田)
> 940년(태조 23년) 관직이나 관계(官階)에 관계없이 고려 건국에 공을 세운 공신, 군인들을 대상으로 공로에 따라 차등을 두어 지급한 토지로서 전시과의 선구가 되었다.

75 오늘날 지적측량의 방법과 절차에 대하여 엄격한 법률적인 규제를 가하는 이유로 가장 옳은 것은?

① 측량기술의 발전
② 기술적 변화 대처
③ 법률적인 효력 유지
④ 토지등록정보 복원 유지

> **해설** 지적측량은 토지에 대한 물권이 미치는 한계를 밝히기 위한 측량으로서 그 측량방법을 법률로서 정하고 법률로 정해진 규정에 따라 행하는 기속측량의 성격을 지닌다.

76 다음 중 임야조사사업 당시 도지사가 사정한 경계 및 소유자에 대해 불복이 있을 경우 사정 내용을 번복하기 위해 필요하였던 처분은?

① 임야심사위원회의 재결
② 관할 고등법원의 확정판결
③ 고등토지조사위원회의 재결
④ 임시토지조사국장의 재사정

> **해설** 임야조사사업의 사정 대상은 소유자 및 경계로서 사정권자는 도지사이며 사정에 불복하는 자는 임야조사위원회에 재결을 요청하도록 하였다.

77 다음 중 지적제도의 발전단계별 분류상 가장 먼저 발생한 것으로 원시적인 지적제도라고 할 수 있는 것은?

① 법지적
② 세지적
③ 정보지적
④ 다목적지적

> **해설** 지적제도는 발전과정에 따라 세지적 → 법지적 → 다목적지적 순으로 진화하였다.

78 토지의 소유권 객체를 확정하기 위하여 채택한 근대적인 기술은?

① 지적측량
② 지질분석
③ 지형조사
④ 토지가격평가

> **해설** 지적측량은 물권을 확정하여 지적공부에 등록공시하고, 공시된 물권을 현지에 복원함으로써 관념적인 소유권을 실체적으로 특정하여 소유권의 소객체를 확정하는 기술이다.

79 토지조사사업 당시 도로, 하천, 구거, 제방, 성첩, 철도선로, 수도선로를 조사 대상에서 제외한 주된 이유는?

① 측량작업의 난이
② 소유자 확인 불명
③ 강계선 구분 불가능
④ 경제적 가치의 희소

> **해설** 토지조사사업 당시 도로, 하천, 구거, 제방, 성첩, 철도선로, 수도선로 등 과세적 · 경제적 가치가 없는 토지는 조사대상에서 제외하였다.

80 미등기 토지를 등기부에 개설하는 보존등기를 할 경우에 소유권에 관하여 특별한 증빙서로 하고 있는 것은?

① 공증증서
② 토지대장
③ 토지조사부
④ 등기공무원의 조사서

> **해설** 토지표시에 관한 사항에 있어서 등기는 지적공부를 기초로 하고, 소유권에 관한 사항에 있어서 지적은 등기를 기초로 한다. 단, 미등기 토지의 소유자 표시에 관한 사항은 지적공부(토지대장, 임야대장 등)를 기초로 한다.

81 지적측량수행자가 손해배상책임을 보장하기 위하여 보증보험에 가입하여야 하는 금액 기준으로 옳은 것은?

① 지적측량업자 : 5천만 원 이상, 한국국토정보공사 : 5억 원 이상
② 지적측량업자 : 5천만 원 이상, 한국국토정보공사 : 10억 원 이상
③ 지적측량업자 : 1억 원 이상, 한국국토정보공사 : 10억 원 이상
④ 지적측량업자 : 1억 원 이상, 한국국토정보공사 : 20억 원 이상

> 해설 지적측량수행자의 손해배상책임 보장기준
> • 지적측량업자 : 보장기간 10년 이상 및 보증금액 1억 원 이상인 보증보험
> • 한국국토정보공사 : 보증금액 20억 원 이상의 보증보험

82 아래 내용 중 ( ) 안에 공통으로 들어갈 용어로 옳은 것은?

> • ( )을 하는 경우 필지별 경계점은 지적기준점에 따라 측정하여야 한다.
> • 도시개발사업 등으로 ( )을 하려는 지역에 임야도를 갖춰 두는 지역의 토지가 있는 경우에는 등록전환을 하지 아니할 수 있다.

① 등록전환측량
② 신규등록측량
③ 지적확정측량
④ 축척변경측량

> 해설 (지적확정측량)을 하는 경우 필지별 경계점은 위성기준점, 통합기준점, 삼각점, 지적삼각점, 지적삼각보조점 및 지적도근점에 따라 측정하여야 하며, 도시개발사업 등으로 (지적확정측량)을 하려는 지역에 임야도를 갖춰 두는 지역의 토지가 있는 경우에는 등록전환을 하지 아니할 수 있다.

83 「공간정보의 구축 및 관리 등에 관한 법률」에서 정하는 지목의 종류에 해당하지 않는 것은?

① 광장
② 주차장
③ 철도용지
④ 주유소용지

> 해설 지목의 종류(총 28종)
> 전 · 답 · 과수원 · 목장용지 · 임야 · 광천지 · 염전 · 대 · 공장용지 · 학교용지 · 주차장 · 주유소용지 · 창고용지 · 도로 · 철도용지 · 제방 · 하천 · 구거 · 유지 · 양어장 · 수도용지 · 공원 · 체육용지 · 유원지 · 종교용지 · 사적지 · 묘지 · 잡종지

84 지적전산자료를 이용하고자 하는 자가 신청서에 기재할 사항이 아닌 것은?

① 자료의 이용시기
② 자료의 범위 및 내용
③ 자료의 이용목적 및 근거
④ 자료의 보관기관 및 안전관리대책

해설 지적전산자료를 이용 및 활용 시 신청서에 기재해야 할 사항에는 ②, ③, ④ 외에 자료의 제공방식 등이 있다.

85 면적측정의 대상 및 방법 등에 대한 설명으로 옳지 않은 것은?

① 지적공부의 복구 및 축척변경을 하는 경우 필지마다 면적을 측정하여야 한다.

② 좌표면적계산법에 의한 산출면적은 1,000분의 1m²까지 계산하여 1m² 단위로 정한다.

③ 지적공부의 등록사항에 잘못이 있어 면적 또는 경계를 정정하는 경우 필지마다 면적을 측정해야 한다.

④ 도시개발사업 등으로 인한 토지의 이동에 따라 토지의 표시를 새로이 결정하는 경우 필지마다 면적을 측정하여야 한다.

해설
• 좌표면적계산법(경계점좌표등록부 지역)에 따른 산출면적은 1,000분의 1m²까지 계산하여 10분의 1m² 단위로 정한다.
• 전자면적측정기(도해지역)에 따른 측정면적은 1,000분의 1m²까지 계산하여 10분의 1m² 단위로 정한다.

86 지적측량수행자가 지적소관청으로부터 측량성과에 대한 검사를 받지 아니하는 것으로만 나열된 것은?(단, 지적공부를 정리하지 아니하는 측량으로서 국토교통부령으로 정하는 측량의 경우를 말한다.)

① 등록전환측량, 분할측량

② 경계복원측량, 지적현황측량

③ 신규등록측량, 지적확정측량

④ 축척변경측량, 등록사항정정측량

해설 지적측량수행자가 지적측량을 실시한 경우에는 경계복원측량 및 지적현황측량을 제외하고는 시·도지사, 대도시 시장(「지방자치법」 제198조에 따른 서울특별시·광역시 및 특별자치시를 제외한 인구 50만 명 이상의 시의 시장) 또는 지적소관청으로부터 측량성과에 대한 검사를 받아야 한다.

87 경계점좌표등록부에 등록된 토지의 면적이 110.55m²로 산출되었다면 토지대장상 결정면적은?

① 110m²   ② 110.5m²   ③ 111m²   ④ 110.6m²

해설 지적도의 축척이 1/600인 지역과 경계점좌표등록부에 등록하는 지역의 토지 면적은 m² 이하 한 자리 단위로 하되, 0.1m² 미만의 끝수가 있는 경우 0.05m² 미만일 때에는 버리고 0.05m²를 초과할 때에는 올리며, 0.05m²일 때에는 구하려는 끝자리의 숫자가 0 또는 짝수면 버리고 홀수면 올린다. 다만, 1필지의 면적이 0.1m² 미만인 때에는 0.1m²로 한다.

④ 경계점좌표등록부 시행지역의 토지 산출면적이 110.55m²인 경우에 결정면적은 110.6m²이다.

88 일람도 및 지번색인표의 등재사항 중 공통으로 등재해야 하는 사항은?

① 도면번호
② 도곽선수치
③ 도면의 축척
④ 주요 지형 · 지물의 표시

> **해설** 일람도 및 지번색인표의 등재사항

일람도	지번색인표
• 지번부여지역의 경계 및 인접지역의 행정구역명칭 • 도면의 제명 및 축척 • 도곽선과 그 수치 • 도면번호 • 도로 · 철도 · 하천 · 구거 · 유지 · 취락 등 주요 지형 · 지물의 표시	• 제명 • 지번 · 도면번호 및 결번

89 지적공부의 등록사항 중 토지소유자에 관한 사항을 정정할 경우 다음 중 어느 것을 근거로 정정하여야 하는가?

① 토지대장
② 등기신청서
③ 매매계약서
④ 등기사항증명서

> **해설** 지적공부의 등록사항 중 토지소유자에 관한 등록사항의 정정은 등기필증, 등기완료통지서, 등기사항증명서 또는 등기관서에서 제공한 등기전산정보자료에 따라 정정하여야 한다.

90 다음 중 토지소유자협의회에 대한 설명으로 옳지 않은 것은?

① 토지소유자협의회에서는 경계결정위원회 위원의 추천도 할 수 있다.
② 토지소유자협의회는 위원장을 포함한 5명 이상 20명 이하의 위원으로 구성한다.
③ 토지소유자협의회 위원은 그 사업지구에 주소를 두고 있는 토지의 소유자이어야 한다.
④ 사업지구의 토지소유자 총수의 2분의 1 이상과 토지면적 2분의 1 이상에 해당하는 토지소유자의 동의를 받아 구성할 수 있다.

> **해설** 지적재조사사업의 토지소유자협의회 위원은 그 지적재조사지구에 있는 토지의 소유자이어야 한다.

91 지적재조사 경계설정의 기준으로 옳은 것은?

① 지방관습에 의한 경계로 설정한다.
② 지상경계에 대하여 다툼이 있는 경우 토지소유자가 점유하는 토지의 현실경계로 설정한다.
③ 지상경계에 대하여 다툼이 없는 경우 등록할 때의 측량기록을 조사한 경계로 설정한다.
④ 관계법령에 따라 고시되어 설치된 공공용지의 경계는 현실경계에 따라 변경한다.

> **해설** 지적재조사에 따른 경계설정 기준
> • 지상경계에 대하여 다툼이 없는 경우 토지소유자가 점유하는 토지의 현실경계

- 지상경계에 대하여 다툼이 있는 경우 등록할 때의 측량기록을 조사한 경계
- 지방관습에 의한 경계
- 지적재조사를 위한 경계설정을 하는 것이 불합리하다고 인정하는 경우에는 토지소유자들이 합의한 경계
- 해당 토지소유자들 간의 합의에 따라 변경된 「도로법」, 「하천법」 등 관계법령에 따라 고시·설치된 공공용지의 경계

92 다음 중 지목변경 대상 토지가 아닌 것은?

① 토지의 용도가 변경된 토지
② 건축물의 용도가 변경된 토지
③ 공유수면 매립 후 신규등록할 토지
④ 토지의 형질변경 등 공사가 준공된 토지

> **해설** 지목변경의 신청대상 토지에는 ①, ②, ④ 외에 도시개발사업 등의 원활한 추진을 위하여 사업시행자가 공사 준공 전에 토지의 합병을 신청하는 경우 등이 있다.

93 「공간정보의 구축 및 관리 등에 관한 법률」상 지적측량업의 등록을 하려는 자가 신청서에 첨부하여 제출하여야 하는 서류에 해당하지 않는 것은?

① 보유하고 있는 자산 내역서
② 보유하고 있는 장비의 명세서
③ 보유하고 있는 장비의 성능검사서 사본
④ 보유하고 있는 인력에 대한 측량기술 경력증명서

> **해설** 측량업등록의 첨부서류
>
> | 구분 | 서류 |
> | --- | --- |
> | 기술인력을 갖춘 사실을 위한 증명서류 | • 보유하고 있는 측량기술자의 명단
• 인력에 대한 측량기술 경력증명서 |
> | 보유장비를 증명하기 위한 서류 | • 보유하고 있는 장비의 명세서
• 장비의 성능검사서 사본
• 소유권 또는 사용권을 보유한 사실을 증명할 수 있는 서류 |

94 중앙지적위원회의 구성에 대한 설명으로 옳은 것은?

① 위원장 및 부위원장을 포함한 모든 위원의 임기는 2년으로 한다.
② 위원은 지적에 관한 학식과 경험이 풍부한 공무원으로 임명 또는 위촉한다.
③ 위원장 및 부위원장 각 1명을 포함하여 5명 이상 20명 이내의 위원으로 구성한다.
④ 중앙지적위원회의 간사는 국토교통부의 지적업무 담당 공무원 중에서 국토교통부장관이 임명한다.

95 첫 문자를 지목의 부호로 정하지 않는 것으로만 구성된 것은?

① 공장용지, 주차장, 하천, 유원지

② 주유소용지, 하천, 유원지, 공원

③ 유지, 공원, 주유소용지, 학교용지

④ 학교용지, 공장용지, 수도용지, 주차장

96 토지 등의 출입 등에 따른 손실이 발생하였으나 협의가 성립되지 아니한 경우, 손실을 보상할
자 또는 손실을 받은 자가 재결을 신청할 수 있는 주체는?

① 시 · 도지사
② 국토교통부장관
③ 행정안전부장관
④ 관할 토지수용위원회

97 「공간정보의 구축 및 관리 등에 관한 법률」상 지적측량업자의 지위를 승계한 자는 그 승계 사유가
발생한 날부터 며칠 이내에 대통령령으로 정하는 바에 따라 신고하여야 하는가?

① 10일
② 20일
③ 30일
④ 60일

98 도시개발사업 등의 지번부여방법과 동일하게 준용하여 지번을 부여하는 때가 아닌 것은?

① 지번부여지역의 지번을 변경할 때
② 등록전환에 의해 지번을 부여할 때
③ 축척변경 시행지역의 필지에 지번을 부여할 때
④ 행정구역 개편에 따라 새로 지번을 부여할 때

해설 도시개발사업 등에 따른 지적확정측량을 실시한 지역의 지번은 사업지역 내 편입된 토지 중 본번만으로 부여하며, 종전 지번의 수가 새로 부여할 지번의 수보다 적을 때에는 블록단위로 하나의 본번을 부여한 후 필지별로 부번을 부여하거나 최종 본번 다음 순번부터 본번으로 하여 지번을 부여한다. 또한, 지번부여지역의 지번을 변경하거나 행정구역 개편에 따라 새로 지번을 부여하거나 축척변경 시행지역의 필지에 지번을 부여할 때는 지적확정측량을 실시한 지역의 지번부여방법을 준용한다.

99 「지적업무 처리규정」에 따른 도곽선의 제도방법으로 옳지 않은 것은?

① 도면의 위 방향은 항상 북쪽이 되어야 한다.
② 도면에 등록하는 도곽선은 0.1mm의 폭으로 제도한다.
③ 지적도의 도곽 크기는 가로 30cm, 세로 40cm의 직사각형으로 한다.
④ 이미 사용하고 있는 도면의 도곽 크기는 종전에 구획되어 있는 도곽과 그 수치로 한다.

해설 지적도의 도곽 크기는 가로 40cm, 세로 30cm의 직사각형으로 한다.

100 「지적업무 처리규정」상 지적측량성과검사 시 기초측량의 검사항목으로 옳지 않은 것은?

① 기지점 사용의 적정 여부
② 관측각 및 거리측정의 정확 여부
③ 관계법령의 분할제한 등의 저촉 여부
④ 지적기준점성과와 기지경계선과의 부합 여부

해설 기초측량성과의 검사항목에는 ①, ②, ④ 외에 지적기준점설치망 구성의 적정 여부, 계산의 정확 여부, 지적기준점 선점 및 표지설치의 정확 여부 등이 있다.

③ 관계법령의 분할제한 등의 저촉 여부는 세부측량성과의 검사항목이다.

1과목 **지적측량**

01 강재 권척이 기온의 상승으로 늘어났을 때 측정한 거리는 어떻게 보정해야 하는가?

① 가해도 좋고 감해도 좋다.　　　　② 보정을 필요로 하지 않는다.

③ 측정치보다 많아지도록 보정한다.　④ 측정치보다 적어지도록 보정한다.

해설 강권척으로 거리를 측정한 경우 관측 시 온도가 표준온도(15℃)와 다를 때는 온도보정을 해야 하며, 자가 기온의 상승으로 늘어난 경우에는 측정거리에 보정량을 더해(+)주고, 기온의 하강으로 줄어든 경우에는 측정 거리에 보정량을 빼(−)준다.

02 다음과 같은 삼각형 모양 토지의 면적(F)은?

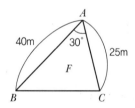

① 200m² 　　② 250m² 　　③ 450m² 　　④ 500m²

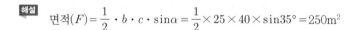

해설 면적(F) $= \dfrac{1}{2} \cdot b \cdot c \cdot \sin\alpha = \dfrac{1}{2} \times 25 \times 40 \times \sin 35° = 250\text{m}^2$

03 지적도근점측량에서 배각법으로 다음과 같이 관측하였을 때 교차각은?

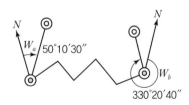

① 20°31′10″ 　　② 79°49′50″ 　　③ 100°10′10″ 　　④ 280°10′10″

배각법에 의해 결합도선을 관측한 경우의 폐합오차

$$\Delta\varepsilon = (W_a - W_b) + \sum\alpha - 180°(n-1)$$

($\Delta\varepsilon$: 측각오차, W_a : 출발방위각, W_b : 도착방위각, n : 변의 수, $\sum\alpha$: 측정한 내각의 합)

$$\therefore \ \Delta\varepsilon = (50°10'30'' - 330°20'40'') + (\sum\alpha) - 180°(6-1) = ?$$

여기서, $\sum\alpha$를 알 수 없으므로 정답도 알 수 없다.

출제자의 의도는 $50°10'30'' - 330°20'40'' = -280°10'10'' + 360° = 79°49'50''$

---

04 전파기측량방법에 따라 다각망도선법으로 지적삼각보조점측량을 할 때 "1도선"의 의미를 가장 올바르게 설명한 것은?

① 교점과 교점 간만을 말한다.

② 기지점과 교점 간만을 말한다.

③ 기지점과 기지점 간만을 말한다.

④ 기지점과 교점 간 또는 교점과 교점 간을 말한다.

해설 전파기 또는 광파기측량방법에 따라 다각망도선법으로 지적삼각보조점측량을 할 때에는 3점 이상의 기지점을 포함한 결합다각방식에 따르고, 1도선(기지점과 교점 간 또는 교점과 교점 간)의 점의 수는 기지점과 교점을 포함하여 5점 이하로 하며, 1도선의 거리(기지점과 교점 또는 교점과 교점 간의 점간거리의 총합계)는 4km 이하로 한다.

---

05 경위의측량방법에 의한 지적도근점의 연직각을 관측하는 경우에 올려본 각과 내려본 각을 관측하여 그 교차가 최대 얼마 이내인 때에 그 평균치를 연직각으로 하는가?

① 30초   ② 60초   ③ 90초   ④ 120초

해설 경위의측량방법, 전파기 또는 광파기측량방법과 도선법 또는 다각망도선법에 따른 지적도근점측량에서 연직각을 관측하는 경우에는 올려본 각과 내려본 각을 관측하여 그 교차가 90초 이내일 때에는 그 평균치를 연직각으로 한다.

---

06 다음 그림에서 DC 방위각은?

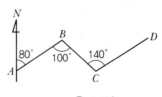

① 120°   ② 300°   ③ 340°   ④ 350°

해설 • 내각 관측 : 임의 방위각＝앞측선의 방위각＋180°－해당 측선의 내각

• 외각 관측 : 임의 방위각＝앞측선의 방위각＋180°＋해당 측선의 내각

AB의 방위각(V_A^B)$=80°$

BC의 방위각(V_B^C)$=80°+180°-100°=160°$

CD의 방위각(V_C^D)$=160°+180°+140°=480°-360°=120°$

$\therefore \ DC$의 방위각(V_D^C)$= V_C^D \pm 180° =120°-180°=300°$

07 평판측량방법으로 세부측량을 하는 때에 측량기하적 표시사항으로 옳지 않은 것은?

① 측정점의 방향선 길이는 측정점을 중심으로 약 1cm로 표시한다.

② 방위표정에 사용한 기지점 등에는 방향선을 긋고 실측한 거리를 기재한다.

③ 측량자는 직경 1.5mm 이상 3mm 이하의 검은색 원으로 평판점을 표시한다.

④ 방위표정에 사용한 기지점의 표시에 있어 검사자는 한 변의 길이가 2~4mm인 삼각형으로 표시한다.

> **해설** 측량자는 평판측량방법 또는 전자평판측량방법으로 세부측량을 하는 때에는 평판점의 결정 및 방위표정에 사용한 기지점은 직경 1mm와 2mm의 2중 원으로 표시한다. 그리고 검사자는 한 변의 길이가 2mm와 3mm인 2중 삼각형으로 표시한다.

08 가구정점 P의 좌표를 구하기 위한 길이 l은?(단, $\overline{AP} = \overline{BP}$, $L = 10m$, $\theta = 68°$)

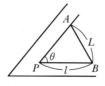

① 5.39m   ② 6.03m   ③ 8.94m   ④ 13.35m

> **해설** 가구정점에서 가구점까지의 거리인 전제장(l)$= \dfrac{L}{2} \times \cos ec \dfrac{\theta}{2} = \dfrac{10}{2} \times \cos ec \dfrac{68°}{2} = 8.94m$

09 두 점의 좌표가 아래와 같을 때 AB 방위각 V_A^B의 크기는?

점명	종선좌표(m)	횡선좌표(m)
A	395,674.32	192,899.25
B	397,845.01	190,256.39

① 50°36′08″   ② 61°36′08″

③ 309°23′52″   ④ 328°23′52″

> **해설**
> - $\triangle x = 397,845.01m - 395,674.32m = 2,170.69m$
> - $\triangle y = 190,256.39m - 192,899.25m = -2,642.86m$

- 방위$(\theta) = \tan^{-1}\left(\dfrac{\triangle y}{\triangle x}\right) = \tan^{-1}\left(\dfrac{2,642.86}{2,170.69}\right) = 50°36'08''$

$\triangle x$ 값은 $(+)$, $\triangle y$ 값은 $(-)$로 4상한이므로,

∴ AB 방위각 $V_A^B = 360 - 50°36'08'' = 309°23'52''$

10 「지적측량 시행규칙」에 따른 지적측량의 방법으로 옳지 않은 것은?

① 세부측량
② 일반측량
③ 지적도근점측량
④ 지적삼각점측량

해설 지적측량의 방법에는 지적삼각점측량, 지적삼각보조점측량, 지적도근점측량, 세부측량이 있다.

11 교회법에 의한 지적삼각보조점측량에서 2개의 삼각형으로부터 계산한 위치의 연결교차 값의 한계는?

① 0.30m 이하
② 0.40m 이하
③ 0.50m 이하
④ 0.60m 이하

해설 경위의측량과 교회법에 의한 지적삼각보조점측량에서 2개의 삼각형으로부터 계산한 위치의 연결교차 $(\sqrt{종선교차^2 + 횡선교차^2})$이 0.30m 이하일 때에는 그 평균치를 지적삼각보조점의 위치로 한다.

12 지적삼각점의 계산에 진수를 사용할 때 진수의 계산단위에 대한 기준으로 옳은 것은?

① 4자리 이상
② 5자리 이상
③ 6자리 이상
④ 7자리 이상

해설 지적삼각점을 관측하는 경우 수평각의 계산단위

종별	각	변의 길이	진수	좌표 또는 표고	경위도	자오선수차
단위	초	cm	6자리 이상	cm	초아래 3자리	초아래 1자리

13 지적측량성과와 검사성과의 연결교차의 허용범위 기준으로 옳은 것은?

① 지적삼각점 : 0.10m 이내
② 지적삼각보조점 : 0.20m 이내
③ 지적도근점(경계점좌표등록부 시행지역) : 0.20m 이내
④ 경계점(경계점좌표등록부 시행지역) : 0.10m 이내

지적측량성과와 검사성과의 연결교차 허용범위

구분		분류	허용범위
기초측량		지적삼각점	0.20m
		지적삼각보조점	0.25m
	지적도근점	경계점좌표등록부 시행지역	0.15m
		그 밖의 지역	0.25m
세부측량	경계점	경계점좌표등록부 시행지역	0.10m
		그 밖의 지역	10분의 3Mmm (M은 축척분모)

14 다음 중 지적공부를 정리할 때에 검은색으로 제도하여야 하는 것은?

① 경계의 말소선
② 일람도의 철도용지
③ 일람도의 지방도로
④ 도곽선 및 도곽선수치

지적공부를 정리할 때 경계의 말소와 도곽선 및 수치는 붉은색으로 하고, 일람도의 철도용지는 붉은색 0.2mm 폭의 2선으로 제도하며, 일람도의 지방도로 이상은 검은색 0.2mm, 그 밖의 도로는 0.1mm 폭의 선으로 제도한다.

15 배각법에 의한 지적도근점측량에서 도근점 간 거리가 102.37m일 때 각관측치 오차조정에 필요한 변장 반수는?

① 0.1 ② 0.9 ③ 1.8 ④ 9.8

지적도근점측량에서 각도관측을 할 때 측각오차
- 배각법에 따르는 경우에는 측선장에 반비례[또는 반수(반수=1,000/측선장)에 비례]하여 각 측선의 관측각에 배분한다.
- 방위각법에 따르는 경우에는 변의 수에 비례하여 각 측선의 방위각에 배분한다.

$$\therefore \text{반수} = \frac{1,000}{\text{측선장}} = \frac{1,000}{102.37} = 9.8$$

16 다음 중 지적세부측량의 시행 대상이 아닌 것은?

① 경계복원
② 신규등록
③ 지목변경
④ 토지분할

토지의 합병, 지목변경, 지번변경, 행정구역변경 등은 지적측량을 수반하지 않는다.

17 지상경계를 결정하는 기준에 관한 설명으로 옳지 않은 것은?

① 토지가 해면 또는 수면에 접하는 경우 : 평균해수면

② 연접되는 토지 간에 높낮이 차이가 있는 경우 : 그 구조물 등의 하단부

③ 도로 · 구거 등의 토지에 절토(切土)된 부분이 있는 경우 : 그 경사면의 상단부

④ 공유수면매립지의 토지 중 제방 등을 토지에 편입하여 등록하는 경우 : 바깥쪽 어깨부분

해설 지상경계설정의 기준
- 토지가 해면 또는 수면에 접하는 경우 : 최대만조위 또는 최대만수위가 되는 선
- 연접되는 토지 간에 높낮이 차이가 있는 경우 : 그 구조물 등의 하단부
- 도로 · 구거 등의 토지에 절토(切土)된 부분이 있는 경우 : 그 경사면의 상단부
- 공유수면매립지의 토지 중 제방 등을 토지에 편입하여 등록하는 경우 : 바깥쪽 어깨부분
- 연접되는 토지 간에 높낮이 차이가 없는 경우 : 그 구조물 등의 중앙

18 지적기준점의 제도방법으로 옳지 않은 것은?

① 지적도근점 및 지적도근보조점은 직경 1mm의 원으로 제도한다.

② 1등 및 2등 삼각점은 직경 1mm, 2mm 및 3mm의 3중 원으로 제도한다. 이 경우 1등 삼각점은 그 중심원 내부를 검은색으로 엷게 채색한다.

③ 3등 및 4등 삼각점은 직경 1mm, 2mm의 2중 원으로 제도한다. 이 경우 3등 삼각점은 그 중심원 내부를 검은색으로 엷게 채색한다.

④ 지적삼각점 및 지적삼각보조점은 직경 3mm의 원으로 제도한다. 이 경우 지적삼각점은 원 안에 십자선을 표시하고, 지적삼각보조점은 원 안에 검은색으로 엷게 채색한다.

해설 지적기준점의 제도방법

구분	위성기준점	1등 삼각점	2등 삼각점	3등 삼각점	4등 삼각점	지적삼각점	지적삼각보조점	지적도근점
기호	⊕	◉	◎	●	◎	⊕	●	○
크기	3mm/2mm	3mm/2mm/1mm		2mm/1mm		3mm		2mm

① 지적도근점은 직경 2mm의 원으로 제도하며, 지적도근보조점은 지적기준점에 해당되지 않는다.

19 축척 1/500 지적도를 기초로 도곽의 규격이 동일한 축척 1/3,000의 새로운 지적도 1매를 제작하기 위해서 필요한 축척 1/500 지적도의 매수는?

① 5매 ② 10매

③ 20매 ④ 36매

해설 축척비 $= \dfrac{3,000}{500} = 6 \rightarrow$ 면적비 $= 6 \times 6 = 36$매

20 축척 1/1,200 지역에서 도곽선의 지상거리를 측정한 결과 각각 399.5m, 399.5m, 499.4m, 499.9m일 때 도곽선의 보정계수는 얼마인가?

① 1.0020   ② 1.0018   ③ 1.0030   ④ 1.0025

해설 축척 1/1,200인 지적도 도곽크기는 400m×500m이며,

$\triangle X_1 = 400m - 399.5m = 0.5m$, $\triangle X_2 = 400m - 399.5m = 0.5m$,

$\triangle X = 400m - \dfrac{0.5 + 0.5}{2} = 399.50$,

$\triangle Y_1 = 500m - 499.4m = 0.6m$, $\triangle Y_2 = 500m - 499.9m = 0.1m$,

$\triangle Y = 500 - \dfrac{0.6 + 0.1}{2} = 499.65$

도곽선의 보정계수$(Z) = \dfrac{X \cdot Y}{\triangle X \cdot \triangle Y} = \dfrac{400 \times 500}{399.50 \times 499.65} = 1.0020$

(X : 도곽선종선길이, Y : 도곽선 횡선길이, △X : 신축된 도곽선 종선길이의 합/2, △Y : 신축된 도곽선 횡선 길이의 합/2)

2과목 **응용측량**

21 원곡선 중 단곡선을 설치할 때 접선장(T.L)을 구하는 공식은?(단, R : 곡선반지름, I : 교각)

① $T.L = R\cos\dfrac{I}{2}$

② $T.L = R\tan\dfrac{I}{2}$

③ $T.L = R\cosec\dfrac{I}{2}$

④ $T.L = R\sin\dfrac{I}{2}$

해설 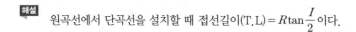 원곡선에서 단곡선을 설치할 때 접선길이$(T.L) = R\tan\dfrac{I}{2}$이다.

22 지형측량에 의거하고 지표의 지형지물을 도면에 표현하는 기호의 형태와 선의 종류 등을 결정하는 데 필요한 도식과 기호의 조건으로 가장 거리가 먼 것은?

① 도식과 기호는 될 수 있는 대로 그리기 용이하고 간단하여야 한다.

② 도식과 기호는 표현하려는 지형지물이 쉽게 연상될 수 있는 것이어야 한다.

③ 도식과 기호는 표현하려는 물체의 성질과 중요성에 따라 식별을 쉽게 하여야 한다.

④ 지형지물의 표현을 도상에서는 문자를 제외한 기호로서만 표현하여야 한다.

해설 지형도 도식의 편성요지에는 총칙, 기호, 주기, 난외주기 등이 있으며 주기는 도상에서 기호로 표현하기 어려운 사상을 문자로 설명하는 것을 말한다.

④ 도상에서 지형지물은 기호와 문자로 표현한다.

23 터널측량에서 지상의 측량좌표와 지하의 측량좌표를 일치시키는 측량은?

① 터널 내외 연결측량
② 지상(터널 외) 측량
③ 지하(터널 내) 측량
④ 지하 관통측량

해설 터널측량은 터널 외 측량, 터널 내 측량, 터널 내외 연결측량, 터널 완공 후 측량, 터널의 내공단면측량, 내공변위
및 천단 침하측량 등이 있으며, 이 중 터널 내외 연결측량은 도로·철도 등 중심선측량으로 연결하는 지상연결측
량(횡터널·사터널 포함)과 지하철·통신구 등 수직구측량를 통한 지하연결측량이 있으며, 특히 수직구측량은
지상좌표를 지하로 연결하여 일치시키는 측량이다.

24 1/25,000 지형도의 주곡선 간격은?

① 5m
② 10m
③ 15m
④ 20m

해설 등고선의 종류 및 간격
(단위 : m)

등고선의 종류	표시	등고선의 간격			
		1/5,000	1/10,000	1/25,000	1/50,000
계곡선	굵은 실선	25	25	50	100
주곡선	가는 실선	5	5	10	20
간곡선	가는 파선	2.5	2.5	5	10
조곡선	가는 점선	1.25	1.25	2.5	5

25 지표면에서 500m 떨어져 있는 두 지점에서 수직터널을 모두 지구 중심방향으로 800m 굴착하였
다고 하면 두 수직터널 간 지표면에서의 거리와 깊이 800m에서의 거리에 대한 차는?(단, 지구의
반지름은 6,370km의 구로 가정한다.)

① 6.3cm
② 7.3cm
③ 8.3cm
④ 9.3cm

해설 비례식에 의해 6,370km : (6,370−0.8)km = 500m : 800m

지하 800m 깊이의 수평거리 $= \dfrac{6,369,200 \times 500}{6,370,000} = 499.9372\text{m}$이므로,

∴ 거리차이 $= 500\text{m} - 499.9372\text{m} = 0.0628\text{m} = 6.3\text{cm}$

26 등고선에 대한 설명으로 틀린 것은?

   ① 주곡선은 지형을 표시하는 데 기본이 되는 선이다.

   ② 계곡선은 주곡선 10개마다 굵게 표시한다.

   ③ 간곡선은 주곡선 간격의 1/2이다.

   ④ 조곡선은 간곡선 간격의 1/2이다.

──────────────

해설 계곡선은 주곡선 5개마다 굵게 표시한다.

27 GNSS 항법메시지에 포함되는 내용이 아닌 것은?

   ① 지구의 자전속도   ② 위성의 상태정보

   ③ 전리층 보정계수   ④ 위성시계 보정계수

──────────────

해설 GNSS 항법메시지(Navigation Message)

C/A Code와 함께 L₁ 반송파에 실려서 전송되는 신호로서 위성으로부터 수신되는 위치 측정에 필요한 데이터로, 위성의 궤도정보, 시계의 보정데이터, 전리층 보정데이터, 위성의 기계적 작동상태 등이 있다.

28 초점거리 20cm의 카메라로 표고 150m의 촬영기준면을 사진축척 1/10,000로 촬영한 연직사진상에서 표고 200m인 구릉지의 사진축척은?

   ① 1/9,000   ② 1/9,250

   ③ 1/9,500   ④ 1/9,750

──────────────

해설 사진축척$(M) = \dfrac{1}{m} = \dfrac{l}{D} = \dfrac{f}{H} \rightarrow m = \dfrac{H}{f} = \dfrac{200-150}{0.2} = 250$

(m : 축척분모, l : 사진상 거리, D : 지상거리, f : 렌즈의 초점거리, H : 촬영고도)

구릉지의 비고 $= 10,000 - 250 = 9,750$m

∴ 사진축척은 1/9,750이다.

29 촬영고도 750m에서 촬영한 사진상에 철탑의 상단이 주점으로부터 70mm 떨어져 나타나 있으며, 철탑의 기복변위가 6.15mm일 때 철탑의 높이는?

   ① 57.15m   ② 63.12m

   ③ 65.89m   ④ 67.03m

──────────────

해설 기복변위량$(\triangle r) = \dfrac{h}{H} \cdot r \rightarrow$ 철탑 높이$(h) = \dfrac{H}{r} \cdot \triangle r = \dfrac{750}{0.7} \times 0.0615 = 65.89$m

($\triangle r$: 기복변위량, r : 주점에서 측정점까지 거리, h : 철탑의 높이, H : 비행고도)

30 수준측량에서 시점의 지반고가 100m이고, 전시의 총합이 107m, 후시의 총합이 125m일 때 종점의 지반고는?

① 82m   ② 118m   ③ 232m   ④ 332m

해설 종점의 지반고 = 시점의 지반고 + 고저차(후시의 총합 − 전시의 총합) = 100 + 125 − 107 = 118m

---

31 GNSS측량에서 발생하는 오차가 아닌 것은?

① 위성시계오차   ② 위성궤도오차
③ 대기권 굴절오차   ④ 시차(視差)

해설 GNSS측량의 오차에는 구조적 요인에 의한 오차(위성시계오차 · 위성궤도오차 · 전리층과 대류권에 의한 전파 지연 · 수신기 자체의 전자파적 잡음에 따른 오차), 측위 환경에 따른 오차[정밀도 저하율(DOP) · 주파단절 (Cycle Slip) · 다중경로(Multipath)오차], 선택적 가용성(SA), 위상신호의 가변성(PCV) 등이 있다.

---

32 교호수준측량의 성과가 그림과 같을 때 B점의 표고는?(단, A점의 표고는 70m, $a_1 = 0.87$m, $a_2 = 1.74$m, $b_1 = 0.24$m, $b_2 = 1.07$m)

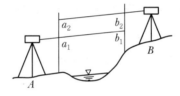

① 50.65m   ② 50.85m   ③ 70.65m   ④ 70.85m

해설 고저차$(\triangle h) = \dfrac{1}{2}\{(a_1 - b_1) + (a_2 - b_2)\} = \dfrac{1}{2}\{(0.87 - 0.24) + (1.74 - 1.07)\} = 0.65$m

∴ B점의 표고$(H_B) = H_A \pm \triangle h = 70 + 0.65 = 70.65$m

---

33 고속차량이 직선부에서 곡선부로 진입할 때 발생하는 횡방향 힘을 제거하여, 안전하고 원활히 통과할 수 있도록 곡선부와 직선부 사이에 설치하는 선은?

① 단곡선   ② 접선
③ 절선   ④ 완화곡선

해설 완화곡선
고속으로 주행하는 차량을 곡선부에서 원활하게 통과시키기 위해 설치하는 선으로, 직선부와 원곡선 구간 또는 큰 원과 작은 원 구간에 곡률반경을 점차로 변환시켜 설치한다.

34 노선의 결정 시 고려하여야 할 사항으로 옳지 않은 것은?

① 절토의 운반거리가 짧을 것 ② 가능한 한 경사가 완만할 것

③ 가능한 한 곡선으로 할 것 ④ 배수가 완전할 것

> **해설** 노선 선정 시 고려사항에는 ①, ②, ④ 외에 가능한 한 직선으로 할 것, 토공량을 적게 할 것, 성토량과 절토량을 같게 할 것 등이 있다.

35 삼각점 A에서 B점의 표고값을 구하기 위해 양방향 삼각수준측량을 시행하여 고저각 $\alpha_A = +2°30'$와 $\alpha_B = -2°13'$, A점의 기계높이 $i_A = 1.4$m, B점의 기계높이 $i_B = 1.4$m, 측표의 높이 $h_A = 4.20$m, $h_B = 4.20$m를 취득하였다. 이때 B점의 표고값은?(단, A점의 높이 = 325.63m, A점과 B점 간의 수평거리는 1,580m이다.)

① 325.700m ② 390.700m

③ 419.490m ④ 425.490m

> **해설** 삼각수준측량에서 수평거리(D)가 가까운 거리인 경우 곡률 및 굴절이 미소하므로,
> 표고(H) $= D\tan\alpha + i - f$ (α : 고저각, i : 기계고, f : 표척 읽음값)
> A점과 B점에서 양방향 삼각수준측량을 실시했으므로 평균값을 구하면,
> $1{,}580 \times \tan 2°30 + 1.4 - 4.2 = 66.18$m 및 $1{,}580 \times \tan 2°13 - 1.4 + 4.2 = 63.96$m
> $\rightarrow$ 평균값 $= \dfrac{66.18 + 63.96}{2} = 65.07$m
> $\therefore$ B점의 표고(H_B) $= H_A + D\tan\alpha + i - f = 325.63$m $+ 65.07$m $= 390.70$m

36 GNSS측량의 특성에 대한 설명으로 틀린 것은?

① 측점 간 시통이 요구된다.

② 야간관측이 가능하다.

③ 날씨에 영향을 거의 받지 않는다.

④ 전리층 영향에 대한 보정이 필요하다.

> **해설** GNSS측량의 특징
> • 기상상태와 지형여건에 관계없이 관측이 가능하다.
> • 장거리 및 야간에도 편리하게 관측이 가능하다.
> • 측점 간 시통에 영향을 받지 않고 1인 관측이 가능하다.
> • 위성시야각이 15° 이상 확보되어야 관측의 장애를 받지 않는다.
> • 전리층 영향을 보정해야 한다.
> • 고압선 등 전파의 영향 및 고층건물 · 수목 등의 장애를 받는다.

37 곡선반지름이 500m인 원곡선 위를 60km/h로 주행할 때에 필요한 캔트는?(단, 궤간은 1,067mm 이다.)

① 6.05mm   ② 7.84mm   ③ 60.5mm   ④ 78.4mm

해설

$$V = \frac{60,000}{3,600} = 16.67\text{m/sec}$$

$$\text{캔트}(C) = \frac{bV^2}{gR} = \frac{1.067 \times (16.67)^2}{9.81 \times 500} = 60.5\text{mm}$$

[b : 차도간격, V : 주행속도(m/sec), g : 중력가속도(9.81m/sec), R : 곡률반경]

---

38 항공사진 판독의 요소와 거리가 먼 것은?

① 음영(Shadow)과 색조(Tone)

② 질감(Texture)과 모양(Pattern)

③ 크기(Size)와 형상(Shape)

④ 축척(Scale)과 초점거리(Focal Distance)

해설 사진판독의 요소에는 색조(Tone, Color), 모양(Patten), 질감(Texture), 형상(Shape), 크기(Size), 음영 (Shadow), 상호위치관계(Location), 과고감(Vertical Exaggeration) 등이 있다.

---

39 지형의 표시법 중 급경사는 굵고 짧게, 완경사는 가늘고 길게 표시하는 방법은?

① 음영법   ② 영선법   ③ 채색법   ④ 등고선법

해설 지형도에 의한 지형의 표시방법은 자연도법과 부호도법으로 구분한다. 자연도법에는 우모법(영선법, 게바법), 음영법(명암법) 등이 있고, 부호도법에는 점고법 · 등고선법 · 채색법 등이 있다. 이 중 영선법(게바법)은 게바 라고 하는 단선상의 선으로 지표의 기복을 나타내는 방법으로서 게바의 사이, 굵기, 길이 및 방법 등에 의하여 지표를 표시하며 급경사는 굵고 짧게, 완경사는 가늘고 길게 새틸 모양으로 표시하므로 기복의 판별은 좋으나 정확도가 낮다.

---

40 축척 1/30,000으로 촬영한 카메라의 초점거리가 15cm, 사진크기는 18cm×18cm, 종중복도 60%일 때 이 사진의 기선고도비는?

① 0.21   ② 0.32   ③ 0.48   ④ 0.72

해설

$$H = f \times m = 0.15 \times 30,000 = 4,500\text{m}$$

$$B = 30,000 \times 0.18 \left(1 - \frac{60}{100}\right) = 2,160\text{m}$$

$$\text{기선고도비}(h) = \frac{B}{H} = \frac{ma\left(1 - \frac{p}{100}\right)}{H} = \frac{\frac{H}{f}a(1-p)}{H} = \frac{2,160}{4,500} = 0.48$$

(B : 촬영기선 길이, H : 촬영고도, m : 축척분모, a : 화면크기, p : 종중복도, f : 초점거리)

41 데이터베이스관리시스템의 장단점으로 옳지 않은 것은?

① 운용비용 부담이 가중된다.
② 중앙집약적 구조의 위험성이 높다.
③ 데이터의 보안성을 유지할 수 없다.
④ 시스템이 복잡하여 데이터의 손실 가능성이 높다.

> **해설** 데이터베이스관리시스템(DBMS)의 장단점
> - 장점 : 데이터의 독립성, 데이터의 공유, 데이터의 중복성 배제, 데이터의 일관성 유지, 데이터의 무결성, 데이터의 보안성, 데이터의 표준화, 통제의 집중화, 응용의 용이성, 직접적인 사용자 접근 가능, 효율적인 자료 분리 가능 등
> - 단점 : 고가의 장비 및 운용비용 부담, 시스템의 복잡성, 중앙집중식 구조의 위험성 등

42 공간분석을 위해 여러 지도 요소를 겹칠 때 그 지도 요소 하나하나를 가리키는 것으로, 그 하나는 독립된 지도가 될 수 있고 완성된 지도의 한 부분이 될 수도 있는 것은?

① 점(Point)
② 필드(Field)
③ 이미지(Image)
④ 커버리지(Coverage)

> **해설** 커버리지(Coverage)
> 분석을 위해 여러 지도 요소를 겹칠 때 그 지도 요소 하나하나를 가리키는 말로서 커버리지 하나는 독립된 지도가 될 수 있고 완성된 지도의 한 부분이 될 수도 있으며 레이어(Layer)라 할 수 있다. 지형지물 혹은 주제적으로 일치하는 점·선·면으로 구성되어 있고 공간자료와 속성자료를 갖고 있는 수치지도이다.

43 지적전산자료의 이용·활용에 대한 승인권자에 해당하지 않는 자는?

① 시·도지사
② 지적소관청
③ 국토교통부장관
④ 국토지리정보원장

> **해설** 지적전산자료의 이용 및 활용에 관한 승인권자
>
> | 구분 | 승인권자 |
> | --- | --- |
> | 전국 단위 | 국토교통부장관, 시·도지사 또는 지적소관청 |
> | 시·도 단위 | 시·도지사 또는 지적소관청 |
> | 시·군·구 단위 | 지적소관청 |

44 토지정보시스템에서 필지식별번호의 역할로 옳은 것은?

① 공간정보에서 기호의 작성
② 공간정보의 자료량 감소
③ 속성정보의 자료량 감소
④ 공간정보와 속성정보의 링크

필지식별자(PID : Parcel Identifier)

각 필지에 부여하는 가변성 없는 번호로서 필지에 관련된 자료의 공통적인 색인 역할과 필지별 대장과 도면의 등록사항을 연결 및 각 필지별 등록사항의 저장과 수정 등을 용이하게 처리할 수 있어야 한다.

---

45 국가공간정보정책 기본계획은 몇 년 단위로 수립·시행하여야 하는가?

① 매년   ② 3년   ③ 5년   ④ 10년

정부는 국가공간정보체계의 구축·활용을 촉진하기 위하여 국가공간정보정책 기본계획을 5년마다 수립·시행하여야 한다.

---

46 중첩(Overlay)분석에 대한 설명으로 옳지 않은 것은?

① 중첩분석을 발전시키는 데 가장 큰 공헌을 한 존 스노(John Snow)는 지역의 환경적 민감성을 평가하기 위해 지도를 중첩하였다.

② 각각 다른 주제도를 중첩하여 두 도면 간의 관계를 분석하고 이를 지도학적으로 표현하는 것이다.

③ 미국 독립전쟁에서 뉴욕타운 지도 위에 군대의 이동경로를 하나의 레이어로 중첩시킨 것이 최초이다.

④ 영국 런던 브로드가 지역에서 발생한 콜레라 사망자의 거주지와 우물의 위치를 지도에 중첩하여 관계성을 분석하였다.

영국의 존 스노(John Snow)는 1854년 런던의 콜레라 사망자의 위치지도와 우물의 위치지도를 중첩시켜 콜레나 전염의 원인이 오염된 우물의 식수임을 밝혀냈다. 미국의 이안 맥하그(Ian McHarg)는 1960년대 후반 "Design With Nature"라는 개념을 통해 조경에 다양한 생태정보를 중첩하여 개발 및 보전 적지를 분석하는 생태학적 접근방법을 도입하였다.

---

47 다음 지도의 유형들 중 관계가 다른 것은?

① 해도   ② 지적도   ③ 지형도   ④ 토지이용현황도

해도, 지적도, 지형도는 실측도에 속하고, 토지이용현황도는 편집도 및 주제도에 속한다.

---

48 4개의 타일(Tile)로 분할된 지적도 레이어를 하나의 레이어로 편집하기 위해서 이용하여야 하는 기능은?

① Map Join   ② Map Loading   ③ Map Overlay   ④ Map Filtering

맵조인(Map Join, 지도정합)

인접한 두 지도를 하나의 지도로 접합하는 과정으로 하나의 연속지적도를 만들기 위해 여러 도면파일의 인접조사 및 수정·병합을 실시하여 모든 자료를 하나의 파일로 만드는 작업이다.

49 PBLIS의 개발 내용 중 옳지 않은 것은?

① 지적측량시스템

② 건축물관리시스템

③ 지적공부관리시스템

④ 지적측량성과 작성 시스템

해설 필지중심토지정보시스템(PBLIS)은 지적공부관리시스템, 지적측량시스템, 지적측량성과작성시스템으로 구성되어 상호 유기적으로 운영된다.

50 오버슈트(Overshoot), 언더슈트(Undershoot), 스파이크(Spike), 슬리버(Sliver) 등의 발생원인은?

① 기계적 오차

② 속성자료 입력할 때의 오차

③ 입력도면의 평탄성 오차

④ 디지타이징할 때의 오차

해설 디지타이징 및 벡터편집 오류 유형에는 오버슈트(Overshoot : 기준선 초과 오류), 언더슈트(Undershoot : 기준선 미달 오류), 스파이크(Spike), 슬리버 폴리곤(Sliver Polygon), 점 · 선 중복(Overlapping), 댕글(Dangle) 등이 있다.

51 DXF(Drawing eXchange Format) 파일에 대한 설명으로 옳지 않은 것은?

① ASCⅡ 코드 형태이다.

② 도형 표현의 효율성과 자료 생성의 용이성을 가진다.

③ 대부분의 GIS 소프트웨어에서 변환이 불가능하다.

④ CAD 자료를 다른 그래픽 체계로 변환한 자료파일이다.

해설 DXF(Drawing eXchange Format)는 Auto Desk 사에서 제작한 AutoCAD의 파일포맷으로서 ASCII 코드 형태의 그래픽 자료 파일형식이며, 서로 다른 CAD 프로그램 간에 설계도면 파일을 교환하는 데 사용된다.

③ 자료의 관리나 사용, 변경이 쉽고 변환 효율이 뛰어나다.

52 래스터데이터의 압축기법에 해당하지 않는 것은?

① 사지수형(Quadtree)

② 스파게티(Spaghetti)

③ 체인코드(Chain Codes)

④ 런렝스코드(Run−length Code)

해설 래스터데이터의 저장구조인 자료 압축방법에는 런렝스코드(Run−length Code, 연속분할코드) 기법, 체인코드(Chain Code) 기법, 블록코드(Block Code) 기법, 사지수형(Quadtree) 기법, R−tree 기법 등이 있다.

53 다음 중 점·선·면으로 나타난 도형(객체) 간의 공간상의 상관관계를 의미하는 것은?

① 레이어(Layer)
② 속성(Attribute)
③ 위상(Topology)
④ 커버리지(Coverage)

> **해설** 위상구조는 점, 선, 면으로 객체 간의 공간 관계를 파악할 수 있으며, 위상관계는 공간상에서 대상물들의 위치나 관계를 나타내는 것으로서 연결성(Connectivity), 인접성(Adjacency), 포함성(Containment) 등의 관점에서 묘사되며 다양한 공간분석이 가능하다.

54 메타데이터에 대한 설명으로 옳지 않은 것은?

① 사용자들 간의 이해와 데이터 공유를 위해 데이터에 대한 항목을 정의한다.
② 데이터에 대한 정보로서 데이터의 내용, 품질, 조건 및 기타 특성에 대한 정보를 포함한다.
③ 시간과 관계없이 일관성 있는 데이터를 제공할 수 있으나, 메타데이터를 작성한 실무자가 바뀌면 메타데이터를 재작성한다.
④ 기본적으로 포함하여야 할 요소는 데이터에 대한 개요 및 지료소개, 자료품질, 공간참조, 형상·속성정보, 정보획득 방법, 참조정보에 관한 항목 등이다.

> **해설** 메타데이터는 데이터에 대한 데이터로서 데이터의 내용, 품질, 조건, 상태, 제작시점, 제작자, 소유권자, 좌표체계 등 특성에 대한 정보를 포함하는 데이터의 이력서라 할 수 있다. 메타데이터를 작성한 실무자가 바뀌더라도 변함없는 데이터의 기본체계를 유지하게 함으로써 시간이 지나도 일관성 있는 데이터를 사용자에게 제공할 수 있다.

55 인접성(Neighborhood)에 대한 설명으로 옳지 않은 것은?

① 폴리곤이나 객체들의 포함관계를 말한다.
② 서로 이웃하여 있는 폴리곤 간의 관계를 말한다.
③ 공간객체 간 상호 인접성에 기반을 둔 분석이 필요하다.
④ 정확한 파악을 위해서는 상하좌우와 같은 상대성도 파악하여야 한다.

> **해설** 위상구조를 이용한 분석에는 연결성과 인접성 및 포함성이 있으며, 연결성은 두 개 이상의 객체가 연결되어 있는지를 판단하고, 인접성은 두 개의 객체가 서로 인접하는지를 판단하며, 포함성은 특정 영역 내에 무엇이 포함되었는지를 판단한다.
>
> ① 폴리곤이나 객체들의 포함관계는 포함성(Containment)이다.

56 다음 중 토지정보시스템 구성을 위한 내용에 포함될 수 없는 것은?

① 법률자료
② 토지측량자료
③ 경영합리화에 관한 자료
④ 기술적 시설물에 관한 자료

해설 토지정보시스템(GIS)의 자료 및 구성내용

자료	구성내용
토지측량자료	• 기하학적 자료 : 현황, 지표형상 • 토지표시자료 : 지번, 지목, 면적
법률자료	소유권 및 소유권 이외의 권리
자연자원자료	지질 및 광업자원, 유량, 입목, 기후
기술적 시설물에 관한 자료	지하시설물 전력 및 산업공장, 주거지, 교통시설
환경 보전에 관한 자료	수질, 공해, 소음, 기타 자연훼손자료
경제 및 사회정책적 자료	인구, 고용능력, 교통조건, 문화시설

57 고유번호에서 행정구역 코드는 몇 자리로 구성하는가?

① 2자리   ② 4자리   ③ 10자리   ④ 19자리

해설 토지 고유번호의 코드 구성
• 전국을 단위로 하나의 필지에 하나의 번호를 부여하는 가변성 없는 번호이다.
• 총 19자리로 구성된다.
 － 행정구역 10자리(시 · 도 2자리, 시 · 군 · 구 3자리, 읍 · 면 · 동 3자리, 리 2자리)
 － 대장 구분 1자리 및 지번표시 8자리(본번 4자리, 부번 4자리)

시 · 도		시 · 군 · 구			읍 · 면 · 동			리		대장	본번				부번			
2자리		3자리			3자리			2자리		1자리	4자리				4자리			

58 지적도 전산화사업의 목적으로 옳지 않은 것은?

① 대시민서비스의 질적 향상 도모
② 지적측량 위치정확도 향상 도모
③ 토지정보시스템의 기초 데이터 활용
④ 지적도면의 신축으로 인한 원형 보관 · 관리의 어려움 해소

해설 지적도 전산화사업의 목적에는 국가공간정보의 기본정보에 대한 공동 활용 기반 조성, 지적도면의 신축으로 인한 원형 보관 및 관리의 어려움 해소, 지적도면과 토지대장을 통합한 대민서비스의 질적 향상 도모, 정확한 지적측량의 기초자료 활용, 토지정보시스템의 기초 데이터 활용, 토지정보의 수요에 대한 신속한 대응 등이 있다.

59 데이터베이스의 구축과정으로 옳은 것은?

① 계획 → 저장 → 관리 · 조작 → 데이터베이스 정의
② 데이터베이스 정의 → 계획 → 저장 → 관리 · 조작
③ 저장 → 데이터베이스 정의 → 계획 → 관리 · 조작

④ 관리 · 조작 → 저장 → 계획 → 데이터베이스 정의

> **해설** 데이터베이스의 설계 및 구축과정은 데이터베이스 정의 → 계획 → 저장 → 관리 · 조작 순으로 진행된다.

60 다음 중 가장 높은 위치정확도로 공간자료를 취득할 수 있는 방법은?

① 원격탐사   ② 평판측량

③ 항공사진측량   ④ 토털스테이션 측량

> **해설** 토털스테이션 측량
> 기지점에 설치한 토털스테이션에 의하여 기지점과 경계점 간의 수평각, 연직각 및 거리를 측정하여 소구점의 위치를 결정하는 측량으로서 높은 위치정확도로 공간자료를 취득할 수 있는 직접측량 방법이다.

4과목 지적학

61 토지표시사항이 변경된 경우 등기촉탁 규정을 최초로 규정한 연도는?

① 1950년   ② 1975년   ③ 1991년   ④ 1995년

> **해설** 「지적법」 제2차 개정(1975.12.31. 법률 제2801호 전문개정) 시 지적소관청이 직권으로 조사 · 측량하여 지적공부를 정리한 경우와 지번변경, 축척변경, 행정구역변경, 등록사항정정 등을 한 경우에 관할 등기소에 토지표시변경등기를 촉탁하는 제도를 신설하였다.

62 다음 중 토렌스시스템에 대한 설명으로 옳은 것은?

① 미국의 토렌스 지방에서 처음 시행되었다.

② 피해자가 발생하여도 국가가 보상할 책임이 없다.

③ 기본이론으로 거울이론, 커튼이론, 보험이론이 있다.

④ 실질적 심사에 의한 권원조사를 하지만 공신력은 없다.

> **해설** 토렌스시스템은 오스트레일리아의 로버트 토렌스(Robert Torrens)에 의하여 창안되었으며, 토지의 권원(Title)을 등록하고 피해자가 발생할 경우 국가가 보상을 책임지며, 사실심사권을 가지고 토지의 권원을 조사하여 등록된 토지등록부는 공신력이 있다.

63 통일신라시대의 신라장적에 기록된 지목과 관계없는 것은?

① 답   ② 전   ③ 수전   ④ 마전

> **해설** 신라장적 문서에 나타난 토지의 주요 지목에는 관모전 · 답(官謨田 · 畓), 내시령답(內視令畓), 연수유전 · 답(烟受有田 · 畓), 촌주위답(村主位畓), 마전(麻田), 정전(丁田) 등이 있다.

64 실제적으로 지적과 등기의 관련성을 성취시켜주는 토지등록의 원칙은?

① 공시의 원칙
② 공신의 원칙
③ 등록의 원칙
④ 특정화의 원칙

해설 **특정화의 원칙**
권리객체로서의 모든 토지는 반드시 특정적이고 단순하며 명확한 방법에 의하여 인식할 수 있도록 개별화하여야 한다는 원칙으로서 특정화된 필지는 지적공부와 부동산등기부에 각각 등록된다.

65 다음 중 증보도는 어느 것에 해당되는가?

① 지적도이다.
② 지적 약도이다.
③ 지적도 부본이다.
④ 지적도의 부속품이다.

해설 **증보도**
기존의 지적도에 등록할 수 없는 위치에 새로 등록할 토지가 생긴 경우에 새로이 작성하는 지적도이다.

66 임야조사사업 당시의 재결기관은?

① 도지사
② 임야심사위원회
③ 임시토지조사국
④ 고등토지조사위원회

해설 사정에 대하여 불복이 있는 경우의 재결기관은 토지조사사업에서는 고등토지조사위원회이며, 임야조사사업에서는 임야심사위원회(또는 임야조사위원회)이다.

67 지적공부에 공시하는 토지의 등록사항에 대하여 공시의 원칙에 따라 채택해야 할 지적의 원리로서 옳은 것은?

① 공개주의
② 국정주의
③ 직권주의
④ 형식주의

해설 **공시의 원칙**
토지등록의 법적 지위에 있어서 토지의 이동이나 물권의 변동은 반드시 외부에 알려야 한다는 원칙이며, 이에 따라 토지에 관한 등록사항은 지적공부에 등록하고 이를 일반에 공지하여 누구나 이용하고 활용할 수 있게 하여야 하는 것은 지적공개주의의 이념이다.

68 토지등록에 있어 직권등록주의에 관한 설명으로 옳은 것은?

① 신규등록은 지적소관청이 직권으로만 등록이 가능하다.
② 토지이동 정리는 소유자 신청주의이기 때문에 신청에 의해서만 가능하다.
③ 토지의 이동이 있을 때에는 지적소관청이 직권으로 조사 또는 측량하여 결정한다.
④ 토지의 이동이 있을 때에는 토지소유자의 신청에 의하여 지적소관청이 이를 결정한다.

지적공부에 새로이 토지를 등록하거나 토지소재, 지번, 지목, 경계 또는 좌표와 면적 등 지적공부의 등록사항에 변경사유가 발생한 경우에는 토지소유자가 그 토지의 이동을 신청하도록 하고 있으나, 토지소유자가 신청을 게을리할 경우에는 직권등록주의에 따라 지적소관청이 직권으로 조사·측량하여 지적공부에 새로이 등록한다.

69 지적불부합지로 인해 야기될 수 있는 사회적 문제점으로 보기 어려운 것은?

① 빈번한 토지분쟁   ② 토지 거래질서의 문란

③ 주민의 권리행사 지장   ④ 확정측량의 불가피한 급속 진행

지적불부합지가 미치는 영향에는 사회적 영향으로 토지분쟁의 증가, 토지 거래질서의 문란, 국민 권리행사의 지장, 권리 실체 인정의 부실 초래 등이 있고, 행정적 영향으로 지적행정의 불신 초래, 토지이동정리의 정지, 지적공부의 증명발급 곤란, 토지과세의 부적정, 부동산등기의 지장 초래, 공공사업 수행의 지장, 소송 수행의 지장 등이 있다.

70 다음 지목 중 잡종지에서 분리된 지목에 해당하는 것은?

① 공원   ② 염전   ③ 유지   ④ 지소

우리나라의 지목은 1912년(토지조사령) 전·답·대 등 18개로 설정되었고, 1950년(「지적법」) 21개로 증가 (지소 → 지소+유지, 잡종지 → 잡종지+염전+광천지)되었으며, 1976년(1차 「지적법」 전문개정) 24개로 확대(과수원·목장용지·공장용지·학교용지·운동장·유원지 등 6개 신설, 철도용지+철도선로 → 철도 용지·수도용지+수도선로 → 수도용지·유지+지소 → 유지 등 3개 통·폐합, 공원지 → 공원·사사지 → 종교용지·성첩 → 사적지·분묘지 → 묘지·운동장 → 체육용지 등 5개 명칭변경)되었고, 2002년(1차 「지적법」 전문개정) 28개로 증대(주차장·주유소용지·창고용지·양어장 등 4개 신설)되었다.

71 기본도로서 지적도가 갖추어야 할 요건으로 옳지 않은 것은?

① 일정한 축척의 도면 위에 등록해야 한다.

② 기본정보는 변동 없이 항상 일정해야 한다.

③ 기본적으로 필요한 정보가 수록되어야 한다.

④ 특정 자료를 추가하여 수록할 수 있어야 한다.

토지소재·지번·지목·경계 또는 좌표·면적 등 지적도의 기본 등록정보가 변경되는 경우 즉시 갱신되어 항상 최신의 상태를 유지해야 한다.

72 고려시대의 토지대장 중 타량성책(打量成册)의 초안 또는 각 관아에 비치된 결세대장에 해당하는 것은?

① 전적(田籍)   ② 도전장(都田帳)

③ 준행장(遵行帳)   ④ 양전장적(量田帳籍)

고려시대의 토지대장인 양안의 명칭에는 도전장(都田帳), 양전도장(量田都帳), 양전장적(量田帳籍), 도전정(導田丁), 도행(導行), 전적(田積), 적(籍), 전부(田簿), 안(案), 원적(元籍) 등이 있다.

③ 도행장(導行帳) 또는 준행장(遵行帳)은 타량성책의 초안 또는 관아에 비치된 결세대장을 의미한다.

73 "소유권은 신성불가침이며 국가의 권력에 의해서 구속이나 제약을 받지 않는다."는 원칙은?

① 소유권 보장원칙   ② 소유권 자유원칙

③ 소유권 절대원칙   ④ 소유권 제한원칙

소유권절대의 원칙(所有權絕對의 原則)은 개인에게 사유재산권에 대한 절대적 지배권을 인정하고 국가나 다른 개인의 간섭 또는 제한을 배제한다는 원칙이다.

74 다음의 토지 표시사항 중 지목의 역할과 가장 관계가 없는 것은?

① 사용 목적의 추측   ② 토지 형질변경의 규제

③ 사용 현황의 표상(表象)   ④ 구획정리지의 토지용도 유지

지목은 토지의 주된 용도에 따라 토지의 종류를 구분하여 지적공부에 등록한 것으로서 토지의 형질변경 규제와 관련이 없다.

75 지목에 대한 설명으로 옳지 않은 것은?

① 지목의 결정은 지적소관청이 한다.

② 지목의 결정은 행정처분에 속하는 것이다.

③ 토지소유자의 신청이 없어도 지목을 결정할 수 있다.

④ 토지소유자의 신청이 있어야만 지목을 결정할 수 있다.

지목 등 지적공부의 등록사항에 변경사유가 발생한 경우에는 토지소유자가 그 토지의 이동을 신청하도록 하고 있다. 만일 토지소유자가 신청을 게을리할 경우에는 직권등록주의에 따라 지적소관청이 직권으로 조사 · 측량하여 지적공부에 새로이 등록한다.

76 지적제도에 대한 설명으로 가장 거리가 먼 것은?

① 국가적 필요에 의한 제도이다.

② 개인의 권리 보호를 위한 제도이다.

③ 토지에 대한 물리적 현황의 등록 · 공시제도이다.

④ 효율적인 토지관리와 소유권 보호를 목적으로 한다.

지적제도는 국가가 토지의 물리적 현황과 소유권 등 법적 권리관계를 등록 · 공시는 제도이다.

77 토지에 지번을 부여하는 이유가 아닌 것은?

① 토지의 특정화
② 물권객체의 구분
③ 토지의 위치 추정
④ 토지이용 현황 파악

해설 지번이란 지리적 위치의 고정성과 토지의 특정화 및 개별화, 토지위치의 확인 등을 위해 리·동의 단위로 필지마다 아라비아숫자로 순차적으로 부여하여 지적공부에 등록한 번호를 말하며, 장소의 기준, 물권표시의 기준, 공간계획의 기준 등의 역할을 한다.

78 일필지의 경계와 위치를 정확하게 등록하고 소유권의 한계를 밝히기 위한 지적제도는?

① 법지적
② 세지적
③ 유사지적
④ 다목적지적

해설 법지적은 17세기 유럽의 산업화시대에 개발된 제도로서 토지거래의 안전과 소유권 보호를 주목적으로 하여 "소유권지적"이라 하며, 소유권의 한계설정과 경계의 복원을 강조하는 위치본위로 운영된다.

79 다음 중 가장 원시적인 지적제도는?

① 법지적(法地籍)
② 세지적(稅地籍)
③ 경계지적(境界地籍)
④ 소유지적(所有地籍)

해설 지적제도는 세지적 → 법지적 → 다목적지적으로 발전되었으며, 세지적은 농경시대에 개발된 최초의 지적제도이다.

80 지적제도와 등기제도를 서로 다른 기관에서 분리하여 운영하고 있는 국가는?

① 독일
② 대만
③ 일본
④ 프랑스

해설 독일은 우리나라와 같이 지적제도는 행정부에서 관할하고, 등기제도는 사법부에서 관할하는 이원화 체제로 운영되는 국가이다.

81 지적공부의 복구자료에 해당하지 않는 것은?

① 측량결과도   ② 지적공부의 등본
③ 토지이용계획 확인서   ④ 토지이동정리결의서

> **해설** 지적공부 복구자료에는 지적공부의 등본, 측량결과도, 토지이동정리결의서, 부동산등기부등본 등 등기사실을 증명하는 서류, 지적소관청이 작성하거나 발행한 지적공부의 등록내용을 증명하는 서류, 복제된 지적공부, 법원의 확정판결서 정본 또는 사본 등이 있다.

82 과수류를 집단적으로 재배하는 토지 내의 주거용 건축물 부지의 지목으로 옳은 것은?

① 전   ② 대
③ 과수원   ④ 창고용지

> **해설** 사과 · 배 · 밤 · 호두 · 귤나무 등 과수류를 집단적으로 재배하는 토지와 이에 접속된 저장고 등 부속시설물의 부지는 "과수원"으로 한다. 다만, 주거용 건축물의 부지는 "대"로 한다.

83 동일한 지번부여지역 내 지번이 100, 100−1, 100−2, 100−3으로 되어 있고 100번지의 토지를 2필지로 분할하고자 할 경우 지번 결정으로 옳은 것은?

① 100, 101   ② 100, 100−4
③ 100−1, 100−4   ④ 100−4, 100−5

> **해설** 분할에 따른 지번부여는 분할 후의 필지 중 1필지의 지번은 분할 전의 지번으로 하고, 나머지 필지의 지번은 본번의 최종 부번 다음 순번으로 부번을 부여한다(이 경우 주거 · 사무실 등의 건축물이 있는 필지에 대해서는 분할 전의 지번을 우선하여 부여하여야 한다). 따라서 지번이 100, 100−1, 100−2, 100−3으로 되어 있다면 100, 100−4로 분할한다.

84 평판측량방법에 따른 세부측량을 할 경우 거리측정단위로 옳은 것은?

① 지적도를 갖춰 두는 지역 : 1cm, 임야도를 갖춰 두는 지역 : 10cm
② 지적도를 갖춰 두는 지역 : 1cm, 임야도를 갖춰 두는 지역 : 50cm
③ 지적도를 갖춰 두는 지역 : 5cm, 임야도를 갖춰 두는 지역 : 10cm
④ 지적도를 갖춰 두는 지역 : 5cm, 임야도를 갖춰 두는 지역 : 50cm

> **해설** 평판측량방법에 따른 세부측량에서 거리측정단위는 지적도를 갖춰 두는 지역에서는 5cm로 하고, 임야도를 갖춰 두는 지역에서는 50cm로 한다.

85 축척변경에 따른 청산금을 산정한 결과 증가된 면적에 대한 청산금의 합계와 감소된 면적에 대한 청산금의 합계에 차액이 생긴 경우 이에 대한 처리방법으로 옳은 것은?

① 그 측량업체의 부담 또는 수입으로 한다.

② 그 토지소유자의 부담 또는 수입으로 한다.

③ 그 지방자치단체의 부담 또는 수입으로 한다.

④ 그 행정안전부장관의 부담 또는 수입으로 한다.

해설 청산금을 산정한 결과 증가된 면적에 대한 청산금의 합계와 감소된 면적에 대한 청산금의 합계에 차액이 생긴 경우 초과액은 그 지방자치단체의 수입으로 하고, 부족액은 그 지방자치단체가 부담한다.

86 「공간정보의 구축 및 관리 등에 관한 법률」상 용어의 정의로서 토지의 표시사항에 해당하지 않는 것은?

① 면적 ② 좌표

③ 토지소유자 ④ 토지의 소재

해설 토지의 표시는 지적공부에 토지의 소재·지번·지목·면적·경계 또는 좌표를 등록한 것을 말하며, 토지의 표시를 새로 정하거나 변경 또는 말소하는 것을 토지의 이동이라 한다.

87 축척변경위원회에 관한 설명으로 틀린 것은?

① 5명 이상 10명 이하의 위원으로 구성한다.

② 위원의 2분의 1 이상을 토지소유자로 하여야 한다.

③ 청산금의 이의신청에 관한 사항을 심의·의결한다.

④ 위원장은 위원 중에서 시·도지사가 임명한다.

해설 축척변경위원회는 5명 이상 10명 이하의 위원으로 구성하되, 위원의 2분의 1 이상을 토지소유자로 하여야 한다(축척변경 시행지역의 토지소유자가 5명 이하일 때에는 토지소유자 전원을 위원으로 위촉). 위원장은 위원 중에서 지적소관청이 지명하고, 위원은 해당 축척변경 시행지역의 토지소유자로서 지역 사정에 정통한 사람과 지적에 관하여 전문지식을 가진 사람 중에서 지적소관청이 위촉한다.

88 지적재조사측량에 따른 경계 확정으로 지적공부상의 면적이 증감된 경우 징수하거나 지급해야 할 금액은?

① 조정금 ② 청산금

③ 감정평가금 ④ 손실보상금

해설 지적소관청은 지적재조사측량에 따른 경계 확정으로 지적공부상의 면적이 증감된 경우에는 필지별 면적 증감내역을 기준으로 조정금을 산정하여 징수하거나 지급한다.

89 지적재조사사업에 따라 지적공부를 새로 작성할 경우 토지이동일은?

① 경계확정일
② 사업완료공고일
③ 사업지구 지정일
④ 토지소유자 동의서 징구일

해설 지적소관청은 지적재조사사업의 사업완료 공고가 있었을 때에는 기존의 지적공부를 폐쇄하고 새로운 지적공부를 작성하여야 하며, 이 경우 그 토지는 사업완료 공고일에 토지의 이동이 있은 것으로 본다.

90 지적업무처리규정에서 정의한 용어의 설명으로 틀린 것은?

① "지적측량파일"이란 측량준비파일, 측량현형파일 및 측량성과파일을 말한다.
② "기지경계선(旣知境界線)"이란 세부측량성과를 결정하는 기준이 되는 기지점을 필지별로 직선으로 연결한 선을 말한다.
③ "전자평판측량"이란 토털스테이션과 지적측량 운영프로그램 등이 설치된 컴퓨터를 연결하여 기초측량을 수행하는 측량을 말한다.
④ "측량현형(現形)파일"이란 전자평판측량 및 위성측량방법으로 관측한 데이터 및 지적측량에 필요한 각종 정보가 들어 있는 파일을 말한다.

해설 전자평판측량이란 토털스테이션과 지적측량 운영프로그램 등이 설치된 컴퓨터를 연결하여 세부측량을 수행하는 측량을 말한다.

91 토지소유자는 토지를 합병하려면 대통령령으로 정하는 바에 따라 지적소관청에 합병을 신청하여야 한다. 다음 중 토지의 합병을 신청할 수 있는 조건이 아닌 것은?

① 합병하려는 토지의 지목이 같은 경우
② 합병하려는 토지의 지번부여지역이 같은 경우
③ 합병하려는 토지의 소유자가 서로 같은 경우
④ 합병하려는 토지의 지적도의 축척이 서로 다른 경우

해설 토지의 합병신청 대상은 지번부여지역으로서 소유자와 용도가 같고 지반이 연속된 토지이다. 합병하려는 토지의 지번부여지역, 지목, 축척, 용도 또는 소유자가 서로 다르거나 지반이 연속되어 있지 않거나 등기 여부가 다른 경우 등에는 합병을 신청할 수 없다.

92 토지소유자에 관한 등록사항의 정정은 무엇에 의하여 정리하여야 하는가?

① 임야대장 또는 임야도
② 토지대장 또는 지적도
③ 법원의 확정판결서 정본
④ 등기필증 또는 등기완료통지서

해설 지적소관청은 등록사항 정정사항이 토지소유자에 관한 사항인 경우에는 등기필증, 등기완료통지서, 등기사항증명서 또는 등기관서에서 제공한 등기전산정보자료에 따라 정정하여야 한다.

93 토지이동에 따른 지적공부 정리를 통하여 폐쇄 또는 말소된 지번을 다시 사용할 수 있는 경우는?

① 분할에 따른 토지이동의 경우
② 등록전환에 따른 토지이동의 경우
③ 축척변경에 따른 토지이동의 경우
④ 지적공부에 등록된 토지가 바다가 됨에 따른 토지이동의 경우

> **해설** 지적확정측량 실시지역의 각 필지에 대한 지번 부여, 지적소관청이 시·도지사 및 대도시 시장의 승인을 받아 지번부여지역의 전부 또는 일부에 지번을 새로 부여하는 지번변경, 행정구역 개편에 따른 지번 부여, 축척변경 시행지역의 필지에 대한 지번 부여의 경우에는 폐쇄 또는 말소된 종전 지번을 다시 사용할 수 있다.

94 지적공부의 등록사항에 잘못이 있어 이를 정정함으로 인해 인접토지의 경계가 변경되는 경우 토지소유자가 정정을 신청할 때 지적소관청에 제출하여야 하는 것은?

① 등기부등본
② 확정판결서 정본
③ 측량성과도 및 지적도
④ 제출 서류 없이 지적소관청 직권으로 결정

> **해설** 토지소유자의 신청에 따른 등록사항 정정으로 인접토지의 경계가 변경되는 경우에는 인접 토지소유자의 승낙서, 인접 토지소유자가 승낙하지 아니하는 경우에는 이에 대항할 수 있는 확정판결서 정본을 지적소관청에 제출하여야 한다.

95 지적도근점측량에서 연결오차의 허용범위 기준으로 옳지 않은 것은?(단, n은 각 측선의 수평거리의 총 합계를 100으로 나눈 수를 말한다.)

① 1등 도선은 해당 지역 축척분모의 $\dfrac{1}{100}\sqrt{n}$ cm 이하로 한다.

② 2등 도선은 해당 지역 축척분모의 $\dfrac{1.5}{100}\sqrt{n}$ cm 이하로 한다.

③ 1등 도선 및 2등 도선의 허용기준에 있어서의 축척이 1/6,000인 지역의 축척분모는 3,000으로 한다.

④ 1등 도선 및 2등 도선의 허용기준에 있어서의 경계점좌표등록부를 갖춰두는 지역의 축척분모는 600으로 한다.

> **해설** 지적도근점측량에서 연결오차의 공차

측량방법	등급	연결오차의 공차
배각법	1등 도선	$M \times \dfrac{1}{100}\sqrt{n}$ cm 이내
	2등 도선	$M \times \dfrac{1.5}{100}\sqrt{n}$ cm 이내

※ M : 축척분모, n : 각 측선의 수평거리의 총합계를 100으로 나눈 수

④ 1등 도선 및 2등 도선의 허용기준에 있어서의 경계점좌표등록부를 갖춰두는 지역의 축척분모는 500으로 한다.

96 「공간정보의 구축 및 관리 등에 관한 법률」상 부지(또는 토지)에 따른 지목의 구분이 올바르게 연결된 것은?

① 철도역사 → 철도용지
② 갈대밭과 황무지 → 잡종지
③ 경마장과 경륜장 → 유원지
④ 대학교 운동장 → 체육용지

> **해설** ② 황무지(산림 및 원야를 이루고 있는 곳) → 임야
> ③ 경륜장 → 체육용지
> ④ 대학교 운동장 → 학교용지

97 지적측량의 방법에 대한 설명으로 틀린 것은?

① 위성측량의 방법 및 절차 등에 관하여 필요한 사항은 시·도지사가 따로 정한다.
② 지적삼각점측량은 위성기준점, 통합기준점, 삼각점 및 지적삼각점을 기초로 하여 경위의측량방법, 전파기 또는 광파기측량방법, 위성측량방법 및 국토교통부장관이 승인한 측량방법에 따르되, 그 계산은 평균계산법이나 망평균계산법에 따른다.
③ 세부측량은 위성기준점, 통합기준점, 지적기준점 및 경계점을 기초로 하여 경위의측량방법, 평판측량방법, 위성측량방법 및 전자평판측량방법에 따른다.
④ 지적도근점측량은 위성기준점, 통합기준점, 삼각점 및 지적기준점을 기초로 하여 경위의측량방법, 전파기 또는 광파기측량방법, 위성측량방법 및 국토교통부장관이 승인한 측량방법에 따르되, 그 계산은 도선법, 교회법 및 다각망도선법에 따른다.

> **해설** 위성측량의 방법 및 절차 등에 관하여 필요한 사항은 국토교통부장관이 따로 정한다.

98 지적전산자료의 수수료에 대한 설명으로 옳지 않은 것은?(단, 정보통신망을 이용하여 전자화폐, 전자결재 등의 방법으로 납부하게 하는 경우는 고려하지 않는다.)

① 지적전산자료를 인쇄물로 제공하는 경우의 수수료는 1필지당 30원이다.
② 공간정보산업협회 등에 위탁된 업무의 수수료는 현금으로 내야 한다.
③ 지적전산자료를 시·도지사 또는 지적소관청이 제공하는 경우에는 현금으로만 납부해야 한다.
④ 지적전산자료를 자기디스크 등 전산매체로 제공하는 경우의 수수료는 1필지당 20원이다.

> **해설** 지적전산자료의 이용 또는 활용 신청에 따른 수수료는 수입인지, 수입증지 또는 현금으로 내야 한다.

99 지적도의 등록사항으로 틀린 것은?

① 지적도면의 색인도　　　　　　　② 전유부분의 건물표시
③ 건축물 및 구조물 등의 위치　　　④ 삼각점 및 지적기준점의 위치

해설　지적도면의 등록사항

법률상 규정	국토교통부령 규정
• 토지의 소재 • 지번 • 지목 • 경계 • 그 밖에 국토교통부령이 정하는 사항	• 도면의 색인도 • 도면의 제명 및 축척 • 도곽선 및 그 수치 • 좌표에 의하여 계산된 경계점 간 거리(경계점좌표등록부를 갖춰두는 지역으로 한정한다.) • 삼각점 및 지적기준점의 위치 • 건축물 및 구조물 등의 위치 • 그 밖에 국토교통부장관이 정하는 사항

② 전유부분의 건물표시는 대지권등록부의 등록사항에 속한다.

100 지적공부에 등록된 사항을 지적소관청이 직권으로 정정할 수 없는 것은?

① 지적측량성과와 다르게 정리된 경우
② 토지이동정리결의서의 내용과 다르게 정리된 경우
③ 지적공부의 작성 또는 재작성 당시 잘못 정리된 경우
④ 지적도 및 임야도에 등록된 필지가 위치의 이동이 없이 면적의 증감만 있는 경우

해설　지적도 및 임야도에 등록된 필지가 면적의 증감 없이 경계의 위치만 잘못된 경우에 직권정정이 가능하다.

제3회 지적산업기사

1과목 지적측량

01 「지적측량 시행규칙」상 지적삼각보조점측량 시 기초로 하는 점이 아닌 것은?

① 위성기준점 ② 지적도근점
③ 지적삼각점 ④ 지적삼각보조점

해설 지적삼각보조점측량 시 기초가 되는 점은 위성기준점, 통합기준점, 삼각점, 지적삼각점, 지적삼각보조점 등이 있다.

02 다음 중 지적측량의 구분으로 옳은 것은?

① 기초측량, 세부측량 ② 확정측량, 세부측량
③ 기초측량, 삼각측량 ④ 세부측량, 삼각측량

해설 지적측량은 지적기준점을 정하기 위한 기초측량과 일필지의 경계와 면적을 정하는 세부측량으로 구분한다.

03 그림과 같은 트래버스에서 V_A^B이 52°40′일 때 BC의 방위각은?

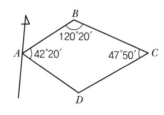

① 67°40′ ② 112°20′
③ 202°20′ ④ 292°20′

해설 **내각 관측**
임의 방위각＝앞측선의 방위각＋180°－해당 측선의 내각
AB의 방위각(V_A^B)＝52°40′
BC의 방위각(V_B^C)＝52°40′＋180°－120°20′＝112°20′

04 평판측량으로 지적세부측량 시 측량준비파일의 작성에 포함되지 않는 것은?

① 도곽선 수치   ② 경계점 간 거리

③ 대상토지의 경계선   ④ 지적기준점 간 거리

해설 경계점 간 거리는 평판측량으로 지적세부측량 시 측량준비파일의 작성에 포함되지 않는다.

05 도로의 분할측량을 평판측량방법으로 시행할 경우에 가장 알맞은 보조점의 측정방식은?

① 교회법   ② 도선법   ③ 방사법   ④ 비례법

해설 평판측량방법에 따른 세부측량은 교회법·도선법 및 방사법에 따르도록 규정하고 있으며, 일반적으로 도선법은 측량구간이 좁고 길거나 장애물이 많은 지역에서 기지점에서 출발점하여 다른 기지점 또는 출발점에 도착시켜 측점의 위치를 결정하는 방식이므로 도로를 분할측량하는 경우에 보조점 측정은 도선법이 적합하다.

06 행정구역선의 제도방법에 대한 설명으로 옳은 것은?

① 시·군의 행정구역선은 0.2mm의 폭으로 제도한다.

② 동·리의 행정구역선은 0.1mm의 폭으로 제도한다.

③ 행정구역선은 경계에서 약간 띄워서 그 외부에 제도한다.

④ 행정구역선이 2종 이상 겹치는 경우에는 약간 띄워서 모두 제도한다.

해설 ① 시·군계는 실선과 허선을 각각 3mm로 연결하고, 허선에 0.3mm의 점 2개를 제도한다.

② 동·리계는 실선 3mm와 허선 1mm로 연결하는 파선으로 제도한다.

④ 행정구역선이 2종 이상 겹치는 경우에는 최상급 행정구역선만 제도한다.

07 경위의측량방법에 따른 지적삼각점의 관측과 계산의 기준에 대한 설명으로 옳은 것은?

① 1방향각의 수평각 측각공차는 30초 이내이다.

② 수평각관측은 2대회의 방향관측법에 의한다.

③ 관측은 5초독(秒讀) 이상의 경위의를 사용한다.

④ 수평각관측 시 윤곽도는 0°, 60°, 100°로 한다.

해설 경위의측량방법에 따른 지적삼각점의 관측은 10초독 이상의 경위의를 사용하고, 수평각관측은 3대회(윤곽도는 0°, 60°, 120°)의 방향관측법에 의한다.

08 평판측량방법에 따른 세부측량을 실시할 때 지상경계선과 도상경계선의 부합 여부를 확인하는 방법은?

① 교회법   ② 도선법   ③ 방사법   ④ 현형법

해설 평판측량방법에 따른 세부측량을 실시할 때 경계점은 기지점을 기준으로 하여 지상경계선과 도상경계선의 부합 여부를 현형법·도상원호교회법·지상원호교회법 또는 거리비교확인법 등으로 확인하여 정한다.

09 경위의측량방법에 따른 세부측량의 관측 및 계산방법으로 옳은 것은?

① 교회법·지거법　　　　　　　　② 도선법·방사법

③ 방사법·교회법　　　　　　　　④ 지거법·도선법

해설 경위의측량방법에 따른 세부측량의 관측 및 계산은 도선법 또는 방사법에 따른다. 다만, 경계점좌표등록부를 갖춰 두는 지역에 있는 각 필지의 경계점을 측정할 때에는 도선법·방사법 또는 교회법에 따라 좌표를 산출하므로 유의하여야 한다.

10 등록전환 시 임야대장상 말소면적과 토지대장상 등록면적의 허용오차 산출식은?(단, M은 임야도의 축척분모, F는 등록전환될 면적이다.)

① $A = 0.026MF$　　　　　　　　② $A = 0.026^2MF$

③ $A = 0.026M\sqrt{F}$　　　　　　④ $A = 0.026^2M\sqrt{F}$

해설 임야대장의 면적과 등록전환될 면적의 차이가 오차 허용범위 $A = 0.026^2M\sqrt{F}$ 이내인 경우에는 등록전환될 면적을 등록전환 면적으로 결정하고, 허용범위를 초과하는 경우에는 임야대장의 면적 또는 임야도의 경계를 지적소관청이 직권으로 정정하여야 한다.

11 오차의 종류 중 아래와 같은 특징을 갖는 것은?

> • 오차의 부호와 크기가 불규칙하게 발생한다.
> • 오차의 발생 원인이 명확하지 않다.
> • 오차의 조정은 최소제곱법의 이론으로 접근하여 조정한다.

① 정오차　　　　　　　　　　　② 과대오차

③ 우연오차　　　　　　　　　　④ 허용오차

해설 부정오차(우연오차)

발생 원인이 불명확하고 부호와 크기가 불규칙하게 발생하는 오차로서 서로 상쇄되므로 상차라고도 하며, 원인을 알아도 소거가 불가능하고, 최소제곱법에 의한 확률법칙에 의해 보정할 수 있다.

12 기지점 A를 측점으로 하고 전방교회법으로 다른 기지에 의하여 평판을 표정하는 측량방법은?

① 방향선법　　　② 원호교회법　　　③ 측방교회법　　　④ 후방교회법

교회법의 종류

- **측방교회법** : 2점의 기지점 중 1점에 접근하기 곤란한 경우 1점의 기지점과 1점의 미지점에 평판을 세워 미지점의 위치를 결정하는 방법이다.
- **후방교회법** : 미지점에 평판을 세우고 2점 이상의 기지점을 이용하여 미지점을 구하는 방법으로 전방교회법 과 측방교회법을 병용한 방법이다.
- **전방교회법** : 2~3개의 기지점을 이용하여 미지점의 위치를 결정하는 방법으로 측량지역이 넓고 장애물이 있어서 목표점까지 거리를 측정하기가 곤란할 경우에 사용한다.
- **원호교회법** : 도상점의 지상위치를 결정하는 방법으로서 기지 3점과 구점과의 도상거리를 지상거리화하여 이를 반경으로 각 기지점(지상)을 중심으로 하여 지상에 원호를 그려 그들의 교회점으로 지상위치를 결정하는 방법이다.

13 폐다각형의 외각을 각각 측정하여 다음 결과를 얻었을 때 측각오차는?

측점	관측 평균
No.1	292° 07′ 05″
No.2	295° 42′ 30″
No.3	234° 29′ 15″
No.4	257° 40′ 35″

① $-15''$ ② $+15''$ ③ $-35''$ ④ $+35''$

해설   외각법에 의한 폐합트레버스의 측각오차(폐합오차) $= \sum \alpha - 180°(n+2)$
$$= 1079°59'25'' - 180°(4+2)$$
$$= -35''$$

($\sum \alpha$: 외각 측정값의 합계, n : 변의 수)

14 지적기준점표지의 설치 · 관리 및 지적기준점성과의 관리 등에 관한 설명으로 옳은 것은?

① 지적기준점표지의 설치권자는 국토지리정보원장이다.
② 지적도근점표지의 관리는 토지소유자가 하여야 한다.
③ 지적삼각보조점성과는 지적소관청이 관리하여야 한다.
④ 지적소관청은 지적삼각점성과가 다르게 된 때에는 그 내용을 국토교통부장관에게 통보하여야 한다.

해설   **지적기준점성과의 관리재(기관)**

구분	관리기관
지적삼각점	시 · 도지사
지적삼각보조점 지적도근점	지적소관청

※ 지적소관청이 지적삼각점을 변경하였을 때에는 그 측량성과를 시 · 도지사에게 통보하여야 한다.

15 경위의측량방법에 따른 세부측량의 관측 및 계산 기준으로 옳은 것은?

① 교회법 또는 도선법에 따른다.

② 관측은 30초독 이상의 경위의를 사용한다.

③ 수평각의 관측은 1대회의 방향관측법에 따른다.

④ 연직각의 관측은 정·반으로 2회 관측하여 그 교차가 5분 이내인 때에는 그 평균치로 한다.

> **해설** ① 도선법 또는 방사법에 따른다.
> ② 관측은 20초독 이상의 경위의를 사용한다.
> ④ 연직각의 관측은 정·반으로 1회 관측하여 그 교차가 5분 이내일 때에는 그 평균치를 연직각으로 하되, 분단위로 독정(讀定)한다.

16 교회법에 따른 지적삼각보조점측량에 관한 설명으로 옳지 않은 것은?

① 3방향의 교회에 따른다.

② 수평각관측은 2대회의 방향관측법에 따른다.

③ 관측은 20초독 이상의 경위의를 사용한다.

④ 삼각형의 각 내각은 30° 이상 150° 이하로 한다.

> **해설** 삼각형의 각 내각은 30° 이상 120° 이하로 한다.

17 지적도근점표지의 점간거리는 평균 얼마 이하로 하여야 하는가?(단, 다각망도선법에 따르는 경우)

① 50m
② 100m
③ 300m
④ 500m

> **해설** 지적기준점표지의 점간거리는 지적삼각점은 평균 2km 이상 5km 이하, 지적삼각보조점은 평균 1km 이상 3km 이하(다각망도선법은 평균 0.5km 이상 1km 이하), 지적도근점은 평균 50m 이상 300m 이하(다각망도선법은 평균 500m 이하)로 한다.

18 평판측량방법에 따라 측정한 경사거리가 30m, 앨리데이드의 경사분획이 +15였다면 수평거리는?

① 28.0m
② 29.7m
③ 30.6m
④ 31.6m

> **해설**
> $$수평거리(D) = l \times \frac{1}{\sqrt{1 + \left(\dfrac{n}{100}\right)^2}} = 30 \times \frac{1}{\sqrt{1 + \left(\dfrac{15}{100}\right)^2}} = 29.7\text{m}$$
> (D : 수평거리, l : 경사거리, n : 경사분획)

19 상한과 종횡선차의 부호에 대한 설명으로 옳은 것은?(단, ΔX : 종선차, ΔY : 횡선차)

① 1상한에서 ΔX는 $(-)$, ΔY는 $(+)$이다.

② 2상한에서 ΔX는 $(+)$, ΔY는 $(-)$이다.

③ 3상한에서 Δx는 $(-)$, Δy는 $(-)$이다.

④ 4상한에서 Δx는 $(+)$, Δy는 $(+)$이다.

해설 상한별 종횡선차의 부호는 1상한 $(+, +)$, 2상한 $(-, +)$, 3상한 $(-, -)$, 4상한 $(+, -)$이다.

상한	종선차 (Δx)	횡선차 (Δy)	방위각(V)	방위	그림
1상한(Ⅰ)	+	+	$V = \theta$	N(θ)E	
2상한(Ⅱ)	−	+	$V = 180° - \theta$	S(θ)E	
3상한(Ⅲ)	−	−	$V = 180° + \theta$	S(θ)W	
4상한(Ⅳ)	+	−	$V = 360° - \theta$	N(θ)W	

20 지적측량의 측량검사기간 기준으로 옳은 것은?(단, 지적기준점을 설치하여 측량검사를 하는 경우는 고려하지 않는다.)

① 4일　　　　② 5일　　　　③ 6일　　　　④ 7일

해설 측량기간 및 검사기간

구분	측량기간	검사기간
기본기간	5일	4일
지적기준점을 설치하여 측량 또는 검사할 때	15점 이하	
	4일	4일
	15점 초과	
	4일에 4점마다 1일 가산	4일에 4점마다 1일 가산
지적측량의뢰자와 수행자가 상호 합의에 의할 때	합의기간의 4분의 3	합의기간의 4분의 1

2과목 응용측량

21 상호표정이 끝났을 때, 사진모델과 실제 지형모델의 관계로 옳은 것은?

① 상사　　　　② 대칭　　　　③ 합동　　　　④ 일치

해설 상호표정은 비행기가 촬영 당시에 가지고 있던 기울기의 위치를 도화기상에서 그대로 재현하는 과정을 말하며, 사진좌표(x, y)로부터 수치적 입체모델좌표(x, y, z)를 얻는 작업으로서 상호 표정이 끝났을 때 사진모델과 실제 지형모델은 상사관계가 된다.

22 클로소이드에 관한 설명으로 옳지 않은 것은?(단, A : 클로소이드의 매개변수)

① 클로소이드는 매개변수(A)가 변함에 따라 형태는 변하나 크기는 변하지 않는다.

② 클로소이드는 나선의 일종이다.

③ 클로소이드의 매개변수(A)는 길이 단위를 갖는다.

④ 클로소이드의 결정을 위해 단위클로소이드에 A배할 때, 길이의 단위가 없는 요소는 A배하지 않는다.

해설 클로소이드는 곡선길이에 비례하여 곡률이 증대하는 성질을 가진 나선의 일종인 완화곡선이며, 클로소이드의 기본식은 $A^2 = RL$(A : 클로소이드의 매개변수, R : 곡률반경, L : 완화곡선길이)이다. 즉, 매개변수(A)가 변함에 따라 곡률반경과 곡선길이가 변하게 되어 클로소이드의 형태와 크기가 변하게 된다.

23 터널 양쪽 입구에 위치한 점 A, B의 평면 직각좌표(X, Y)가 각각 A(827.48m, 327.56m), B(263.27m, 724.35m)일 때 이 두 점을 연결하는 터널 중심선 $\overline{AB}$의 방위각은?

① 144°52′57″　　② 125°07′03″　　③ 54°52′57″　　④ 35°07′03″

해설 $\triangle x = 263.27 - 827.48 = -564.21$m, $\triangle y = 724.35 - 327.56 = 396.79$m

방위(θ) $= \tan^{-1}\left(\dfrac{\triangle y}{\triangle x}\right) = \tan^{-1}\left(\dfrac{396.79}{564.21}\right) = 35°07′03″(2상한)$

∴ $\overline{AB}$의 방위각은 $180 - 35°07′03″″ = 144°52′57″$

24 GNSS의 구성요소에 해당되지 않는 것은?

① 우주부문(Space Segment)　　　　② 관리부문(Manage Segment)

③ 제어부문(Control Segment)　　　　④ 사용자부문(User Segment)

해설 GNSS는 우주부문, 제어부문, 사용자부문으로 구성된다.

25 지형측량에서 지형의 표현에 대한 설명으로 틀린 것은?

① 지모의 골격이 되는 선을 지성선이라 한다.

② 경사변환선은 물이 흐르는 방향을 의미한다.

③ 등고선과 지성선은 매우 밀접한 관계에 있다.

④ 능선은 빗물이 이 선을 경계로 좌우로 흘러 분수선이라고도 한다.

지성선은 지모의 골격을 나타내는 선으로 지세선이라고도 하며 능선(분수선), 합수선(합곡선, 계곡선), 경사변환선, 최대경사선(유하선)으로 구분된다. 이 중 경사변환선은 동일 방향의 경사선에서 경사의 크기가 다른 두 면의 교선이다. 임의의 한 점에 있어서 그 경사가 최대가 되는 방향으로 표시한 선은 최대경사선으로, 물이 흐르는 방향을 의미한다.

26 어느 지역의 지반고를 측량한 결과가 그림과 같을 때 토공량은?

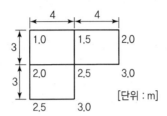

① 52.5m³   ② 62.0m³   ③ 72.5m³   ④ 78.0m³

해설 점고법에 의한 직사각형 구분법

$\sum h_1 = 1.0 + 2.0 + 3.0 + 3.0 + 2.5 = 11.5$

$\sum h_2 = 1.5 + 2.0 = 3.5$

$\sum h_3 = 2.5, \ \sum h_4 = 0$

면적(A) = $4 \times 3 = 12$

토공량(V) = $\dfrac{A}{4}(\sum h_1 + 2\sum h_2 + 3\sum h_3 + 4\sum h_4)$

$\qquad = \dfrac{12}{4} \times [11.5 + (2 \times 3.5) + (3 \times 2.5) + (4 \times 0)] = 78.0\text{m}^3$

27 GNSS측량 시 의사거리(Pseudo – range)에 영향을 주는 오차와 거리가 먼 것은?

① 위성시계의 오차   ② 위성궤도의 오차
③ 전리층의 굴절 오차   ④ 지오이드의 변화 오차

해설 의사거리에 영향을 미치는 오차의 원인은 대기굴절에 의한 오차, 위성시계오차, 위성의 기하학적 위치에 따른 오차, 안테나 구심오차, 위성 궤도오차 등이 있다.

28 항공사진측량의 3차원 항공삼각측량 방법 중에서 공선조건식을 이용하는 해석법은?

① 블록조정법   ② 에어로 폴리곤법
③ 번들조정법   ④ 독립모델법

해설 항공삼각측량 조정법에는 다항식 조정법(Polymonial Method), 독립모델법(IMT : Independent Model Triangulation), 광속조정법(Bundle Adjustment Method), DLT법(Direct Liner Transformation) 등이

있다. 이 중 번들조정법은 사진을 기본단위로 사용하여 다수의 광속을 공선조건에 따라 표정하며, 각 점의 사진좌표가 관측값에 이용되고, 가장 조정능력이 높은 방법이다.

29 수직터널에서 지하와 지상을 연결하는 측량은 수직터널 추선측량에 의한 방법으로 한다. 한 개의 수직터널로 연결할 경우에 대한 설명으로 옳지 않은 것은?

① 수직터널은 통풍이 잘되게 하여 추선의 흔들림을 일정량 이상 유지하여야 한다.
② 수직터널 밑에 물이나 기름을 담은 물통을 설치하고 그 속에 추를 넣어 진동하는 것을 방지한다.
③ 깊은 수직터널에서는 피아노선으로 하되 추의 중량을 50~60kg으로 한다.
④ 얕은 수직터널에서는 보통철선, 황동선, 동선을 이용하고 추의 중량은 5kg 이하로 할 수 있다.

해설 갱내외 연결측량에서 추는 얕은 수갱일 경우 5kg 이하의 철선·동선·황동선 등이 사용된다. 깊은 수갱은 50~60kg에 이르는 피아노선을 이용하는데, 수직터널의 바닥에서는 물 또는 기름을 넣은 통 안에 추를 넣어 진동을 방지하는 등 추선의 흔들림을 최소화하여야 한다.

30 수준측량에서 우리나라가 채택하고 있는 기준면으로 옳은 것은?

① 평균고조면
② 평균해수면
③ 최저조위면
④ 최고조위면

해설 우리나라 수준측량의 기준면은 평균해수면이며, 수준원점은 26.6871m로서 인천 인하공업전문대학 내에 위치한다.

31 수치사진측량에서 수치영상을 취득하는 방법과 거리가 먼 것은?

① 항공사진 디지타이징
② 디지털센서의 이용
③ 항공사진필름 제작
④ 항공사진 스캐닝

해설 수치사진측량에서 수치영상을 취득하는 방법에는 항공사진 디지타이징, 항공사진 스캐닝, 디지털센서의 이용 등이 있다.

32 캔트(Cant)의 크기가 C인 원곡선에서 곡선반지름만을 2배 증가시켰을 때, 캔트의 크기는?

① $4C$
② $2C$
③ $0.5C$
④ $0.25C$

해설 캔트$(C) = \dfrac{V^2 S}{gR}$ [V : 속도(m/sec), S : 궤도간격, g : 중력가속도(9.81m/sec), R : 반경]으로서 곡선반지름(R)에 반비례하므로, 곡선반지름만 2배 증가할 경우 캔트(C)는 2배 감소하여 $0.5C$가 된다.

33 GPS측량을 위해 위성에서 발사하는 신호가 아닌 것은?

① SA(Selective Availability)　　② 반송파(Carrier)

③ C/A-코드　　④ P-코드

해설 GPS 위성에서 발사하는 신호체계는 반송파인 L_1 및 L_2 신호와 코드(Code)인 P-코드, C/A-코드 및 항법메시지(Navigation Message)가 있다. SA(선택적 가용성)는 미국이 다른 나라의 사용제한을 위해 C/A 코드에 인위적으로 궤도오차 및 시간오차를 부여하여 의도적으로 GPS의 정확도를 낮추려는 방법으로 GPS 측위오차의 한 유형이다.

34 노선측량에서 곡선시점에 대한 접선의 길이가 80m, 교각이 60°일 때, 원곡선의 곡선길이는?

① 41.60m　　② 95.91m

③ 145.10m　　④ 150.374m

해설 접선길이$(T.L) = R \cdot \tan\dfrac{I}{2} \rightarrow$ 곡선 반지름$(R) = \dfrac{80}{\tan 30°} = 138.56$

곡선길이$(C.L) = \dfrac{R\pi I}{180} = 0.01745RI = \dfrac{138.56 \times \pi \times 60}{180} = 145.10\text{m}$

35 측량장비에 사용되는 기포관의 구비조건으로 옳지 않은 것은?

① 기포의 움직임이 적당히 민감해야 한다.

② 유리관이 변질되지 않아야 한다.

③ 액체의 점성 및 표면장력이 커야 한다.

④ 관의 곡률이 일정하고, 내면이 매끈해야 한다.

해설 기포관은 액체의 점성 및 표면장력이 작아야 한다.

36 완화곡선의 성질에 대한 설명 중 틀린 것은?

① 완화곡선의 반지름은 시점에서 무한대이다.

② 완화곡선은 시점에서는 직선에 접하고 종점에서는 원호에 접한다.

③ 완화곡선에 연한 곡선 반지름의 감소율은 캔트의 증가율과 같다.

④ 완화곡선 시점의 캔트는 원곡선의 캔트와 같다.

해설 완화곡선 종점의 캔트는 원곡선의 캔트와 같다.

37 폭이 100m이고 양안(兩岸)의 고저차가 1m인 하천을 횡단하여 수준측량을 실시하는 방법으로 가장 적합한 것은?

① 시거측량으로 구한다.
② 교호수준측량으로 구한다.
③ 기압수준측량으로 구한다.
④ 양안의 수면으로부터의 높이로 구한다.

해설 교호수준측량은 계곡·하천·바다 등 접근이 곤란하여 중간에 기계를 세우기 어려운 경우에 두 점 간의 고저차를 직접 또는 간접수준측량으로 구하는 방법이다.

38 축척 1/25,000 지형도상의 표고 368m인 *A*점과 표고 282m인 *B*점 사이의 주곡선 간격의 등고선 개수는?

① 3개　　　　② 4개　　　　③ 7개　　　　④ 8개

해설 축척 1/25,000의 지형도에서 주곡선의 간격은 10m이므로,

∴ *A*, *B* 사이의 등고선 개수 $= \dfrac{360-290}{10} + 1 = 8$개

39 초점거리가 153mm인 카메라로 축척 1/37,000의 항공사진을 촬영하기 위한 촬영고도는?

① 2,418m　　　　② 3,700m　　　　③ 5,061m　　　　④ 5,661m

해설 사진축척$(M) = \dfrac{1}{m} = \dfrac{f}{H} \rightarrow H = m \times f = 37,000 \times 0.153 = 5,661$m

(m : 축척분모, f : 렌즈의 초점거리, H : 촬영고도)

40 등고선의 성질에 대한 설명으로 틀린 것은?

① 높이가 다른 등고선은 서로 교차하거나 만나지 않는다.
② 동일한 등고선 상의 모든 점의 높이는 같다.
③ 등고선은 반드시 폐합하는 폐곡선이다.
④ 등고선과 분수선은 직각으로 교차한다.

해설 등고선의 성질에는 ②, ③, ④ 외에 "등경사지에서 등고선의 간격은 일정하다.", "경사가 같은 지표에서는 등고선의 간격은 동일하며 평행하다." 등이 있다.

① 높이가 다른 두 등고선은 동굴이나 절벽의 지형이 아닌 곳에서는 교차하지 않으며, 동굴이나 절벽은 반드시 두 점에서 교차한다.

41 지적도면 수치파일 작업에 대한 설명으로 옳은 것은?

① 벡터라이징 작업 시 선의 굵기를 0.2mm로 지정
② 벡터라이징은 반드시 수동으로 작업하며, 자동작업 금지
③ 작업수행기관에서는 작업과정에서 생성되는 파일을 3년간 보관 후 지적소관청과 협의하여 폐기
④ 검사자는 최종성과물과 도면을 육안대조하여 필지경계선에 0.2mm 이상의 편차가 있으면 재작업

해설 ① 벡터라이징 작업 시 선의 굵기를 0.1mm로 지정하여야 한다.
③ 작업수행기관에서는 작업이 완료되면 작업과정에서 생성되는 파일 등을 소관청에 제출하여야 한다.
④ 검사자는 최종성과물과 도면을 육안대조하여 도곽선 및 필지경계선에 0.1mm 이상의 편차가 있는 경우에는 수행기관에게 재작업토록 하여야 한다.

42 토지기록전산화사업의 목적으로 옳지 않은 것은?

① 지적 관련 민원의 신속한 처리
② 신속한 토지소유자의 현황 파악
③ 전산화를 통한 중앙 통제권 강화
④ 토지 관련 정책자료의 다목적 활용

해설 토지기록전산화사업은 중앙의 통제권 강화가 아닌 시·도 분산시스템 상호 간 또는 중앙시스템 간의 인터페이스 완전 확보가 목적이다.

43 도형정보에 위상을 부여할 경우 기대할 수 있는 특성이 아닌 것은?

① 저장용량을 절약할 수 있다.
② 저장된 위상정보는 빠르고 용이하게 분석할 수 있다.
③ 입력된 도형정보는 위상과 관련되는 정보를 정리하여 공간 DB에 저장하여 둔다.
④ 공간적인 관계를 구현하는 데 필요한 처리시간을 최대한 단축시킬 수 있다.

해설 위상구조는 자료구조가 복잡하여 저장용량을 절약하기 어렵다. 자료구조가 단순하여 파일용량이 작은 것은 스파게티 자료구조의 특징이다.

44 KLIS와 관련이 없는 것은?

① 고딕, SDE, ZEUS
② 지적도면 수치파일화
③ 3계층 클라이언트/서버 아키텍처
④ PBLIS와 LMIS를 하나의 시스템으로 통합

KLIS(한국토지정보시스템)

PBLIS와 LMIS의 기능을 포함하는 통합시스템으로서 통합 전 시스템에서 사용했던 Gothic, SDE, ZEUS 등을 수용할 수 있도록 개발하였으며, 3계층으로 시스템 확장효과가 있으나 지적도면 수치파일화는 PBLIS 이전 단계인 지적도면 전산화사업에서 완료하였다.

45 지적도에서 일필지의 경계를 디지타이저로 독취한 자료는?

① 벡터데이터
② 속성데이터
③ 픽셀데이터
④ 래스터데이터

지적도에서 도곽선 및 일필지의 경계를 디지타이저로 독취한 자료는 벡터데이터이다.

46 지적정보관리체계에서 사용자 비밀번호의 기준으로 옳은 것은?

① 사용자가 3자리부터 6자리까지의 범위에서 정하여 사용한다.
② 사용자가 6자리부터 16자리까지의 범위에서 정하여 사용한다.
③ 사용자가 영문을 포함하여 4자리부터 8자리까지의 범위에서 정하여 사용한다.
④ 사용자가 영문을 포함하여 5자리부터 10자리까지의 범위에서 정하여 사용한다.

사용자의 비밀번호는 6자리부터 16자리까지의 범위에서 사용자가 정하여 사용한다.

47 래스터자료와 비교하여 벡터자료가 갖는 특성으로 틀린 것은?

① 위상관계를 나타낼 수 있다.
② 복잡한 자료를 최소한의 공간에 저장시킬 수 있다.
③ 공간 연산이 상대적으로 어렵고 시간이 많이 소요된다.
④ 래스터자료에 비해서 시뮬레이션 작업을 손쉽게 생성할 수 있다.

래스터자료에 비해서 시뮬레이션에 기술적인 어려움이 수반된다.

48 필지중심토지정보시스템(PBLIS)에 관한 설명으로 옳은 것은?

① PBLIS를 구축한 후 연계업무를 위해 지적도 전산화사업을 추진하였다.
② 필지식별자는 각 필지에 부여되어야 하고, 필지의 변동이 있을 경우에는 언제나 변경, 정리가 용이해야 한다.
③ PBLIS는 지형도를 기반으로 각종 행정업무를 수행하고 관련 부처 및 타 기관에 제공할 정책정보를 생산하는 시스템이다.
④ PBLIS의 자료는 속성정보만으로 구성되며, 속성정보에는 과세대장, 상수도대장, 도로대장, 주민등록, 공시지가, 건물대장, 등기부, 토지대장이 포함된다.

PBLIS는 토지기록 전산화사업과 지적도면 전산화사업 이후에 지적도 등 도형정보와 토지대장 등 속성정보의 통합관리시스템으로 구축되었다.

49 자료교환을 위한 소프트웨어를 만드는 데 기본계획이 필요하고, 이를 위한 세 가지의 처리방안이 있다. 다음 중 여기에 속하지 않는 것은?

① 직접적인 변환
② 스위치 야드 변환
③ 중립형식을 이용한 이동
④ 내부표준을 기본으로 한 이동

자료교환을 위한 소프트웨어 기본계획 처리방안에는 직접적인 변환, 중립형식을 이용한 이동, 내부표준을 기본으로 한 이동이 있다.

50 DXF 파일의 저장 형식은?

① OGIS
② SPARC
③ ASCII
④ KSC05601

DXF(Drawing eXchange Format)는 Auto Desk 사에서 제작한 AutoCAD의 파일포맷으로서 ASCII 코드 형태의 그래픽 자료 파일 형식이며, 서로 다른 CAD 프로그램 간에 설계도면 파일을 교환하는 데 사용된다.

51 토지정보체계의 데이터 모델 생성과 관련 개체(Entity)와 객체(Object)에 대한 설명으로 틀린 것은?

① 객체는 컴퓨터에 입력된 이후 개체로 불린다.
② 개체는 서로 다른 개체들과의 관계성을 가지고 구성된다.
③ 개체는 데이터 모델을 이용하여 보다 정량적인 정보를 갖게 된다.
④ 객체는 도형과 속성정보 이외에도 위상정보를 갖게 된다.

• 개체(Entity)는 데이터를 표현하기 위한 기본단위로서 데이터베이스에서 대상 하나하나를 의미한다.
• 객체(Object)는 현실 세계에 존재하는 개체를 추상적으로 표현한 것으로 클래스(Class)로 정의되는 대상과 동작들로 구성된 기본단위이다.

52 벡터데이터의 기본요소로 보기 어려운 것은?

① 점(Point)
② 선(Line)
③ 행렬(Matrix)
④ 폴리곤(Polygon)

벡터데이터의 기본요소에는 점(Point), 선(Line), 면 또는 영역(Area, Polygon)이 있다.

53 공간영상에 알려진 표고값이나 속성값을 이용하여 표고나 속성값이 알려지지 않은 지점에 대한 값을 추정하는 것을 무엇이라 하는가?

① 일반화   ② 동형화
③ 공간보간   ④ 지역분석

> **해설** 공간보간
> 공간상에 알려진 표고값이나 속성값을 이용하여 표고나 속성값이 알려지지 않은 지점에 대한 값을 추정하는 것으로서, 관측을 통해 얻은 관측값(높이 · 오염도 등)을 이용하여 조사되지 않은 미지점의 값을 보간함수를 적용하여 추정 · 계산하는 것을 "공간보간법"이라고 한다.

54 ISO/TC211에 대한 설명으로 틀린 것은?

① 지리정보 분야의 유일한 국제표준화 기구이다.
② 조직은 총 5개의 기술실무위원회로 이루어져 있다.
③ 주로 공공기관과 민간기관들로 구성되어 있다.
④ 정식 명칭으로 Geographic Information/Geomatics를 사용하고 있다.

> **해설** ISO/TC211은 국제표준화 기구 ISO의 지리정보표준화 관련 위원회로서 공간정보 분야의 표준화를 위해 설립된 국제기구이다.

55 지적소관청이 지번변경, 행정구역변경, 구획정리, 경지정리, 축척변경, 토지개발사업을 하고자 하는 때에 생성하여야 하는 것은?

① 임시파일   ② 정지파일
③ 지적파일   ④ 토지파일

> **해설** 지적소관청이 지번변경, 행정구역변경, 구획정리, 경지정리, 축척변경, 토지개발사업을 하고자 하는 때에는 임시파일을 생성하고 지번별 조서를 출력하여 임시파일의 정확한 생성 여부를 확인하여야 한다.

56 특정 공간데이터를 중심으로 특정한 폭을 가지는 구역에 무엇이 존재하는가를 분석하는 방법은?

① 버퍼분석   ② 통계분석
③ 네트워크분석   ④ 불규칙삼각망분석

> **해설** 버퍼분석은 점, 선 또는 다각형을 기준으로 특정한 지역을 설정하여, 해당 지역 내에 있는 모든 자료에 대한 검색, 질의 등을 수반한 분석방법이다.

57 파일처리시스템에 비해 데이터베이스관리시스템(DBMS)이 갖는 장점이 아닌 것은?

① 중앙 제어 가능

② 시스템의 간단성

③ 데이터 공유 가능

④ 데이터 중복 제거

> **해설** 데이터베이스관리시스템(DBMS)의 장단점
> • 장점 : 데이터의 독립성, 데이터의 공유, 데이터의 중복성 배제, 데이터의 일관성 유지, 데이터의 무결성, 데이터의 보안성, 데이터의 표준화, 통제의 집중화, 응용의 용이성, 직접적인 사용자 접근 가능, 효율적인 자료 분리 가능 등
> • 단점 : 고가의 장비 및 운용비용 부담, 시스템의 복잡성, 중앙집중식 구조의 위험성 등

58 정보에 대한 설명으로 옳은 것은?

① 어떤 사실의 집합

② 정보 그 자체로는 의미가 없음

③ 있는 그대로의 현상 또는 그것을 숫자로 표현해 놓은 것

④ 특정 목적을 달성하도록 데이터를 일정한 형태로 처리 · 가공한 결과

> **해설** 데이터(Data)란 정보를 작성하기 위해 컴퓨터에 입력하는 기호 · 숫자 · 문자를 말한다. 정보(Information)는 특정 목적을 달성하기 위해 컴퓨터가 처리 · 가공하여 생산된 결과를 의미한다.

59 지방자치단체가 도형정보와 속성정보인 지적공부 및 부동산종합공부 정보를 전사적으로 관리 · 운영하는 시스템은?

① 국토정보시스템

② 국가공간정보시스템

③ 한국토지정보시스템

④ 부동산종합공부시스템

> **해설** 정보관리체계는 국토교통부가 운영하는 국토정보시스템과 지방자치단체가 운영하는 부동산종합공부시스템(KLIS)으로 구성되는데, KLIS는 지방자치단체가 지적공부 및 부동산종합공부 정보를 전자적으로 관리 · 운영하는 시스템을 말한다.

60 메타데이터의 기본적인 요소가 아닌 것은?

① 공간참조

② 자료의 내용

③ 정보획득 방법

④ 공간자료의 구성

> **해설** 메타데이터의 기본요소에는 개요 및 자료소개, 자료의 품질, 자료의 구성, 공간참조를 위한 정보, 형상 및 속성정보, 정보획득방법, 참조정보 등이 있다.

61 왕이나 왕족의 사냥터 보호, 군사훈련지역 등 일정한 지역을 보호할 목적으로 자연암석·나무·
비석 등에 경계를 표시하여 세운 것은?

① 금표(禁標)
② 사표(四標)
③ 이정표(里程標)
④ 장생표(長生標)

해설 왕실의 존엄을 유지하기 위한 금산이나 태봉산, 왕실과 국가에 소요되는 수목의 보호·관리를 위한 봉산 및
왕궁·군사지역 등에는 금표를 설치하여 백성들의 출입과 벌채를 금지하였는데, 금표에는 팻말·바위·장승
등이 사용되었으며 넓은 의미로는 금송(禁松)·금줄 등도 포함된다.

62 지적제도가 공시제도로서 가장 중요한 기능이라 할 수 있는 것은?

① 토지거래의 기준
② 토지등기의 기초
③ 토지과세의 기준
④ 토지평가의 기초

해설 지적제도는 토지등기의 기초, 토지평가의 기준, 토지과세의 기준, 토지거래의 기준, 토지이용계획의 기초
등의 역할을 하며, 특히 토지등기의 기초는 공시제도로서 지적의 중요한 기능이다.

63 세지적(稅地籍)에 대한 설명으로 옳지 않은 것은?

① 면적본위로 운영되는 지적제도이다.
② 과세자료로 이용하기 위한 목적의 지적제도이다.
③ 토지 관련 자료의 최신 정보 제공 기능을 갖고 있다.
④ 가장 오랜 역사를 가지고 있는 최초의 지적제도다.

해설 지적제도는 세지적 → 법지적 → 다목적지적으로 발전되었다. 토지 관련 자료의 최신 정보 제공 기능을 갖고
있는 것은 다목적지적이다.

64 토지의 표시사항 중 면적을 결정하기 위하여 먼저 결정되어야 할 사항은?

① 경계
② 지목
③ 지번
④ 토지소재

해설 경계는 토지소유권의 범위와 필지의 모양 및 면적을 결정하는 역할을 하며, 일필지 경계의 획정 이후에 지번부여,
지목설정, 면적결정 등이 가능하다.

65 토지조사사업 당시 토지에 대한 사정(査定) 사항은?

① 경계   ② 면적   ③ 지목   ④ 지번

> **해설** 토지조사사업 당시 사정의 대상은 토지의 소유자와 강계이며, 임야조사사업부터 강계 대신 경계라는 용어를 사용하였다.

66 다음 중 등록방법에 따른 지적의 분류에 해당하는 것은?

① 법지적   ② 입체지적

③ 수치지적   ④ 적극적 지적

> **해설** 지적제도의 분류방법에는 발전과정에 따른 분류(세지적 · 법지적 · 다목적지적), 표시방법(측량방법)에 따른 분류(도해지적 · 수치지적) 및 등록대상(등록방법)에 따른 분류(2차원 지적 · 3차원 지적)가 있다.

67 토지의 지리적 위치의 고정성과 개별성을 확보하고 필지의 개별적 구분을 해 주는 토지표시사항은?

① 면적   ② 지목   ③ 지번   ④ 소유자

> **해설** 지번
> 지리적 위치의 고정성과 토지의 특정화와 개별화, 토지 위치의 확인 등을 위해 리 · 동의 단위로 필지마다 아라비아숫자로 순차적으로 부여하여 지적공부에 등록한 번호를 말한다.

68 토지검사에 해당하지 않는 것은?

① 지압조사   ② 측량 확인

③ 토지조사   ④ 이동지 검사

> **해설** 토지에 이동이 있는 경우에는 토지소유자가 지적소관청에 신고하고 지적소관청에서는 "토지검사"를 실시하여 신고 또는 신청사항을 확인하였으나, 토지소유자의 신고가 없는 경우 지적소관청이 무신고 이동지를 조사 · 발견할 목적으로 실시한 토지검사를 "지압조사"라고 하여 일반 토지검사와 구별하였다.

69 토지의 성질, 즉 지질이나 토질에 따라 지목을 분류하는 것은?

① 단식지목   ② 용도지목   ③ 지형지목   ④ 토성지목

> **해설** 토지의 현황에 따른 지목의 분류
> • 토성지목 : 지층, 암석, 토양 등 토지의 성질에 따라 결정한 지목이다.
> • 용도지목 : 토지의 현실작용도에 따라 결정한 지목으로, 우리나라 및 대부분의 국가에서는 용도지목을 사용한다.
> • 지형지목 : 지표면의 형상, 토지의 고저 등 토지의 모양에 따라 결정한 지목이다.

70 지적공부의 기능이라고 할 수 없는 것은?

① 도시계획의 기초   ② 용지보상의 근거

③ 토지거래의 매개체   ④ 소유권 변동의 공시

해설   소유권 변동의 공시는 등기제도의 기능이다.

---

71 지번의 진행방향에 따른 부번방식이 아닌 것은?

① 기우식   ② 사행식

③ 우수식   ④ 절충식

해설   **지번 부여방법의 종류**
- 진행방향에 따른 분류 : 사행식, 기우식, 단지식
- 부여단위에 따른 분류 : 지역단위법, 도엽단위, 단지단위법
- 기번위치에 따른 분류 : 북동기번법, 북서기번법

---

72 간주임야도에 대한 설명으로 옳지 않은 것은?

① 간주임야도에 등록된 소유권은 국유지와 도유지였다.

② 전라북도 남원군, 진안군, 임실군 지역을 대상으로 시행되었다.

③ 임야도를 작성하지 않고 1/50,000 또는 1/25,000 지형도에 작성되었다.

④ 지리적 위치 및 형상이 고산지대로 조사측량이 곤란한 지역이 대상이었다.

해설   간주임야도는 임야도로 간주하는 지형도로서 임야의 가치가 낮고 측량이 곤란하며 면적이 매우 커서 임야도를 작성하기 어려운 경우에는 임야를 1/25,000 또는 1/50,000 지형도에 등록하고 임야대장을 작성하였고 덕유산, 지리산, 일월산 등의 국유임야를 대상으로 시행되었다.

---

73 필지의 정의로 옳지 않은 것은?

① 토지소유권 객체단위를 말한다.

② 국가의 권력으로 결정하는 자연적인 토지단위이다.

③ 하나의 지번이 부여되는 토지의 등록단위를 말한다.

④ 지적공부에 등록하는 토지의 법률적인 단위를 말한다.

해설   필지는 국가가 결정하는 인위적인 토지단위이다.

74 경계불가분의 원칙에 대한 설명으로 옳은 것은?

① 토지의 경계는 1필지에만 전속한다.
② 토지의 경계는 작은 말뚝으로 표시한다.
③ 토지의 경계는 인접토지에 공통으로 작용한다.
④ 토지의 경계를 결정할 때는 측량을 하여야 한다.

해설 경계불가분의 원칙은 토지의 경계는 유일무이하여 어느 한쪽의 필지에만 전속되는 것이 아니고 연접한 토지에 공통으로 작용되기 때문에 이를 분리할 수 없다는 개념으로, 토지의 경계선은 위치와 길이만 있을 뿐 넓이와 크기가 존재하지 않는다는 원칙이다.

75 지적공개주의의 이념과 관련이 없는 것은?

① 토지경계복원측량
② 지적공부 등본 발급
③ 토지경계와 면적 결정
④ 토지이동 신고 및 신청

해설 지적공개주의는 지적공부에 등록된 사항은 토지소유자나 이해관계인 등 일반 국민에게 신속 정확하게 공개하여 모든 국민이 공평하게 이용할 수 있도록 해야 한다는 이념이다.

③ 토지경계와 면적 결정은 지적국정주의와 관련된 사항이다.

76 대나무가 집단으로 자생하는 부지의 지목으로 옳은 것은?

① 공원
② 임야
③ 유원지
④ 잡종지

해설 산림 및 원야를 이루고 있는 수림지 · 죽림지 · 암석지 · 자갈땅 · 모래땅 · 습지 · 황무지 등의 토지는 임야이므로 대나무가 집단으로 자생하는 죽림지의 지목은 임야이다.

77 도해지적에 대한 설명으로 옳은 것은?

① 지적의 자동화가 용이하다.
② 지적의 정보화가 용이하다.
③ 측량 성과의 정확성이 높다.
④ 위치나 형태를 파악하기 쉽다.

해설 ①, ②, ③은 수치지적에 대한 설명이다.

78 토지조사사업 당시의 지목 중 비과세지에 해당하는 것은?

① 전
② 임야
③ 하천
④ 잡종지

토지조사사업 당시 지목의 분류
- 과세지 : 전 · 답 · 대 · 지소 · 임야 · 잡종지
- 면세지 : 사사지(社寺地) · 분묘지 · 공원지 · 철도용지 · 수도용지
- 비과세지 : 도로 · 하천 · 구거 · 제방 · 성첩 · 철도선로 · 수도선로

79 다음 중 현존하는 우리나라의 지적기록으로 가장 오래된 신라시대의 자료는?

① 경국대전 ② 경세유표
③ 장적문서 ④ 해학유서

『장적문서』(815년, 신라 경덕왕 7년)는 현존하는 최고(最古)의 우리나라 지적기록으로 신라 말기 서원경 부근 4개 촌락의 토지 문서로서 통일신라의 토지제도에 관한 확실한 인식을 알 수 있으며, 세금 징수의 목적으로 작성된 문서이다. 『경국대전』은 1460년(조선 세조 6년), 『경세유표』는 1817년(조선 순조 17년), 『해학유서』는 1955년의 자료이다.

80 소유권의 개념에 대하여 1789년에 "소유권은 신성불가침"이라고 밝힌 것은?

① 미국의 독립선언 ② 영국의 산업혁명
③ 프랑스의 인권선언 ④ 독인의 바이마르 헌법

프랑스 헌법(1791년)의 전문이 된 프랑스 인권선언(1789년)은 프랑스 국민의회가 채택한 시민계급의 자유선언으로서 소유권은 신성불가침한 권리이므로 합법적으로 확인된 공공 필요가 명백히 요구되고 정당한 사전 보상의 조건하에서가 아니면 결코 침탈될 수 없다고 규정(제17조)하였다.

5과목 지적관계법규

81 지적공부를 열람하고자 할 때 열람 수수료 면제대상에 해당하지 않는 것은?

① 일반인이 측량업무와 관련하여 열람하는 경우
② 지적측량업무에 종사하는 지적측량수행자가 그 업무와 관련하여 지적공부를 열람하는 경우
③ 지적측량업무에 종사하는 지적측량수행자가 그 업무와 관련하여 지적공부를 등사하기 위하여 열람하는 경우
④ 국가 또는 지방자치단체가 업무수행상 필요에 의하여 지적공부의 열람 및 등본교부를 신청하는 경우

국가 또는 지방자치단체가 업무수행에 필요하여 지적공부의 열람 및 등본 발급을 신청하는 경우와 지적측량업무에 종사하는 측량기술자가 그 업무와 관련하여 지적공부를 열람하는 경우에는 수수료를 면제한다.

82 지적측량에 관한 설명으로 틀린 것은?

① 지적확정측량을 할 때에는 미리 사업계획도와 도면을 대조하여 각 필지의 위치 등을 확인하여야 한다.

② 도시개발사업 등으로 지적확정측량을 하려는 지역에 임야도를 갖춰 두는 지역의 토지가 있는 경우에는 등록전환을 하지 아니할 수 있다.

③ 지적확정측량을 하는 경우 필지별 경계점은 위성기준점, 통합기준점, 삼각점, 지적삼각점, 지적삼각보조점 및 지적도근점에 따라 측정하여야 한다.

④ 도시개발사업 등에는 막대한 예산이 소요되기 때문에, 지적확정측량은 지적측량수행자 중에서 전문적인 노하우를 갖춘 한국국토정보공사가 전담한다.

> **해설** 지적측량업자는 경계점좌표등록부 지역의 지적측량과 지적재조사측량, 도시개발사업에 따른 지적확정측량 및 지적전산자료를 활용한 정보화사업을 수행할 수 있다.

83 지적측량업의 등록을 취소해야 하는 경우에 해당되지 않는 것은?

① 다른 사람에게 자기의 등록증을 빌려주어 측량 업무를 하게 한 경우

② 영업정지기간 중에 계속하여 지적측량 영업을 한 경우

③ 거짓이나 그 밖의 부정한 방법으로 지적측량업의 등록을 한 경우

④ 법인의 임원 중 형의 집행유예 선고를 받고 그 유예기간이 경과된 자가 있는 경우

> **해설** 지적측량업 등록의 결격사유에는 ①, ②, ③ 외에 등록기준에 미달하게 된 경우, 결격사유에 해당하는 경우, 「국가기술자격법」을 위반하여 측량업자가 측량기술자의 국가기술자격증을 대여받은 사실이 확인된 경우 등이 있다.

84 다음 중 지적도의 축척에 해당하지 않는 것은?

① 1/1,000

② 1/1,500

③ 1/3,000

④ 1/6,000

> **해설** 지적도의 축척은 1/500, 1/600, 1/1,000, 1/1,200, 1/2,400, 1/3,000, 1/6,000이 있으며, 임야도의 축척은 1/3,000, 1/6,000이 있다.

85 지적확정예정조서 작성 시 포함하는 사항으로 옳은 것은?

① 토지의 경계점 간 거리

② 중앙위원회 위원의 성명과 주소

③ 측량에 사용한 지적기준점의 명칭

④ 토지소유자의 성명 또는 명칭 및 주소

해설 지적소관청은 지적재조사측량을 완료하였을 때에는 토지의 소재지, 기존 지적공부상의 종전 토지의 지번·지목 및 면적, 지적재조사를 통하여 산정된 토지의 지번·지목 및 면적, 토지소유자의 성명 또는 명칭 및 주소, 기타 국토부장관이 고시하는 사항 등이 포함된 지적확정예정조서를 작성하여야 한다.

86 「지적업무 처리규정」상 지적측량성과검사 시 세부측량의 검사항목으로 옳지 않은 것은?

① 면적측정의 정확 여부
② 관측각 및 거리측정과의 정확 여부
③ 기지점과 지상경계의 부합 여부
④ 측량준비도 및 측량결과도 작성의 적정 여부

해설 관측각 및 거리측정과의 정확 여부는 기초측량의 검사항목이다.

87 경사가 심한 토지에서 지적공부에 등록하는 면적으로 옳은 것은?

① 경사면적　　② 수평면적　　③ 입체면적　　④ 표면면적

해설 지적공부에 등록하는 면적은 필지의 수평면상 넓이를 말한다.

88 성능검사대행자의 등록을 반드시 취소하여야 하는 경우로 옳은 것은?

① 등록기준에 미달하게 된 경우
② 등록사항 변경신고를 하지 아니한 경우
③ 거짓이나 부정한 방법으로 성능검사를 한 경우
④ 정당한 사유 없이 성능검사를 거부하거나 기피한 경우

해설 성능검사대행자의 등록취소 사항에는 거짓이나 그 밖의 부정한 방법으로 등록을 한 경우, 다른 사람에게 자기의 성능검사대행자 등록증을 빌려 주거나 자기의 성명 또는 상호를 사용하여 성능검사대행업무를 수행하게 한 경우, 거짓이나 부정한 방법으로 성능검사를 한 경우, 업무정지기간 중에 계속하여 성능검사대행업무를 한 경우 등이 있다. ①, ②, ④의 경우에는 성능검사대행자의 등록을 취소하거나 1년 이내의 기간을 정하여 업무정지 처분을 할 수 있다.

89 「공간정보의 구축 및 관리 등에 관한 법률」상 "토지의 표시"의 정의가 아래와 같을 때 ( ) 안에 들어갈 내용으로 옳지 않은 것은?

"토지의 표시"란 지적공부에 토지의 ( )을(를) 등록한 것을 말한다.

① 면적　　② 지가　　③ 지목　　④ 지번

해설 "토지의 표시"란 지적공부에 토지의 (소재·지번·지목·면적·경계 또는 좌표)를 등록한 것을 말한다.

90 등기관서의 등기전산정보자료 등의 증명자료 없이 토지소유자의 변경사항을 지적소관청이 직접 조사 · 등록할 수 있는 경우는?

① 상속으로 인하여 소유권을 변경할 때
② 신규등록할 토지의 소유자를 등록할 때
③ 주식회사 또는 법인의 명칭을 변경하였을 때
④ 국가에서 지방자치단체로 소유권을 변경하였을 때

해설 지적공부에 등록된 토지소유자의 변경사항은 등기관서에서 등기한 것을 증명하는 등기필증, 등기완료통지서, 등기사항증명서 또는 등기관서에서 제공한 등기전산정보자료에 따라 정리하며, 신규등록하는 토지의 소유자는 지적소관청이 직접 조사하여 등록한다.

91 「지적측량 시행규칙」에서 정하고 있는 지적삼각보조점성과표 및 지적도근점성과표에 기록 · 관리하는 사항으로 틀린 것은?

① 자오선수차   ② 표지의 재질
③ 도선등급 및 도선명   ④ 번호 및 위치의 약도

해설 지적기준점성과표의 기록 · 관리사항

지적삼각점성과표	지적삼각보조점 및 지적도근점성과표
• 지적삼각점의 명칭과 기준 원점명 • 좌표 및 표고 • 경도 및 위도(필요한 경우로 한정한다.) • 자오선수차 • 시준점의 명칭, 방위각 및 거리 • 소재지와 측량연월일 • 그 밖의 참고사항	• 번호 및 위치의 약도 • 좌표와 직각좌표계 원점명 • 경도와 위도(필요한 경우로 한정한다.) • 표고(필요한 경우로 한정한다.) • 소재지와 측량연월일 • 도선등급 및 도선명 • 표지의 재질 • 도면번호 • 설치기관 • 조사연월일, 조사자의 직위 · 성명 및 조사 내용

92 토지의 지목을 지적도에 등록할 때 지목과 부호의 연결이 옳은 것은?

① 하천 → 하   ② 과수원 → 과
③ 사적지 → 적   ④ 공장용지 → 공

해설 지목의 표기방법
• 두문자(頭文字) 표기 : 전, 답, 대 등 24개 지목
• 차문자(次文字) 표기 : 장(공장용지), 천(하천), 원(유원지), 차(주차장) 등 4개 지목

93 측량을 하기 위하여 타인의 토지 등에 출입하기 위한 방법으로 옳은 것은?

① 무조건 출입하여도 관계없다.

② 권한을 표시하는 증표만 있으면 된다.

③ 반드시 소유자의 허가를 받아야 한다.

④ 소유자 또는 점유자에게 그 일시와 장소를 통지하고, 권한을 표시하는 증표를 제시하고 출입한다.

> **해설** 타인의 토지 등에 출입하려는 자는 관할 특별자치시장, 특별자치도지사, 시장·군수 또는 구청장의 허가를 받아야 하며, 출입하려는 날의 3일 전까지 해당 토지 등의 소유자·점유자 또는 관리인에게 그 일시와 장소를 통지하여야 한다(행정청인 자는 허가받지 않고 출입 가능).

94 지목변경 및 합병을 하여야 하는 토지가 발생하는 경우 확인·조사하여야 할 사항이 아닌 것은?

① 조사자의 의견 ② 토지의 이용현황

③ 관계법령의 저촉 여부 ④ 지적측량의 적부 여부

> **해설** 지목변경 및 합병을 하여야 하는 토지가 있을 때와 등록전환에 따라 지목이 바뀔 때에는 ①, ②, ③ 외에 조사연월일 및 조사자 직·성명을 확인·조사하여 현지조사서를 작성하여야 한다.

95 「공간정보의 구축 및 관리 등에 관한 법률」상 국가지명위원회에 대한 내용으로 옳은 것은?

① 부위원장은 국토지리정보원장 및 국토정보교육원장이 된다.

② 위원장 1명과 부위원장 1명을 포함한 20명 이내의 위원으로 구성한다.

③ 위원장은 조항에 따라 위촉된 위원 중 공무원인 인원 중에서 호선(互選)한다.

④ 위원이 심신장애로 인하여 직무를 수행할 수 없게 된 경우 해당 위원을 해촉(解囑)할 수 있다.

> **해설** ① 부위원장은 국토지리정보원장 및 국립해양조사원장이 된다.
> ② 국가지명위원회는 위원장 1명과 부위원장 2명을 포함한 30명 이내의 위원으로 구성한다.
> ③ 위원장은 위촉된 위원 중 공무원이 아닌 위원 중에서 호선한다.

96 중앙지적위원회는 토지등록업무의 개선 및 지적측량기술의 연구, 개발 등의 장기계획안 등의 안건이 접수된 때에는 위원회의 회의를 소집하여 안건 접수일로부터 며칠 이내에 심의·의결하고, 그 의결 결과를 지체 없이 국토교통부장관에게 송부하여야 하는가?

① 14일 이내 ② 30일 이내

③ 60일 이내 ④ 90일 이내

> **해설** 중앙지적위원회는 안건이 접수된 때에는 안건 접수일로부터 30일 이내에 심의·의결하고, 그 의결 결과를 지체 없이 국토교통부장관에게 송부하여야 한다.

97 지적공부의 복구자료가 아닌 것은?

① 토지이동정리결의서 사본

② 법원의 확정판결서 정본 또는 사본

③ 부동산 등기부등본 등 등기사실을 증명하는 서류

④ 지적소관청이 작성하거나 발행한 지적공부의 등록내용을 증명하는 서류

해설 지적공부 복구자료에는 지적공부의 등본, 측량결과도, 토지이동정리결의서, 부동산 등기부등본 등 등기사실을 증명하는 서류, 지적소관청이 작성하거나 발행한 지적공부의 등록내용을 증명하는 서류, 복제된 지적공부, 법원의 확정판결서 정본 또는 사본 등이 있다.

---

98 「공간정보의 구축 및 관리 등에 관한 법률」상 축척변경의 목적으로 옳은 것은?

① 등록전환　　　　　　　　② 소유권 보호

③ 정밀도 제고　　　　　　④ 행정구역 변경

해설 축척변경은 지적도에 등록된 경계점의 정밀도를 높이기 위하여 작은 축척을 큰 축척으로 변경하여 등록하는 것을 의미하므로 축척변경의 목적은 정밀도 제고가 타당하다.

---

99 지적재조사에 관한 특별법에 따른 조정금의 소멸시효는?

① 1년　　　　　　　　　　② 3년

③ 5년　　　　　　　　　　④ 10년

해설 지적재조사사업에 따른 경계 확정으로 지적공부상의 면적이 증감된 경우에 산정되는 조정금을 받을 권리나 징수할 권리는 5년간 행사하지 아니하면 시효의 완성으로 소멸한다.

---

100 다음 중 1필지의 경계와 면적을 정하는 지적측량은?

① 공공측량　　　　　　　　② 기초측량

③ 기본측량　　　　　　　　④ 세부측량

해설 지적측량은 지적기준점을 정하기 위한 기초측량과 1필지의 경계와 면적을 정하는 세부측량으로 구분한다.

CBT
실전모의고사

1	①	②	③	④
2	①	②	③	④
3	①	②	③	④
4	①	②	③	④
5	①	②	③	④
6	①	②	③	④
7	①	②	③	④
8	①	②	③	④
9	①	②	③	④
10	①	②	③	④
11	①	②	③	④
12	①	②	③	④
13	①	②	③	④
14	①	②	③	④
15	①	②	③	④
16	①	②	③	④
17	①	②	③	④
18	①	②	③	④
19	①	②	③	④
20	①	②	③	④
21	①	②	③	④
22	①	②	③	④
23	①	②	③	④
24	①	②	③	④
25	①	②	③	④
26	①	②	③	④
27	①	②	③	④
28	①	②	③	④
29	①	②	③	④
30	①	②	③	④

실전점검!

01회 CBT 실전모의고사

수험번호 :

수험자명 :

제한 시간 : 150분
남은 시간 :

글자 크기 100% 150% 200%

화면 배치

전체 문제 수 :
안 푼 문제 수 :

답안 표기란

1과목 **지적측량**

01 「지적측량 시행규칙」상 지적삼각보조점측량 시 기초로 하는 점이 아닌 것은?

① 위성기준점
② 지적도근점
③ 지적삼각점
④ 지적삼각보조점

02 등록전환 시 임야대장상 말소면적과 토지대장상 등록면적과의 허용오차 산출식은?(단, M은 임야도의 축척분모, F는 등록전환될 면적이다.)

① $A = 0.026MF$
② $A = 0.026^2MF$
③ $A = 0.026M\sqrt{F}$
④ $A = 0.026^2M\sqrt{F}$

03 지적도근점표지의 점간거리는 평균 얼마 이하로 하여야 하는가?(단, 다각망도선법에 따르는 경우)

① 50m
② 100m
③ 300m
④ 500m

04 다음과 같은 삼각형 모양 토지의 면적(F)은?

① 200m²
② 250m²
③ 450m²
④ 500m²

계산기   다음 ▶   안 푼 문제   답안 제출

실전점검!
01 CBT 실전모의고사
수험번호 :
수험자명 :
제한 시간 : 150분
남은 시간 :

글자 크기 100% 150% 200% 화면 배치

전체 문제 수 :
안 푼 문제 수 :

답안 표기란

1	①	②	③	④
2	①	②	③	④
3	①	②	③	④
4	①	②	③	④
5	①	②	③	④
6	①	②	③	④
7	①	②	③	④
8	①	②	③	④
9	①	②	③	④
10	①	②	③	④
11	①	②	③	④
12	①	②	③	④
13	①	②	③	④
14	①	②	③	④
15	①	②	③	④
16	①	②	③	④
17	①	②	③	④
18	①	②	③	④
19	①	②	③	④
20	①	②	③	④
21	①	②	③	④
22	①	②	③	④
23	①	②	③	④
24	①	②	③	④
25	①	②	③	④
26	①	②	③	④
27	①	②	③	④
28	①	②	③	④
29	①	②	③	④
30	①	②	③	④

05 「지적측량 시행규칙」에 따른 지적측량의 방법으로 옳지 않은 것은?

① 세부측량
② 일반측량
③ 지적도근점측량
④ 지적삼각점측량

06 배각법에 의한 지적도근점측량에서 도근점간 거리가 102.37m일 때 각관측치 오차조정에 필요한 변장 반수는?

① 0.1
② 0.9
③ 1.8
④ 9.8

07 지적측량성과와 검사성과의 연결교차 허용범위 기준으로 옳지 않은 것은?(단, M은 축척분모이며 경계점좌표등록부 시행지역의 경우는 고려하지 않는다.)

① 지적도근점 : 0.2m 이내
② 지적삼각점 : 0.2m 이내
③ 경계점 : 10분의 $3M$mm 이내
④ 지적삼각보조점 : 0.25m 이내

08 전자면적측정기에 따른 면적측정 기준으로 옳지 않은 것은?

① 도상에서 2회 측정한다.
② 측정면적은 100분의 1m²까지 계산한다.
③ 측정면적은 10분의 1m² 단위로 정한다.
④ 교차가 허용면적 이하일 때에는 그 평균치를 측정면적으로 한다.

09 삼각점과 지적기준점 등의 제도방법으로 옳지 않은 것은?

① 지적도근점은 직경 2mm의 원으로 제도한다.
② 삼각점 및 지적기준점은 0.2mm 폭의 선으로 제도한다.
③ 2등 삼각점은 직경 1mm 및 2mm의 2중 원으로 제도한다.
④ 지적삼각점은 직경 3mm의 원으로 제도하고 원 안에 십자선으로 표시한다.

계산기   다음 ▶   안 푼 문제   답안 제출

01회 실전점검!
CBT 실전모의고사

수험번호 :

수험자명 :

제한 시간 : 150분
남은 시간 :

글자 크기 100% 150% 200%

화면 배치

전체 문제 수 :
안 푼 문제 수 :

10 지적기준점표지 설치의 점간거리 기준으로 옳은 것은?

① 지적삼각점 : 평균 2km 이상 5km 이하

② 지적도근점 : 평균 40m 이상 300m 이하

③ 지적삼각보조점 : 평균 1km 이상 2km 이하

④ 지적삼각보조점 : 다각망도선법에 따르는 경우 평균 2km 이하

11 좌표가 X = 2,907.36m, Y = 3,321.24m인 지적도근점에서 거리가 23.25m, 방위각이 179°20′33″일 경우, 필계점의 좌표는?

① X = 2,879.15m, Y = 3,317.20m

② X = 2,879.15m, Y = 3,321.51m

③ X = 2,884.11m, Y = 3,315.47m

④ X = 2,884.11m, Y = 3,321.51m

12 지적측량성과의 검사방법에 대한 설명으로 틀린 것은?

① 면적측정검사는 필지별로 한다.

② 지적삼각점측량은 신설된 점을 검사한다.

③ 지적도근점측량은 주요 도선별로 지적도근점을 검사한다.

④ 측량성과를 검사하는 때에는 측량자가 실시한 측량방법과 같은 방법으로 한다.

13 5cm 늘어난 상태의 30m 줄자로 두 점의 거리를 측정한 값이 75.45m일 때 실제거리는?

① 75.53m

② 75.58m

③ 76.53m

④ 76.58m

14 지적도근점측량에서 도선의 표기방법이 옳은 것은?

① 2등 도선은 1, 2, 3 순으로 표기한다.

② 1등 도선은 A, B, C 순으로 표기한다.

③ 1등 도선은 가, 나, 다 순으로 표기한다.

④ 2등 도선은 (1), (2), (3) 순으로 표기한다.

답안 표기란

1	①	②	③	④
2	①	②	③	④
3	①	②	③	④
4	①	②	③	④
5	①	②	③	④
6	①	②	③	④
7	①	②	③	④
8	①	②	③	④
9	①	②	③	④
10	①	②	③	④
11	①	②	③	④
12	①	②	③	④
13	①	②	③	④
14	①	②	③	④
15	①	②	③	④
16	①	②	③	④
17	①	②	③	④
18	①	②	③	④
19	①	②	③	④
20	①	②	③	④
21	①	②	③	④
22	①	②	③	④
23	①	②	③	④
24	①	②	③	④
25	①	②	③	④
26	①	②	③	④
27	①	②	③	④
28	①	②	③	④
29	①	②	③	④
30	①	②	③	④

계산기　　　　　다음 ▶　　　　　안 푼 문제　　　답안 제출

01회 실전점검!
CBT 실전모의고사

수험번호 :
수험자명 :

제한 시간 : 150분
남은 시간 :

글자
크기 100% 150% 200%

화면
배치

전체 문제 수 :
안 푼 문제 수 :

15 다각망도선법에 따른 지적삼각보조점측량의 관측 및 계산에 대한 설명으로 옳지 않은 것은?

① 1도선의 거리는 4km 이하로 한다.
② 3점 이상의 교점을 포함한 폐합다각방식에 따른다.
③ 1도선은 기지점과 교점간 또는 교점과 교점간을 말한다.
④ 1도선의 점의 수는 기지점과 교점을 포함하여 5점 이하로 한다.

16 방위각법에 의한 지적도근점측량 계산에서 종선 및 횡선오차의 배분방법은?(단, 연결오차가 허용범위 이내인 경우)

① 측선장에 비례 배분한다.
② 측선장에 역비례 배분한다.
③ 종횡선차에 비례 배분한다.
④ 종횡선차에 역비례 배분한다.

17 지적도근점측량을 배각법으로 실시한 결과, 도선의 수평거리 총합계가 2,327.23m인 경우 종선과 횡선오차에 대한 공차는?(단, 축척은 1/1,200이며, 1등 도선이다.)

① 0.58m
② 0.65m
③ 0.70m
④ 0.79m

18 다음은 광파기측량방법에 따른 지적삼각점 관측 기준에 대한 설명이다. ( ) 안에 들어갈 내용으로 옳은 것은?

> 광파측거기는 표준편차가 ( ) 이상인 정밀측거기를 사용할 것

① ±(15mm+5ppm)
② ±(5mm+15ppm)
③ ±(5mm+10ppm)
④ ±(5mm+5ppm)

1	① ② ③ ④
2	① ② ③ ④
3	① ② ③ ④
4	① ② ③ ④
5	① ② ③ ④
6	① ② ③ ④
7	① ② ③ ④
8	① ② ③ ④
9	① ② ③ ④
10	① ② ③ ④
11	① ② ③ ④
12	① ② ③ ④
13	① ② ③ ④
14	① ② ③ ④
15	① ② ③ ④
16	① ② ③ ④
17	① ② ③ ④
18	① ② ③ ④
19	① ② ③ ④
20	① ② ③ ④
21	① ② ③ ④
22	① ② ③ ④
23	① ② ③ ④
24	① ② ③ ④
25	① ② ③ ④
26	① ② ③ ④
27	① ② ③ ④
28	① ② ③ ④
29	① ② ③ ④
30	① ② ③ ④

계산기   다음 ▶   안 푼 문제   답안 제출

01회 실전점검!
CBT 실전모의고사

수험번호 :

수험자명 :

제한 시간 : 150분
남은 시간 :

글자
크기 100% 150% 200%

화면
배치

전체 문제 수 :
안 푼 문제 수 :

19 「지적측량 시행규칙」상 지적도근점의 관측 및 계산의 기준으로 옳지 않은 것은?

① 관측은 20초독 이상의 경위의를 사용할 것

② 배각법으로 관측 시 측정횟수는 3회로 할 것

③ 수평각의 관측은 배각법과 방위각법을 혼용할 것

④ 점간거리를 측정하는 경우에는 2회 측정하여 그 측정치의 교차가 평균치를 점간거리로 할 것

20 축척 1/1,200 지적도 시행지역에서 전자면적측정기로 도상에서 2회 측정한 값이 270.5m², 275.5m²이었을 때 그 교차는 얼마 이하여야 하는가?

① 10.4m²

② 13.4m²

③ 17.3m²

④ 24.3m²

답안 표기란

1	①	②	③	④
2	①	②	③	④
3	①	②	③	④
4	①	②	③	④
5	①	②	③	④
6	①	②	③	④
7	①	②	③	④
8	①	②	③	④
9	①	②	③	④
10	①	②	③	④
11	①	②	③	④
12	①	②	③	④
13	①	②	③	④
14	①	②	③	④
15	①	②	③	④
16	①	②	③	④
17	①	②	③	④
18	①	②	③	④
19	①	②	③	④
20	①	②	③	④
21	①	②	③	④
22	①	②	③	④
23	①	②	③	④
24	①	②	③	④
25	①	②	③	④
26	①	②	③	④
27	①	②	③	④
28	①	②	③	④
29	①	②	③	④
30	①	②	③	④

계산기

다음 ▶

안 푼 문제

답안 제출

01 회

실전점검!
CBT 실전모의고사

수험번호 :

수험자명 :

제한 시간 : 150분
남은 시간 :

글자
크기 100% 150% 200% 화면 배치

전체 문제 수 :
안 푼 문제 수 :

답안 표기란

1	① ② ③ ④
2	① ② ③ ④
3	① ② ③ ④
4	① ② ③ ④
5	① ② ③ ④
6	① ② ③ ④
7	① ② ③ ④
8	① ② ③ ④
9	① ② ③ ④
10	① ② ③ ④
11	① ② ③ ④
12	① ② ③ ④
13	① ② ③ ④
14	① ② ③ ④
15	① ② ③ ④
16	① ② ③ ④
17	① ② ③ ④
18	① ② ③ ④
19	① ② ③ ④
20	① ② ③ ④
21	① ② ③ ④
22	① ② ③ ④
23	① ② ③ ④
24	① ② ③ ④
25	① ② ③ ④
26	① ② ③ ④
27	① ② ③ ④
28	① ② ③ ④
29	① ② ③ ④
30	① ② ③ ④

2과목 응용측량

21 클로소이드에 관한 설명으로 옳지 않은 것은?(단, A : 클로소이드의 매개변수)

① 클로소이드는 매개변수(A)가 변함에 따라 형태는 변하나 크기는 변하지 않는다.

② 클로소이드는 나선의 일종이다.

③ 클로소이드의 매개변수(A)는 길이 단위를 갖는다.

④ 클로소이드의 결정을 위해 단위클로소이드에 A배 할 때, 길이의 단위가 없는 요소는 A배 하지 않는다.

22 수직터널에서 지하와 지상을 연결하는 측량은 수직터널 추선측량에 의한 방법으로 한다. 한 개의 수직터널로 연결할 경우에 대한 설명으로 옳지 않은 것은?

① 수직터널은 통풍이 잘되게 하여 추선의 흔들림을 일정량 이상 유지하여야 한다.

② 수직터널 밑에 물이나 기름을 담은 물통을 설치하고 그 속에 추를 넣어 진동하는 것을 방지한다.

③ 깊은 수직터널에서는 피아노선으로 하되 추의 중량을 50~60kg으로 한다.

④ 얕은 수직터널에서는 보통철선, 황동선, 동선을 이용하고 추의 중량은 5kg 이하로 할 수 있다.

23 축척 1/25,000 지형도상의 표고 368m인 A점과 표고 282m인 B점 사이의 주곡선 간격의 등고선 개수는?

① 3개

② 4개

③ 7개

④ 8개

24 원곡선 중 단곡선을 설치할 때 접선장(T.L)을 구하는 공식은?(단, R : 곡선반지름, I : 교각)

① $T.L = R\cos\dfrac{I}{2}$

② $T.L = R\tan\dfrac{I}{2}$

③ $T.L = R\csc\dfrac{I}{2}$

④ $T.L = R\sin\dfrac{I}{2}$

계산기   다음 ▶   안 푼 문제   답안 제출

01 회
실전점검!
CBT 실전모의고사

수험번호 :
수험자명 :

제한 시간 : 150분
남은 시간 :

글자
크기 100% 150% 200%

화면
배치

전체 문제 수 :
안 푼 문제 수 :

25 초점거리 20cm의 카메라로 표고 150m의 촬영기준면을 사진축척 1/10,000로 촬영한 연직사진상에서 표고 200m인 구릉지의 사진 축척은?

① 1/9,000
② 1/9,250
③ 1/9,500
④ 1/9,750

26 GNSS측량의 특성에 대한 설명으로 틀린 것은?

① 측점 간 시통이 요구된다.
② 야간관측이 가능하다.
③ 날씨에 영향을 거의 받지 않는다.
④ 전리층 영향에 대한 보정이 필요하다.

27 축척 1/500 지형도를 이용하여 1/1,000 지형도를 만들고자 할 때 1/1,000 지형도 1장을 완성하려면 1/500 지형도 몇 매가 필요한가?

① 16매
② 8매
③ 4매
④ 2매

28 항공사진의 촬영고도 6,000m, 초점거리 150mm, 사진크기 18cm × 18cm에 포함되는 실면적은?

① 48.7km²
② 50.6km²
③ 51.8km²
④ 52.4km²

29 촬영고도 10,000m에서 축척 1/5,000의 편위수정 사진에서 지상연직점으로부터 400m 떨어진 곳의 비고 100m인 산악 지역의 사진상 기복변위는?

① 0.008mm
② 0.8mm
③ 8mm
④ 80mm

30 수준측량 야장기입법 중 중간점이 많은 경우에 편리한 방법은?

① 고차식
② 기고식
③ 승강식
④ 약도식

답안 표기란

1	①	②	③	④
2	①	②	③	④
3	①	②	③	④
4	①	②	③	④
5	①	②	③	④
6	①	②	③	④
7	①	②	③	④
8	①	②	③	④
9	①	②	③	④
10	①	②	③	④
11	①	②	③	④
12	①	②	③	④
13	①	②	③	④
14	①	②	③	④
15	①	②	③	④
16	①	②	③	④
17	①	②	③	④
18	①	②	③	④
19	①	②	③	④
20	①	②	③	④
21	①	②	③	④
22	①	②	③	④
23	①	②	③	④
24	①	②	③	④
25	①	②	③	④
26	①	②	③	④
27	①	②	③	④
28	①	②	③	④
29	①	②	③	④
30	①	②	③	④

계산기
다음 ▶
안 푼 문제
답안 제출

실전점검!

01회

CBT 실전모의고사

수험번호 :

수험자명 :

제한 시간 : 150분
남은 시간 :

글자
크기 ⊖ 100% Ⓜ 150% ⊕ 200%

화면
배치

전체 문제 수 :
안 푼 문제 수 :

답안 표기란

31 GPS의 우주부분에 대한 설명으로 옳지 않은 것은?

① 각 궤도에는 4개의 위성과 예비 위성으로 운영된다.

② 위성은 0.5항성일 주기로 지구 주위를 돌고 있다.

③ 위성은 모두 6개의 궤도로 구성되어 있다.

④ 위성은 고도 약 1,000km의 상공에 있다.

32 우리나라 1/50,000 지형도의 간곡선 간격으로 옳은 것은?

① 5m

② 10m

③ 20m

④ 25m

33 노선측량에서 그림과 같이 교점에 장애물이 있어 $\angle ACD = 150°$, $\angle CDB = 90°$를 측정하였다. 교각(I)은?

① 30°

② 90°

③ 120°

④ 240°

34 도로 기점으로부터 I.P(교점)까지의 거리가 418.25m, 곡률반지름 300m, 교각 38°08′인 단곡선을 편각법에 의해 설치하려고 할 때에 시단현의 거리는?

① 20.000m

② 14.561m

③ 5.439m

④ 14.227m

31	①	②	③	④
32	①	②	③	④
33	①	②	③	④
34	①	②	③	④
35	①	②	③	④
36	①	②	③	④
37	①	②	③	④
38	①	②	③	④
39	①	②	③	④
40	①	②	③	④
41	①	②	③	④
42	①	②	③	④
43	①	②	③	④
44	①	②	③	④
45	①	②	③	④
46	①	②	③	④
47	①	②	③	④
48	①	②	③	④
49	①	②	③	④
50	①	②	③	④
51	①	②	③	④
52	①	②	③	④
53	①	②	③	④
54	①	②	③	④
55	①	②	③	④
56	①	②	③	④
57	①	②	③	④
58	①	②	③	④
59	①	②	③	④
60	①	②	③	④

 계산기

다음 ▶

 안 푼 문제 답안 제출

01회 실전점검!
CBT 실전모의고사

수험번호 :

수험자명 :

제한 시간 : 150분
남은 시간 :

글자 크기 ⊖ 100% ⊛ 150% ⊕ 200%

화면 배치

전체 문제 수 :
안 푼 문제 수 :

35 한 개의 깊은 수직터널에서 터널 내외를 연결하는 연결측량방법으로서 가장 적당한 것은?

① 트래버스측량 방법
② 트랜싯과 추선에 의한 방법
③ 삼각측량 방법
④ 측위 망원경에 의한 방법

36 경사거리가 130m인 터널에서 수평각을 관측할 때 시준방향에서 직각으로 5mm의 시준오차가 발생하였다면 수평각 오차는?

① 5″
② 8″
③ 10″
④ 20″

37 측량의 기준에서 지오이드에 대한 설명으로 옳은 것은?

① 수준원점과 같이 높이로 가상된 지구타원체를 말한다.
② 육지의 표면으로 지구의 물리적인 형태를 말한다.
③ 육지와 바다 밑까지 포함한 지형의 표면을 말한다.
④ 정지된 평균해수면이 지구를 둘러쌌다고 가장한 곡면을 말한다.

38 그림과 같은 수준망에서 수준점 P의 최확값은?(단, A점에서의 관측지반고 10.15m, B점에서의 관측지반고 10.16m, C점에서의 관측지반고 10.18m)

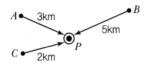

① 10.180m
② 10.166m
③ 10.152m
④ 10.170m

답안 표기란

	①	②	③	④
31	①	②	③	④
32	①	②	③	④
33	①	②	③	④
34	①	②	③	④
35	①	②	③	④
36	①	②	③	④
37	①	②	③	④
38	①	②	③	④
39	①	②	③	④
40	①	②	③	④
41	①	②	③	④
42	①	②	③	④
43	①	②	③	④
44	①	②	③	④
45	①	②	③	④
46	①	②	③	④
47	①	②	③	④
48	①	②	③	④
49	①	②	③	④
50	①	②	③	④
51	①	②	③	④
52	①	②	③	④
53	①	②	③	④
54	①	②	③	④
55	①	②	③	④
56	①	②	③	④
57	①	②	③	④
58	①	②	③	④
59	①	②	③	④
60	①	②	③	④

01 회 실전점검!
CBT 실전모의고사

수험번호 :

수험자명 :

제한 시간 : 150분
남은 시간 :

글자
크기 100% 150% 200%

화면
배치

전체 문제 수 :
안 푼 문제 수 :

39 GNSS(Golbal Navigation Satellite System)측량에서 의사거리 결정에 영향을 주는 오차의 원인으로 가장 거리가 먼 것은?

① 위성의 궤도오차
② 위성의 시계오차
③ 안테나의 구심오차
④ 지상의 기상오차

40 도로에 사용하는 클로소이드(Clothoid) 곡선에 대한 설명으로 틀린 것은?

① 완화곡선의 일종이다.
② 일종의 유선형 곡선으로 종단곡선에 주로 사용된다.
③ 곡선길이에 반비례하여 곡률반지름이 감소한다.
④ 차가 일정한 속도로 달리고 그 앞바퀴의 회전속도를 일정하게 유지할 경우의 운동궤적과 같다.

답안 표기란

31	① ② ③ ④
32	① ② ③ ④
33	① ② ③ ④
34	① ② ③ ④
35	① ② ③ ④
36	① ② ③ ④
37	① ② ③ ④
38	① ② ③ ④
39	① ② ③ ④
40	① ② ③ ④
41	① ② ③ ④
42	① ② ③ ④
43	① ② ③ ④
44	① ② ③ ④
45	① ② ③ ④
46	① ② ③ ④
47	① ② ③ ④
48	① ② ③ ④
49	① ② ③ ④
50	① ② ③ ④
51	① ② ③ ④
52	① ② ③ ④
53	① ② ③ ④
54	① ② ③ ④
55	① ② ③ ④
56	① ② ③ ④
57	① ② ③ ④
58	① ② ③ ④
59	① ② ③ ④
60	① ② ③ ④

계산기

다음 ▶

안 푼 문제

답안 제출

01회 실전점검!
CBT 실전모의고사

수험번호: ☐☐☐☐
수험자명: ☐☐☐☐

⏱ 제한 시간 : 150분
남은 시간 :

글자
크기 ⊖100% Ⓜ150% ⊕200%

화면
배치 ▭ ▯▯ ▯▯▯

전체 문제 수 :
안 푼 문제 수 :

답안 표기란
31	① ② ③ ④
32	① ② ③ ④
33	① ② ③ ④
34	① ② ③ ④
35	① ② ③ ④
36	① ② ③ ④
37	① ② ③ ④
38	① ② ③ ④
39	① ② ③ ④
40	① ② ③ ④
41	① ② ③ ④
42	① ② ③ ④
43	① ② ③ ④
44	① ② ③ ④
45	① ② ③ ④
46	① ② ③ ④
47	① ② ③ ④
48	① ② ③ ④
49	① ② ③ ④
50	① ② ③ ④
51	① ② ③ ④
52	① ② ③ ④
53	① ② ③ ④
54	① ② ③ ④
55	① ② ③ ④
56	① ② ③ ④
57	① ② ③ ④
58	① ② ③ ④
59	① ② ③ ④
60	① ② ③ ④

3과목 **토지정보체계론**

41 토지기록 전산화사업의 목적으로 옳지 않은 것은?

① 지적 관련 민원의 신속한 처리
② 신속한 토지소유자의 현황 파악
③ 전산화를 통한 중앙 통제권 강화
④ 토지 관련 정책자료의 다목적 활용

42 필지중심토지정보시스템(PBLIS)에 관한 설명으로 옳은 것은?

① PBLIS를 구축한 후 연계업무를 위해 지적도 전산화사업을 추진하였다.
② 필지식별자는 각 필지에 부여되어야 하고, 필지의 변동이 있을 경우에는 언제나 변경, 정리가 용이해야 한다.
③ PBLIS는 지형도를 기반으로 각종 행정업무를 수행하고 관련 부처 및 타 기관에 제공할 정책정보를 생산하는 시스템이다.
④ PBLIS의 자료는 속성정보만으로 구성되며, 속성정보에는 과세대장, 상수도대장, 도로대장, 주민등록, 공시지가, 건물대장, 등기부, 토지대장이 포함된다.

43 특정 공간데이터를 중심으로 특정한 폭을 가지는 구역에 무엇이 존재하는가를 분석하는 방법은?

① 버퍼분석
② 통계분석
③ 네트워크분석
④ 불규칙삼각망분석

44 데이터베이스관리시스템의 장단점으로 옳지 않은 것은?

① 운용비용 부담이 가중된다.
② 중앙집약적 구조의 위험성이 높다.
③ 데이터의 보안성을 유지할 수 없다.
④ 시스템이 복잡하여 데이터의 손실 가능성이 높다.

⌨ 계산기   다음 ▶   🖥 안 푼 문제   📋 답안 제출

01회 실전점검!
CBT 실전모의고사

수험번호 :
수험자명 :

제한 시간 : 150분
남은 시간 :

글자 크기 100% 150% 200% 화면 배치

전체 문제 수 :
안 푼 문제 수 :

45 PBLIS의 개발 내용 중 옳지 않은 것은?

① 지적측량시스템
② 건축물관리시스템
③ 지적공부관리시스템
④ 지적측량성과 작성시스템

46 고유번호에서 행정구역 코드는 몇 자리로 구성하는가?

① 2자리
② 4자리
③ 10자리
④ 19자리

47 SQL의 특징에 대한 설명으로 옳지 않은 것은?

① 상호 대화식 언어이다.
② 집합단위로 연산하는 언어이다.
③ ISO 8211에 근거한 정보처리체계와 코딩규칙을 갖는다.
④ 관계형 DBMS에서 자료를 만들고 조회할 수 있는 도구이다.

48 래스터데이터의 각 행마다 왼쪽에서 오른쪽으로 진행하면서 동일한 수치를 갖은 값들을 묶어 압축하는 방식은?

① 블록코드
② 사지수형
③ 체인코드
④ 런렝스코드

49 래스터데이터에 해당하는 파일은?

① TIF 파일
② SHP 파일
③ DGN 파일
④ DWG 파일

답안 표기란

31	① ② ③ ④
32	① ② ③ ④
33	① ② ③ ④
34	① ② ③ ④
35	① ② ③ ④
36	① ② ③ ④
37	① ② ③ ④
38	① ② ③ ④
39	① ② ③ ④
40	① ② ③ ④
41	① ② ③ ④
42	① ② ③ ④
43	① ② ③ ④
44	① ② ③ ④
45	① ② ③ ④
46	① ② ③ ④
47	① ② ③ ④
48	① ② ③ ④
49	① ② ③ ④
50	① ② ③ ④
51	① ② ③ ④
52	① ② ③ ④
53	① ② ③ ④
54	① ② ③ ④
55	① ② ③ ④
56	① ② ③ ④
57	① ② ③ ④
58	① ② ③ ④
59	① ② ③ ④
60	① ② ③ ④

계산기   다음 ▶   안 푼 문제   📋 답안 제출

01 회

실전점검!
CBT 실전모의고사

수험번호 :

수험자명 :

제한 시간 : 150분
남은 시간 :

글자
크기   100% 150% 200%

화면
배치

전체 문제 수 :
안 푼 문제 수 :

답안 표기란

31	① ② ③ ④
32	① ② ③ ④
33	① ② ③ ④
34	① ② ③ ④
35	① ② ③ ④
36	① ② ③ ④
37	① ② ③ ④
38	① ② ③ ④
39	① ② ③ ④
40	① ② ③ ④
41	① ② ③ ④
42	① ② ③ ④
43	① ② ③ ④
44	① ② ③ ④
45	① ② ③ ④
46	① ② ③ ④
47	① ② ③ ④
48	① ② ③ ④
49	① ② ③ ④
50	① ② ③ ④
51	① ② ③ ④
52	① ② ③ ④
53	① ② ③ ④
54	① ② ③ ④
55	① ② ③ ④
56	① ② ③ ④
57	① ② ③ ④
58	① ② ③ ④
59	① ② ③ ④
60	① ② ③ ④

50 다음의 위상정보 중 하나의 지점에서 또 다른 지점으로 이동 시 경로 선정이나 자원의 배분 등과 가장 밀접한 것은?

① 중첩성(Overlay)

② 연결성(Connectivity)

③ 계급성(Hierarchy or Containment)

④ 인접성(Neighborhood or Adjacency)

51 벡터데이터에 대한 설명이 옳지 않은 것은?

① 디지타이징에 의해 입력된 자료가 해당된다.

② 지도와 비슷하고 시각적 효과가 높으며 실세계의 묘사가 가능하다.

③ 위상에 관한 정보가 제공되므로 관망분석과 같은 다양한 공간분석이 가능하다.

④ 상대적으로 자료구조가 단순하며 체인코드, 블록코드 등의 방법에 의한 자료의 압축효율이 우수하다.

52 사용자로 하여금 데이터베이스에 접근하여 데이터를 처리할 수 있도록 검색, 삽입, 삭제, 갱신 등의 역할을 하는 데이터 언어는?

① DCL

② DDL

③ DML

④ DNL

53 다음 중 지리정보시스템의 자료 구축 시 발생하는 오차가 아닌 것은?

① 자료 처리 시 발생하는 오차

② 디지타이징 시 발생하는 오차

③ 좌표투영을 위한 스캐닝 오차

④ 절대좌표 자료 생성 시 지적측량기준점의 오차

계산기   다음 ▶   안 푼 문제   답안 제출

01 회
실전점검!
CBT 실전모의고사

수험번호 :

수험자명 :

제한 시간 : 150분
남은 시간 :

글자
크기 100% 150% 200%

화면
배치

전체 문제 수 :
안 푼 문제 수 :

54 벡터데이터 편집 시 아래와 같은 상태가 발생하는 오류의 유형으로 옳은 것은?

> 하나의 선으로 연결되어야 할 곳에서 두 개의 선으로 어긋나게 입력되어 불필요한 폴리곤을 형성한 상태

① 스파이크(Spike)
② 언더슈트(Undershoot)
③ 오버래핑(Overlapping)
④ 슬리버 폴리곤(Sliver Polygon)

55 아래와 같은 특징을 갖는 도형자료의 입력장치는?

> • 필요한 주제의 형태에 따라 작업자가 좌표를 독취하는 방법이다.
> • 일반적으로 많이 사용되는 방법으로, 간단하고 소요 비용이 저렴한 편이다.
> • 작업자의 숙련도가 작업의 효율성에 큰 영향을 준다.

① 프린터
② 플로터
③ DLT 장비
④ 디지타이저

56 한국토지정보체계(KLIS)에서 지적정보관리시스템의 기능에 해당하지 않는 것은?

① 측량결과파일(*.dat)의 생성 기능
② 소유권연혁에 대한 오기정정 기능
③ 개인별 토지소유 현황을 조회하는 기능
④ 토지이동에 따른 변동내역을 조회하는 기능

57 관계형 데이터베이스에 대한 설명으로 옳은 것은?

① 데이터를 2차원의 테이블 형태로 저장한다.
② 정의된 데이터 테이블의 갱신이 어려운 편이다.
③ 트리(Tree) 형태의 계층 구조로 데이터들을 구성한다.
④ 필요한 정보를 추출하기 위한 질의의 형태에 많은 제한을 받는다.

31	①	②	③	④
32	①	②	③	④
33	①	②	③	④
34	①	②	③	④
35	①	②	③	④
36	①	②	③	④
37	①	②	③	④
38	①	②	③	④
39	①	②	③	④
40	①	②	③	④
41	①	②	③	④
42	①	②	③	④
43	①	②	③	④
44	①	②	③	④
45	①	②	③	④
46	①	②	③	④
47	①	②	③	④
48	①	②	③	④
49	①	②	③	④
50	①	②	③	④
51	①	②	③	④
52	①	②	③	④
53	①	②	③	④
54	①	②	③	④
55	①	②	③	④
56	①	②	③	④
57	①	②	③	④
58	①	②	③	④
59	①	②	③	④
60	①	②	③	④

계산기   다음 ▶   안 푼 문제   답안 제출

01회

실전점검!
CBT 실전모의고사

수험번호 :

수험자명 :

제한 시간 : 150분
남은 시간 :

글자
크기 100% 150% 200%

화면
배치

전체 문제 수 :
안 푼 문제 수 :

답안 표기란

31	①	②	③	④
32	①	②	③	④
33	①	②	③	④
34	①	②	③	④
35	①	②	③	④
36	①	②	③	④
37	①	②	③	④
38	①	②	③	④
39	①	②	③	④
40	①	②	③	④
41	①	②	③	④
42	①	②	③	④
43	①	②	③	④
44	①	②	③	④
45	①	②	③	④
46	①	②	③	④
47	①	②	③	④
48	①	②	③	④
49	①	②	③	④
50	①	②	③	④
51	①	②	③	④
52	①	②	③	④
53	①	②	③	④
54	①	②	③	④
55	①	②	③	④
56	①	②	③	④
57	①	②	③	④
58	①	②	③	④
59	①	②	③	④
60	①	②	③	④

58 지리정보시스템에서 실세계를 추상화시켜 표현하는 과정을 데이터모델링이라 하며, 이와 같이 실세계의 지리공간을 GIS의 데이터베이스로 구축하는 과정은 추상화 수준에 따라 세 가지 단계로 나누어진다. 이 세 가지 단계에 포함되지 않는 것은?

① 개념적 모델
② 논리적 모델
③ 물리적 모델
④ 위상적 모델

59 데이터베이스의 데이터 언어 중 데이터 조작어가 아닌 것은?

① CREATE문
② DELETE문
③ SELECT문
④ UPDATE문

60 데이터베이스시스템을 집중형과 분산형으로 구분할 때 집중형 데이터베이스의 장점으로 옳은 것은?

① 자료관리가 경제적이다.
② 자료의 통신비용이 저렴한 편이다.
③ 자료에의 분산형보다 접근 속도가 신속한 편이다.
④ 데이터베이스 사용자를 위한 교육 및 자문이 편리하다.

계산기

다음 ▶

안 푼 문제

답안 제출

실전점검!
CBT 실전모의고사

수험번호 :
수험자명 :

 제한 시간 : 150분
남은 시간 :

글자
크기 100% 150% 200%　화면
배치 □□□

전체 문제 수 :
안 푼 문제 수 :

4과목　지적학

61 지적제도가 공시제도로서 가장 중요한 기능이라 할 수 있는 것은?

① 토지거래의 기준　② 토지등기의 기초
③ 토지과세의 기준　④ 토지평가의 기초

62 다음 중 등록방법에 따른 지적의 분류에 해당하는 것은?

① 법지적　② 입체지적
③ 수치지적　④ 적극적 지적

63 경계불가분의 원칙에 대한 설명으로 옳은 것은?

① 토지의 경계는 1필지에만 전속한다.
② 토지의 경계는 작은 말뚝으로 표시한다.
③ 토지의 경계는 인접토지에 공통으로 작용한다.
④ 토지의 경계를 결정할 때는 측량을 하여야 한다.

64 다음 중 토렌스시스템에 대한 설명으로 옳은 것은?

① 미국의 토렌스 지방에서 처음 시행되었다.
② 피해자가 발생하여도 국가가 보상할 책임이 없다.
③ 기본이론으로 거울이론, 커튼이론, 보험이론이 있다.
④ 실질적 심사에 의한 권원조사를 하지만 공신력은 없다.

65 지적불부합지로 인해 야기될 수 있는 사회적 문제점으로 보기 어려운 것은?

① 빈번한 토지분쟁　② 토지 거래질서의 문란
③ 주민의 권리행사 지장　④ 확정측량의 불가피한 급속 진행

답안 표기란

61	①	②	③	④
62	①	②	③	④
63	①	②	③	④
64	①	②	③	④
65	①	②	③	④
66	①	②	③	④
67	①	②	③	④
68	①	②	③	④
69	①	②	③	④
70	①	②	③	④
71	①	②	③	④
72	①	②	③	④
73	①	②	③	④
74	①	②	③	④
75	①	②	③	④
76	①	②	③	④
77	①	②	③	④
78	①	②	③	④
79	①	②	③	④
80	①	②	③	④
81	①	②	③	④
82	①	②	③	④
83	①	②	③	④
84	①	②	③	④
85	①	②	③	④
86	①	②	③	④
87	①	②	③	④
88	①	②	③	④
89	①	②	③	④
90	①	②	③	④

 계산기　　다음 ▶　　안 푼 문제　답안 제출

실전점검!
01회
CBT 실전모의고사

수험번호 :

수험자명 :

제한 시간 : 150분
남은 시간 :

글자 크기 100% 150% 200% 화면 배치

전체 문제 수 :
안 푼 문제 수 :

답안 표기란

61	① ② ③ ④
62	① ② ③ ④
63	① ② ③ ④
64	① ② ③ ④
65	① ② ③ ④
66	① ② ③ ④
67	① ② ③ ④
68	① ② ③ ④
69	① ② ③ ④
70	① ② ③ ④
71	① ② ③ ④
72	① ② ③ ④
73	① ② ③ ④
74	① ② ③ ④
75	① ② ③ ④
76	① ② ③ ④
77	① ② ③ ④
78	① ② ③ ④
79	① ② ③ ④
80	① ② ③ ④
81	① ② ③ ④
82	① ② ③ ④
83	① ② ③ ④
84	① ② ③ ④
85	① ② ③ ④
86	① ② ③ ④
87	① ② ③ ④
88	① ② ③ ④
89	① ② ③ ④
90	① ② ③ ④

66 적극적 지적제도의 특징이 아닌 것은?

① 토지의 등록은 의무화되어 있지 않다.

② 토지등록의 효력은 정부에 의하여 보장된다.

③ 토지등록상 문제로 인한 피해는 법적으로 보장된다.

④ 등록되지 않은 토지에는 어떤 권리도 인정될 수 없다.

67 지적의 3요소와 가장 거리가 먼 것은?

① 공부   ② 등기

③ 등록   ④ 토지

68 현대지적의 성격으로 가장 거리가 먼 것은?

① 역사성과 영구성   ② 전문성과 기술성

③ 서비스성과 윤리성   ④ 일시적 민원성과 개별성

69 다음 중 지적의 구성요소로 가장 거리가 먼 것은?

① 토지이용에 의한 활동   ② 토지정보에 대한 등록

③ 기록의 대상인 지적공부   ④ 일필지를 의미하는 토지

70 다음 중 토지조사사업 당시 일필지조사와 관련이 가장 적은 것은?

① 경계조사   ② 지목조사

③ 지주조사   ④ 지형조사

71 지압조사(地押調査)에 대한 설명으로 가장 적합한 것은?

① 토지소유자를 입회시키는 일체의 토지검사이다.

② 도면에 의하여 측량성과를 확인하는 토지검사이다.

③ 신고가 없는 이동지를 조사ㆍ발견할 목적으로 국가가 자진하여 현지조사를 하는 것이다.

④ 지목변경의 신청이 있을 때에 그를 확인하고자 지적소관청이 현지조사를 시행하는 것이다.

계산기   다음 ▶   안 푼 문제   답안 제출

실전점검!
01회
CBT 실전모의고사

수험번호 :

수험자명 :

제한 시간 : 150분
남은 시간 :

글자
크기 100% 150% 200%

화면
배치

전체 문제 수 :
안 푼 문제 수 :

답안 표기란

61	①	②	③	④
62	①	②	③	④
63	①	②	③	④
64	①	②	③	④
65	①	②	③	④
66	①	②	③	④
67	①	②	③	④
68	①	②	③	④
69	①	②	③	④
70	①	②	③	④
71	①	②	③	④
72	①	②	③	④
73	①	②	③	④
74	①	②	③	④
75	①	②	③	④
76	①	②	③	④
77	①	②	③	④
78	①	②	③	④
79	①	②	③	④
80	①	②	③	④
81	①	②	③	④
82	①	②	③	④
83	①	②	③	④
84	①	②	③	④
85	①	②	③	④
86	①	②	③	④
87	①	②	③	④
88	①	②	③	④
89	①	②	③	④
90	①	②	③	④

72 토지가옥의 매매계약이 성립되기 위하여 매수인과 매도인 쌍방의 합의 외에 대가의 수수목적물의 인도 시에 서면으로 작성한 계약서는?

① 문기 ② 양전

③ 양안 ④ 전안

73 토지조사사업 당시 사정 사항에 불복하여 재결을 받은 때의 효력 발생일은?

① 재결 신청일 ② 재결 접수일

③ 사정일 ④ 사정 후 30일

74 다목적지적의 3대 구성요소가 아닌 것은?

① 기본도 ② 경계표지

③ 지적중첩도 ④ 측지기준망

75 다음 중 지번의 역할에 해당하지 않는 것은?

① 위치 추정 ② 토지이용 구분

③ 필지의 구분 ④ 물권객체 단위

76 우리나라 지적제도의 원칙과 가장 관계가 없는 것은?

① 공시의 원칙 ② 인적 편성주의

③ 실질적 심사주의 ④ 적극적 등록주의

77 부동산의 증명제도에 대한 설명으로 옳지 않은 것은?

① 근대적 등기제도에 해당한다.

② 소유권에 한하여 그 계약 내용을 인증해주는 제도였다.

③ 증명은 대한제국에서 일제 초기에 이르는 부동산등기의 일종이다.

④ 일본인이 우리나라에서 제한거리를 넘어서도 토지를 소유할 수 있는 근거가 되었다.

계산기 다음 ▶ 안 푼 문제 답안 제출

실전점검!
01 회 CBT 실전모의고사

수험번호 :
수험자명 :

제한 시간 : 150분
남은 시간 :

글자
크기 100% 150% 200%

화면
배치

전체 문제 수 :
안 푼 문제 수 :

78 조선시대의 양전법에 따른 전의 형태에서 직각삼각형 형태의 전의 명칭은?

① 방전(方田)
② 제전(梯田)
③ 구고전(句股田)
④ 요고전(腰鼓田)

79 지적제도에서 채택하고 있는 토지등록의 일반원칙이 아닌 것은?

① 등록의 직권주의
② 실질적 심사주의
③ 심사의 형식주의
④ 적극적 등록주의

80 하천의 연안에 있던 토지가 홍수 등으로 인하여 하천부지로 된 경우 이 토지를 무엇이라 하는가?

① 간석지
② 포락지
③ 이생지
④ 개재지

답안 표기란
61 ① ② ③ ④
62 ① ② ③ ④
63 ① ② ③ ④
64 ① ② ③ ④
65 ① ② ③ ④
66 ① ② ③ ④
67 ① ② ③ ④
68 ① ② ③ ④
69 ① ② ③ ④
70 ① ② ③ ④
71 ① ② ③ ④
72 ① ② ③ ④
73 ① ② ③ ④
74 ① ② ③ ④
75 ① ② ③ ④
76 ① ② ③ ④
77 ① ② ③ ④
78 ① ② ③ ④
79 ① ② ③ ④
80 ① ② ③ ④
81 ① ② ③ ④
82 ① ② ③ ④
83 ① ② ③ ④
84 ① ② ③ ④
85 ① ② ③ ④
86 ① ② ③ ④
87 ① ② ③ ④
88 ① ② ③ ④
89 ① ② ③ ④
90 ① ② ③ ④

계산기
다음 ▶
안 푼 문제
답안 제출

01 회
실전점검!
CBT 실전모의고사

수험번호 :
수험자명 :

제한 시간 : 150분
남은 시간 :

글자
크기 100% 150% 200%

화면
배치

전체 문제 수 :
안 푼 문제 수 :

답안 표기란

61	①	②	③	④
62	①	②	③	④
63	①	②	③	④
64	①	②	③	④
65	①	②	③	④
66	①	②	③	④
67	①	②	③	④
68	①	②	③	④
69	①	②	③	④
70	①	②	③	④
71	①	②	③	④
72	①	②	③	④
73	①	②	③	④
74	①	②	③	④
75	①	②	③	④
76	①	②	③	④
77	①	②	③	④
78	①	②	③	④
79	①	②	③	④
80	①	②	③	④
81	①	②	③	④
82	①	②	③	④
83	①	②	③	④
84	①	②	③	④
85	①	②	③	④
86	①	②	③	④
87	①	②	③	④
88	①	②	③	④
89	①	②	③	④
90	①	②	③	④

5과목 **지적관계법규**

81 지적공부를 열람하고자 할 때 열람 수수료 면제대상에 해당하지 않는 것은?

① 일반인이 측량업무와 관련하여 열람하는 경우

② 지적측량업무에 종사하는 지적측량수행자가 그 업무와 관련하여 지적공부를 열람하는 경우

③ 지적측량업무에 종사하는 지적측량수행자가 그 업무와 관련하여 지적공부를 등사하기 위하여 열람하는 경우

④ 국가 또는 지방자치단체가 업무 수행상 필요에 의하여 지적공부의 열람 및 등본 교부를 신청하는 경우

82 성능검사대행자의 등록을 반드시 취소하여야 하는 경우로 옳은 것은?

① 등록기준에 미달하게 된 경우

② 등록사항 변경신고를 하지 아니한 경우

③ 거짓이나 부정한 방법으로 성능검사를 한 경우

④ 정당한 사유 없이 성능검사를 거부하거나 기피한 경우

83 측량을 하기 위하여 타인의 토지 등에 출입하기 위한 방법으로 옳은 것은?

① 무조건 출입하여도 관계없다.

② 권한을 표시하는 증표만 있으면 된다.

③ 반드시 소유자의 허가를 받아야 한다.

④ 소유자 또는 점유자에게 그 일시와 장소를 통지하고, 권한을 표시하는 증표를 제시하고 출입한다.

84 동일한 지번부여지역 내 지번이 100, 100 - 1, 100 - 2, 100 - 3으로 되어 있고 100번지의 토지를 2필지로 분할하고자 할 경우 지번 결정으로 옳은 것은?

① 100, 101

② 100, 100 - 4

③ 100 - 1, 100 - 4

④ 100 - 4, 100 - 5

계산기

다음 ▶

안 푼 문제

답안 제출

실전점검!

01 회

CBT 실전모의고사

수험번호 :

수험자명 :

제한 시간 : 150분
남은 시간 :

글자
크기 100% 150% 200%

화면
배치

전체 문제 수 :
안 푼 문제 수 :

답안 표기란

61	①	②	③	④
62	①	②	③	④
63	①	②	③	④
64	①	②	③	④
65	①	②	③	④
66	①	②	③	④
67	①	②	③	④
68	①	②	③	④
69	①	②	③	④
70	①	②	③	④
71	①	②	③	④
72	①	②	③	④
73	①	②	③	④
74	①	②	③	④
75	①	②	③	④
76	①	②	③	④
77	①	②	③	④
78	①	②	③	④
79	①	②	③	④
80	①	②	③	④
81	①	②	③	④
82	①	②	③	④
83	①	②	③	④
84	①	②	③	④
85	①	②	③	④
86	①	②	③	④
87	①	②	③	④
88	①	②	③	④
89	①	②	③	④
90	①	②	③	④

85 지적공부에 등록된 사항을 지적소관청이 직권으로 정정할 수 없는 것은?

① 지적측량성과와 다르게 정리된 경우

② 토지이동정리결의서의 내용과 다르게 정리된 경우

③ 지적공부의 작성 또는 재작성 당시 잘못 정리된 경우

④ 지적도 및 임야도에 등록된 필지가 위치의 이동 없이 면적의 증감만 있는 경우

86 지적측량수행자가 손해배상책임을 보장하기 위하여 보증보험에 가입하여야 하는 금액 기준으로 옳은 것은?

① 지적측량업자 : 5천만 원 이상, 한국국토정보공사 : 5억 원 이상

② 지적측량업자 : 5천만 원 이상, 한국국토정보공사 : 10억 원 이상

③ 지적측량업자 : 1억 원 이상, 한국국토정보공사 : 10억 원 이상

④ 지적측량업자 : 1억 원 이상, 한국국토정보공사 : 20억 원 이상

87 지적측량수행자가 지적소관청으로부터 측량성과에 대한 검사를 받지 아니하는 것으로만 나열된 것은?(단, 지적공부를 정리하지 아니하는 측량으로서 국토교통부령으로 정하는 측량의 경우를 말한다.)

① 등록전환측량, 분할측량

② 경계복원측량, 지적현황측량

③ 신규등록측량, 지적확정측량

④ 축척변경측량, 등록사항정정측량

88 중앙지적위원회의 구성에 대한 설명으로 옳은 것은?

① 위원장 및 부위원장을 포함한 모든 위원의 임기는 2년으로 한다.

② 위원은 지적에 관한 학식과 경험이 풍부한 공무원으로 임명 또는 위촉한다.

③ 위원장 및 부위원장 각 1명을 포함하여 5명 이상 20명 이내의 위원으로 구성한다.

④ 중앙지적위원회의 간사는 국토교통부의 지적업무 담당 공무원 중에서 국토교통부장관이 임명한다.

계산기

다음 ▶

안 푼 문제

답안 제출

01회 실전점검!
CBT 실전모의고사

수험번호 :

수험자명 :

제한 시간 : 150분
남은 시간 :

글자
크기 100% 150% 200%

화면
배치

전체 문제 수 :
안 푼 문제 수 :

답안 표기란

61	① ② ③ ④
62	① ② ③ ④
63	① ② ③ ④
64	① ② ③ ④
65	① ② ③ ④
66	① ② ③ ④
67	① ② ③ ④
68	① ② ③ ④
69	① ② ③ ④
70	① ② ③ ④
71	① ② ③ ④
72	① ② ③ ④
73	① ② ③ ④
74	① ② ③ ④
75	① ② ③ ④
76	① ② ③ ④
77	① ② ③ ④
78	① ② ③ ④
79	① ② ③ ④
80	① ② ③ ④
81	① ② ③ ④
82	① ② ③ ④
83	① ② ③ ④
84	① ② ③ ④
85	① ② ③ ④
86	① ② ③ ④
87	① ② ③ ④
88	① ② ③ ④
89	① ② ③ ④
90	① ② ③ ④

89 도시계획구역의 토지를 그 지방자치단체의 명의로 신규등록을 신청할 때 신청서에 첨부해야 할 서류로 옳은 것은?

① 국토교통부장관과 협의한 문서의 사본

② 기획재정부장관과 협의한 문서의 사본

③ 행정안전부장관과 협의한 문서의 사본

④ 공정거래위원회위원장과 협의한 문서의 사본

90 축척변경위원회의 구성에 관한 설명으로 옳은 것은?

① 위원장은 위원 중에서 선출한다.

② 10명 이상 15명 이하의 위원으로 구성한다.

③ 위원의 3분의 1 이상을 토지소유자로 하여야 한다.

④ 토지소유자가 5명 이하일 때에는 토지소유자 전원을 위원으로 위촉하여야 한다.

계산기

다음 ▶

안 푼 문제

답안 제출

01회 실전점검!
CBT 실전모의고사

수험번호 :

수험자명 :

제한 시간 : 150분
남은 시간 :

글자
크기 100% 150% 200%

화면
배치

전체 문제 수 :
안 푼 문제 수 :

91 세부측량을 하는 경우 필지마다 면적을 측정하여야 하는 대상으로 옳지 않은 것은?

① 면적 또는 경계를 정정하는 경우

② 지적공부의 신규등록을 하는 경우

③ 경계복원측량 및 지적현황측량에 면적측정이 수반되는 경우

④ 지상건축물 등의 현황을 지적도 및 임야도에 등록된 경계와 대비하여 표시하는 데에 필요한 경우

92 다른 사람에게 측량업등록증 또는 측량업등록수첩을 빌려주거나 자기의 성명 또는 상호를 사용하여 측량업무를 하게 한 자에 대한 벌칙 기준으로 옳은 것은?

① 300만 원 이하의 과태료를 부과한다.

② 1년 이하의 징역 또는 1천만 원 이하의 벌금에 처한다.

③ 2년 이하의 징역 또는 2천만 원 이하의 벌금에 처한다.

④ 3년 이하의 징역 또는 3천만 원 이하의 벌금에 처한다.

93 「공간정보의 구축 및 관리 등에 관한 법률」상 지상경계의 결정기준 등에 관한 내용으로 옳지 않은 것은?

① 연접되는 토지 간에 높낮이 차이가 없는 경우에는 그 구조물 등의 중앙

② 도로·구거 등의 토지에 절토된 부분이 있는 경우에는 그 경사면의 상단부

③ 토지가 해면 또는 수면에 접하는 경우에는 최대만조위 또는 최대만수위가 되는 선

④ 공유수면매립지의 토지 중 제방 등을 토지에 편입하여 등록하는 경우에는 안쪽 어깨부분

94 다음 합병 신청에 대한 내용 중 합병 신청이 가능한 경우는?

① 합병하려는 토지의 지목이 서로 다른 경우

② 합병하려는 토지에 승역지에 대한 지역권의 등기가 있는 경우

③ 합병하려는 토지의 지적도 및 임야도의 축척이 서로 다른 경우

④ 합병하려는 토지가 등기된 토지와 등기되지 아니한 토지인 경우

01 실전점검!
CBT 실전모의고사

수험번호 :
수험자명 :

제한 시간 : 150분
남은 시간 :

글자 크기 100% 150% 200% | 화면 배치 | 전체 문제 수 :
안 푼 문제 수 :

답안 표기란

91	①	②	③	④
92	①	②	③	④
93	①	②	③	④
94	①	②	③	④
95	①	②	③	④
96	①	②	③	④
97	①	②	③	④
98	①	②	③	④
99	①	②	③	④
100	①	②	③	④

95 토지의 분할을 신청할 수 있는 경우에 대한 설명으로 옳지 않은 것은?

① 토지의 소유자가 변경된 경우
② 토지소유자가 매매를 위하여 필요로 하는 경우
③ 토지이용상 불합리한 지상경계를 시정하기 위한 경우
④ 1필지의 일부가 형질변경 등으로 용도가 변경된 경우

96 「공간정보의 구축 및 관리 등에 관한 법률」상 지적측량의뢰인이 손해배상금으로 보험금을 지급받고자 하는 경우의 첨부서류에 해당되는 것은?

① 공정증서
② 인낙조서
③ 조정조서
④ 화해조서

97 「공간정보의 구축 및 관리 등에 관한 법률」상 지상경계점에 경계점표지를 설치한 후 측량할 수 있는 경우가 아닌 것은?

① 관계법령에 따라 인가 · 허가 등을 받아 토지를 분할하려는 경우
② 토지 일부에 대한 지상권설정을 목적으로 분할하고자 하려는 경우
③ 토지이용상 불합리한 지상경계를 시정하기 위하여 토지를 분할하려는 경우
④ 도시개발사업의 사업시행자가 사업지구의 경계를 결정하기 위하여 토지를 분할하려는 경우

98 다음 중 토지의 이동에 해당하는 것은?

① 신규등록
② 소유권 변경
③ 토지 등급변경
④ 수확량 등급변경

계산기 | 다음 ▶ | 안 푼 문제 | 답안 제출

01회 실전점검!

CBT 실전모의고사

수험번호 :

수험자명 :

제한 시간 : 150분
남은 시간 :

글자
크기 100% 150% 200%

화면
배치

전체 문제 수 :
안 푼 문제 수 :

답안 표기란

91	①	②	③	④
92	①	②	③	④
93	①	②	③	④
94	①	②	③	④
95	①	②	③	④
96	①	②	③	④
97	①	②	③	④
98	①	②	③	④
99	①	②	③	④
100	①	②	③	④

99 「공간정보의 구축 및 관리 등에 관한 법률」상 지적측량수행자의 성실의무에 관한 설명으로 옳지 않은 것은?

① 정당한 사유 없이 지적측량 신청을 거부하여서는 아니 된다.

② 배우자 이외에 직계 존속·비속이 소유한 토지에 대한 지적측량을 할 수 있다.

③ 지적측량수수료 외에는 어떠한 명목으로도 그 업무와 관련된 대가를 받으면 아니 된다.

④ 지적측량수행자는 신의와 성실로 공정하게 지적측량을 하여야 한다.

100 「지적업무 처리규정」상 전자평판측량을 이용한 지적측량결과도의 작성방법이 아닌 것은?

① 관측한 측정점의 왼쪽 상단에는 측정거리를 표시하여야 한다.

② 측정점의 표시는 측량자의 경우 붉은색 짧은 십자선(+)으로 표시한다.

③ 측량성과파일에는 측량성과 결정에 관한 모든 사항이 수록되어 있어야 한다.

④ 이미 작성되어 있는 지적측량파일을 이용하여 측량할 경우에는 기존 측량파일 코드의 내용·규격, 도식은 파란색으로 표시한다.

01	02	03	04	05	06	07	08	09	10
②	④	④	②	②	④	①	②	③	①
11	12	13	14	15	16	17	18	19	20
④	④	②	③	②	①	①	④	③	①
21	22	23	24	25	26	27	28	29	30
①	①	②	④	①	③	③	②	②	②
31	32	33	34	35	36	37	38	39	40
④	②	③	③	②	④	④	②	④	②
41	42	43	44	45	46	47	48	49	50
③	②	③	②	③	③	④	①	①	②
51	52	53	54	55	56	57	58	59	60
④	③	③	④	④	④	①	④	①	①
61	62	63	64	65	66	67	68	69	70
②	②	③	③	④	①	②	④	①	④
71	72	73	74	75	76	77	78	79	80
③	①	③	②	②	④	①	③	③	②
81	82	83	84	85	86	87	88	89	90
①	③	④	②	④	②	③	①	②	④
91	92	93	94	95	96	97	98	99	100
④	②	④	②	①	④	②	①	②	①

01 정답 | ②
풀이 | 지적삼각보조점측량 시 기초가 되는 점에는 위성기준점, 통합기준점, 삼각점, 지적삼각점, 지적삼각보조점 등이 있다.

02 정답 | ④
풀이 | 임야대장의 면적과 등록전환될 면적의 차이가 오차 허용범위 $A = 0.026^2 M\sqrt{F}$ 이내인 경우에는 등록전환될 면적을 등록전환 면적으로 결정하고, 허용범위를 초과하는 경우에는 임야대장의 면적 또는 임야도의 경계를 지적소관청이 직권으로 정정하여야 한다.

03 정답 | ④
풀이 | 지적기준점표지의 점간거리는 지적삼각점은 평균 2km 이상 5km 이하, 지적삼각보조점은 평균 1km 이상 3km 이하(다각망도선법은 평균 0.5km 이상 1km 이하), 지적도근점은 평균 50m 이상 300m 이하(다각망도선법은 평균 500m 이하)로 한다.

04 정답 | ②
풀이 | 면적$(F) = \dfrac{1}{2} \cdot b \cdot c \cdot \sin\alpha$

$= \dfrac{1}{2} \times 25 \times 40 \times \sin 35° = 250\text{m}^2$

05 정답 | ②
풀이 | 지적측량의 방법에는 지적삼각점측량, 지적삼각보조점측량, 지적도근점측량, 세부측량이 있다.

06 정답 | ④
풀이 | 지적도근점측량에서 각도관측을 할 때 측각오차
  - 배각법에 따르는 경우에는 측선장에 반비례[또는 반수(반수=1,000/측선장)에 비례]하여 각 측선의 측각에 배분한다.
  - 방위각법에 따르는 경우에는 변의 수에 비례하여 각 측선의 방위각에 배분한다.

∴ 반수$= \dfrac{1,000}{측선장} = \dfrac{1,000}{102.37} = 9.8$

07 정답 | ①
풀이 | 지적측량성과와 검사성과의 연결교차 허용범위

구분	분류		허용범위
기초 측량	지적삼각점		0.20m
	지적삼각보조점		0.25m
	지적도 근점	경계점좌표등록부 시행지역	0.15m
		그 밖의 지역	0.25m
세부 측량	경계점	경계점좌표등록부 시행지역	0.10m
		그 밖의 지역	10분의 3Mmm (M은 축척분모)

08 정답 | ②
풀이 | 좌표면적계산법(경계점좌표등록부 지역)에 따른 산출면적은 1,000분의 1m^2까지 계산하여 10분의 1m^2 단위로 정한다. 따라서, 전자면적측정기(도해지역)에 따른 측정면적은 1,000분의 1m^2까지 계산하여 10분의 1m^2 단위로 정한다.

CBT 정답 및 해설

정답 | ③
풀이 | 지적기준점의 제도방법

구분	위성기준점	1등삼각점	2등삼각점	3등삼각점	4등삼각점	지적삼각점	지적삼각보조점	지적도근점
기호	⊕	◉	◎	●	◎	⊕	●	○
크기	3mm/2mm	3mm/2mm/1mm		2mm/1mm		3mm		2mm

③ 2등 삼각점은 직경 1mm, 2mm 및 3mm의 3중 원으로 제도한다.

정답 | ①
풀이 | 문제 03번 해설 참조

정답 | ④
풀이 | 필계점의 좌표
- X좌표 $X_P = X_A + (\overline{AP} \times \cos V_A^P)$
  $= 2,907.36\text{m} + \cos 179°20'33''$
  $\times 23.25\text{m}$
  $= 2,884.11\text{m}$

- Y좌표 $Y_P = Y_A + (\overline{AP} \times \sin V_A^P)$
  $= 3,321.24\text{m} + \sin 179°20'33''$
  $\times 23.25\text{m}$
  $= 3,321.51\text{m}$

정답 | ④
풀이 | 측량성과를 검사하는 때에는 측량자가 실시한 측량방법과 다른 방법으로 한다(부득이한 경우에는 그러하지 아니한다).

정답 | ②
풀이 | 실제거리$(L_0) = L \pm \left(\dfrac{\Delta l}{l} \times L \right)$
  $= 75.45 + \left(\dfrac{0.05}{30} \times 75.45 \right) ≒ 75.58\text{m}$
(L : 관측 총거리, Δl : 구간 관측오차, l : 구간 관측거리)

정답 | ③
풀이 | 지적도근점측량에서 1등 도선은 가·나·다, 2등 도선은 ㄱ·ㄴ·ㄷ 순으로 표기한다.

15 정답 | ②
풀이 | 3점 이상의 기지점을 포함한 결합다각방식에 따른다.

16 정답 | ①
풀이 | 지적도근점측량에서 연결오차의 배분방법
- 배각법에 의한 경우에는 각 측선의 종선차 또는 횡선차 길이에 비례하여 배분한다.
- 방위각법에 의할 경우에는 각 측선장에 비례하여 배분한다.

17 정답 | ①
풀이 | 1등 도선의 연결오차 허용범위
$M \times \dfrac{1}{100} \sqrt{n} = 1,200 \times \dfrac{1}{100} \sqrt{\dfrac{2,327.23\text{m}}{10}} = 0.58\text{m}$
(M : 축척분모, n : 각 측선의 수평거리의 총합계를 100으로 나눈 수)

18 정답 | ④
풀이 | 전파기 또는 광파기측량방법에 의해 지적삼각점을 관측할 경우 전파 또는 광파측거기는 표준편차가 ±(5mm+5ppm) 이상인 정밀측거기를 사용하여야 한다.

19 정답 | ③
풀이 | 지적도근점의 수평각관측은 시가지지역, 축척변경지역 및 경계점좌표등록부 시행지역에 대하여는 배각법에 따른다. 그 밖의 지역에 대하여는 배각법과 방위각법을 혼용하여야 한다.

20 정답 | ①
풀이 | 전자면적측정기에 따른 면적측정은 도상에서 2회 측정하여 그 교차가 다음 계산식에 따른 허용면적 이하일 때에는 그 평균치를 측정면적으로 한다.
허용면적$(A) = 0.023^2 M\sqrt{F}$
  $= 0.023^2 \times 1,200 \sqrt{\dfrac{270.5 + 275.5}{2}}$
  $= 10.488 = 10.488\text{m}^2$
(M : 축척분모, F : 2회 측정한 면적의 합계를 2로 나눈 수)
∴ 10.4m^2 이하로 하여야 한다.

21 정답 | ①
풀이 | 클로소이드는 곡선길이에 비례하여 곡률이 증대하는 성질을 가진 나선의 일종인 완화곡선이며, 클로소이드의 기본식은 $A^2 = RL$(A : 클로소이드의 매개변수, R : 곡률반경, L : 완화곡선길이)이다. 따라서 매개변수(A)가 변함에 따라 곡률반경과 곡선길이가 변하게 되어 클로소이드의 형태와 크기가 변하게 된다.

22 정답 | ①

풀이 | 갱내외 연결측량에서 추는 얕은 수갱일 경우 5kg 이하의 철선·동선·황동선 등이 사용한다. 깊은 수갱은 50~60kg에 이르는 피아노선을 이용하는데 수직터널의 바닥에서는 물 또는 기름을 넣은 통 안에 추를 넣어 진동을 방지하는 등 추선의 흔들림을 최소화하여야 한다.

23 정답 | ④

풀이 | 축척 1/25,000의 지형도에서 주곡선의 간격은 10m이므로, A, B 사이의 등고선 개수 $= \dfrac{360-290}{10}+1$

$= 8$개

24 정답 | ②

풀이 | 원곡선에서 단곡선을 설치할 때 접선길이(T.L)

$= R\tan\dfrac{I}{2}$이다.

25 정답 | ④

풀이 | 사진축척 $(M) = \dfrac{1}{m} = \dfrac{l}{D} = \dfrac{f}{H}$

$\rightarrow m = \dfrac{H}{f} = \dfrac{200-150}{0.2} = 250$

(m : 축척분모, l : 사진상 거리, D : 지상거리, f : 렌즈의 초점거리, H : 촬영고도)

구릉지의 비고 $= 10,000-250 = 9,750$m

$\therefore$ 사진축척은 1/9,750이다.

26 정답 | ①

풀이 | GNSS측량의 특징

- 기상상태와 지형여건에 관계없이 관측이 가능하다.
- 장거리 및 야간에도 편리하게 관측이 가능하다.
- 측점 간 시통에 영향을 받지 않고 1인 관측이 가능하다.
- 위성시야각이 15° 이상 확보되어야 관측의 장애를 받지 않는다.
- 전리층 영향을 보정해야 한다.
- 고압선 등 전파의 영향 및 고층건물·수목 등의 장애를 받는다.

27 정답 | ③

풀이 | 축척비 $= \dfrac{1,000}{500} = 2 \rightarrow$ 면적비 $= 2 \times 2 = 4$매

28 정답 | ③

풀이 | 사진축척 $(M) = \dfrac{1}{m} = \dfrac{f}{H} \rightarrow m = \dfrac{6,000}{0.15} = 40,000$

(m : 축척분모, f : 렌즈의 초점거리, H : 촬영고도)

사진의 실제면적 $(A) = (ma)^2 = (40,000 \times 0.18)^2$

$= 51.8$km^2

29 정답 | ②

풀이 | 지상의 기복변위 $(\triangle r) = \dfrac{h}{H} \cdot r = \dfrac{100}{10,000} \times 400 = 4$

(h : 비고, H : 비행촬영고도, r : 주점에서 측정점까지의 거리)

$\dfrac{1}{m} = \dfrac{l}{L}$

$\rightarrow$ 사진상 거리 $(l) = \dfrac{\text{지상거리}}{\text{축척분모}}$

$= \dfrac{4}{5,000} = 0.0008$m $= 0.8$mm

30 정답 | ②

풀이 | 수준측량에서 기고식은 기계고를 이용하여 표고를 정하며, 도로의 종횡단측량처럼 중간점이 많을 때 편리하게 사용되는 야장기입법이다. 고차식은 전시 합과 후시 합의 차로서 고저차를 구하는 방법으로 시작점과 최종점 간의 고저차나 지반고를 계산하는 것이 주목적이며 중간의 지반고를 구할 필요가 없을 때 사용한다. 승강식은 높이차(전시−후시)를 현장에서 계산하여 작성하며 정확도가 높은 측량에 적합(중간점이 많을 때에는 계산이 복잡하고 시간이 많이 소요됨)하다.

31 정답 | ④

풀이 | GPS는 24개의 위성(항법 사용 21 + 예비용 3)이 고도 20,200km 상공에서 12시간을 주기로 지구 주위를 돌고 있으며, 6개 궤도면은 지구의 적도면과 55°의 각도를 이루고 있다.

32 정답 | ②

풀이 | 등고선의 종류

(단위 : m)

등고선의 종류	등고선의 간격			
	1/5,000	1/10,000	1/25,000	1/50,000
계곡선	25	25	50	100
주곡선	5	5	10	20
간곡선	2.5	2.5	5	10
조곡선	1.25	1.25	2.5	5

3 정답 | ③

풀이 | $\angle ICD = 180° - \angle ACD = 30°$,

$\angle IDC = 180° - \angle CDB = 90°$,

$\angle CID = 180° - (30° + 90°) = 60°$

$\therefore$ 교각$(I) = 180° - 60° = 120°$

4 정답 | ③

풀이 | 접선길이(T.L) $= R \cdot \tan \dfrac{I}{2}$

$= 300 \times \tan \dfrac{38°\,08'}{2}$

$= 103.69\text{m}$

곡선시점(B.C)의 위치 $=$ 총연장 $-$ T.L

$= 418.25\text{m} - 103.689\text{m}$

$= 314.561\text{m}$

$\rightarrow$ No.$15 + 14.561\text{m}$

$\therefore$ 시단현 거리$(l_1) = 20 - 14.561 = 5.439\text{m}$

5 정답 | ②

풀이 | 터널 내외 연결측량에서 한 개의 수직터널로 연결할 경우에는 수직터널에 2개의 추를 달아서 연직면을 정하고, 방위각을 지상에서 관측하여 터널 내 측량으로 연결한다. 2개의 수직터널로 연결할 경우에는 트래버스측량(다각측량)을 실시하고 그 측량 결과로부터 지상측량과 터널 내 측량을 연결한다.

6 정답 | ②

풀이 | $\dfrac{\Delta l}{l} = \dfrac{\theta}{\rho''}$

$\rightarrow$ 수평각 오차$(\theta) = \dfrac{\Delta l}{l} \times 206,265''$

$= \dfrac{0.005}{130} \times 206,265'' \fallingdotseq 8''$

7 정답 | ④

풀이 | 지오이드면은 평균해수면을 나타내며 지각 배부 밀도의 불균일로 타원체면에 대하여 다소의 기복이 있는 불규칙한 면이다.

8 정답 | ②

풀이 | 경중률은 관측거리에 반비례하므로,

경중률 $P_1 : P_2 : P_3 = \dfrac{1}{S_1} : \dfrac{1}{S_2} : \dfrac{1}{S_3} = \dfrac{1}{3} : \dfrac{1}{5} : \dfrac{1}{2}$

$= 10 : 6 : 15$

최확값 $P_0 = \dfrac{P_1 l_1 + P_2 l_2 + P_3 l_3}{P_1 + P_2 + P_3}$

$= 10 + \dfrac{10 \times 0.15 + 6 \times 0.16 + 15 \times 0.18}{10 + 6 + 15}$

$= 10.166\text{m}$

39 정답 | ④

풀이 | 구조적 요인에 의한 거리오차에는 위성궤도오차, 위성시계오차, 안테나의 구심오차, 전리층 및 대류권 전파지연오차 등이 있다.

40 정답 | ②

풀이 | 클로소이드 곡선은 곡률이 곡선장에 비례하는 곡선으로서 나선의 일종이다. 자동차가 일정속도로 달리고 그 앞바퀴의 회전속도를 일정하게 유지할 경우 그리는 운동궤적은 클로소이드가 되며 고속주행도로에 적합하다.

41 정답 | ③

풀이 | 중앙의 통제권 강화가 아닌 시·도 분산시스템 상호 간 또는 중앙시스템 간 인터페이스의 완전 확보가 목적이다.

42 정답 | ②

풀이 | PBLIS는 토지기록 전산화사업과 지적도면 전산화사업 이후에 지적도 등 도형정보와 토지대장 등 속성정보의 통합관리시스템으로 구축되었다.

43 정답 | ①

풀이 | 버퍼분석은 점, 선 또는 다각형을 기준으로 특정한 지역을 설정하여, 해당 지역 내에 있는 모든 자료에 대한 검색, 질의 등을 수반한 분석방법이다.

44 정답 | ③

풀이 | 데이터베이스관리시스템(DBMS)의 장단점

- 장점 : 데이터의 독립성, 데이터의 공유, 데이터의 중복성 배제, 데이터의 일관성 유지, 데이터의 무결성, 데이터의 보안성, 데이터의 표준화, 통제의 집중화, 응용의 용이성, 직접적인 사용자 접근 가능, 효율적인 자료 분리 가능 등
- 단점 : 고가의 장비 및 운용비용 부담, 시스템의 복잡성, 중앙집중식 구조의 위험성 등

45 정답 | ②

풀이 | 필지중심 토지정보시스템(PBLIS)은 지적공부관리시스템, 지적측량시스템, 지적측량성과 작성시스템으로 구성되어 상호 유기적으로 운영된다.

46 정답 | ③
풀이 | 고유번호
전국을 단위로 하나의 필지에 하나의 번호를 부여하는 가변성 없는 번호로서 행정구역코드 10자리(시·도 2자리, 시·군·구 3자리, 읍·면·동 3자리, 리 2자리)와 대장구분 1자리 및 지번표시 8자리(본번 4자리, 부번 4자리) 등 총 19자리로 구성되어 있다.

47 정답 | ③
풀이 | SQL((Structured Query Language, 구조화 질의어)
데이터베이스로부터 정보를 얻거나 갱신하기 위한 표준 대화식 프로그래밍 언어이다. 관계형 데이터베이스 관리시스템에서 자료의 검색과 관리, 데이터베이스 스키마 생성과 수정, 데이터베이스 객체 접근 조정 관리를 위해 고안되었다.

③ ISO 8211에 근거한 정보처리체계와 코딩 규칙을 갖는 것은 SDTS(Spatial Data Transfer Standard, 공간자료교환표준)이다.

48 정답 | ④
풀이 | 래스터데이터의 저장구조인 자료압축 방법에는 런렝스코드(Run-length Code, 연속분할코드) 기법, 체인코드(Chain Code) 기법, 블록코드(Block Code) 기법, 사지수형(Quadtree) 기법, R-tree 기법 등이 있다. 이 중 런렝스코드 기법은 래스터데이터의 각 행마다 왼쪽에서 오른쪽으로 진행하면서 동일한 수치값을 갖는 셀들을 묶어 압축시키는 방법이다.

49 정답 | ①
풀이 | 파일포맷 형식
• 벡터파일 형식 : AutoCAD의 DWG/DXF, ArcView의 SHP(SHAPE)/SHX/DBF, Arcinfo의 E00, MicroStation의 ISFF, Mapinfo의 MID/MIF, Coverage, DLG, VPF, DGN, IGES, HPGL, TIGER
• 래스터파일 형식 : TIFF, BMP, PCX, GIF, JPG, JPEG, DEM, GeoTIFF, BIIF, ADRG, BSQ, BIL, BIP, ERDAS, IMAGINE, GRASS, NIFF, RLC

50 정답 | ②
풀이 | 위상관계는 공간상에서 대상물들의 위치나 관계를 나타내는 것으로서 연결성(Connectivity), 인접성(Adjacency), 포함성(Containment) 등의 관점에서 묘사되며 다양한 공간분석이 가능하다. 이 중 연결성은 서로 연결된 지역의 공간객체들의 특징을 파악하고 두 개 이상의 객체가 연결되어 있는지를 판단하는 기법으로 경로선정, 자원배분 등과 밀접하고 연속성 분석, 근접

성 분석, 관망(네트워크) 분석 등이 포함된다.

51 정답 | ④
풀이 | 상대적으로 자료구조가 단순하며 체인코드, 블록코드 등의 방법에 의한 자료의 압축효율이 우수한 것은 래스터데이터이다.

52 정답 | ③
풀이 | 데이터베이스 언어에는 데이터 정의어(DDL), 데이터 조작어(DML), 데이터 제어어(DCL) 등이 있다. 이 중 데이터 조작어는 사용자가 데이터베이스에 접근하여 데이터를 처리할 수 있는 데이터 언어이며 데이터베이스에 저장된 자료에 대해 검색(SELECT), 삽입(INSERT), 삭제(DELETE), 갱신(UPDATE) 등의 기능이 있다.

53 정답 | ③
풀이 | 지리정보시스템의 자료 구축 시 발생하는 오차에는 절대위치자료 생성 시 기준점의 오차, 디지타이징 시 발생되는 오차, 좌표변환 시 투영법에 따른 오차, 자료처리 시 발생하는 오차 등이 있다.

54 정답 | ④
풀이 | 디지타이징 및 벡터데이터 편집 시 오류 유형
• 오버슈트(Overshoot) : 어떤 선분까지 그려야 하는데 그 선분을 지나쳐 그려진 경우
• 언더슈트(Undershoot) : 어떤 선이 다른 선과의 교차점까지 연결되어야 하는데 완전히 연결되지 못하고 선이 끝나는 경우
• 스파이크(Spike) : 교차점에서 두 선이 만나거나 연결되는 과정에서 주변 자료의 값보다 월등하게 크거나 작은 값을 가진 돌출된 선
• 슬리버 폴리곤(Sliver Polygon) : 하나의 선으로 입력되어야 할 곳에서 두 개의 선으로 입력되어 불필요한 가늘고 긴 폴리곤

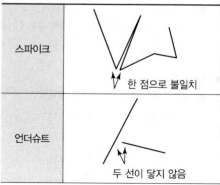

스파이크	한 점으로 불일치
언더슈트	두 선이 닿지 않음

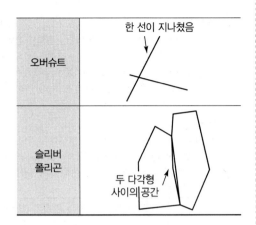

| 오버슈트 | 한 선이 지나쳤음 |
| 슬리버 폴리곤 | 두 다각형 사이의 공간 |

정답 | ④
풀이 | 디지타이징은 디지타이저(좌표독취기)를 이용하여 도면상의 점, 선, 면(영역)을 사람이 직접 입력하는 방법이다. 디지타이징에 의하여 벡터자료를 입력한다.

정답 | ①
풀이 | 측량결과파일(*.dat)은 지적측량성과작성시스템에서 생성되며 지적측량검사 요청을 할 경우에는 토지이동정리파일로서 지적도면 정리에도 이용된다.

정답 | ①
풀이 | 관계형 데이터베이스의 특성
- 데이터의 독립성이 높고, 높은 수준의 데이터 조작언어를 사용한다.
- 데이터의 결합·제약·투영 등의 관계조작에 의해 표현능력을 극대화시킬 수 있고 자유롭게 구조를 변경할 수 있다.
- 2차원 테이블 형태의 논리적 구조를 가지고 있으며 가장 많이 사용되는 구조이다.
- 시스템 최적화를 위한 질의 유형을 사전에 정의할 필요가 없어 데이터의 갱신이 용이하고 융통성을 증대시킨다.
- 모형의 구조가 단순하여 사용자와 프로그래머 간의 의사소통을 원활히 할 수 있고 시스템 설계가 용이하다.
- 높은 성능의 시스템 구성을 필요로 하며, 시스템 설계가 미숙할 경우 문제점이 크게 발생한다.

정답 | ④
풀이 | 공간데이터 모델링은 현실세계를 추상화하여 데이터베이스화하는 과정으로서 그 절차는 개념적 모델링, 논리적 모델링, 물리적 모델링 순이다.

59 정답 | ①
풀이 | 문제 52번 해설 참조

60 정답 | ①
풀이 | 분산형 데이터베이스시스템보다 집중형 데이터베이스 시스템이 자료관리에 있어서 경제적이다.

61 정답 | ②
풀이 | 지적제도는 토지등기의 기초, 토지평가의 기준, 토지과세의 기준, 토지거래의 기준, 토지이용계획의 기초 등의 역할을 하며, 특히 토지등기의 기초는 공시제도로서 지적의 중요한 기능이다.

62 정답 | ②
풀이 | 지적제도의 분류방법에는 발전과정에 따른 분류(세지적·법지적·다목적지적), 표시방법(측량방법)에 따른 분류(도해지적·수치지적) 및 등록대상(등록방법)에 따른 분류(2차원 지적·3차원 지적)가 있다.

63 정답 | ③
풀이 | 경계불가분의 원칙은 토지의 경계는 유일무이하여 어느 한쪽의 필지에만 전속되는 것이 아니고 연접한 토지에 공통으로 작용되기 때문에 이를 분리할 수 없다는 개념으로, 토지의 경계선은 위치와 길이만 있을 뿐 넓이와 크기가 존재하지 않는다는 원칙이다.

64 정답 | ③
풀이 | 토렌스시스템은 오스트레일리아의 로버트 토렌스(Robert Torrens)에 의하여 창안되었으며, 토지의 권원(Title)을 등록하고 피해자가 발생할 경우 국가가 보상을 책임지며, 사실심사권을 가지고 토지의 권원을 조사하여 등록된 토지등록부는 공신력이 있다.

65 정답 | ④
풀이 | 지적불부합지가 미치는 영향에는 사회적 영향으로 토지분쟁의 증가, 토지 거래질서의 문란, 국민 권리행사의 지장, 권리 실체 인정의 부실 초래 등이 있고, 행정적 영향으로 지적행정의 불신 초래, 토지이동정리의 정지, 지적공부의 증명발급 곤란, 토지과세의 부적정, 부동산등기의 지장 초래, 공공사업 수행의 지장, 소송 수행의 지장 등이 있다.

66 정답 | ①
풀이 | 소극적 등록제도에서는 토지의 등록의무는 없고 신청에 의하지만 적극적 등록제도에서 토지의 등록은 강제적이고 의무적이다.

67 정답 | ②

풀이 | 지적의 3대 구성요소
- 광의적 개념 : 소유자, 권리, 필지
- 협의적 개념 : 토지, 등록, 공부

68 정답 | ④

풀이 | 현대지적의 특성에는 역사성과 영구성, 반복민원성, 전문기술성, 서비스성과 윤리성, 정보원 등이 있다.

69 정답 | ①

풀이 | 지적의 구성요소
- 외부 요소 : 지리적 요소, 법률적 요소, 사회 · 정치 · 경제적 요소
- 내부 요소 : 토지, 등록, 공부(협의적 개념) 또는 소유자, 권리, 필지(광의적 개념)

70 정답 | ④

풀이 | 일필지조사의 내용에는 지주의 조사, 강계 및 지역의 조사, 지목의 조사, 증명 및 등기필지의 조사, 각종 특별조사 등이 있다.

71 정답 | ③

풀이 | 토지에 이동이 있는 경우에는 토지소유자가 지적소관청에 신고하고 지적소관청에서는 "토지검사"를 실시하여 신고 또는 신청사항을 확인하였다. 토지소유자의 신고가 없는 경우 지적소관청이 무신고 이동지를 조사 · 발견할 목적으로 실시한 토지검사를 "지압조사"라고 하여 일반 토지검사와 구별하였다.

72 정답 | ①

풀이 | • 문기(文記) : 조선시대에 토지 및 가옥을 매수 또는 매도할 때 작성한 매매 계약서를 말하며 "명문 문권"이라고도 한다.
- 양안(전안) : 토지대장, 입안은 등기권리증과 같은 역할을 하였다.
- 양전 : 현대의 지적측량과 같다.

73 정답 | ③

풀이 | 토지조사사업의 사정은 토지의 소유자 및 그 강계를 확정하는 행정처분으로서 지방토지조사위원회의 자문을 받아 당시 임시토지조사국장이 사정을 실시하였으며, 사정에 불복하는 자는 공시기간(30일) 만료 후 60일 이내에 고등토지조사위원회에 이의를 제기하여 재결을 요청할 수 있도록 하였고 재결 시 효력 발생일을 사정일로 소급하였다.

74 정답 | ②

풀이 | • 다목적지적의 3대 기본요소 : 측지기준망, 기본지적도
- 다목적지적제도의 5대 구성요소 : 측지기준망, 기도, 지적중첩도, 필지식별자, 토지자료파일

75 정답 | ②

풀이 | 지번이란 지리적 위치의 고정성과 토지의 특정화, 별성을 확보하기 위해 리/동의 단위로 필지마다 이비아 숫자를 순차적으로 부여하여 지적공부에 등록번호를 말한다.

지번의 역할	지번의 기능(특성)
• 장소의 기준 • 물권표시의 기준 • 공간계획의 기준	• 토지의 고정화 • 토지의 특정화 • 토지의 개별화 • 토지의 식별화 • 토지위치의 확인 • 행정주소 표기, 토지이용의 편리성 • 토지관계 자료의 연매체 기능

② 토지이용 구분은 지목의 역할에 해당한다.

76 정답 | ②

풀이 | 우리나라는 토지를 중심으로 지적공부를 작성하는적 편성주의를 따르고 있다.

77 정답 | ②

풀이 | 일제 조선총독부는 1912년 3월 22일 조선부동산증령을 공포하였으며, 소유권과 전당권에 대하여 증명였다.

78 정답 | ③

풀이 | 조선시대의 전(田)의 형태
- 방전(方田) : 사방의 길이가 같은 정사각형 모양전답
- 직전(直田) : 직사각형의 전답
- 구고전(句股田) : 직각삼각형으로 된 전답
- 규전(圭田) : 삼각형의 전답
- 제전(梯田) : 사다리꼴의 전답

方田　　　直田　　　句股田　　　圭田　　　梯田

CBT 정답 및 해설

9 정답 | ③
풀이 | 형식적 심사주의는 등기제도에서 채택하고 있다.

0 정답 | ②
풀이 | 포락지(消落地)와 이생지(浪生地)
- 과거 하천 연안의 토지가 홍수 등으로 멸실되어 하천부지가 되는 경우 이를 "포락지"라 하고, 그 하류 또는 대안에 새로운 토지가 생긴 경우 이를 "이생지"라고 한다.
- 멸실한 토지의 소유자가 새로 생긴 토지의 소유권을 얻는 관습이 있는데 이를 "포락이생"이라 한다.
- 대전회통에 따르면 포락지는 면세하고 이생지는 과세한다.

1 정답 | ①
풀이 | 국가 또는 지방자치단체가 업무수행에 필요하여 지적공부의 열람 및 등본 발급을 신청하는 경우와 지적측량업무에 종사하는 측량기술자가 그 업무와 관련하여 지적공부를 열람하는 경우에는 수수료를 면제한다.

2 정답 | ③
풀이 | 성능검사대행자의 등록취소 사항에는 거짓이나 그 밖의 부정한 방법으로 등록을 한 경우, 다른 사람에게 자기의 성능검사대행자 등록증을 빌려 주거나 자기의 성명 또는 상호를 사용하여 성능검사대행업무를 수행하게 한 경우, 거짓이나 부정한 방법으로 성능검사를 한 경우, 업무정지기간 중에 계속하여 성능검사대행업무를 한 경우 등이 있다. ①, ②, ④의 경우에는 성능검사대행자의 등록을 취소하거나 1년 이내의 기간을 정하여 업무정지 처분을 할 수 있다.

3 정답 | ④
풀이 | 타인의 토지 등에 출입하려는 자는 관할 특별자치시장, 특별자치도지사, 시장·군수 또는 구청장의 허가를 받아야 하며, 출입하려는 날의 3일 전까지 해당 토지 등의 소유자·점유자 또는 관리인에게 그 일시와 장소를 통지하여야 한다(행정청인 자는 허가받지 않고 출입 가능).

4 정답 | ②
풀이 | 분할에 따른 지번부여
분할 후의 필지 중 1필지의 지번은 분할 전의 지번으로 하고, 나머지 필지의 지번은 본번의 최종 부번 다음 순번으로 부번을 부여한다(이 경우 주거·사무실 등의 건축물이 있는 필지에 대해서는 분할 전의 지번을 우선하여 부여하여야 한다). 따라서 지번이 100, 100−1, 100−2, 100−3인 경우 분할 시 100, 100−4로 한다.

85 정답 | ④
풀이 | 지적도 및 임야도에 등록된 필지가 면적의 증감 없이 경계의 위치만 잘못된 경우에는 직권정정이 가능하다.

86 정답 | ④
풀이 | 지적측량수행자의 손해배상 보장기준
- 지적측량업자 : 보장기간 10년 이상 및 보증금액 1억 원 이상
- 한국국토정보공사 : 보증금액 20억 원 이상의 보증보험

87 정답 | ②
풀이 | 지적측량수행자가 지적측량을 실시한 경우에는 경계복원측량 및 지적현황측량을 제외하고는 시·도지사, 대도시 시장(「지방자치법」 제198조에 따른 서울특별시·광역시 및 특별자치시를 제외한 인구 50만 명 이상의 시의 시장) 또는 지적소관청으로부터 측량성과에 대한 검사를 받아야 한다.

88 정답 | ④
풀이 | ① 위원은 지적에 관한 학식과 경험이 풍부한 자 중에서 국토교통부장관이 임명하거나 위촉하며, 임기는 2년이다.
② 위원장은 국토교통부 지적업무 담당국장, 부위원장은 국토교통부 지적업무 담당과장으로 구성한다.
③ 위원장, 부위원장 각 1명을 포함하여 5명 이상 10명 이하의 위원으로 구성한다.

89 정답 | ②
풀이 | 신규등록의 신청서류
- 법원의 확정판결서 정본 또는 사본
- 준공검사확인증 사본
- 도시계획구역의 토지를 그 지방자치단체의 명의로 등록하는 때에는 기획재정부장관과 협의한 문서의 사본
- 그 밖에 소유권을 증명할 수 있는 서류

90 정답 | ④
풀이 | • 위원장은 위원 중에서 지적소관청이 지명하고, 위원은 해당 축척변경 시행지역의 토지소유자로서 지역사정에 정통한 사람과 지적에 관하여 전문지식을 가진 사람 중에서 지적소관청이 위촉한다.
• 축척변경위원회는 5명 이상 10명 이하의 위원으로 구성하되, 위원의 2분의 1 이상을 토지소유자로 하여야 한다(축척변경 시행지역의 토지소유자가 5명 이하일 때에는 토지소유자 전원을 위원으로 위촉).

91 정답 | ④

풀이 | 세부측량에서 면적측정의 대상에는 지적공부의 복구 · 신규등록 · 등록전환 · 분할 · 축척변경, 등록사항 정정에 따른 면적의 정정, 도시개발사업 등으로 인한 새로운 토지표시의 결정, 경계복원측량 및 지적현황측량에 수반되는 면적측정 등이 있다.

92 정답 | ②

풀이 | 다른 사람에게 측량업등록증 또는 측량업등록수첩을 빌려주거나 자기의 성명 또는 상호를 사용하여 측량업무를 하게 한 자는 1년 이하의 징역 또는 1천만 원 이하의 벌금에 처한다.

93 정답 | ④

풀이 | 지상경계설정의 기준

- 토지가 해면 또는 수면에 접하는 경우 : 최대만조위 또는 최대만수위가 되는 선
- 연접되는 토지 간에 높낮이 차이가 있는 경우 : 그 구조물 등의 하단부
- 도로 · 구거 등의 토지에 절토(切土)된 부분이 있는 경우 : 그 경사면의 상단부
- 공유수면매립지의 토지 중 제방 등을 토지에 편입하여 등록하는 경우 : 바깥쪽 어깨부분
- 연접되는 토지 간에 높낮이 차이가 없는 경우 : 그 구조물 등의 중앙

94 정답 | ②

풀이 | 합병을 신청할 수 없는 토지에는 ①, ③, ④ 외에 합병하려는 토지의 지번부여지역, 지목 또는 소유자가 서로 다른 경우, 소유권 · 지상권 · 전세권 또는 임차권의 등기 외의 등기가 있는 경우, 승역지에 대한 지역권의 등기 외의 등기가 있는 경우, 합병하려는 토지의 지적도 및 임야도의 축척이 서로 다른 경우 등이 있다.

95 정답 | ①

풀이 | 토지의 소유자가 변경된 경우에는 분할을 신청할 필요가 없으며, 토지의 일부에 대한 소유권이 변경된 경우에는 분할이 필요하다.

96 정답 | ④

풀이 | 손해배상금 지급 청구에 필요한 첨부서류

- 지적측량의뢰인과 지적측량수행자 간의 손해배상의서 또는 화해조서
- 확정된 법원의 판결문 사본
- 그에 준하는 효력이 있는 서류

97 정답 | ②

풀이 | 지상경계점에 경계점표지를 설치하여 측량할 수 있는 경우에는 ①, ③, ④ 외에 공공사업 등에 따라 학교지 등으로 되는 토지의 사업시행자와 행정기관의 장 또는 지방자치단체의 장이 토지를 취득하기 위하여 분할하려는 경우, 도시 · 군관리계획 결정고시와 지형도고시가 된 지역의 도시 · 군관리계획선에 따라 토지를 분할하려는 경우, 소유권이전 · 매매 등을 위해 필요한 경우 또는 토지이용상 불합리한 지상경계를 시정하기 위해 토지를 분할하려는 경우 등이 있다.

98 정답 | ①

풀이 | "토지의 이동"이란 토지의 표시를 새로이 정하거나 변경 또는 말소하는 것을 말한다. ②, ③, ④ 외에 토지소유권자의 변경, 토지소유자의 주소변경, 토지등급의 변경은 토지의 이동에 해당하지 아니한다.

99 정답 | ②

풀이 | 지적측량수행자의 성실의무에는 ①, ③, ④ 외에 "지적측량수행자는 본인, 배우자 또는 직계 존속 · 비속이 소유한 토지에 대한 지적측량을 하여서는 아니 된다." 등이 있다.

100 정답 | ①

풀이 | 관측한 측정점의 오른쪽 상단에는 측정거리를 표시하여야 한다. 다만, 소축척 등으로 식별이 불가능한 때에는 방향선과 측정거리를 생략할 수 있다.

02회 실전점검!
CBT 실전모의고사

수험번호:

수험자명:

제한 시간 : 150분
남은 시간 :

글자
크기 100% 150% 200%

화면
배치

전체 문제 수 :
안 푼 문제 수 :

답안 표기란

1	①	②	③	④
2	①	②	③	④
3	①	②	③	④
4	①	②	③	④
5	①	②	③	④
6	①	②	③	④
7	①	②	③	④
8	①	②	③	④
9	①	②	③	④
10	①	②	③	④
11	①	②	③	④
12	①	②	③	④
13	①	②	③	④
14	①	②	③	④
15	①	②	③	④
16	①	②	③	④
17	①	②	③	④
18	①	②	③	④
19	①	②	③	④
20	①	②	③	④
21	①	②	③	④
22	①	②	③	④
23	①	②	③	④
24	①	②	③	④
25	①	②	③	④
26	①	②	③	④
27	①	②	③	④
28	①	②	③	④
29	①	②	③	④
30	①	②	③	④

1과목 지적측량

01 배각법에 의한 지적도근점측량을 실시한 결과, 출발방위각이 $47°32'52''$, 변의 수가 11, 도착방위각이 $251°24'20''$, 관측값의 합이 $2,003°50'40''$일 때 측각오차는?

① 38초
② -38초
③ 48초
④ -48초

02 기지점 A를 측점으로 하고 전방교회법으로 다른 기지에 의하여 평판을 표정하는 측량방법은?

① 방향선법
② 원호교회법
③ 측방교회법
④ 후방교회법

03 평판측량방법에 따라 측정한 경사거리가 30m, 앨리데이드의 경사분획이 $+15$였다면 수평거리는?

① 28.0m
② 29.7m
③ 30.6m
④ 31.6m

04 가구 정점 P의 좌표를 구하기 위한 길이 l은?(단, $\overline{AP} = \overline{BP}$, $L = 10\text{m}$, $\theta = 68°$)

① 5.39m
② 6.03m
③ 8.94m
④ 13.35m

05 교회법에 의한 지적삼각보조점측량에서 2개의 삼각형으로부터 계산한 위치의 연결교차값의 한계는?

① 0.30m 이하
② 0.40m 이하
③ 0.50m 이하
④ 0.60m 이하

계산기

다음 ▶

안 푼 문제

답안 제출

02 회 실전점검!
CBT 실전모의고사

수험번호 :

수험자명 :

제한 시간 : 150분
남은 시간 :

글자
크기 100% 150% 200%   화면배치

전체 문제 수 :
안 푼 문제 수 :

답안 표기란

1	① ② ③ ④
2	① ② ③ ④
3	① ② ③ ④
4	① ② ③ ④
5	① ② ③ ④
6	① ② ③ ④
7	① ② ③ ④
8	① ② ③ ④
9	① ② ③ ④
10	① ② ③ ④
11	① ② ③ ④
12	① ② ③ ④
13	① ② ③ ④
14	① ② ③ ④
15	① ② ③ ④
16	① ② ③ ④
17	① ② ③ ④
18	① ② ③ ④
19	① ② ③ ④
20	① ② ③ ④
21	① ② ③ ④
22	① ② ③ ④
23	① ② ③ ④
24	① ② ③ ④
25	① ② ③ ④
26	① ② ③ ④
27	① ② ③ ④
28	① ② ③ ④
29	① ② ③ ④
30	① ② ③ ④

06 지상경계를 결정하는 기준에 관한 설명으로 옳지 않은 것은?

① 토지가 해면 또는 수면에 접하는 경우 : 평균해수면

② 연접되는 토지 간에 높낮이 차이가 있는 경우 : 그 구조물 등의 하단부

③ 도로 · 구거 등의 토지에 절토(切土)된 부분이 있는 경우 : 그 경사면의 상단부

④ 공유수면매립지의 토지 중 제방 등을 토지에 편입하여 등록하는 경우 : 바깥쪽 어깨부분

07 다음 중 지적도근점측량을 필요로 하지 않는 경우는?

① 축척변경을 위한 측량을 하는 경우

② 대단위 합병을 위한 측량을 하는 경우

③ 도시개발사업 등으로 인하여 지적확정측량을 하는 경우

④ 측량지역의 면적이 해당 지적도 1장에 해당하는 면적 이상인 경우

08 「지적측량 시행규칙」에서 정하고 있는 지적삼각보조점성과표 및 지적도근점성과표에 기록 · 관리하는 사항으로 틀린 것은?

① 자오선수차   ② 표지의 재질

③ 도선등급 및 도선명   ④ 번호 및 위치의 약도

09 일반지역에서 축척이 1/6,000인 임야도의 지상 도곽선 규격(종선×횡선)으로 옳은 것은?

① 500m×400m   ② 1,200m×1,000m

③ 1,250m×1500m   ④ 2,400m×3,000m

10 지적도의 도곽선수치는 원점으로부터 각각 얼마를 가산하여 사용할 수 있는가? (단, 제주도 지역은 제외한다.)

① 종선 50만 m, 횡선 20만 m   ② 종선 55만 m, 횡선 20만 m

③ 종선 20만 m, 횡선 50만 m   ④ 종선 20만 m, 횡선 55만 m

계산기   다음 ▶   안 푼 문제   답안 제출

실전점검!
02회
CBT 실전모의고사

수험번호 :

수험자명 :

제한 시간 : 150분
남은 시간 :

글자
크기 100% 150% 200%

화면
배치

전체 문제 수 :
안 푼 문제 수 :

11 지적도근점의 각도관측 시 배각법을 따르는 경우 오차의 배분방법으로 옳은 것은?

① 측선장에 비례하여 각 측선의 관측각에 배분한다.

② 변의 수에 비례하여 각 측선의 관측각에 배분한다.

③ 측선장에 반비례하여 각 측선의 관측각에 배분한다.

④ 변의 수에 반비례하여 각 측선의 관측각에 배분한다.

12 지적측량이 수반되는 토지이동 사항으로 모두 올바르게 짝지어진 것은?

① 분할, 합병, 등록전환

② 등록전환, 신규등록, 분할

③ 분할, 합병, 신규등록, 등록전환

④ 지목변경, 등록전환, 분할, 합병

13 9개의 도선을 3개의 교점으로 연결한 복합형 다각망의 오차방정식을 편성하기 위한 최소조건식의 수는?

① 3개   ② 4개

③ 5개   ④ 6개

14 각측정 기계의 기계오차 소거방법에서 망원경을 정·반으로 관측하여 소거할 수 없는 오차는?

① 수평축오차   ② 시준축오차

③ 연직축오차   ④ 시준축 편심오차

15 평판측량방법에 따른 세부측량을 할 경우 거리측정단위로 옳은 것은?

① 지적도를 갖춰 두는 지역 : 1cm, 임야도를 갖춰 두는 지역 : 10cm

② 지적도를 갖춰 두는 지역 : 1cm, 임야도를 갖춰 두는 지역 : 50cm

③ 지적도를 갖춰 두는 지역 : 5cm, 임야도를 갖춰 두는 지역 : 10cm

④ 지적도를 갖춰 두는 지역 : 5cm, 임야도를 갖춰 두는 지역 : 50cm

1	①	②	③	④
2	①	②	③	④
3	①	②	③	④
4	①	②	③	④
5	①	②	③	④
6	①	②	③	④
7	①	②	③	④
8	①	②	③	④
9	①	②	③	④
10	①	②	③	④
11	①	②	③	④
12	①	②	③	④
13	①	②	③	④
14	①	②	③	④
15	①	②	③	④
16	①	②	③	④
17	①	②	③	④
18	①	②	③	④
19	①	②	③	④
20	①	②	③	④
21	①	②	③	④
22	①	②	③	④
23	①	②	③	④
24	①	②	③	④
25	①	②	③	④
26	①	②	③	④
27	①	②	③	④
28	①	②	③	④
29	①	②	③	④
30	①	②	③	④

계산기   다음 ▶   안 푼 문제   답안 제출

02회 실전점검!
CBT 실전모의고사

수험번호 :
수험자명 :

제한 시간 : 150분
남은 시간 :

글자
크기 100% 150% 200%

화면
배치

전체 문제 수 :
안 푼 문제 수 :

답안 표기란

16 측량준비파일 작성 시 붉은색으로 정리하여야 할 사항이 아닌 것은?(단, 따로 규정을 둔 사항은 고려하지 않는다.)

① 경계선
② 도곽선
③ 도곽선 수치
④ 지적기준점 간 거리

17 지적삼각점측량 시 구성하는 망으로, 하천, 노선 등과 같이 폭이 좁고 거리가 긴 지역에 사용하는 삼각망으로 옳은 것은?

① 사각망
② 삼각쇄
③ 삽입망
④ 유심다각망

18 「지적업무 처리규정」상 평판측량방법으로 세부측량을 하는 때에 작성하여야 할 측량기하적으로 옳지 않은 것은?

① 측정점의 방향선 길이는 측정점을 중심으로 약 1cm로 표시한다.
② 평판점 옆에 평판이동순서에 따라 점1, 점2 – – – –으로 표시한다.
③ 측량자는 평판점을 직경 1.5mm 이상 3mm 이하의 검은색 원으로 표시한다.
④ 측량자는 평판점의 결정 및 방위표정에 사용한 기지점을 직경 1mm와 2mm의 2중 원으로 표시한다.

19 다각망도선법에 따른 지적도근점의 각도관측을 할 때, 배각법에 따르는 경우 1등 도선의 폐색오차 범위는?(단, 폐색변을 포함한 변의 수는 12이다.)

① ±65초 이내
② ±67초 이내
③ ±69초 이내
④ ±73초 이내

20 다음 중 지적삼각보조점표지의 점간거리는 평균 얼마를 기준으로 하여 설치하여야 하는가?(단, 다각도선법에 따르는 경우는 고려하지 않는다.)

① 0.5km 이상 1km 이하
② 1km 이상 3km 이하
③ 2km 이상 4km 이하
④ 3km 이상 5km 이하

1	①	②	③	④
2	①	②	③	④
3	①	②	③	④
4	①	②	③	④
5	①	②	③	④
6	①	②	③	④
7	①	②	③	④
8	①	②	③	④
9	①	②	③	④
10	①	②	③	④
11	①	②	③	④
12	①	②	③	④
13	①	②	③	④
14	①	②	③	④
15	①	②	③	④
16	①	②	③	④
17	①	②	③	④
18	①	②	③	④
19	①	②	③	④
20	①	②	③	④
21	①	②	③	④
22	①	②	③	④
23	①	②	③	④
24	①	②	③	④
25	①	②	③	④
26	①	②	③	④
27	①	②	③	④
28	①	②	③	④
29	①	②	③	④
30	①	②	③	④

계산기
다음 ▶
안 푼 문제
답안 제출

글자
크기 100% 150% 200% 화면
배치 전체 문제 수 :
안 푼 문제 수 :

2과목 응용측량

21 터널 양쪽 입구에 위치한 점 A, B의 평면 직각좌표(X, Y)가 각각 A(827.48m, 327.56m), B(263.27m, 724.35m)일 때 이 두 점을 연결하는 터널 중심선 $\overline{AB}$의 방위각은?

① 144°52′57″   ② 125°07′03″

③ 54°52′57″   ④ 35°07′03″

22 항공사진측량의 3차원 항공삼각측량 방법 중에서 공선조건식을 이용하는 해석법은?

① 블록조정법   ② 에어로 폴리곤법

③ 번들조정법   ④ 독립모델법

23 초점거리가 153mm인 카메라로 축척 1/37,000의 항공사진을 촬영하기 위한 촬영고도는?

① 2,418m   ② 3,700m

③ 5,061m   ④ 5,661m

24 터널측량에서 지상의 측량좌표와 지하의 측량좌표를 일치시키는 측량은?

① 터널 내외 연결측량   ② 지상(터널 외)측량

③ 지하(터널 내)측량   ④ 지하 관통측량

25 촬영고도 750m에서 촬영한 사진상에 철탑의 상단이 주점으로부터 70mm 떨어져 나타나 있으며, 철탑의 기복변위가 6.15mm일 때 철탑의 높이는?

① 57.15m   ② 63.12m

③ 65.89m   ④ 67.03m

1	① ② ③ ④
2	① ② ③ ④
3	① ② ③ ④
4	① ② ③ ④
5	① ② ③ ④
6	① ② ③ ④
7	① ② ③ ④
8	① ② ③ ④
9	① ② ③ ④
10	① ② ③ ④
11	① ② ③ ④
12	① ② ③ ④
13	① ② ③ ④
14	① ② ③ ④
15	① ② ③ ④
16	① ② ③ ④
17	① ② ③ ④
18	① ② ③ ④
19	① ② ③ ④
20	① ② ③ ④
21	① ② ③ ④
22	① ② ③ ④
23	① ② ③ ④
24	① ② ③ ④
25	① ② ③ ④
26	① ② ③ ④
27	① ② ③ ④
28	① ② ③ ④
29	① ② ③ ④
30	① ② ③ ④

계산기   다음 ▶   안 푼 문제   답안 제출

02회 실전점검!
CBT 실전모의고사

수험번호 :
수험자명 :

제한 시간 : 150분
남은 시간 :

글자
크기 100% 150% 200% 화면 배치

전체 문제 수 :
안 푼 문제 수 :

26 지형의 표시법 중 급경사는 굵고 짧게, 완경사는 가늘고 길게 표시하는 방법은?

① 음영법
② 영선법
③ 채색법
④ 등고선법

27 노선측량에서 단곡선의 교각이 75°, 곡선반지름이 100m, 노선 시작점에서 교점까지의 추가거리가 250.73m일 때 시단현의 편각은?(단, 중심말뚝의 거리는 20m이다.)

① 4°00′39″
② 1°43′08″
③ 0°56′12″
④ 4°47′34″

28 사진면에 직교하는 광선과 연직선이 이루는 각을 2등분하는 광선이 사진면과 만나는 점은?

① 등각점
② 주점
③ 연직점
④ 수평점

29 그림과 같은 수준측량에서 B점의 지반고는?(단, $\alpha = 13°20′30″$, A점의 지반고 $= 27.30$m, I.H(기계고) $= 1.54$m, 표척 읽음값 $= 1.20$m, AB의 수평거리 $= 50.13$m)

① 38.53m
② 38.98m
③ 39.40m
④ 39.53m

30 곡선길이 및 횡거 등에 의해 캔트를 직설적으로 체감하는 완화곡선이 아닌 것은?

① 3차 포물선
② 반파장 정현곡선
③ 클로소이드 곡선
④ 렘니스케이트 곡선

1	①	②	③	④
2	①	②	③	④
3	①	②	③	④
4	①	②	③	④
5	①	②	③	④
6	①	②	③	④
7	①	②	③	④
8	①	②	③	④
9	①	②	③	④
10	①	②	③	④
11	①	②	③	④
12	①	②	③	④
13	①	②	③	④
14	①	②	③	④
15	①	②	③	④
16	①	②	③	④
17	①	②	③	④
18	①	②	③	④
19	①	②	③	④
20	①	②	③	④
21	①	②	③	④
22	①	②	③	④
23	①	②	③	④
24	①	②	③	④
25	①	②	③	④
26	①	②	③	④
27	①	②	③	④
28	①	②	③	④
29	①	②	③	④
30	①	②	③	④

계산기   다음 ▶   안 푼 문제   답안 제출

02회 실전점검!
CBT 실전모의고사

수험번호 :

수험자명 :

제한 시간 : 150분
남은 시간 :

글자 크기 100% 150% 200%

화면 배치

전체 문제 수 :
안 푼 문제 수 :

답안 표기란

31	① ② ③ ④
32	① ② ③ ④
33	① ② ③ ④
34	① ② ③ ④
35	① ② ③ ④
36	① ② ③ ④
37	① ② ③ ④
38	① ② ③ ④
39	① ② ③ ④
40	① ② ③ ④
41	① ② ③ ④
42	① ② ③ ④
43	① ② ③ ④
44	① ② ③ ④
45	① ② ③ ④
46	① ② ③ ④
47	① ② ③ ④
48	① ② ③ ④
49	① ② ③ ④
50	① ② ③ ④
51	① ② ③ ④
52	① ② ③ ④
53	① ② ③ ④
54	① ② ③ ④
55	① ② ③ ④
56	① ② ③ ④
57	① ② ③ ④
58	① ② ③ ④
59	① ② ③ ④
60	① ② ③ ④

31 수준측량에서 전시와 후시의 시준거리를 같게 관측할 때 완전히 소거되는 오차는?

① 지구의 곡률오차

② 시차에 의한 오차

③ 수준척이 연직이 아니어서 발생되는 오차

④ 수준척의 눈금이 정확하지 않기 때문에 발생되는 오차

32 도로설계 시에 등경사 노선을 결정하려고 한다. 축척 1/5,000의 지형도에서 등고선의 간격이 5m일 때, 경사를 4%로 하려고 하면 등고선 간의 도상거리는?

① 25mm

② 33mm

③ 45mm

④ 53mm

33 항공사진측량용 카메라에 대한 설명으로 틀린 것은?

① 초광각 카메라의 피사각은 60°, 보통각 카메라의 피사각은 120°이다.

② 일반 카메라보다 렌즈 왜곡이 작으며 왜곡의 보정이 가능하다.

③ 일반 카메라와 비교하여 피사각이 크다.

④ 일반 카메라보다 해상력과 선명도가 좋다.

34 수준측량에서 발생할 수 있는 정오차인 것은?

① 전시와 후시를 바꿔 기입하는 오차

② 관측자의 습관에 따른 수평조정오차

③ 표척 눈금의 부정확으로 인한 오차

④ 관측 중 기상 상태 변화에 의한 오차

35 등고선의 성질에 대한 설명으로 틀린 것은?

① 높이가 다른 등고선은 서로 교차하거나 만나지 않는다.

② 동일한 등고선 상의 모든 점의 높이는 같다.

③ 등고선은 반드시 폐합하는 폐곡선이다.

④ 등고선과 분수선은 직각으로 교차한다.

계산기

다음 ▶

안 푼 문제

답안 제출

실전점검!
02 CBT 실전모의고사

수험번호 :

수험자명 :

제한 시간 : 150분
남은 시간 :

글자
크기 100% 150% 200% 화면
배치

전체 문제 수 :
안 푼 문제 수 :

답안 표기란

31	①	②	③	④
32	①	②	③	④
33	①	②	③	④
34	①	②	③	④
35	①	②	③	④
36	①	②	③	④
37	①	②	③	④
38	①	②	③	④
39	①	②	③	④
40	①	②	③	④
41	①	②	③	④
42	①	②	③	④
43	①	②	③	④
44	①	②	③	④
45	①	②	③	④
46	①	②	③	④
47	①	②	③	④
48	①	②	③	④
49	①	②	③	④
50	①	②	③	④
51	①	②	③	④
52	①	②	③	④
53	①	②	③	④
54	①	②	③	④
55	①	②	③	④
56	①	②	③	④
57	①	②	③	④
58	①	②	③	④
59	①	②	③	④
60	①	②	③	④

36 지구 곡률에 의한 오차인 구차에 대한 설명으로 옳은 것은?

① 구차는 거리의 제곱에 반비례한다.

② 구차는 곡률반지름의 제곱에 비례한다.

③ 구차는 곡률반지름의 제곱에 비례한다.

④ 구차는 거리제곱에 비례한다.

37 노선측량에서 일반국도를 개설하려고 한다. 측량의 순서로 옳은 것은?

① 계획조사측량 → 노선선정 → 실시설계측량 → 세부측량 → 용지측량

② 노선선정 → 계획조사측량 → 실시설계측량 → 세부측량 → 용지측량

③ 노선선정 → 계획조사측량 → 세부측량 → 실시설계측량 → 용지측량

④ 계획조사측량 → 노선선정 → 세부측량 → 실시설계측량 → 용지측량

38 단곡선측량에서 교각이 50°, 반지름이 250m인 경우에 외할(E)은?

① 10.12m

② 15.84m

③ 20.84m

④ 25.84m

39 터널 내 두 점의 좌표가 A점(102.34m, 340.26m), B점(145.45m, 423.86m) 이고 표고는 A점 53.20m, B점 82.35m일 때 터널의 경사각은?

① 17°12′7″

② 17°13′7″

③ 17°14′7″

④ 17°15′7″

40 항공사진의 입체시에서 나타나는 과고감에 대한 설명으로 옳지 않은 것은?

① 인공적인 입체시에서 과장되어 보이는 정도를 말한다.

② 사진 중심으로부터 멀어질수록 방사상으로 발생된다.

③ 평면축척에 비해 수직축척이 크게 되기 때문이다.

④ 기선고도비가 커지면 과고감도 커진다.

계산기   다음 ▶   안 푼 문제   답안 제출

02 실전점검!
CBT 실전모의고사

수험번호 :

수험자명 :

제한 시간 : 150분
남은 시간 :

글자 크기 100% 150% 200% 화면 배치

전체 문제 수 :
안 푼 문제 수 :

3과목 **토지정보체계론**

41 도형정보에 위상을 부여할 경우 기대할 수 있는 특성이 아닌 것은?

① 저장용량을 절약할 수 있다.

② 저장된 위상정보는 빠르고 용이하게 분석할 수 있다.

③ 입력된 도형정보는 위상과 관련되는 정보를 정리하여 공간 DB에 저장하여 둔다.

④ 공간적인 관계를 구현하는 데 필요한 처리시간을 최대한 단축시킬 수 있다.

42 벡터데이터의 기본요소로 보기 어려운 것은?

① 점(Point)

② 선(Line)

③ 행렬(Matrix)

④ 폴리곤(Polygon)

43 지방자치단체가 도형정보와 속성정보인 지적공부 및 부동산종합공부 정보를 전사적으로 관리 · 운영하는 시스템은?

① 국토정보시스템

② 국가공간정보시스템

③ 한국토지정보시스템

④ 부동산종합공부시스템

44 지적전산자료의 이용 · 활용에 대한 승인권자에 해당하지 않는 자는?

① 시 · 도지사

② 지적소관청

③ 국토교통부장관

④ 국토지리정보원장

45 오버슈트(Overshoot), 언더슈트(Undershoot), 스파이크(Spike), 슬리버(Sliver) 등의 발생원인은?

① 기계적인 오차

② 속성자료를 입력할 때의 오차

③ 입력도면의 평탄성 오차

④ 디지타이징할 때의 오차

31	①	②	③	④
32	①	②	③	④
33	①	②	③	④
34	①	②	③	④
35	①	②	③	④
36	①	②	③	④
37	①	②	③	④
38	①	②	③	④
39	①	②	③	④
40	①	②	③	④
41	①	②	③	④
42	①	②	③	④
43	①	②	③	④
44	①	②	③	④
45	①	②	③	④
46	①	②	③	④
47	①	②	③	④
48	①	②	③	④
49	①	②	③	④
50	①	②	③	④
51	①	②	③	④
52	①	②	③	④
53	①	②	③	④
54	①	②	③	④
55	①	②	③	④
56	①	②	③	④
57	①	②	③	④
58	①	②	③	④
59	①	②	③	④
60	①	②	③	④

계산기   다음 ▶   안 푼 문제   답안 제출

02 실전점검!
CBT 실전모의고사

수험번호 :
수험자명 :

제한 시간 : 150분
남은 시간 :

글자 크기 100% 150% 200% 화면 배치

전체 문제 수 :
안 푼 문제 수 :

답안 표기란

31	① ② ③ ④
32	① ② ③ ④
33	① ② ③ ④
34	① ② ③ ④
35	① ② ③ ④
36	① ② ③ ④
37	① ② ③ ④
38	① ② ③ ④
39	① ② ③ ④
40	① ② ③ ④
41	① ② ③ ④
42	① ② ③ ④
43	① ② ③ ④
44	① ② ③ ④
45	① ② ③ ④
46	① ② ③ ④
47	① ② ③ ④
48	① ② ③ ④
49	① ② ③ ④
50	① ② ③ ④
51	① ② ③ ④
52	① ② ③ ④
53	① ② ③ ④
54	① ② ③ ④
55	① ② ③ ④
56	① ② ③ ④
57	① ② ③ ④
58	① ② ③ ④
59	① ② ③ ④
60	① ② ③ ④

46 지적도 전산화사업의 목적으로 옳지 않은 것은?

① 대시민서비스의 질적 향상 도모
② 지적측량 위치정확도 향상 도모
③ 토지정보시스템의 기초 데이터 활용
④ 지적도면의 신축으로 인한 원형 보관·관리의 어려움 해소

47 메타데이터(Metadata)에 대한 설명으로 옳은 것은?

① 수학적으로 데이터의 모형을 정의하는 데 필요한 구성요소다.
② 여러 변수 사이에 함수 관계를 설정하기 위하여 사용되는 매개 데이터를 말한다.
③ 데이터의 내용, 논리적 관계, 기초자료의 정확도, 경계 등 자료의 특성을 설명하는 정보의 이력서이다.
④ 토지정보시스템에 사용되는 GPS, 사진측량 등으로 얻은 위치자료를 데이터베이스화한 자료를 말한다.

48 토지정보시스템(Lend Information System) 운용에서 역점을 두어야 할 측면은?

① 민주성과 기술성
② 사회성과 기술성
③ 자율성과 경제성
④ 정확성과 신속성

49 토지정보시스템의 기본적인 구성요소와 가장 거리가 먼 것은?

① 하드웨어
② 소프트웨어
③ 보안시스템
④ 데이터베이스

50 아래 설명에서 정의하는 용어는?

> 토지의 표시와 소유자에 관한 사항, 건축물의 표시와 소유자에 관한 사항, 토지 이용 및 규제에 관한 사항, 부동산 가격에 관한 사항 등 부동산에 관한 종합정보들을 정보관리체계를 통하여 기록·저장한 것을 말한다.

① 지적공부
② 공시지가
③ 부동산종합공부
④ 토지이용계획확인서

계산기   다음 ▶   안 푼 문제   답안 제출

02회 실전점검!
CBT 실전모의고사

수험번호 :

수험자명 :

제한 시간 : 150분
남은 시간 :

51 중첩의 유형에 해당하지 않는 것은?

① 선과 점의 중첩
② 점과 폴리곤의 중첩
③ 선과 폴리곤의 중첩
④ 폴리곤과 폴리곤의 중첩

52 공간데이터의 표현 형태 중 폴리곤에 대한 설명으로 옳지 않은 것은?

① 이차원의 면적을 갖는다.
② 점, 선, 면의 데이터 중 가장 복잡한 형태를 갖는다.
③ 경계를 형성하는 연속된 선들로서 형태가 이루어진다.
④ 폴리곤 간의 공간적인 관계를 계량화하는 것은 매우 쉽다.

53 토지정보체계의 필요성에 대한 설명으로 옳지 않은 것은?

① 토지 관련 정보의 보안 강화
② 여러 대장과 도면의 효율적 관리
③ 토지권리에 대한 분석과 정보 제공
④ 토지 관련 변동자료의 신속 · 정확한 처리

54 조직 안에서 다수의 사용자들이 의사결정 지원을 위해 공동으로 사용할 수 있도록 통합 저장되어 있는 자료의 집합을 의미하는 것은?

① 데이터 마이닝
② 데이터 모델링
③ 데이터 웨어하우스
④ 관계형 데이터베이스

55 다음 중 토지정보시스템(LIS)과 가장 관련이 깊은 것은?

① 법지적
② 세지적
③ 소유지적
④ 다목적지적

31	①	②	③	④
32	①	②	③	④
33	①	②	③	④
34	①	②	③	④
35	①	②	③	④
36	①	②	③	④
37	①	②	③	④
38	①	②	③	④
39	①	②	③	④
40	①	②	③	④
41	①	②	③	④
42	①	②	③	④
43	①	②	③	④
44	①	②	③	④
45	①	②	③	④
46	①	②	③	④
47	①	②	③	④
48	①	②	③	④
49	①	②	③	④
50	①	②	③	④
51	①	②	③	④
52	①	②	③	④
53	①	②	③	④
54	①	②	③	④
55	①	②	③	④
56	①	②	③	④
57	①	②	③	④
58	①	②	③	④
59	①	②	③	④
60	①	②	③	④

계산기
다음 ▶
안 푼 문제
답안 제출

02회 실전점검!
CBT 실전모의고사

수험번호 :

수험자명 :

제한 시간 : 150분
남은 시간 :

글자
크기 100% 150% 200%

화면
배치

전체 문제 수 :
안 푼 문제 수 :

답안 표기란				
31	①	②	③	④
32	①	②	③	④
33	①	②	③	④
34	①	②	③	④
35	①	②	③	④
36	①	②	③	④
37	①	②	③	④
38	①	②	③	④
39	①	②	③	④
40	①	②	③	④
41	①	②	③	④
42	①	②	③	④
43	①	②	③	④
44	①	②	③	④
45	①	②	③	④
46	①	②	③	④
47	①	②	③	④
48	①	②	③	④
49	①	②	③	④
50	①	②	③	④
51	①	②	③	④
52	①	②	③	④
53	①	②	③	④
54	①	②	③	④
55	①	②	③	④
56	①	②	③	④
57	①	②	③	④
58	①	②	③	④
59	①	②	③	④
60	①	②	③	④

56 다음 중 스캐닝(Scanning)에 의하여 도형정보를 입력할 경우 장점으로 옳지 않은 것은?

① 작업자의 수작업이 최소화된다.

② 이미지상에서 삭제 · 수정할 수 있다.

③ 원본 도면의 손상된 정도와 상관없이 도면을 정확하게 입력할 수 있다.

④ 복잡한 도면을 입력할 때 작업시간을 단축할 수 있다.

57 부동산종합공부시스템 운영기관의 장이 지적전산자료의 유지 · 관리 업무를 원활히 수행하기 위하여 지정하는 지적전산자료관리 책임관은?

① 보수업무 담당부서의 장

② 전산업무 담당부서의 장

③ 지적업무 담당부서의 장

④ 유지 · 관리업무 담당부서의 장

58 점, 선, 면 등의 객체(Object)들 간의 공간관계가 설정되지 못한 채 일련의 좌표에 의한 그래픽 형태로 저장되는 구조로, 공간분석에는 비효율적이지만 자료구조가 매우 간단하여 수치지도를 제작하고 갱신하는 경우에는 효율적인 자료구조는?

① 래스터(Raster) 구조

② 위상(Topology) 구조

③ 스파게티(Spaghetti) 구조

④ 체인코드(Chain Codes) 구조

59 수치영상의 복잡도를 감소시키거나 영상 매트릭스의 편차를 줄이는 데 사용하는 격자기반의 일반화 과정은?

① 필터링

③ 영상재배열

② 구조의 축소

④ 모자이크 변환

60 벡터데이터 모델과 래스터데이터 모델에 대한 설명으로 틀린 것은?

① 벡터데이터 모델 : 점과 선의 형태로 표현

② 래스터데이터 모델 : 지리적 위치를 x, y좌표로 표현

③ 래스터데이터 모델 : 그리드 형태로 표현

④ 벡터데이터 모델 : 셀의 형태로 표현

계산기

다음 ▶

안 푼 문제

답안 제출

02 실전점검!
CBT 실전모의고사

수험번호 :

수험자명 :

제한 시간 : 150분
남은 시간 :

글자
크기 100% 150% 200%

화면
배치

전체 문제 수 :

안 푼 문제 수 :

답안 표기란

61	① ② ③ ④
62	① ② ③ ④
63	① ② ③ ④
64	① ② ③ ④
65	① ② ③ ④
66	① ② ③ ④
67	① ② ③ ④
68	① ② ③ ④
69	① ② ③ ④
70	① ② ③ ④
71	① ② ③ ④
72	① ② ③ ④
73	① ② ③ ④
74	① ② ③ ④
75	① ② ③ ④
76	① ② ③ ④
77	① ② ③ ④
78	① ② ③ ④
79	① ② ③ ④
80	① ② ③ ④
81	① ② ③ ④
82	① ② ③ ④
83	① ② ③ ④
84	① ② ③ ④
85	① ② ③ ④
86	① ② ③ ④
87	① ② ③ ④
88	① ② ③ ④
89	① ② ③ ④
90	① ② ③ ④

4과목 지적학

61 세지적(稅地籍)에 대한 설명으로 옳지 않은 것은?

① 면적본위로 운영되는 지적제도이다.

② 과세자료로 이용하기 위한 목적의 지적제도이다.

③ 토지 관련 자료의 최신 정보 제공 기능을 갖고 있다.

④ 가장 오랜 역사를 가지고 있는 최초의 지적제도다.

62 토지의 성질, 즉 지질이나 토질에 따라 지목을 분류하는 것은?

① 단식지목   ② 용도지목

③ 지형지목   ④ 토성지목

63 토지조사사업 당시의 지목 중 비과세지에 해당하는 것은?

① 전   ② 임야

③ 하천   ④ 잡종지

64 실제적으로 지적과 등기의 관련성을 성취시켜주는 토지등록의 원칙은?

① 공시의 원칙   ② 공신의 원칙

③ 등록의 원칙   ④ 특정화의 원칙

65 고려시대의 토지대장 중 타량성책(打量成册)의 초안 또는 각 관아에 비치된 결세 대장에 해당하는 것은?

① 전적(田籍)   ② 도전장(都田帳)

③ 준행장(遵行帳)   ④ 양전장적(量田帳籍)

계산기   다음 ▶   안 푼 문제   답안 제출

실전점검!
02회 **CBT 실전모의고사**

수험번호 :

수험자명 :

제한 시간 : 150분
남은 시간 :

글자
크기 100% 150% 200% | 화면
배치

전체 문제 수 :
안 푼 문제 수 :

답안 표기란

61	① ② ③ ④
62	① ② ③ ④
63	① ② ③ ④
64	① ② ③ ④
65	① ② ③ ④
66	① ② ③ ④
67	① ② ③ ④
68	① ② ③ ④
69	① ② ③ ④
70	① ② ③ ④
71	① ② ③ ④
72	① ② ③ ④
73	① ② ③ ④
74	① ② ③ ④
75	① ② ③ ④
76	① ② ③ ④
77	① ② ③ ④
78	① ② ③ ④
79	① ② ③ ④
80	① ② ③ ④
81	① ② ③ ④
82	① ② ③ ④
83	① ② ③ ④
84	① ② ③ ④
85	① ② ③ ④
86	① ② ③ ④
87	① ② ③ ④
88	① ② ③ ④
89	① ② ③ ④
90	① ② ③ ④

66 지적의 원리 중 지적활동의 정확성을 설명한 것으로 옳지 않은 것은?

① 서비스의 정확성 – 기술의 정확도

② 토지현황조사의 정확성 – 일필지 조사

③ 기록과 도면의 정확성 – 측량의 정확도

④ 관리 · 운영의 정확성 – 지적조직의 업무분화 정확도

67 다음 중 임야조사사업 당시 도지사가 사정한 경계 및 소유자에 대해 불복이 있을 경우 사정 내용을 번복하기 위해 필요하였던 처분은?

① 임야심사위원회의 재결

② 관할 고등법원의 확정판결

③ 고등토지조사위원회의 재결

④ 임시토지조사국장의 재사정

68 지번의 설정 이유 및 역할로 가장 거리가 먼 것은?

① 토지의 개별화

② 토지의 특정화

③ 토지의 위치 확인

④ 토지이용의 효율화

69 토지를 지적공부에 등록함으로써 발생하는 효력이 아닌 것은?

① 공증의 효력

② 대항적 효력

③ 추정의 효력

④ 형성의 효력

70 첫 문자를 지목의 부호로 정하지 않는 것으로만 구성된 것은?

① 공장용지, 주차장, 하천, 유원지

② 주유소용지, 하천, 유원지, 공원

③ 유지, 공원, 주유소용지, 학교용지

④ 학교용지, 공장용지, 수도용지, 주차장

계산기

다음 ▶

안 푼 문제

답안 제출

02 실전점검!
CBT 실전모의고사

수험번호 :
수험자명 :

제한 시간 : 150분
남은 시간 :

글자
크기   100% 150% 200%

화면
배치

전체 문제 수 :
안 푼 문제 수 :

답안 표기란

71 토지조사사업 당시 필지를 구분함에 있어 일필지의 강계(彊界)를 설정할 때, 별필로 하였던 경우가 아닌 것은?

① 특히 면적이 협소한 것
② 지반의 고저가 심하게 차이 있는 것
③ 심히 형상이 구부러지거나 협장한 것
④ 도로, 하천, 구거, 제방, 성곽 등에 의하여 자연으로 구획을 이룬 것

72 지적도에서 도곽선의 역할로 옳지 않은 것은?

① 다른 도면과의 접합 기준선이 된다.
② 도면신축량 측정의 기준선이 된다.
③ 도곽에 걸친 큰 필지의 분할 기준선이 된다.
④ 도곽 내 모든 필지의 관계 위치를 명확히 하는 기준선이 된다.

73 조선시대 양안에 기재된 사항 중 성격이 다른 하나는?

① 기주(起主)   ② 시작(時作)
③ 시주(時主)   ④ 전주(田主)

74 다음 중 일반적으로 지번을 부여하는 방법이 아닌 것은?

① 기번식   ② 문장식
③ 분수식   ④ 자유부번식

75 우리나라 근대적 지적제도의 확립을 촉진시킨 여건에 해당되지 않는 것은?

① 토지에 대한 문건의 미비
② 토지소유형태의 합리성 결여
③ 토지면적 단위의 통일성 결여
④ 토지가치 판단을 위한 자료 부족

61	①	②	③	④
62	①	②	③	④
63	①	②	③	④
64	①	②	③	④
65	①	②	③	④
66	①	②	③	④
67	①	②	③	④
68	①	②	③	④
69	①	②	③	④
70	①	②	③	④
71	①	②	③	④
72	①	②	③	④
73	①	②	③	④
74	①	②	③	④
75	①	②	③	④
76	①	②	③	④
77	①	②	③	④
78	①	②	③	④
79	①	②	③	④
80	①	②	③	④
81	①	②	③	④
82	①	②	③	④
83	①	②	③	④
84	①	②	③	④
85	①	②	③	④
86	①	②	③	④
87	①	②	③	④
88	①	②	③	④
89	①	②	③	④
90	①	②	③	④

계산기   다음 ▶   안 푼 문제   답안 제출

02회 실전점검!
CBT 실전모의고사

수험번호 :

수험자명 :

제한 시간 : 150분
남은 시간 :

글자
크기 100% 150% 200%

화면
배치

전체 문제 수 :
안 푼 문제 수 :

답안 표기란
61 ① ② ③ ④
62 ① ② ③ ④
63 ① ② ③ ④
64 ① ② ③ ④
65 ① ② ③ ④
66 ① ② ③ ④
67 ① ② ③ ④
68 ① ② ③ ④
69 ① ② ③ ④
70 ① ② ③ ④
71 ① ② ③ ④
72 ① ② ③ ④
73 ① ② ③ ④
74 ① ② ③ ④
75 ① ② ③ ④
76 ① ② ③ ④
77 ① ② ③ ④
78 ① ② ③ ④
79 ① ② ③ ④
80 ① ② ③ ④
81 ① ② ③ ④
82 ① ② ③ ④
83 ① ② ③ ④
84 ① ② ③ ④
85 ① ② ③ ④
86 ① ② ③ ④
87 ① ② ③ ④
88 ① ② ③ ④
89 ① ② ③ ④
90 ① ② ③ ④

76 다음 중 축척이 다른 2개의 도면에 동일한 필지의 경계가 각각 등록되어 있을 때 토지의 경계를 결정하는 원칙으로 옳은 것은?

① 축척이 큰 것에 따른다.
② 축척의 평균치에 따른다.
③ 축척이 작은 것에 따른다.
④ 토지소유자에게 유리한 쪽에 따른다.

77 다음 중 지적의 기본이념으로만 열거된 것은?

① 국정주의, 형식주의, 공개주의
② 형식주의, 민정주의, 직권등록주의
③ 국정주의, 형식적심사주의, 직권등록주의
④ 등록임의주의, 형식적심사주의, 공개주의

78 정전제(井田制)를 주장하지 않은 학자는?

① 한백겸(韓百謙)
② 서명응(徐命膺)
③ 이기(李沂)
④ 세키야(關野貞)

79 토지조사사업에서 조사한 내용이 아닌 것은?

① 토지의 가격
② 토지의 지질
③ 토지의 소유권
④ 토지의 외모(外貌)

80 지적의 어원을 "Katastikhon", "Capitastrum"에서 찾고 있는 견해의 주요 쟁점이 되는 의미는?

① 세금 부과
② 지적공부
③ 지형도
④ 토지측량

계산기

다음 ▶

안 푼 문제

답안 제출

02회 실전점검!
CBT 실전모의고사

수험번호 :

수험자명 :

제한 시간 : 150분
남은 시간 :

글자 크기 100% 150% 200%　화면 배치

전체 문제 수 :
안 푼 문제 수 :

5과목　지적관계법규

81 지적측량업의 등록을 취소해야 하는 경우에 해당되지 않는 것은?

① 다른 사람에게 자기의 등록증을 빌려주어 측량 업무를 하게 한 경우

② 영업정지기간 중에 계속하여 지적측량 영업을 한 경우

③ 거짓이나 그 밖의 부정한 방법으로 지적측량업의 등록을 한 경우

④ 법인의 임원 중 형의 집행유예 선고를 받고 그 유예기간이 경과된 자가 있는 경우

82 등기관서의 등기전산정보자료 등의 증명자료 없이 토지소유자의 변경사항을 지적소관청이 직접 조사·등록할 수 있는 경우는?

① 상속으로 인하여 소유권을 변경할 때

② 신규등록할 토지의 소유자를 등록할 때

③ 주식회사 또는 법인의 명칭을 변경하였을 때

④ 국가에서 지방자치단체로 소유권을 변경하였을 때

83 지적공부의 복구자료가 아닌 것은?

① 토지이동정리결의서 사본

② 법원의 확정판결서 정본 또는 사본

③ 부동산 등기부등본 등 등기사실을 증명하는 서류

④ 지적소관청이 작성하거나 발행한 지적공부의 등록내용을 증명하는 서류

84 지적도의 등록사항으로 틀린 것은?

① 지적도면의 색인도　② 전유부분의 건물표시

③ 건축물 및 구조물 등의 위치　④ 삼각점 및 지적기준점의 위치

85 아래의 내용 중 ( ) 안에 공통으로 들어갈 용어로 옳은 것은?

> • ( )을 하는 경우 필지별 경계점은 지적기준점에 따라 측정하여야 한다.
> • 도시개발사업 등으로 ( )을 하려는 지역에 임야도를 갖춰 두는 지역의 토지가 있는 경우에는 등록전환을 하지 아니할 수 있다.

① 등록전환측량　② 신규등록측량

③ 지적확정측량　④ 축척변경측량

61	①	②	③	④
62	①	②	③	④
63	①	②	③	④
64	①	②	③	④
65	①	②	③	④
66	①	②	③	④
67	①	②	③	④
68	①	②	③	④
69	①	②	③	④
70	①	②	③	④
71	①	②	③	④
72	①	②	③	④
73	①	②	③	④
74	①	②	③	④
75	①	②	③	④
76	①	②	③	④
77	①	②	③	④
78	①	②	③	④
79	①	②	③	④
80	①	②	③	④
81	①	②	③	④
82	①	②	③	④
83	①	②	③	④
84	①	②	③	④
85	①	②	③	④
86	①	②	③	④
87	①	②	③	④
88	①	②	③	④
89	①	②	③	④
90	①	②	③	④

계산기　　다음 ▶　　안 푼 문제　답안 제출

02회 실전점검!
CBT 실전모의고사

수험번호 :

수험자명 :

제한 시간 : 150분
남은 시간 :

글자 크기 100% 150% 200%　화면 배치

전체 문제 수 :
안 푼 문제 수 :

답안 표기란

61	①	②	③	④
62	①	②	③	④
63	①	②	③	④
64	①	②	③	④
65	①	②	③	④
66	①	②	③	④
67	①	②	③	④
68	①	②	③	④
69	①	②	③	④
70	①	②	③	④
71	①	②	③	④
72	①	②	③	④
73	①	②	③	④
74	①	②	③	④
75	①	②	③	④
76	①	②	③	④
77	①	②	③	④
78	①	②	③	④
79	①	②	③	④
80	①	②	③	④
81	①	②	③	④
82	①	②	③	④
83	①	②	③	④
84	①	②	③	④
85	①	②	③	④
86	①	②	③	④
87	①	②	③	④
88	①	②	③	④
89	①	②	③	④
90	①	②	③	④

86 경계점좌표등록부에 등록된 토지의 면적이 $110.55m^2$로 산출되었다면 토지대장 상 결정면적은?

① $110m^2$
② $110.5m^2$
③ $111m^2$
④ $110.6m^2$

87 「지적업무 처리규정」에 따른 측량성과도의 작성방법에 관한 설명으로 옳지 않은 것은?

① 측량성과도의 문자와 숫자는 레터링 또는 전자측량시스템에 따라 작성하여야 한다.

② 경계점좌표로 등록된 지역의 측량성과도에는 경계점 간 계산거리를 기재하여야 한다.

③ 복원된 경계점과 측량대상토지의 점유현황선이 일치하더라도 점유현황선을 표시하여야 한다.

④ 분할측량성과 등을 결정하였을 때에는 "인가 · 허가 내용을 변경하여야 지적공부가 가능함"이라고 붉은색으로 표시하여야 한다.

88 일람도의 등록사항이 아닌 것은?

① 도면의 제명 및 축척
② 지번부여지역의 경계
③ 지번 · 도면번호 및 결번
④ 주요 지형 · 지물의 표시

89 지적소관청이 관할등기소에 토지의 표시변경에 관한 등기를 할 필요가 있는 사유가 아닌 것은?

① 토지소유자의 신청을 받아 지적소관청이 신규등록한 경우

② 지적소관청이 지적공부의 등록사항에 잘못이 있음을 발견하여 이를 직권으로 조사 · 측량하여 정정한 경우

③ 지적공부를 관리하기 위하여 필요하다고 인정되어 지적소관청이 직권으로 일정한 지역을 정하여 그 지역의 축척을 변경한 경우

④ 지번부여지역의 일부가 행정구역의 개편으로 다른 지번부여지역에 속하게 되어 지적소관청이 새로 속하게 된 지번부여지역의 지번을 부여한 경우

90 다음 중 지적공부에 해당하지 않는 것은?

① 지적도
② 지적약도
③ 임야대장
④ 경계점좌표등록부

계산기　　　다음 ▶　　　안 푼 문제　　답안 제출

02 실전점검!
CBT 실전모의고사

수험번호 :
수험자명 :

제한 시간 : 150분
남은 시간 :

글자
크기 ⊖ 100% Ⓜ 150% ⊕ 200%

화면
배치

전체 문제 수 :
안 푼 문제 수 :

답안 표기란

91	①	②	③	④
92	①	②	③	④
93	①	②	③	④
94	①	②	③	④
95	①	②	③	④
96	①	②	③	④
97	①	②	③	④
98	①	②	③	④
99	①	②	③	④
100	①	②	③	④

91 과수원으로 이용되고 있는 1,000m² 면적의 토지에 지목이 대(垈)인 30m² 면적의 토지가 포함되어 있을 경우 필지의 결정방법으로 옳은 것은?(단, 토지의 소유자는 동일하다.)

① 1필지로 하거나 필지를 달리하여도 무방하다.

② 종된 용도의 토지의 지목이 대(垈)이므로 1필지로 할 수 없다.

③ 지목이 대(垈)인 토지의 지가가 더 높으므로 전체를 1필지로 한다.

④ 종된 용도의 토지 면적이 주된 용도의 토지면적의 10% 미만이므로 전체를 1필지로 한다.

92 다음 중 300만 원 이하의 과태료 처분을 받는 경우에 해당되지 않는 자는?

① 거짓으로 등록전환 신청을 한 자

② 정당한 사유 없이 측량을 방해한 자

③ 측량업의 휴업ㆍ폐업 등의 신고를 하지 아니한 자

④ 본인, 배우자 또는 직계 존속ㆍ비속이 소유한 토지에 대한 지적측량을 한 자

93 다음 중 지적측량 적부심사청구서를 받은 시ㆍ도지사가 지방지적위원회에 회부하여야 하는 사항이 아닌 것은?

① 다툼이 되는 지적측량의 경위

② 해당 토지에 대한 토지이동 연혁

③ 해당 토지에 대한 소유권 변동 연혁

④ 지적측량업자가 작성한 조사측량성과

94 축척변경위원회의 심의ㆍ의결사항에 해당하지 않는 것은?

① 측량성과 검사에 관한 사항

② 청산금의 이의신청에 관한 사항

③ 축척변경 시행계획에 관한 사항

④ 지번별 m²당 금액의 결정과 청산금의 산정에 관한 사항

계산기   다음 ▶   안 푼 문제   답안 제출

실전점검!

02회

CBT 실전모의고사

수험번호 :

수험자명 :

제한 시간 : 150분
남은 시간 :

글자 크기 100% 150% 200%

화면 배치

전체 문제 수 :
안 푼 문제 수 :

답안 표기란				
91	①	②	③	④
92	①	②	③	④
93	①	②	③	④
94	①	②	③	④
95	①	②	③	④
96	①	②	③	④
97	①	②	③	④
98	①	②	③	④
99	①	②	③	④
100	①	②	③	④

95 지적서고의 설치기준 등에 관한 아래 내용 중 ㉠과 ㉡에 들어갈 수치로 모두 옳은 것은?

> 지적공부 보관상자는 벽으로부터 (㉠) 이상 띄워야 하며, 높이 (㉡) 이상의 깔판 위에 올려놓아야 한다.

① ㉠ 10cm, ㉡ 10cm
② ㉠ 10cm, ㉡ 15cm
③ ㉠ 15cm, ㉡ 10cm
④ ㉠ 15cm, ㉡ 15cm

96 「공간정보의 구축 및 관리 등에 관한 법률」상 신규등록 신청 시 지적소관청에 제출하여야 하는 첨부서류가 아닌 것은?

① 지적측량성과도
② 법원의 확정판결서 정본 또는 사본
③ 소유권을 증명할 수 있는 서류의 사본
④ 「공유수면 관리 및 매립에 관한 법률」에 따른 준공검사 확인증 사본

97 「공간정보의 구축 및 관리 등에 관한 법률」상 지적도면과 경계점좌표등록부에 공통으로 등록하여야 하는 사항은?(단, 따로 규정을 둔 사항은 제외한다.)

① 경계, 좌표
② 지번, 지목
③ 토지의 소재, 지번
④ 토지의 고유번호, 경계

98 「공간정보의 구축 및 관리 등에 관한 법률」상 지적소관청이 해당 토지소유자에게 지적정리 등의 통지를 하여야 하는 경우가 아닌 것은?

① 지적소관청이 지적공부를 복구하는 경우
② 지적소관청이 측량성과를 검사하는 경우
③ 지적소관청이 지번부여지역의 전부 또는 일부에 대하여 지번을 새로 부여한 경우
④ 지적소관청이 직권으로 조사 · 측량하여 지적공부의 등록사항을 결정하는 경우

계산기

다음 ▶

안 푼 문제

답안 제출

실전점검!

02회

CBT 실전모의고사

수험번호 :

수험자명 :

제한 시간 : 150분

남은 시간 :

글자 크기 100% 150% 200%

화면 배치

전체 문제 수 :

안 푼 문제 수 :

답안 표기란

91	①	②	③	④
92	①	②	③	④
93	①	②	③	④
94	①	②	③	④
95	①	②	③	④
96	①	②	③	④
97	①	②	③	④
98	①	②	③	④
99	①	②	③	④
100	①	②	③	④

99 「공간정보의 구축 및 관리 등에 관한 법률」상 지번부여방법에 대한 설명으로 옳지 않은 것은?

① 지번은 북서에서 남동으로 순차적으로 부여한다.

② 신규등록 및 등록전환의 경우에는 그 지번부여지역에서 인접토지의 본번에 부번을 붙여서 지번을 부여한다.

③ 분할의 경우에는 분할 후의 필지 중 1필지의 지번은 분할 전의 지번으로 하고, 나머지 필지의 지번은 본번의 최종 부번 다음 순번으로 부번을 부여한다.

④ 합병의 경우에는 합병 대상 지번 중 후순위 지번을 그 지번으로 하되, 본번으로 된 지번이 있는 때에는 본번 중 후순위의 지번을 합병 후의 지번으로 한다.

100 토지 등의 출입 등에 따라 손실이 발생하였으나 협의가 성립되지 아니한 경우 손실을 보상할 자 또는 손실을 받은 자가 재결을 신청할 수 있는 기관은?

① 시 · 도지사

② 국토교통부장관

③ 행정자치부장관

④ 관할 토지수용위원회

계산기

다음 ▶

안 푼 문제

답안 제출

01	02	03	04	05	06	07	08	09	10
④	③	②	③	①	①	②	①	④	①
11	12	13	14	15	16	17	18	19	20
③	②	④	③	④	①	②	②	③	②
21	22	23	24	25	26	27	28	29	30
①	③	④	③	①	②	①	④	①	①
31	32	33	34	35	36	37	38	39	40
①	①	①	③	①	④	②	④	②	②
41	42	43	44	45	46	47	48	49	50
①	③	④	④	④	④	③	④	③	③
51	52	53	54	55	56	57	58	59	60
①	④	①	③	④	③	③	③	①	④
61	62	63	64	65	66	67	68	69	70
③	④	③	④	③	①	①	④	③	①
71	72	73	74	75	76	77	78	79	80
①	③	②	②	④	①	④	③	②	①
81	82	83	84	85	86	87	88	89	90
④	②	①	②	③	④	③	③	①	①
91	92	93	94	95	96	97	98	99	100
②	①	④	①	③	①	②	②	④	④

01 정답 | ④

풀이 | 측각오차 $= W_a + \Sigma\alpha - 180(n-1) - W_b$
$= 47°32'52'' + 2,003°50'40'' - 180(11-1)$
$- 251°24'20'' = -48$초

(W_a : 출발기지방위각, W_b : 도착기지방위각, $\Sigma\alpha$: 관측값의 합계, n : 변의 수)

02 정답 | ③

풀이 | 교회법의 종류

- 측방교회법 : 2점의 기지점 중 1점에 접근하기 곤란한 경우 1점의 기지점과 1점의 미지점에 평판을 세워 미지점의 위치를 결정하는 방법이다.
- 후방교회법 : 미지점에 평판을 세우고 2점 이상의 기지점을 이용하여 미지점을 구하는 방법으로 전방교회법과 측방교회법을 병용한 방법이다.
- 전방교회법 : 2~3개의 기지점을 이용하여 미지점의 위치를 결정하는 방법으로 측량지역이 넓고 장애물이 있어서 목표점까지 거리를 측정하기가 곤란할 경우에 사용한다.

- 원호교회법 : 도상점의 지상위치를 결정하는 방으로서 기지 3점과 구점과의 도상거리를 지상거하여 이를 반경으로 각 기지점(지상)을 중심으여 지상에 원호를 그려 그들의 교회점으로 지상위를 결정하는 방법이다.

03 정답 | ②

풀이 | 수평거리$(D) = l \times \dfrac{1}{\sqrt{1 + \left(\dfrac{n}{100}\right)^2}}$

$= 30 \times \dfrac{1}{\sqrt{1 + \left(\dfrac{15}{100}\right)^2}} = 29.7$m

(l : 경사거리, n : 경사분획)

04 정답 | ③

풀이 | 가구정점에서 가구점까지의 거리인 전제장(l)
$= \dfrac{L}{2} \times \cosec\dfrac{\theta}{2} = \dfrac{10}{2} \times \cosec\dfrac{68°}{2} = 8.94$m

05 정답 | ①

풀이 | 경위의측량과 교회법에 의한 지적삼각보조점측서 2개의 삼각형으로부터 계산한 위치의 연결교 $(\sqrt{\text{종선교차}^2 + \text{횡선교차}^2})$가 0.30m 이하일 때에그 평균치를 지적삼각보조점의 위치로 한다.

06 정답 | ①

풀이 | 지상경계설정의 기준

- 토지가 해면 또는 수면에 접하는 경우 : 최대만조 또는 최대만수위가 되는 선
- 연접되는 토지 간에 높낮이 차이가 있는 경우 : 조물 등의 하단부
- 도로 · 구거 등의 토지에 절토(切土)된 부분이 있 경우 : 그 경사면의 상단부
- 공유수면매립지의 토지 중 제방 등을 토지에 편입여 등록하는 경우 : 바깥쪽 어깨부분
- 연접되는 토지 간에 높낮이 차이가 없는 경우 : 그 조물 등의 중앙

07 정답 | ②

풀이 | 토지의 합병, 지목변경, 지번변경, 행정구역변경 등 지적측량을 수반하지 않는다.

CBT 정답 및 해설

8 정답 | ①

풀이 | 지적기준점성과표의 기록 · 관리사항

지적삼각점성과표	지적삼각보조점 및 지적도근점성과표
• 지적삼각점의 명칭과 기준 원점명 • 좌표 및 표고 • 경도 및 위도(필요한 경우로 한정한다.) • 자오선수차 • 시준점의 명칭, 방위각 및 거리 • 소재지와 측량연월일 • 그 밖의 참고사항	• 번호 및 위치의 약도 • 좌표와 직각좌표계 원점명 • 경도와 위도(필요한 경우로 한정한다.) • 표고(필요한 경우로 한정한다.) • 소재지와 측량연월일 • 도선등급 및 도선명 • 표지의 재질 • 도면번호 • 설치기관 • 조사연월일, 조사자의 직위 · 성명 및 조사 내용

9 정답 | ④

풀이 | 지적도면의 축척 및 크기

구분	축척	도상길이		지상길이	
		X(mm)	Y(mm)	X(m)	Y(m)
토지대장 등록지 (지적도)	1/500	300.000	400.000	150	200
	1/1,000	300.000	400.000	300	400
	1/600	333.333	416.667	200	250
	1/1,200	333.333	416.667	400	500
	1/2,400	333.333	416.667	800	1,000
	1/3,000	400.000	500.000	1,200	1,500
	1/6,000	400.000	500.000	2,400	3,000
임야대장 등록지 (임야도)	1/3,000	400.000	500.000	1,200	1,500
	1/6,000	400.000	500.000	2,400	3,000

※ 축척 1/6,000인 임야도 도곽선의 도상거리는 40cm×50cm이고, 지상거리는 2,400m×3,000m이다.

10 정답 | ①

풀이 | 세계측지계를 따르지 않는 지적측량은 가우스상사이중투영법으로 표시하되, 직각좌표계 투영원점의 가산수치를 종선(X)=500,000m(제주도 지역 550,000m), 횡선(Y)=200,000m로 사용할 수 있다.

11 정답 | ③

풀이 | 지적도근점측량에서 연결오차의 배분방법
- 배각법은 측선장에 반비례하여 각 측선의 관측각에 배분한다.
- 방위각법은 변의 수에 비례하여 각 측선의 방위각에 배분한다.

12 정답 | ②

풀이 | 토지의 이동
- 토지의 표시를 새로 정하거나 변경 또는 말소하는 것을 말한다.
- 지적측량을 수반하는 경우에는 신규등록측량 · 등록전환측량 · 분할측량 · 바다가 된 토지의 등록 말소측량 · 축척변경측량 · 등록사항정정측량 · 지적확정측량 · 경계복원측량 · 지적현황측량 등이 있다.
- 합병 · 지목변경 · 지번변경 · 행정구역변경 등의 경우에는 지적측량이 수반되지 않는다.

13 정답 | ④

풀이 | 다각망도선법의 최소조건식 수(r)
$$=도선 수(n) - 교점 수(u)$$
$$=9-3=6개$$

14 정답 | ③

풀이 | 연직축오차는 정 · 반 관측하여 평균해도 그 오차를 소거할 수 없다.

15 정답 | ④

풀이 | 평판측량방법에 따른 세부측량에서 거리측정단위는 지적도를 갖춰 두는 지역에서는 5cm로 하고, 임야도를 갖춰 두는 지역에서는 50cm로 한다.

16 정답 | ①

풀이 | 측량준비파일을 작성하고자 하는 때에는 지적기준점 및 그 번호와 좌표는 검은색으로, 도곽선 및 그 수치와 지적기준점 간 거리는 붉은색으로, 경계선 및 그 외는 검은색으로 작성한다.

17 정답 | ②

풀이 | 삼각망 구성형태
- 유심다각망 : 1개의 기선에서 확대되므로 기선이 확고하여야 하며, 대규모지역의 측량에 적합한 망으로 많이 사용한다.
- 사각망 : 이론상 가장 이상적인 방법이나 계산방법이 복잡하고, 높은 정밀도를 필요로 하는 측량으로서 기선의 확대 등에 많이 이용한다.
- 삽입망 : 기지변이 2개로 구성되어 있으며 지적삼각점측량에서 가장 적합한 형태이며 가장 많이 사용되고, 복삽입망은 삽입망의 유형 중 하나로, "겹삽입망"이라고도 한다.
- 삼각쇄(단열삼각망) : 노선, 하천, 터널 등 폭이 좁고 길이가 긴 지역에 적합하고, 정밀삼각망은 소구점을 중앙에 두고 기지삼각점을 주위에 두는 망 형태로 정밀조정을 필요로 할 때 적합한 조직이다.

유심다각망	사각망	삽입망	삼각쇄
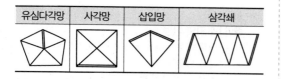			

18 정답 | ②

풀이 | 평판측량방법 또는 전자평판측량방법으로 세부측량을 하는 경우 평판점 옆에 평판이동순서에 따라 $\scriptstyle 不_1, 不_2$ $- - - - -$으로 표시한다.

19 정답 | ③

풀이 | 지적도근점측량에서 측각(폐색)오차의 공차

측량방법	등급	측각(폐색)오차의 공차
배각법	1등 도선	$\pm 20\sqrt{n}$ 초 이내
	2등 도선	$\pm 30\sqrt{n}$ 초 이내

(n : 폐색변을 포함한 변의 수)

$\therefore$ 배각법 1등 도선의 폐색오차 $= \pm 20\sqrt{n}$
$= \pm 20\sqrt{12}$
$= \pm 69.28$초 이내

20 정답 | ②

풀이 | 지적삼각보조점표지의 점간거리는 평균 1km 이상 3km 이하(다각망도선법은 평균 0.5km 이상 1km 이하)로 설치하여야 한다.

21 정답 | ①

풀이 | $\triangle x = 263.27 - 827.48 = -564.21$m,
$\triangle y = 724.35 - 327.56 = 396.79$m
$방위(\theta) = \tan^{-1}\left(\dfrac{\triangle y}{\triangle x}\right) = \tan^{-1}\left(\dfrac{396.79}{564.21}\right)$
$= 35°07'03''(2상한)$
$\therefore \overline{AB}$의 방위각은 $180 - 35°07'03'''' = 144°52'57''$

22 정답 | ③

풀이 | 항공삼각측량 조정법에는 다항식 조정법(Polymonial Method), 독립모델법(IMT : Independent Model Triangulation), 광속조정법(Bundle Adjustment Method), DLT법(Direct Liner Transformation) 등이 있다. 이 중 번들조정법은 사진을 기본단위로 사용하여 다수의 광속을 공선조건에 따라 표정하며, 각 점의 사진좌표가 관측값에 이용되고, 가장 조정능력이 높은 방법이다.

23 정답 | ④

풀이 | 사진축척$(M) = \dfrac{1}{m} = \dfrac{f}{H}$
$\rightarrow H = m \times f = 37,000 \times 0.153 = 5,661$m
(m : 축척분모, f : 렌즈의 초점거리, H : 촬영고도)

24 정답 | ①

풀이 | 터널측량은 터널 외 측량, 터널 내 측량, 터널 내외 결합량, 터널 완공 후 측량, 터널의 내공단면측량, 공변위 및 천단 침하측량 등이 있으며, 이 중 터널 내외 연결측량은 도로 · 철도 등 중심선측량으로 연결하는 지상연결측량(횡터널 · 사터널 포함)과 지하철 · 통신구 등 수직구측량을 통한 지하연결측량이 있으며, 특히 수직구측량은 지상좌표를 지하로 연결하여 일치시키는 측량이다.

25 정답 | ③

풀이 | 기복변위량$(\triangle r) = \dfrac{h}{H} \cdot r$
$\rightarrow 철탑높이(h) = \dfrac{H}{r} \cdot \triangle r = \dfrac{750}{0.7} \times 0.0615$
$= 65.89$m
($\triangle r$: 기복변위량, r : 주점에서 측정점까지 거리, h : 철탑의 높이, H : 비행고도)

26 정답 | ②

풀이 | 지형도에 의한 지형의 표시방법은 자연도법과 부호도법으로 구분한다. 자연도법에는 우모법(영선법, 게바법), 음영법(명암법) 등이 있고, 부호도법에는 점고법, 등고선법, 채색법 등이 있다. 이 중 영선법(게바법)은 게바라고 하는 단선상의 선으로 지표의 기복을 나타내는 방법으로서 게바의 사이, 굵기, 길이 및 방법 등에 의하여 지표를 표시하며 급경사는 굵고 짧게, 완경사는 가늘고 길게 새털 모양으로 표시하므로 기복의 판별은 좋으나 정확도가 낮다.

27 정답 | ②

풀이 | 접선길이(T.L) $= R \cdot \tan\dfrac{I}{2}$
$= 100 \times \tan\dfrac{75°}{2}$
$= 76.73$m

곡선시점(B.C)의 위치 = 총연장 $-$ T.L
$= 250.73$m $- 76.73$m
$= 174.0 \rightarrow$ No.8 $+ 14.0$m
시단현길이$(l_1) = 20$m $- 14.0$m $= 6.0$m

시단현의 편각$(\delta_1) = 1,718.87' \times \dfrac{l_1}{R}$

$= 1,718.87' \times \dfrac{6}{100}$

$= 1°43'07.93'' ≒ 1°43'08''$

정답 | ①
풀이 | 항공사진의 특수 3점이란 주점, 연직점, 등각점을 말하며, 사진의 성질을 설명하는 데 중요한 요소이다. 이 중 등각점(Isocenter)은 사진면과 직교하는 광선과 연직선이 이루는 각을 2등분하는 광선이 교차하는 점으로 평탄한 지역의 경사사진에서 각관측의 중심점으로 사용된다.

정답 | ④
풀이 | $h = D \cdot \tan\alpha = 50.13 \times \tan13°20'30'' = 11.89\text{m}$
B점의 지반고$(H_B) = H_A + I.H + h - l$
(H_A : A점의 지반고, h : 높이, l : 표척 읽음값)
$\therefore H_B = 27.30 + 1.54 + 11.89 - 1.20 = 39.53\text{m}$

정답 | ②
풀이 | 평면곡선에는 단곡선(Silmple Curve), 복심곡선(Compound Curve), 반향곡선(Reverse Curve), 완화곡선(Transition Curve) 등이 있다. 이 중 완화곡선에는 클로소이드 곡선(가장 많이 사용됨), 렘니스케이트곡선, 3차 포물선, 대수나선곡선(감속곡선) 등이 있다.

정답 | ①
풀이 | 수준측량에서 전시와 후시의 시준거리를 같게 관측하면 소거되는 오차에는 시준선이 기포관 축과 평행하지 않을 때 발생하는 오차, 레벨 조정 불완전에 의한 오차, 지구 곡률오차(구차), 대기 굴절오차(기차) 등이 있다.

정답 | ①
풀이 | 경사$= \dfrac{높이}{수평거리} \rightarrow$ 수평거리$= \dfrac{5}{0.04} = 125\text{m}$이므로,
$\therefore$ 도상거리$= \dfrac{125}{5,000} = 25\text{mm}$

정답 | ①
풀이 | 항공사진측량용 카메라 렌즈의 피사각은 보통각카메라 60°, 광각카메라 90°, 초광각카메라 120°이다.

34 정답 | ③
풀이 | 직접수준측량의 오차에는 정오차(지구 곡률오차 · 광선의 굴절오차 · 시준축오차 · 표척의 영눈금오차 · 표척의 눈금 부정확에 의한 오차)와 부정오차(시차에 의한 오차 · 기상변화에 의한 오차 · 기포관의 둔감 · 진동 및 지진에 의한 오차) 및 과실(눈금의 오독 · 야장의 오기) 등이 있다.

35 정답 | ①
풀이 | 등고선의 성질에는 ②, ③, ④ 외에 "등경사지에서 등고선의 간격은 일정하다.", "경사가 같은 지표에서는 등고선의 간격은 동일하며 평행하다." 등이 있다.

① 높이가 다른 두 등고선은 동굴이나 절벽의 지형이 아닌 곳에서는 교차하지 않으며, 동굴이나 절벽은 반드시 두 점에서 교차한다.

36 정답 | ④
풀이 | 양차$(\Delta E) = $ 구차$+$기차$= \dfrac{(1-K)S^2}{2R}$
곡률오차인 구차$\left(Ec = \dfrac{S^2}{2R}\right)$,
굴절오차인 기차$\left(Er = -\dfrac{KS^2}{2R}\right)$
(R : 반경, S : 수평거리, K : 빛의 굴절계수)
$\therefore$ 구차는 거리의 제곱에 비례한다.

37 정답 | ②
풀이 | 노선측량의 작업순서는 일반적으로 노선선정 → 계획조사측량 → 실시설계측량(세부지형측량 및 용지경계측량 포함) → 공사측량(시공측량 및 준공측량 포함) 단계 순으로 진행한다.

38 정답 | ④
풀이 | 외할$(E) = R\left(\sec\dfrac{I}{2} - 1\right)$
$= 250 \times \left(\sec\dfrac{50}{2} - 1\right)$
$= 25.84\text{m}$

39 정답 | ②
풀이 | AB의 높이$= 82.35 - 53.20 = 29.15\text{m}$
AB의 거리$=$
$\sqrt{(145.45 - 102.34)^2 + (423.86 - 340.26)^2} = 94.06\text{m}$
$\therefore$ 터널의 경사각 $\theta = \tan^{-1}\dfrac{높이}{거리}$
$= \tan^{-1}\left(\dfrac{29.15}{94.06}\right) ≒ 17°13'7''$

40 정답 | ②
풀이 | 과고감(Vertical Exaggeration)

지표면의 기복을 과장하여 나타낸 것으로 낮고 평탄한 지역의 판독에 도움이 되지만, 경사면은 실제보다 급하게 보이므로 오판에 주의하여야 한다. 또한, 항공사진을 입체시하면 과고감 때문에 산지는 실제보다 돌출하여 높고 기복이 심하며, 계곡은 실제보다 깊고 산 복사면은 실제의 경사보다 급하게 보여 판독을 어렵게 한다.

② 사진 중심으로부터 가까울수록 방사상으로 발생된다.

41 정답 | ①
풀이 | 위상구조는 자료구조가 복잡하여 저장용량을 절약하기 어렵다. 자료구조가 단순하여 파일용량이 작은 것은 스파게티 자료구조의 특징이다.

42 정답 | ③
풀이 | 벡터데이터의 기본요소에는 점(Point), 선(Line), 면 또는 영역(Area, Polygon)이 있다.

43 정답 | ④
풀이 | 정보관리체계는 국토교통부가 운영하는 국토정보시스템과 지방자치단체가 운영하는 부동산종합공부시스템(KLIS)으로 구성되는데, KLIS는 지방자치단체가 지적공부 및 부동산종합공부 정보를 전자적으로 관리·운영하는 시스템을 말한다.

44 정답 | ④
풀이 | 지적전산자료의 이용 및 활용에 관한 승인권자

구분	승인권자
전국 단위	국토교통부장관, 시·도지사 또는 지적소관청
시·도 단위	시·도지사 또는 지적소관청
시·군·구 단위	지적소관청

45 정답 | ④
풀이 | 디지타이징 및 벡터편집 오류 유형에는 오버슈트(Overshoot : 기준선 초과 오류), 언더슈트(Under-shoot : 기준선 미달 오류), 스파이크(Spike), 슬리버폴리곤(Sliver Polygon), 점·선 중복(Overlapping), 댕글(Dangle) 등이 있다.

46 정답 | ②
풀이 | 지적도 전산화사업의 목적에는 국가공간정보의 기본정보에 대한 공동 활용 기반 조성, 지적도면의 신축로 인한 원형 보관 및 관리의 어려움 해소, 지적도면과 토지대장을 통합한 대민서비스의 질적 향상 도모, 정확한 지적측량의 기초자료 활용, 토지정보시스템의 기초 데이터 활용, 토지정보의 수요에 대한 신속한 대응 등이 있다.

47 정답 | ③
풀이 | 메타데이터는 데이터에 대한 데이터로서 데이터의 내용, 품질, 조건, 상태, 제작시점, 제작자, 소유권자, 좌표체계 등 특성에 대한 정보를 포함하는 데이터의 이력서라 할 수 있으며, 공간데이터, 속성데이터 및 추가적인 정보로 구성되어 있다.

48 정답 | ④
풀이 | 토지정보시스템(LIS)

토지의 효율적인 이용과 관리를 목적으로 각종 토지관련 자료를 체계적이고 종합적으로 수집·처리·저장·관리하여 토지에 관련된 정보를 신속·정확하게 제공하는 정보체계이다.

49 정답 | ③
풀이 | 토지정보시스템의 구성요소에는 자료, 하드웨어, 소프트웨어, 조직과 인력(인적 자원)이 있다.

50 정답 | ③
풀이 | 부동산종합공부

토지의 표시와 소유자에 관한 사항, 건축물의 표시와 소유자에 관한 사항, 토지의 이용 및 규제에 관한 사항, 부동산의 가격에 관한 사항 등 부동산에 관한 종합정보를 정보관리체계를 통하여 기록·저장한 것을 말한다.

51 정답 | ①
풀이 | 점은 0차원 공간객체이고 선은 점의 연속적인 연결로서 1차원의 길이를 갖는 공간객체이므로 점과 선의 중첩은 중첩에 해당되지 않는다.

52 정답 | ④
풀이 | 도형정보인 벡터데이터는 점(Point), 선(Line), 면(Polygon)의 세 가지 요소로 구분되는데, 이 중 폴리곤은 최소 3개 이상의 선으로 폐합되는 2차원 객체의 표현으로서 하나의 노드와 수개의 버텍스로 구성되어 있고, 노드 혹은 버텍스는 링크로 연결된다.

CBT 정답 및 해설

④ 필지 · 행정구역 · 호수 · 산림 · 도시 등은 대표적인 면사상으로 폴리곤 간의 공간적인 관계를 계량화하는 것은 쉽지 않다.

3 정답 | ①
풀이 | 여러 공공기관 및 부서 간의 토지정보 공유를 통해 활용성을 제고한다.

4 정답 | ③
풀이 | 데이터 웨어하우스
조직 내 여러 데이터베이스에 분산되어 있는 자료를 표준화하고 통합하여 놓은 데이터베이스로서 조직 내 의사결정 지원시스템이며, 다수의 사용자들이 공동으로 이용하기 위해 만든 데이터 창고이다.

5 정답 | ④
풀이 | 다목적지적
토지에 대한 세금징수 및 소유권보호뿐만 아니라 토지이용의 효율화를 위하여 토지 관련 모든 정보를 종합적으로 관리하고 공급하며, 토지정책에 대한 의사결정을 지원하는 종합적 토지정보시스템이다.

6 정답 | ③
풀이 | 도면이 손상된 경우에는 스캐닝에 의한 인식이 어려워 정확하게 도면정보를 입력하기 어렵다.

7 정답 | ③
풀이 | 부동산종합공부시스템 전산자료의 구축 · 관리 책임
• 지적공부 및 부동산종합공부 : 지적업무를 처리하는 부서장
• 연속지적도 : 지적도면의 변동사항을 정리하는 부서장
• 용도지역 · 지구도 등 : 해당 용도지역 · 지구 등을 입안 · 결정 및 관리하는 부서장(관리부서가 없는 경우에는 도시계획을 입안 · 결정 및 관리하는 부서장)
• 개별공시지가 및 개별주택가격정보 등의 자료 : 해당업무를 수행하는 부서장
• 건물통합정보 및 통계 : 그 자료를 관리하는 부서장

8 정답 | ③
풀이 | 스파게티 자료구조는 점 · 선 · 면 등의 객체들 간의 공간관계가 설정되지 못한 채 일련의 좌표에 의한 그래픽 형태로 저장되는 구조로서 공간분석에는 비효율적이지만 하나의 점(X, Y좌표)을 기본으로 하고 있어 구조가 간단하므로 이해하기 쉽다.

59 정답 | ①
풀이 | 필터링 단계는 격자데이터에 생긴 여러 형태의 잡음을 윈도(필터)를 이용해 제거하고, 연속적이지 않은 외곽선을 연속적으로 이어주는 영상처리의 과정이다.

60 정답 | ④
풀이 | 벡터데이터 모델은 점 · 선 · 면의 형태로 표현한다.

61 정답 | ③
풀이 | 지적제도는 세지적 → 법지적 → 다목적지적으로 발전되었다.
③ 토지 관련 자료의 최신 정보제공 기능을 갖고 있는 것은 다목적지적이다.

62 정답 | ④
풀이 | 토지의 현황에 따른 지목의 분류
• 토성지목 : 지층, 암석, 토양 등 토지의 성질에 따라 결정한 지목이다.
• 용도지목 : 토지의 현실작 용도에 따라 결정한 지목으로, 우리나라 및 대부분의 국가에서는 용도지목을 사용한다.
• 지형지목 : 지표면의 형상, 토지의 고저 등 토지의 모양에 따라 결정한 지목이다.

63 정답 | ③
풀이 | 토지조사사업 당시 지목의 분류
• 과세지 : 전 · 답 · 대 · 지소 · 임야 · 잡종지
• 면세지 : 사사지(社寺地) · 분묘지 · 공원지 · 철도용지 · 수도용지
• 비과세지 : 도로 · 하천 · 구거 · 제방 · 성첩 · 철도선로 · 수도선로

64 정답 | ④
풀이 | 특정화의 원칙
권리객체로서의 모든 토지는 반드시 특정적이고 단순하며 명확한 방법에 의하여 인식할 수 있도록 개별화하여야 한다는 원칙으로서 특정화된 필지는 지적공부와 부동산등기부에 각각 등록된다.

65 정답 | ③
풀이 | 고려시대의 토지대장인 양안의 명칭에는 도전장(都田帳), 양전도장(量田都帳), 양전장적(量田帳籍), 도전정(導田丁), 도행(導行), 전적(田積), 적(籍), 전부(田簿), 안(案), 원적(元籍) 등이 있다.

③ 도행장(導行帳) 또는 준행장은 타량성책의 초안 또는 관아에 비치된 결세대장을 의미한다.

66 정답 | ①
풀이 | 현대지적의 원리에는 공기능성, 민주성, 능률성, 정확성 등이 있다. 이 중 토지현황조사의 정확성은 일필지조사, 기록과 도면의 정확성은 측량의 정확도, 관리와 운영의 정확성는 지적조직의 업무분화의 정확도와 관련된다.

① 정확성의 원리에서 정확성은 조사항목에 대한 정확도를 나타낸다.

67 정답 | ①
풀이 | 임야조사사업의 사정의 대상은 소유자 및 경계로서 사정권자는 도지사이며 사정에 불복하는 자는 임야조사위원회에 재결을 요청하도록 하였다.

68 정답 | ④
풀이 | 지번의 역할 및 기능(특성)

지번의 역할	지번의 기능(특성)
• 장소의 기준 • 물권표시의 기준 • 공간계획의 기준	• 토지의 고정화 • 토지의 특정화 • 토지의 개별화 • 토지의 식별화 • 토지위치의 확인 • 행정주소 표기, 토지이용의 편리성 • 토지관계 자료의 연결매체 기능

69 정답 | ③
풀이 | 지적의 기본이념에 따라 토지의 표시사항은 국가가 결정하여 지적공부에 등록·공시하여야만 효력이 인정되고, 국민에게 공개하여 이용하게 하므로 토지의 등록에는 행정처분의 구속력·공정력·확정력·강제력 등 토지등록의 효력 또는 지적측량의 효력이 발생한다. 따라서 토지를 지적공부에 등록함으로써 추정의 효력이 아닌 확정의 효력이 발생된다.

70 정답 | ①
풀이 | 지목의 표기방법
• 두문자(頭文字) 표기 : 전, 답, 대 등 24개 지목
• 차문자(次文字) 표기 : 장(공장용지), 천(하천), 원(유원지), 차(주차장) 등 4개 지목

71 정답 | ①
풀이 | 토지조사사업 당시 예외적인 별필 기준에는 ②, ③, ④ 외에 특별히 면적이 광대한 것, 지력 및 기타 사항이 현저히 다른 것, 분쟁에 관계되는 것, 시가지로서 가옥 담장, 돌담장, 기타 영구적 구축물로 구획된 지구 등이 있다.

72 정답 | ③
풀이 | 도곽선의 역할(용도)에는 ①, ②, ④ 외에 지적측량 준점 전개 시의 기준, 도북방위선의 표시, 측량준비 와 현황의 부합 확인의 기준 등이 있다.

73 정답 | ②
풀이 | 조선시대 양안에 기록된 전주와 기주, 시주 등은 소유 자를 의미한다. 시작(時作)은 소작인 또는 경작자를 의미한다.

74 정답 | ②
풀이 | 일반적으로 지번을 부여하는 방법에는 분수식 지번부여제 도, 기번식 부여제도, 자유부번제도가 있다.

75 정답 | ④
풀이 | 토지조사사업의 배경에는 ①, ②, ③ 외에 계량단위의 통일성 결여 등이 있다.

76 정답 | ①
풀이 | 축척종대의 원칙
동일한 경계가 각각 다른 도면에 등록되어 있는 경우에는 큰 축척에 따른다는 원칙이다.

77 정답 | ①
풀이 | 지적의 기본이념에는 지적국정주의, 지적형식주의(등록주의), 지적공개주의, 실질적 심사주의(사실심사), 직권등록주의(강제등록주의)가 있다.

78 정답 | ③
풀이 | 양전개정론 주장 학자
• 정약용 : 『목민심서(牧民心書)』에서 정전제의 시행을 전제로 방량법과 어린도법의 시행을 주장하였다.
• 서유구 : 『의상경계책(擬上經界策)』에서 양전법을 방량법, 어린도법으로 개정하고 양전사업을 전담하는 관청의 신설을 주장하였다.
• 이기 : 『해학유서(海鶴遺事)』에서 수등이척제에 대한 개선방법으로 정방형의 눈을 가진 그물로 토지를 측량하여 면적을 산출하는 방법인 망척제의 도입을 주장하였다.

CBT 정답 및 해설

정답 | ②
풀이 | 토지조사사업에서 조사한 내용에는 ①, ③, ④ 등이 있다.

정답 | ①
풀이 | Katastikhon과 Capitastrum 또는 Catastrum은 모두 "세금 부과"의 뜻을 내포하고 있고, Katastichon은 Kata(위에서 아래로)와 Stikhon(부과)의 합성어로 "조세등록"이란 의미이기 때문에 지적의 어원은 조세에서 출발한 것으로 보는 것이 보편적인 견해이다.

정답 | ④
풀이 | 지적측량업 등록의 결격사유에는 ①, ②, ③ 외에 등록기준에 미달하게 된 경우, 결격사유에 해당하는 경우, 「국가기술자격법」을 위반하여 측량업자가 측량기술자의 국가기술자격증을 대여받은 사실이 확인된 경우 등이 있다.

정답 | ②
풀이 | 지적공부에 등록된 토지소유자의 변경사항은 등기관서에서 등기한 것을 증명하는 등기필증, 등기완료통지서, 등기사항증명서 또는 등기관서에서 제공한 등기전산정보자료에 따라 정리하며, 신규등록하는 토지의 소유자는 지적소관청이 직접 조사하여 등록한다.

정답 | ①
풀이 | 지적공부 복구자료는 지적공부의 등본, 측량결과도, 토지이동정리결의서, 부동산 등기부등본 등 등기사실을 증명하는 서류, 지적소관청이 작성하거나 발행한 지적공부의 등록내용을 증명하는 서류, 복제된 지적공부, 법원의 확정판결서 정본 또는 사본 등이 있다.

정답 | ②
풀이 | 지적도면의 등록사항

법률상 규정	국토교통부령 규정
• 토지의 소재 • 지번 • 지목 • 경계 • 그 밖에 국토교통부령이 정하는 사항	• 도면의 색인도 • 도면의 제명 및 축척 • 도곽선 및 그 수치 • 좌표에 의하여 계산된 경계점 간 거리(경계점좌표등록부를 갖춰두는 지역으로 한정한다.) • 삼각점 및 지적기준점의 위치 • 건축물 및 구조물 등의 위치 • 그 밖에 국토교통부장관이 정하는 사항

② 전유부분의 건물표시는 대지권등록부의 등록사항에 속한다.

85 정답 | ③
풀이 | (지적확정측량)을 하는 경우 필지별 경계점은 위성기준점, 통합기준점, 삼각점, 지적삼각점, 지적삼각보조점 및 지적도근점에 따라 측정하여야 하며, 도시개발사업 등으로 (지적확정측량)을 하려는 지역에 임야도를 갖춰 두는 지역의 토지가 있는 경우에는 등록전환을 하지 아니할 수 있다.

86 정답 | ④
풀이 | 지적도의 축척이 1/600인 지역과 경계점좌표등록부에 등록하는 지역의 토지 면적은 m^2 이하 한 자리 단위로 하되, $0.1m^2$ 미만의 끝수가 있는 경우 $0.05m^2$ 미만일 때에는 버리고 $0.05m^2$를 초과할 때에는 올리며, $0.05m^2$일 때에는 구하려는 끝자리의 숫자가 0 또는 짝수이면 버리고 홀수이면 올린다. 다만, 1필지의 면적이 $0.1m^2$ 미만인 때에는 $0.1m^2$로 한다. 따라서, 경계점좌표등록부 시행지역의 토지 산출면적이 $110.55m^2$인 경우에 결정면적은 $110.6m^2$이다.

87 정답 | ③
풀이 | 분할측량성과도와 경계복원측량성과도를 작성하는 때에는 측량대상토지의 점유현황선은 붉은색 점선으로 표시하여야 한다. 다만, 경계와 점유현황선이 같은 경우(분할)나 복원된 경계점과 측량 대상토지의 점유현황선이 일치할 경우(경계복원)에는 점유현황선의 표시를 생략한다.

88 정답 | ③
풀이 | 일람도 및 지번색인표의 등재사항

일람도	• 지번부여지역의 경계 및 인접지역의 행정구역 명칭 • 도면의 제명 및 축척 • 도곽선과 그 수치 • 도면번호 • 도로·철도·하천·구거·유지·취락 등 주요 지형지물의 표시
지번색인표	• 제명 • 지번·도면번호 및 결번

89 정답 | ①
풀이 | 등기촉탁의 대상에는 ②, ③, ④ 외에 토지의 이동이 있는 경우, 바다로 된 토지를 등록말소하는 경우, 행정구역 명칭변경이 있는 경우 등이 있다.

90 정답 | ②
풀이 | 지적공부는 토지대장, 임야대장, 공유지연명부, 대지
권등록부, 지적도, 임야도 및 경계점좌표등록부 등 지
적측량 등을 통하여 조사된 토지의 표시와 해당 토지의
소유자 등을 기록한 대장 및 도면(정보처리시스템을
통하여 기록 · 저장된 것을 포함한다)을 말한다.

91 정답 | ②
풀이 | 용도의 토지에 편입하여 1필지로 할 수 있는 경우

양입지 조건	양입지 예외 조건
• 주된 용도의 토지의 편의를 위하여 설치된 도로 · 구거 (溝渠, 도랑) 등의 부지 • 주된 용도의 토지에 접속되거나 주된 용도의 토지로 둘러싸인 토지로서 다른 용도로 사용되고 있는 토지 • 소유자가 동일하고 지반이 연속되지만, 지목이 다른 경우	• 종된 토지의 지목이 "대(垈)" 인 경우 • 종된 용도의 토지면적이 주된 용도의 토지면적의 10% 를 초과하는 경우 • 종된 용도의 토지면적이 주된 용도의 토지면적의 330 m²를 초과하는 경우 ※ 염전, 광천지는 면적에 관계없이 양입지로 하지 않는다.

② 종된 용도의 토지의 지목이 대(垈)이므로 1필지로 할 수
있다.

92 정답 | ①
풀이 | 거짓으로 등록전환 등 토지이동의 신청을 한 자는 1년
이하의 징역 또는 1천만 원 이하의 벌금에 처한다.

93 정답 | ④
풀이 | 시 · 도지사의 지방지적위원회 회부 사항에는 다툼이
되는 지적측량의 경위 및 그 성과, 해당 토지에 대한 토
지이동 및 소유권 변동 연혁, 해당 토지 주변의 측량기
준점, 경계, 주요 구조물 등 현황 실측도 등이 있다.

94 정답 | ①
풀이 | 측량성과 검사에 관한 사항은 지적소관청의 소관사항
이다.

95 정답 | ③
풀이 | 지적서고는 제한구역으로 지정하고, 인화물질의 반입
을 금지하며, 지적공부 보관상자는 벽으로부터 (15cm)
이상 띄워야 하며, 높이 (10cm) 이상의 깔판 위에 올려
놓아야 한다.

96 정답 | ①
풀이 | 신규등록 신청 첨부서류에는 ②, ③, ④ 외에 지방
치단체의 명의로 등록하는 경우 기획재정부장관과
의한 문서의 사본 등이 있다.

97 정답 | ③
풀이 | 지목과 경계는 지적도면의 등록사항이며, 좌표와 토
의 고유번호는 경계점좌표등록부의 등록사항이다.

98 정답 | ②
풀이 | 지적소관청이 측량성과를 검사하는 경우는 토지소
자에게 지적정리 등을 통지해야 하는 대상이 아니다

99 정답 | ④
풀이 | 합병의 경우에는 합병 대상 지번 중 후순위 지번을
지번으로 하되, 본번으로 된 지번이 있는 때에는 본
중 선순위의 지번을 합병 후의 지번으로 한다.

100 정답 | ④
풀이 | 지적소관청이 측량기준점의 설치를 위해 토지 등의
입 등에 따라 손실이 발생하여 손실을 받은 자와 협
가 성립되지 아니한 경우 관할 토지수용위원회에 재
을 신청할 수 있다.

실전점검!
03회 **CBT 실전모의고사**

수험번호 :
수험자명 :

제한 시간 : 150분
남은 시간 :

글자 크기 100% 150% 200% 화면 배치 ▢▢ ▢|▢ ▢

전체 문제 수 :
안 푼 문제 수 :

답안 표기란

1	① ② ③ ④
2	① ② ③ ④
3	① ② ③ ④
4	① ② ③ ④
5	① ② ③ ④
6	① ② ③ ④
7	① ② ③ ④
8	① ② ③ ④
9	① ② ③ ④
10	① ② ③ ④
11	① ② ③ ④
12	① ② ③ ④
13	① ② ③ ④
14	① ② ③ ④
15	① ② ③ ④
16	① ② ③ ④
17	① ② ③ ④
18	① ② ③ ④
19	① ② ③ ④
20	① ② ③ ④
21	① ② ③ ④
22	① ② ③ ④
23	① ② ③ ④
24	① ② ③ ④
25	① ② ③ ④
26	① ② ③ ④
27	① ② ③ ④
28	① ② ③ ④
29	① ② ③ ④
30	① ② ③ ④

1과목 지적측량

01 지적기준점표지의 설치·관리 및 지적기준점성과의 관리 등에 관한 설명으로 옳은 것은?

① 지적기준점표지의 설치권자는 국토지리정보원장이다.
② 지적도근점표지의 관리는 토지소유자가 하여야 한다.
③ 지적삼각보조점성과는 지적소관청이 관리하여야 한다.
④ 지적소관청은 지적삼각점성과가 다르게 된 때에는 그 내용을 국토교통부장관에게 통보하여야 한다.

02 지적측량의 측량검사기간 기준으로 옳은 것은?(단, 지적기준점을 설치하여 측량검사를 하는 경우는 고려하지 않는다.)

① 4일 ② 5일
③ 6일 ④ 7일

03 평판측량방법에 따른 세부측량을 실시할 때 지상경계선과 도상경계선의 부합 여부를 확인하는 방법은?

① 교회법 ② 도선법
③ 방사법 ④ 현형법

04 다음 그림에서 *DC* 방위각은?

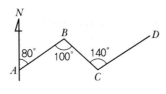

① 120° ② 300°
③ 340° ④ 350°

계산기   다음 ▶   안 푼 문제 답안 제출

03회 실전점검!
CBT 실전모의고사

수험번호 :

수험자명 :

제한 시간 : 150분
남은 시간 :

글자
크기 100% 150% 200%　　화면
배치

전체 문제 수 :
안 푼 문제 수 :

답안 표기란

1	① ② ③ ④
2	① ② ③ ④
3	① ② ③ ④
4	① ② ③ ④
5	① ② ③ ④
6	① ② ③ ④
7	① ② ③ ④
8	① ② ③ ④
9	① ② ③ ④
10	① ② ③ ④
11	① ② ③ ④
12	① ② ③ ④
13	① ② ③ ④
14	① ② ③ ④
15	① ② ③ ④
16	① ② ③ ④
17	① ② ③ ④
18	① ② ③ ④
19	① ② ③ ④
20	① ② ③ ④
21	① ② ③ ④
22	① ② ③ ④
23	① ② ③ ④
24	① ② ③ ④
25	① ② ③ ④
26	① ② ③ ④
27	① ② ③ ④
28	① ② ③ ④
29	① ② ③ ④
30	① ② ③ ④

05 지적업무처리규정상 지적측량성과의 검사항목 중 기초측량과 세부측량에서 공통으로 검사하는 항목은?

① 계산의 정확 여부
② 기지점사용의 적정 여부
③ 기지점과 지상경계와의 부합 여부
④ 지적기준점설치망 구성의 적정 여부

06 축척 1/1,200 지역에서 도곽선의 지상거리를 측정한 결과 각각 399.5m, 399.5m, 499.4m, 499.9m일 때 도곽선의 보정계수는 얼마인가?

① 1.0020
② 1.0018
③ 1.0030
④ 1.0025

07 지적도근점측량의 1등 도선으로 할 수 없는 것은?

① 삼각점의 상호 간 연결
② 지적삼각점의 상호 간 연결
③ 지적삼각보조점의 상호 간 연결
④ 지적도근점의 상호 간 연결

08 지적측량 시 광파거리측량기를 이용하여 3km 거리를 5회 관측하였을 때 허용되는 평균교차는?

① 3cm
② 5cm
③ 6cm
④ 10cm

09 교회법에 따른 지적삼각보조점의 관측 및 계산에 대한 기준으로 틀린 것은?

① 1방향각의 측각공차는 40초 이내로 한다.
② 관측은 10초독 이상의 경위의를 사용한다.
③ 수평각관측은 2대회의 방향관측법에 따른다.
④ 1측회의 폐색 측각공차는 ±40초 이내로 한다.

계산기　　　　다음 ▶　　　　안 푼 문제　　답안 제출

실전점검!

03회

CBT 실전모의고사

수험번호 :

수험자명 :

제한 시간 : 150분
남은 시간 :

글자
크기 100% 150% 200%

화면
배치

전체 문제 수 :
안 푼 문제 수 :

10 다음 중 지적측량을 실시하지 않아도 되는 경우는?

① 지적기준점을 정하는 경우

② 지적측량성과를 검사하는 경우

③ 경계점을 지상에 복원하는 경우

④ 토지를 합병하고 면적을 결정하는 경우

11 지적도 축척 1/600인 지역의 평판측량방법에 있어서 도상에 영향을 미치지 아니하는 지상거리의 허용범위로 옳은 것은?

① 60mm 이내

② 100mm 이내

③ 120mm 이내

④ 240mm 이내

12 수치지역 내의 P점과 Q점의 좌표가 아래와 같을 때 QP의 방위각은?

P(3,625.48, 2,105.25) Q(5,218.48, 3,945.18)

① 49°06′51″

② 139°06′51″

③ 229°06′51″

④ 319°06′51″

13 「지적측량 시행규칙」상 지적삼각보조점측량의 기준으로 옳지 않은 것은?(단, 지형상 부득이한 경우는 고려하지 않는다.)

① 지적삼각보조점은 교회망 또는 교점다각망으로 구성하여야 한다.

② 광파기측량방법에 따라 교회법으로 지적삼각보조점측량을 하는 경우 3방향의 교회에 따른다.

③ 경위의측량방법과 교회법에 따른 지적삼각보조점의 수평각관측은 3대회의 방향관측법에 따른다.

④ 전파기측량방법에 따라 다각망도선법으로 지적삼각보조점측량을 하는 경우 3점 이상의 기지점을 포함한 결합다각방식에 따른다.

1	① ② ③ ④
2	① ② ③ ④
3	① ② ③ ④
4	① ② ③ ④
5	① ② ③ ④
6	① ② ③ ④
7	① ② ③ ④
8	① ② ③ ④
9	① ② ③ ④
10	① ② ③ ④
11	① ② ③ ④
12	① ② ③ ④
13	① ② ③ ④
14	① ② ③ ④
15	① ② ③ ④
16	① ② ③ ④
17	① ② ③ ④
18	① ② ③ ④
19	① ② ③ ④
20	① ② ③ ④
21	① ② ③ ④
22	① ② ③ ④
23	① ② ③ ④
24	① ② ③ ④
25	① ② ③ ④
26	① ② ③ ④
27	① ② ③ ④
28	① ② ③ ④
29	① ② ③ ④
30	① ② ③ ④

계산기

다음 ▶

안 푼 문제

답안 제출

03회 실전점검!
CBT 실전모의고사

수험번호 :
수험자명 :

제한 시간 : 150분
남은 시간 :

글자 크기 100% 150% 200%　화면 배치

전체 문제 수 :
안 푼 문제 수 :

14 평판측량방법에 따른 세부측량을 시행하는 경우의 기준으로 옳지 않은 것은?

① 지적도를 갖춰 두는 지역의 거리측정단위는 10cm로 한다.

② 임야도를 갖춰 두는 지역의 거리측정단위는 50cm로 한다.

③ 경계점은 기지점을 기준으로 하여 지상경계선과 도상경계선의 부합 여부를 현형법 등으로 확인한다.

④ 세부측량의 기준이 되는 기지점이 부족한 경우에는 측량상 필요한 위치에 보조점을 설치할 수 있다.

15 면적측정의 방법에 관한 내용으로 옳은 것은?

① 좌표면적계산법에 따른 산출면적은 1,000분의 $1m^2$까지 계산하여 100분의 $1m^2$ 단위로 정해야 한다.

② 전자면적측정기에 따른 측정면적은 100분의 $1m^2$까지 계산하여 10분의 $1m^2$ 단위로 정해야 한다.

③ 경위의측량방법으로 세부측량을 한 지역의 필지별 면적측정은 경계점좌표에 따라야 한다.

④ 면적을 측정하는 경우 도곽선의 길이에 1mm 이상의 신축이 있을 때에는 이를 보정하여야 한다.

16 경위의측량방법으로 세부측량을 하는 경우에 측량대상 토지의 경계점 간 실측거리와 경계점의 좌표에 의해 계산한 거리의 교차가 얼마 이내일 때 그 실측거리를 측량원도에 기재하는가?(단, L은 m 단위로 표시한 실측거리이다.)

① $\frac{3L}{10}$ cm

② $\frac{10}{3L}$ cm

③ $3 - \frac{L}{10}$ cm

④ $3 + \frac{L}{10}$ cm

계산기　　다음 ▶　　안 푼 문제　답안 제출

03회

실전점검!
CBT 실전모의고사

수험번호 :

수험자명 :

제한 시간 : 150분
남은 시간 :

글자
크기 100% 150% 200%　화면 배치

전체 문제 수 :
안 푼 문제 수 :

답안 표기란

1	① ② ③ ④
2	① ② ③ ④
3	① ② ③ ④
4	① ② ③ ④
5	① ② ③ ④
6	① ② ③ ④
7	① ② ③ ④
8	① ② ③ ④
9	① ② ③ ④
10	① ② ③ ④
11	① ② ③ ④
12	① ② ③ ④
13	① ② ③ ④
14	① ② ③ ④
15	① ② ③ ④
16	① ② ③ ④
17	① ② ③ ④
18	① ② ③ ④
19	① ② ③ ④
20	① ② ③ ④
21	① ② ③ ④
22	① ② ③ ④
23	① ② ③ ④
24	① ② ③ ④
25	① ② ③ ④
26	① ② ③ ④
27	① ② ③ ④
28	① ② ③ ④
29	① ② ③ ④
30	① ② ③ ④

17 지적도근점의 각도관측을 방위각법으로 할 때 2등 도선의 폐색오차 허용범위는? (단, n은 폐색변을 포함한 변의 수를 말한다.)

① $\pm 1.5\sqrt{n}$ 분 이내

② $\pm 2\sqrt{n}$ 분 이내

③ $\pm 2.5\sqrt{n}$ 분 이내

④ $\pm 3\sqrt{n}$ 분 이내

18 다음 오차의 종류 중 최소제곱법에 의하여 보정할 수 있는 오차는?

① 착오

② 누적오차

③ 부정오차(우연오차)

④ 정오차(계통적 오차)

19 평판측량방법으로 광파조준의를 사용하여 세부측량을 하는 경우 방향선의 최대 도상길이는?

① 10cm

② 15cm

③ 20cm

④ 30cm

20 지적측량 계산 시 끝수처리의 원칙을 적용할 수 없는 것은?

① 면적의 결정

② 방위각의 결정

③ 연결교차의 결정

④ 종횡선수치의 결정

계산기　　다음 ▶　　안 푼 문제　답안 제출

03 실전점검!
CBT 실전모의고사

수험번호 :

수험자명 :

제한 시간 : 150분
남은 시간 :

글자 크기 100% 150% 200%　화면 배치　전체 문제 수 :
안 푼 문제 수 :

2과목　응용측량

21 지형측량에서 지형의 표현에 대한 설명으로 틀린 것은?

① 지모의 골격이 되는 선을 지성선이라 한다.
② 경사변환선은 물이 흐르는 방향을 의미한다.
③ 등고선과 지성선은 매우 밀접한 관계에 있다.
④ 능선은 빗물이 이 선을 경계로 좌우로 흘러 분수선이라고도 한다.

22 노선측량에서 곡선시점에 대한 접선의 길이가 80m, 교각이 60°일 때, 원곡선의 곡선길이는?

① 41.60m
② 95.91m
③ 145.10m
④ 150.374m

23 터널측량의 구분 중 터널 외 측량의 작업공정으로 틀린 것은?

① 두 터널 입구 부근의 수준점 설치
② 두 터널 입구 부근의 지형측량
③ 지표 중심선측량
④ 줄자에 의한 수직터널의 심도 측정

24 등고선에 대한 설명으로 틀린 것은?

① 주곡선은 지형을 표시하는 데 기본이 되는 선이다.
② 계곡선은 주곡선 10개마다 굵게 표시한다.
③ 간곡선은 주곡선 간격의 1/2이다.
④ 조곡선은 간곡선 간격의 1/2이다.

25 고속차량이 직선부에서 곡선부로 진입할 때 발생하는 횡방향 힘을 제거하여, 안전하고 원활히 통과할 수 있도록 곡선부와 직선부 사이에 설치하는 선은?

① 단곡선
② 접선
③ 절선
④ 완화곡선

1	①	②	③	④
2	①	②	③	④
3	①	②	③	④
4	①	②	③	④
5	①	②	③	④
6	①	②	③	④
7	①	②	③	④
8	①	②	③	④
9	①	②	③	④
10	①	②	③	④
11	①	②	③	④
12	①	②	③	④
13	①	②	③	④
14	①	②	③	④
15	①	②	③	④
16	①	②	③	④
17	①	②	③	④
18	①	②	③	④
19	①	②	③	④
20	①	②	③	④
21	①	②	③	④
22	①	②	③	④
23	①	②	③	④
24	①	②	③	④
25	①	②	③	④
26	①	②	③	④
27	①	②	③	④
28	①	②	③	④
29	①	②	③	④
30	①	②	③	④

계산기　다음 ▶　안 푼 문제　답안 제출

실전점검!

03회

CBT 실전모의고사

수험번호 :

수험자명 :

제한 시간 : 150분
남은 시간 :

글자 크기 100% 150% 200%

화면 배치

전체 문제 수 :
안 푼 문제 수 :

답안 표기란

1	① ② ③ ④
2	① ② ③ ④
3	① ② ③ ④
4	① ② ③ ④
5	① ② ③ ④
6	① ② ③ ④
7	① ② ③ ④
8	① ② ③ ④
9	① ② ③ ④
10	① ② ③ ④
11	① ② ③ ④
12	① ② ③ ④
13	① ② ③ ④
14	① ② ③ ④
15	① ② ③ ④
16	① ② ③ ④
17	① ② ③ ④
18	① ② ③ ④
19	① ② ③ ④
20	① ② ③ ④
21	① ② ③ ④
22	① ② ③ ④
23	① ② ③ ④
24	① ② ③ ④
25	① ② ③ ④
26	① ② ③ ④
27	① ② ③ ④
28	① ② ③ ④
29	① ② ③ ④
30	① ② ③ ④

26 터널측량에 관한 설명으로 옳지 않은 것은?

① 터널 내에서의 곡선설치는 지상의 측량방법과 동일하게 한다.

② 터널 내의 측량기기에는 조명이 필요하다.

③ 터널 내의 측점은 천정에 설치하는 것이 좋다.

④ 터널측량은 터널 내 측량, 터널 외 측량, 터널 내외 측량으로 구분할 수 있다.

27 GNSS 오차 중 송신된 신호를 동기화하는 데 발생하는 시계오차와 전기적 잡음에 의한 오차는?

① 수신기 오차

② 위성의 시계 오차

③ 다중 전파경로에 의한 오차

④ 대기조건에 의한 오차

28 레벨에서 기포관의 한 눈금의 길이가 4mm이고, 기포가 한 눈금 움직일 때의 중심 각 변화가 10″라 하면 이 기포관의 곡률반지름은?

① 80.2m

② 81.5m

③ 82.5m

④ 84.2m

29 축척 1/50,000 지형도에서 표고 317.6m로부터 521.4m까지 사이에 주곡선 간격 의 등고선 개수는?

① 5개

② 9개

③ 11개

④ 21개

30 수준측량에서 전시와 후시의 시준거리를 같게 관측할 때 완전히 소거되는 오차는?

① 지구의 곡률오차

② 시차에 의한 오차

③ 수준척이 연직이 아니어서 발생되는 오차

④ 수준척의 눈금이 정확하지 않기 때문에 발생되는 오차

계산기

다음 ▶

안 푼 문제

답안 제출

03회 실전점검!
CBT 실전모의고사

수험번호 :
수험자명 :

제한 시간 : 150분
남은 시간 :

글자 크기 100% 150% 200%　화면 배치

전체 문제 수 :
안 푼 문제 수 :

답안 표기란

31	① ② ③ ④
32	① ② ③ ④
33	① ② ③ ④
34	① ② ③ ④
35	① ② ③ ④
36	① ② ③ ④
37	① ② ③ ④
38	① ② ③ ④
39	① ② ③ ④
40	① ② ③ ④
41	① ② ③ ④
42	① ② ③ ④
43	① ② ③ ④
44	① ② ③ ④
45	① ② ③ ④
46	① ② ③ ④
47	① ② ③ ④
48	① ② ③ ④
49	① ② ③ ④
50	① ② ③ ④
51	① ② ③ ④
52	① ② ③ ④
53	① ② ③ ④
54	① ② ③ ④
55	① ② ③ ④
56	① ② ③ ④
57	① ② ③ ④
58	① ② ③ ④
59	① ② ③ ④
60	① ② ③ ④

31 그림과 같이 교호수준측량을 실시하여 구한 B점의 표고는?(단, $H_A = 20$m이다.)

$a_1 = 1.87$m
$b_1 = 1.24$m
$a_2 = 0.74$m
$b_2 = 0.07$m

A ▽ B

① 19.34m
② 20.65m
③ 20.67m
④ 20.75m

32 항공사진의 특수 3점이 아닌 것은?

① 주점
② 연직점
③ 등각점
④ 중심점

33 GNSS측량에서 지적기준점측량과 같이 높은 정밀도를 필요로 할 때 사용하는 관측 방법은?

① 실시간 키네마틱(Realtime Kinematic) 관측
② 키네마틱(Kinematic) 측량
③ 스태틱(Static) 측량
④ 1점 측위관측

34 어느 지역에 다목적 댐을 건설하여 댐의 저수용량을 산정하려고 할 때에 사용되는 방법으로 가장 적합한 것은?

① 점고법
② 삼사법
③ 중앙단면법
④ 등고선법

계산기　　　다음 ▶　　　안 푼 문제　　답안 제출

03회 실전점검!
CBT 실전모의고사

수험번호 :
수험자명 :

제한 시간 : 150분
남은 시간 :

글자 크기 100% 150% 200% 화면 배치

전체 문제 수 :
안 푼 문제 수 :

35 그림과 같이 터널 내의 천정에 측점이 설치되어 있을 때 두 점의 고저차는?(단, I.H = 1.20m, H.P = 1.82m, 사거리 = 45m, 연직각 $\alpha = 15°30'$)

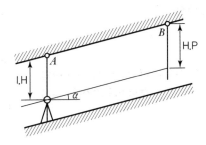

① 11.41m
② 12.65m
③ 13.10m
④ 15.50m

36 그림과 같은 지형표시법을 무엇이라고 하는가?

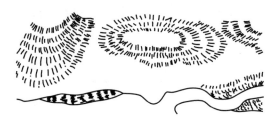

① 영선법
② 음영법
③ 채색법
④ 등고선법

37 GNSS측량에서 이동국 수신기를 설치하는 순간 그 지점의 보정 데이터를 기지국에 송신하여 상대적인 방법으로 위치를 결정하는 것은?

① Static 방법
② Kinematic 방법
③ Pseudo – Kinematic 방법
④ Real Time Kinematic 방법

답안 표기란
31 ① ② ③ ④
32 ① ② ③ ④
33 ① ② ③ ④
34 ① ② ③ ④
35 ① ② ③ ④
36 ① ② ③ ④
37 ① ② ③ ④
38 ① ② ③ ④
39 ① ② ③ ④
40 ① ② ③ ④
41 ① ② ③ ④
42 ① ② ③ ④
43 ① ② ③ ④
44 ① ② ③ ④
45 ① ② ③ ④
46 ① ② ③ ④
47 ① ② ③ ④
48 ① ② ③ ④
49 ① ② ③ ④
50 ① ② ③ ④
51 ① ② ③ ④
52 ① ② ③ ④
53 ① ② ③ ④
54 ① ② ③ ④
55 ① ② ③ ④
56 ① ② ③ ④
57 ① ② ③ ④
58 ① ② ③ ④
59 ① ② ③ ④
60 ① ② ③ ④

계산기　　　　　다음 ▶　　　　안 푼 문제　답안 제출

03회 실전점검!
CBT 실전모의고사

수험번호 :

수험자명 :

제한 시간 : 150분
남은 시간 :

글자
크기 100% 150% 200%

화면
배치

전체 문제 수 :
안 푼 문제 수 :

답안 표기란

31	① ② ③ ④
32	① ② ③ ④
33	① ② ③ ④
34	① ② ③ ④
35	① ② ③ ④
36	① ② ③ ④
37	① ② ③ ④
38	① ② ③ ④
39	① ② ③ ④
40	① ② ③ ④
41	① ② ③ ④
42	① ② ③ ④
43	① ② ③ ④
44	① ② ③ ④
45	① ② ③ ④
46	① ② ③ ④
47	① ② ③ ④
48	① ② ③ ④
49	① ② ③ ④
50	① ② ③ ④
51	① ② ③ ④
52	① ② ③ ④
53	① ② ③ ④
54	① ② ③ ④
55	① ② ③ ④
56	① ② ③ ④
57	① ② ③ ④
58	① ② ③ ④
59	① ② ③ ④
60	① ② ③ ④

38 화각(피사각)이 90°이고 일반도화 판독용으로 사용하는 카메라로 옳은 것은?

① 초광각카메라

② 광각카메라

③ 보통각카메라

④ 협각카메라

39 원곡선에서 교각 $I = 40°$, 반지름 $R = 150m$, 곡선시점 B.C = No.32 + 4.0m일 때, 도로 기점으로부터 곡선종점 E.C까지의 거리는?(단, 중심말뚝 간격은 20m)

① 104.7m

② 138.2m

③ 744.7m

④ 748.7m

40 태양 광선이 서북쪽에서 비친다고 가정하고, 지표의 기복에 대해 명암으로 입체감을 주는 지형표시방법은?

① 음영법

② 단채법

③ 점고법

④ 등고선법

계산기   다음 ▶   안 푼 문제   답안 제출

03회 실전점검!
CBT 실전모의고사

수험번호 :

수험자명 :

제한 시간 : 150분
남은 시간 :

글자 크기 100% 150% 200% 화면 배치

전체 문제 수 :
안 푼 문제 수 :

답안 표기란

31	①	②	③	④
32	①	②	③	④
33	①	②	③	④
34	①	②	③	④
35	①	②	③	④
36	①	②	③	④
37	①	②	③	④
38	①	②	③	④
39	①	②	③	④
40	①	②	③	④
41	①	②	③	④
42	①	②	③	④
43	①	②	③	④
44	①	②	③	④
45	①	②	③	④
46	①	②	③	④
47	①	②	③	④
48	①	②	③	④
49	①	②	③	④
50	①	②	③	④
51	①	②	③	④
52	①	②	③	④
53	①	②	③	④
54	①	②	③	④
55	①	②	③	④
56	①	②	③	④
57	①	②	③	④
58	①	②	③	④
59	①	②	③	④
60	①	②	③	④

3과목 **토지정보체계론**

41 지적정보관리체계에서 사용자 비밀번호의 기준으로 옳은 것은?

① 사용자가 3자리부터 6자리까지의 범위에서 정하여 사용한다.

② 사용자가 6자리부터 16자리까지의 범위에서 정하여 사용한다.

③ 사용자가 영문을 포함하여 4자리부터 8자리까지의 범위에서 정하여 사용한다.

④ 사용자가 영문을 포함하여 5자리부터 10자리까지의 범위에서 정하여 사용한다.

42 ISO/TC211에 대한 설명으로 틀린 것은?

① 지리정보 분야의 유일한 국제표준화 기구이다.

② 조직은 총 5개의 기술실무위원회로 이루어져 있다.

③ 주로 공공기관과 민간기관들로 구성되어 있다.

④ 정식 명칭으로 Geographic Information/Geomatics를 사용하고 있다.

43 메타데이터의 기본적인 요소가 아닌 것은?

① 공간참조   ② 자료의 내용

③ 정보 획득방법   ④ 공간자료의 구성

44 국가공간정보정책 기본계획은 몇 년 단위로 수립·시행하여야 하는가?

① 매년   ② 3년

③ 5년   ④ 10년

45 인접성(Neighborhood)에 대한 설명으로 옳지 않은 것은?

① 폴리곤이나 객체들의 포함관계를 말한다.

② 서로 이웃하여 있는 폴리곤 간의 관계를 말한다.

③ 공간객체 간 상호 인접성에 기반을 둔 분석이 필요하다.

④ 정확한 파악을 위해서는 상하좌우와 같은 상대성도 파악하여야 한다.

계산기   다음 ▶   안 푼 문제   답안 제출

03회 실전점검!
CBT 실전모의고사

수험번호 :

수험자명 :

제한 시간 : 150분
남은 시간 :

글자 크기 100% 150% 200% 화면 배치

전체 문제 수 :
안 푼 문제 수 :

46 다음 중 가장 높은 위치정확도로 공간자료를 취득할 수 있는 방법은?

① 원격탐사
② 평판측량
③ 항공사진측량
④ 토털스테이션 측량

47 속성데이터에 해당하지 않은 것은?

① 지적도
② 토지대장
③ 공유지연명부
④ 대지권등록부

48 한국토지정보시스템의 구축에 따른 기대 효과로 가장 거리가 먼 것은?

① 다양하고 입체적인 토지정보를 제공할 수 있다.
② 건축물의 유지 및 보수 현황의 관리가 용이해진다.
③ 민원 처리기간을 단축하고 온라인으로 서비스를 제공할 수 있다.
④ 각 부서 간의 다양한 토지 관련 정보를 공동으로 활용하여 업무의 효율을 높일 수 있다.

49 시 · 군 · 구 단위의 지적전산자료를 활용하려는 자가 지적전산자료를 신청하여야 하는 곳은?(단, 자치구가 아닌 구를 포함한다.)

① 도지사
② 지적소관청
③ 국토교통부장관
④ 행정안전부장관

50 다음 중 중첩(Overlay)의 기능으로 옳지 않은 것은?

① 도형자료와 속성자료를 입력할 수 있게 한다.
② 각종 주제도를 통합 또는 분산 관리할 수 있다.
③ 다양한 데이터베이스로부터 필요한 정보를 추출할 수 있다.
④ 새로운 가설이나 시뮬레이션을 통한 모델링 작업을 수행할 수 있게 한다.

31	①	②	③	④
32	①	②	③	④
33	①	②	③	④
34	①	②	③	④
35	①	②	③	④
36	①	②	③	④
37	①	②	③	④
38	①	②	③	④
39	①	②	③	④
40	①	②	③	④
41	①	②	③	④
42	①	②	③	④
43	①	②	③	④
44	①	②	③	④
45	①	②	③	④
46	①	②	③	④
47	①	②	③	④
48	①	②	③	④
49	①	②	③	④
50	①	②	③	④
51	①	②	③	④
52	①	②	③	④
53	①	②	③	④
54	①	②	③	④
55	①	②	③	④
56	①	②	③	④
57	①	②	③	④
58	①	②	③	④
59	①	②	③	④
60	①	②	③	④

계산기
다음 ▶
안 푼 문제
답안 제출

실전점검!
CBT 실전모의고사

03회

수험번호 :

수험자명 :

제한 시간 : 150분
남은 시간 :

글자
크기 100% 150% 200%

화면
배치

전체 문제 수 :
안 푼 문제 수 :

답안 표기란				
31	①	②	③	④
32	①	②	③	④
33	①	②	③	④
34	①	②	③	④
35	①	②	③	④
36	①	②	③	④
37	①	②	③	④
38	①	②	③	④
39	①	②	③	④
40	①	②	③	④
41	①	②	③	④
42	①	②	③	④
43	①	②	③	④
44	①	②	③	④
45	①	②	③	④
46	①	②	③	④
47	①	②	③	④
48	①	②	③	④
49	①	②	③	④
50	①	②	③	④
51	①	②	③	④
52	①	②	③	④
53	①	②	③	④
54	①	②	③	④
55	①	②	③	④
56	①	②	③	④
57	①	②	③	④
58	①	②	③	④
59	①	②	③	④
60	①	②	③	④

51 지적도면 전산화에 따른 기대효과로 옳지 않은 것은?

① 지적도면의 효율적 관리
② 지적도면 관리업무의 자동화
③ 신속하고 효율적인 대민서비스 제공
④ 정부 사이버테러에 대비한 보안성 강화

52 부동산종합공부시스템의 관리내용으로 옳지 않은 것은?

① 부동산종합공부시스템의 사용 시 발견된 프로그램의 문제점이나 개선사항은 국토교통부장관에게 요청해야 한다.
② 사용기관이 필요시 부동산종합공부시스템의 원시프로그램이나 조작 도구를 개발·설치할 수 있다.
③ 국토교통부장관은 부동산종합공부시스템이 단일 버전의 프로그램으로 설치·운영되도록 총괄·조정하여 배포해야 한다.
④ 국토교통부장관은 부동산종합공부시스템 프로그램의 추가·변경 또는 폐기 등의 변동사항이 발생한 때에는 그 세부내역을 작성·관리해야 한다.

53 도형정보의 자료구조에 관한 설명으로 옳지 않은 것은?

① 벡터구조는 자료구조가 복잡하다.
② 격자구조는 자료구조가 단순하다.
③ 벡터구조는 그래픽의 정확도가 높다.
④ 격자구조는 그래픽 자료의 양이 적다.

54 토지정보체계의 구축에 있어 벡터자료(Vector Data)를 취득하기 위한 장비로 옳은 것은?

ㄱ. 스캐너	ㄴ. 디지털 카메라
ㄷ. 디지타이저	ㄹ. 전자평판

① ㄱ, ㄴ
② ㄱ, ㄹ
③ ㄴ, ㄷ
④ ㄷ, ㄹ

계산기

다음 ▶

안 푼 문제

답안 제출

03 실전점검!
CBT 실전모의고사

수험번호 :

수험자명 :

제한 시간 : 150분
남은 시간 :

글자
크기
100%
150%
200%
화면
배치
전체 문제 수 :
안 푼 문제 수 :

답안 표기란

55 데이터베이스관리시스템이 파일시스템에 비하여 갖는 단점은?

① 자료의 중복성을 피할 수 없다.

② 자료의 일관성이 확보되지 않는다.

③ 일반적으로 시스템 도입비용이 비싸다.

④ 사용자별 자료 접근에 대한 권한 부여를 할 수 없다.

56 다음 중 GIS 데이터 교환표준이 아닌 것은?

① NTF

② SQL

③ SDTS

④ DIGEST

57 지적정보관리시스템의 사용자권한 등록파일에서 사용자권한으로 옳지 않은 것은?

① 지적통계의 관리

② 종합부동산세 입력 및 수정

③ 토지 관련 정책정보의 관리

④ 개인별 토지소유현황의 조회

58 래스터데이터 구조에 비하여 벡터데이터 구조가 갖는 단점으로 옳은 것은?

① 자료의 구조가 복잡한 편이다.

② 네트워크 분석과 같은 다양한 공간 분석에 제약이 있다.

③ 해상도가 높을 경우 더욱 많은 저장용량을 필요로 한다.

④ 각 셀이 코드화되기 때문에 많은 저장용량을 필요로 한다.

59 NGIS 구축의 단계적 추진에서 3단계 사업이 속하는 단계는?

① GIS 기반조성단계

② GIS 정착단계

③ GIS 수정보완단계

④ GIS 활용확산단계

31	①	②	③	④
32	①	②	③	④
33	①	②	③	④
34	①	②	③	④
35	①	②	③	④
36	①	②	③	④
37	①	②	③	④
38	①	②	③	④
39	①	②	③	④
40	①	②	③	④
41	①	②	③	④
42	①	②	③	④
43	①	②	③	④
44	①	②	③	④
45	①	②	③	④
46	①	②	③	④
47	①	②	③	④
48	①	②	③	④
49	①	②	③	④
50	①	②	③	④
51	①	②	③	④
52	①	②	③	④
53	①	②	③	④
54	①	②	③	④
55	①	②	③	④
56	①	②	③	④
57	①	②	③	④
58	①	②	③	④
59	①	②	③	④
60	①	②	③	④

계산기

다음 ▶

안 푼 문제

답안 제출

실전점검!

03회 CBT 실전모의고사

수험번호 :
수험자명 :

제한 시간 : 150분
남은 시간 :

글자
크기 100% 150% 200%

화면
배치

전체 문제 수 :
안 푼 문제 수 :

60 디지타이저를 이용한 도형자료의 취득에 대한 설명으로 틀린 것은?

① 지적도면을 입력하는 방법을 사용할 때에는 보관과정에서 발생할 수 있는 불규칙한 신축 등으로 인한 오차를 제거하거나 축소할 수 있으므로 현장측량방법보다 정확도가 높다.

② 디지타이징의 효율성은 작업자의 숙련도에 따라 크게 좌우되며, 스캐닝과 비교하여 도면의 보관상태가 좋지 않은 경우에도 입력이 가능하다.

③ 디지타이징을 이용한 입력은 복사된 지적도를 디지타이징하여 벡터파일을 구축하는 것이다.

④ 디지타이징은 디지타이저라는 테이블에 컴퓨터와 연결된 커서를 이용하여 필요한 객체의 형태를 컴퓨터에 입력시키는 것으로, 해당 객체의 형태를 따라서 X, Y 좌표값을 컴퓨터에 입력시키는 방법이다.

31	①	②	③	④
32	①	②	③	④
33	①	②	③	④
34	①	②	③	④
35	①	②	③	④
36	①	②	③	④
37	①	②	③	④
38	①	②	③	④
39	①	②	③	④
40	①	②	③	④
41	①	②	③	④
42	①	②	③	④
43	①	②	③	④
44	①	②	③	④
45	①	②	③	④
46	①	②	③	④
47	①	②	③	④
48	①	②	③	④
49	①	②	③	④
50	①	②	③	④
51	①	②	③	④
52	①	②	③	④
53	①	②	③	④
54	①	②	③	④
55	①	②	③	④
56	①	②	③	④
57	①	②	③	④
58	①	②	③	④
59	①	②	③	④
60	①	②	③	④

계산기   다음 ▶   안 푼 문제   답안 제출

03회
실전점검!
CBT 실전모의고사

수험번호 :
수험자명 :

제한 시간 : 150분
남은 시간 :

글자 크기 100% 150% 200% 화면 배치

전체 문제 수 :
안 푼 문제 수 :

4과목 **지적학**

61 토지조사사업 당시 토지에 대한 사정(査定) 사항은?
① 경계
② 면적
③ 지목
④ 지번

62 지번의 진행방향에 따른 부번방식이 아닌 것은?
① 기우식
② 사행식
③ 우수식
④ 절충식

63 필지의 정의로 옳지 않은 것은?
① 토지소유권 객체단위를 말한다.
② 국가의 권력으로 결정하는 자연적인 토지단위이다.
③ 하나의 지번이 부여되는 토지의 등록단위를 말한다.
④ 지적공부에 등록하는 토지의 법률적인 단위를 말한다.

64 지적공부에 공시하는 토지의 등록사항에 대하여 공시의 원칙에 따라 채택해야 할 지적의 원리로서 옳은 것은?
① 공개주의
② 국정주의
③ 직권주의
④ 형식주의

65 토지에 지번을 부여하는 이유가 아닌 것은?
① 토지의 특정화
② 물권객체의 구분
③ 토지의 위치 추정
④ 토지이용 현황 파악

답안 표기란				
61	①	②	③	④
62	①	②	③	④
63	①	②	③	④
64	①	②	③	④
65	①	②	③	④
66	①	②	③	④
67	①	②	③	④
68	①	②	③	④
69	①	②	③	④
70	①	②	③	④
71	①	②	③	④
72	①	②	③	④
73	①	②	③	④
74	①	②	③	④
75	①	②	③	④
76	①	②	③	④
77	①	②	③	④
78	①	②	③	④
79	①	②	③	④
80	①	②	③	④
81	①	②	③	④
82	①	②	③	④
83	①	②	③	④
84	①	②	③	④
85	①	②	③	④
86	①	②	③	④
87	①	②	③	④
88	①	②	③	④
89	①	②	③	④
90	①	②	③	④

계산기
다음 ▶
안 푼 문제
답안 제출

실전점검!
03회
CBT 실전모의고사

수험번호 : ☐☐☐☐☐

수험자명 : ☐☐☐☐☐

제한 시간 : 150분
남은 시간 :

글자
크기 ⊖ 100% Ⓜ 150% ⊕ 200%

화면
배치 ▭ ▯ ▯

전체 문제 수 :
안 푼 문제 수 :

66 일필지로 정할 수 있는 기준에 해당하지 않는 것은?

① 지번부여지역의 토지로서 용도가 동일한 토지

② 지번부여지역의 토지로서 지가가 동일한 토지

③ 지번부여지역의 토지로서 지반가 동일한 토지

④ 지번부여지역의 토지로서 소유자가 동일한 토지

67 토지조사사업 당시 도로, 하천, 구거, 제방, 성첩, 철도선로, 수도선로를 조사대상에서 제외한 주된 이유는?

① 측량작업의 난이

② 소유자 확인 불명

③ 강계선 구분 불가능

④ 경제적 가치의 희소

68 토지소유권 보호가 주요 목적이며, 토지거래의 안전을 보장하기 위해 만들어진 지적제도로서 토지의 평가보다 소유권의 한계설정과 경계복원의 가능성을 중요시하는 것은?

① 법지적

② 세지적

③ 경제지적

④ 유사지적

69 다음 중 지적에서의 "경계"에 대한 설명으로 옳지 않은 것은?

① 경계불가분의 원칙을 적용한다.

② 지상의 말뚝, 울타리와 같은 목표물로 구획된 선을 말한다.

③ 지적공부에 등록된 경계에 의하여 토지소유권의 범위가 확정된다.

④ 필지별로 경계점들을 직선으로 연결하여 지적공부에 등록한 선을 말한다.

70 조선시대에 정약용이 주장한 양전개정론의 내용에 해당하지 않는 것은?

① 경무법

② 망척제

③ 정전제

④ 방량법과 어린도법

답안 표기란

61	①	②	③	④
62	①	②	③	④
63	①	②	③	④
64	①	②	③	④
65	①	②	③	④
66	①	②	③	④
67	①	②	③	④
68	①	②	③	④
69	①	②	③	④
70	①	②	③	④
71	①	②	③	④
72	①	②	③	④
73	①	②	③	④
74	①	②	③	④
75	①	②	③	④
76	①	②	③	④
77	①	②	③	④
78	①	②	③	④
79	①	②	③	④
80	①	②	③	④
81	①	②	③	④
82	①	②	③	④
83	①	②	③	④
84	①	②	③	④
85	①	②	③	④
86	①	②	③	④
87	①	②	③	④
88	①	②	③	④
89	①	②	③	④
90	①	②	③	④

▦ 계산기   ◀ 다음 ▶   🗒 안 푼 문제   📋 답안 제출

03회 실전점검!
CBT 실전모의고사

수험번호 :

수험자명 :

제한 시간 : 150분
남은 시간 :

글자
크기 100% 150% 200%

화면
배치

전체 문제 수 :
안 푼 문제 수 :

답안 표기란

71 우리나라의 지목설정 원칙과 가장 거리가 먼 것은?

① 1필1지목의 원칙
② 용도경중의 원칙
③ 지형지목의 원칙
④ 주지목추종의 원칙

72 물권객체로서의 토지 내용을 외부에서 인식할 수 있도록 하는 물권법상의 일반 원칙은?

① 공신의 원칙
② 공시의 원칙
③ 통지의 원칙
④ 증명의 원칙

73 우리나라의 지번부여방법이 아닌 것은?

① 종서의 원칙
② 1필지1지번 원칙
③ 북서기번의 원칙
④ 아라비아숫자 표기원칙

74 지번의 부여 단위에 따른 분류 중 해당 지번설정지역의 면적이 비교적 넓고 지적도의 매수가 많을 때 흔히 채택하는 방법은?

① 기우단위법
② 단지단위법
③ 도엽단위법
④ 지역단위법

75 지적 관련 법령의 변천 순서가 옳게 나열된 것은?

① 토지대장법 → 조선지세령 → 토지조사령 → 지세령
② 토지대장법 → 토지조사령 → 조선지세령 → 지세령
③ 토지조사법 → 지세령 → 토지조사령 → 조선지세령
④ 토지조사법 → 토지조사령 → 지세령 → 조선지세령

76 다음 중 지적의 발생설과 관계가 먼 것은?

① 법률설
② 과세설
③ 치수설
④ 지배설

61	①	②	③	④
62	①	②	③	④
63	①	②	③	④
64	①	②	③	④
65	①	②	③	④
66	①	②	③	④
67	①	②	③	④
68	①	②	③	④
69	①	②	③	④
70	①	②	③	④
71	①	②	③	④
72	①	②	③	④
73	①	②	③	④
74	①	②	③	④
75	①	②	③	④
76	①	②	③	④
77	①	②	③	④
78	①	②	③	④
79	①	②	③	④
80	①	②	③	④
81	①	②	③	④
82	①	②	③	④
83	①	②	③	④
84	①	②	③	④
85	①	②	③	④
86	①	②	③	④
87	①	②	③	④
88	①	②	③	④
89	①	②	③	④
90	①	②	③	④

계산기

다음 ▶

안 푼 문제

답안 제출

실전점검!
03회 **CBT 실전모의고사**

수험번호 :

수험자명 :

제한 시간 : 150분
남은 시간 :

77 지적불부합으로 인해 발생되는 사회적 측면의 영향이 아닌 것은?

① 토지분쟁의 빈발

② 토지거래질서의 문란

③ 주민의 권리행사 용이

④ 토지표시사항의 확인 곤란

78 다음 중 지목을 체육용지로 할 수 없는 것은?

① 경마장

② 경륜장

③ 스키장

④ 승마장

79 토지 표시사항의 결정에 있어서 실질적 심사를 원칙으로 하는 가장 중요한 이유는?

① 소유자의 이해

② 결정사항에 대한 이의 예방

③ 거래안전의 국가적 책무

④ 조세형평 유지

80 현재의 토지대장과 같은 것은?

① 문기(文記)

② 양안(量案)

③ 사표(四標)

④ 입안(立案)

61	①	②	③	④
62	①	②	③	④
63	①	②	③	④
64	①	②	③	④
65	①	②	③	④
66	①	②	③	④
67	①	②	③	④
68	①	②	③	④
69	①	②	③	④
70	①	②	③	④
71	①	②	③	④
72	①	②	③	④
73	①	②	③	④
74	①	②	③	④
75	①	②	③	④
76	①	②	③	④
77	①	②	③	④
78	①	②	③	④
79	①	②	③	④
80	①	②	③	④
81	①	②	③	④
82	①	②	③	④
83	①	②	③	④
84	①	②	③	④
85	①	②	③	④
86	①	②	③	④
87	①	②	③	④
88	①	②	③	④
89	①	②	③	④
90	①	②	③	④

03회 실전점검!
CBT 실전모의고사

수험번호 :

수험자명 :

제한 시간 : 150분
남은 시간 :

글자
크기 100% 150% 200%

화면
배치

전체 문제 수 :
안 푼 문제 수 :

답안 표기란

61	①	②	③	④
62	①	②	③	④
63	①	②	③	④
64	①	②	③	④
65	①	②	③	④
66	①	②	③	④
67	①	②	③	④
68	①	②	③	④
69	①	②	③	④
70	①	②	③	④
71	①	②	③	④
72	①	②	③	④
73	①	②	③	④
74	①	②	③	④
75	①	②	③	④
76	①	②	③	④
77	①	②	③	④
78	①	②	③	④
79	①	②	③	④
80	①	②	③	④
81	①	②	③	④
82	①	②	③	④
83	①	②	③	④
84	①	②	③	④
85	①	②	③	④
86	①	②	③	④
87	①	②	③	④
88	①	②	③	④
89	①	②	③	④
90	①	②	③	④

5과목 지적관계법규

81 「지적업무 처리규정」상 지적측량성과검사 시 세부측량의 검사항목으로 옳지 않은 것은?

① 면적측정의 정확 여부

② 관측각 및 거리측정과 정확 여부

③ 기지점과 지상경계와의 부합 여부

④ 측량준비도 및 측량결과도 작성의 적정 여부

82 「공간정보의 구축 및 관리 등에 관한 법률」상 용어의 정의로서 토지의 표시사항에 해당하지 않는 것은?

① 면적

② 좌표

③ 토지소유자

④ 토지의 소재

83 축척변경에 따른 청산금을 산정한 결과 증가된 면적에 대한 청산금의 합계와 감소된 면적에 대한 청산금의 합계에 차액이 생긴 경우 이에 대한 처리방법으로 옳은 것은?

① 그 측량업체의 부담 또는 수입으로 한다.

② 그 토지소유자의 부담 또는 수입으로 한다.

③ 그 지방자치단체의 부담 또는 수입으로 한다.

④ 그 행정안전부장관의 부담 또는 수입으로 한다.

84 지적도근점측량에서 연결오차의 허용범위 기준으로 옳지 않은 것은?(단, n은 각 측선의 수평거리의 총 합계를 100으로 나눈 수를 말한다.)

① 1등 도선은 해당 지역 축척분모의 $\frac{1}{100}\sqrt{n}$ cm 이하로 한다.

② 2등 도선은 해당 지역 축척분모의 $\frac{1.5}{100}\sqrt{n}$ cm 이하로 한다.

③ 1등 도선 및 2등 도선의 허용기준에 있어서의 축척이 1/6,000인 지역의 축척분모는 3,000으로 한다.

④ 1등 도선 및 2등 도선의 허용기준에 있어서의 경계점좌표등록부를 갖춰두는 지역의 축척분모는 600으로 한다.

계산기

다음 ▶

안 푼 문제

답안 제출

실전점검!
03회
CBT 실전모의고사

수험번호 :

수험자명 :

제한 시간 : 150분
남은 시간 :

글자 크기 100% 150% 200%

화면 배치

전체 문제 수 :
안 푼 문제 수 :

85 사업시행자가 토지이동에 관하여 대위신청을 할 수 있는 토지의 지목이 아닌 것은?

① 유지, 제방

② 과수원, 유원지

③ 철도용지, 하천

④ 수도용지, 학교용지

86 「공간정보의 구축 및 관리 등에 관한 법률」상 도시개발사업 등의 신고에 관한 설명으로 옳지 않은 것은?

① 도시개발사업의 변경신고 시 첨부서류에는 지번별 조서도 포함된다.

② 도시개발사업의 완료신고 시에는 지번별조서와 사업계획도의 부합 여부를 확인하여야 한다.

③ 도시개발사업의 착수 · 변경 또는 완료 사실의 신고는 그 사유가 발생한 날로부터 15일 이내에 하여야 한다.

④ 도시개발사업의 완료신고 시에는 확정될 토지의 지번별 조서 및 종전 토지의 지번별 조서를 첨부하여야 한다.

87 「지적업무 처리규정」에 따른 도곽선의 제도방법으로 옳지 않은 것은?

① 도면의 위방향은 항상 북쪽이 되어야 한다.

② 도면에 등록하는 도곽선은 0.1mm의 폭으로 제도한다.

③ 지적도의 도곽크기는 가로 30cm, 세로 40cm의 직사각형으로 한다.

④ 이미 사용하고 있는 도면의 도곽크기는 종전에 구획되어 있는 도곽과 그 수치로 한다.

88 아래의 조정금에 관한 이의신청에 대한 내용 중 ( ) 안에 들어갈 알맞은 일자는?

- 수령통지 또는 납부고지된 조정금에 이의가 있는 토지소유자는 수령통지 또는 납부고지를 받은 날부터 (㉠) 이내에 지적소관청에 이의신청을 할 수 있다.
- 지적소관청은 이의신청을 받은 날부터 (㉡) 이내에 시 · 군 · 구 지적재조사위원회의 심의 · 의결을 거쳐 이의신청에 대한 결과를 신청인에게 서면으로 알려야 한다.

① ㉠ 30일, ㉡ 30일

② ㉠ 30일, ㉡ 60일

③ ㉠ 60일, ㉡ 30일

④ ㉠ 60일, ㉡ 60일

답안 표기란				
61	①	②	③	④
62	①	②	③	④
63	①	②	③	④
64	①	②	③	④
65	①	②	③	④
66	①	②	③	④
67	①	②	③	④
68	①	②	③	④
69	①	②	③	④
70	①	②	③	④
71	①	②	③	④
72	①	②	③	④
73	①	②	③	④
74	①	②	③	④
75	①	②	③	④
76	①	②	③	④
77	①	②	③	④
78	①	②	③	④
79	①	②	③	④
80	①	②	③	④
81	①	②	③	④
82	①	②	③	④
83	①	②	③	④
84	①	②	③	④
85	①	②	③	④
86	①	②	③	④
87	①	②	③	④
88	①	②	③	④
89	①	②	③	④
90	①	②	③	④

계산기

다음 ▶

안 푼 문제

답안 제출

03회 실전점검!
CBT 실전모의고사

수험번호 :
수험자명 :

제한 시간 : 150분
남은 시간 :

글자
크기   100%   150%   200%

화면
배치

전체 문제 수 :
안 푼 문제 수 :

89 지적재조사 경계설정의 기준으로 옳은 것은?

① 지방관습에 의한 경계로 설정한다.

② 지상경계에 대하여 다툼이 있는 경우 토지소유자가 점유하는 토지의 현실경계로 설정한다.

③ 지상경계에 대하여 다툼이 없는 경우 등록할 때의 측량기록을 조사한 경계로 설정한다.

④ 관계법령에 따라 고시되어 설치된 공공용지의 경계는 현실경계에 따라 변경한다.

90 다음 중 임야도에 등록된 등록전환을 신청할 수 있는 경우가 아닌 것은?

① 「산지관리법」에 따라 토지의 형질이 변경되는 경우

② 도시 · 군관리계획선에 따라 토지를 분할하는 경우

③ 임야도에 등록된 토지가 사실상 형질변경되었으나 지목변경을 할 수 없는 경우

④ 대부분의 토지가 등록전환되어 나머지 토지를 임야도에 계속 존치하는 것이 불합리한 경우

계산기   다음 ▶   안 푼 문제   답안 제출

실전점검!
03회 CBT 실전모의고사

수험번호 :

수험자명 :

제한 시간 : 150분
남은 시간 :

글자
크기 100% 150% 200%

화면
배치

전체 문제 수 :
안 푼 문제 수 :

답안 표기란

91	①	②	③	④
92	①	②	③	④
93	①	②	③	④
94	①	②	③	④
95	①	②	③	④
96	①	②	③	④
97	①	②	③	④
98	①	②	③	④
99	①	②	③	④
100	①	②	③	④

91 「공간정보의 구축 및 관리 등에 관한 법률」상 용어에 대한 설명으로 옳지 않은 것은?

① "면적"이란 지적공부에 등록한 필지의 수평면상 넓이를 말한다.

② "토지의 이동"이란 토지의 표시를 새로 정하거나 변경 도는 말소하는 것을 말한다.

③ "지번부여지역"이란 지번을 부여하는 단위지역으로서 동·리 또는 이에 준하는 지역을 말한다.

④ "축척변경"이란 지적도에 등록된 경계점의 정밀도를 높이기 위하여 큰 축척을 작은 축척으로 변경하여 등록하는 것을 말한다.

92 토지이동과 관련하여 지적공부에 등록하는 시기로 옳은 것은?

① 신규등록 – 공유수면매립 인가일

② 축척변경 – 축척변경 확정 공고일

③ 도시개발사업 – 사업의 완료 신고일

④ 지목변경 – 토지형질변경 공사 허가일

93 「지적재조사에 관한 특별법」상 조정금의 산정에 관한 내용으로 옳지 않은 것은?

① 조정금은 경계가 확정된 시점을 기준으로 개별공시지가액으로 산정한다.

② 국가 또는 지방자치단체 소유의 국유지·공유지 행정재산의 조정금은 징수하거나 지급하지 아니한다.

③ 토지소유자협의회가 요청하는 경우 시·군·구 지적재조사위원회의 심의를 거쳐 개별공시지가로 조정금을 산정할 수 있다.

④ 지적소관청은 경계 확정으로 지적공부상의 면적이 증감된 경우에는 필지별 면적 증감내역을 기준으로 조정금을 산정하여 징수하거나 지급한다.

03회

실전점검!
CBT 실전모의고사

수험번호 :

수험자명 :

제한 시간 : 150분
남은 시간 :

글자
크기 100% 150% 200%

화면
배치

전체 문제 수 :
안 푼 문제 수 :

답안 표기란

91	① ② ③ ④
92	① ② ③ ④
93	① ② ③ ④
94	① ② ③ ④
95	① ② ③ ④
96	① ② ③ ④
97	① ② ③ ④
98	① ② ③ ④
99	① ② ③ ④
100	① ② ③ ④

94 토지대장의 소유자변동일자의 정리기준에 대한 설명으로 옳지 않은 것은?

① 신규등록의 경우 : 매립준공일자
② 미등기토지의 경우 : 소유자정리결의일자
③ 등기부등본 · 초본에 의하는 경우 : 등기원인일자
④ 등기전산정보자료에 의하는 경우 : 등기접수일자

95 「지적측량 시행규칙」상 면적측정의 대상이 아닌 것은?

① 경계를 정정하는 경우
② 축척변경을 하는 경우
③ 토지를 합병하는 경우
④ 필지분할을 하는 경우

96 「공간정보의 구축 및 관리 등에 관한 법률」상 정당한 사유 없이 지적측량을 방해한
자에 대한 벌칙 기준으로 옳은 것은?

① 300만 원 이하의 과태료
② 500만 원 이하의 과태료
③ 1년 이하의 징역 또는 1천만 원 이하의 벌금
④ 2년 이하의 징역 또는 2천만 원 이하의 벌금

97 지적측량업의 등록을 위한 기술능력 및 장비의 기준으로 옳지 않은 것은?

① 출력장치 1대 이상
② 중급기술자 2명 이상
③ 토털스테이션 1대 이상
④ 특급기술자 2명 또는 고급기술자 1명 이상

98 「공간정보의 구축 및 관리 등에 관한 법률」에 따른 "토지의 표시"가 아닌 것은?

① 경계
② 소유자의 주소
③ 좌표
④ 토지의 소재

 계산기

다음 ▶

 안 푼 문제   답안 제출

03회

실전점검!
CBT 실전모의고사

수험번호 :

수험자명 :

제한 시간 : 150분
남은 시간 :

글자
크기 100% 150% 200%

화면
배치

전체 문제 수 :
안 푼 문제 수 :

답안 표기란

91	①	②	③	④
92	①	②	③	④
93	①	②	③	④
94	①	②	③	④
95	①	②	③	④
96	①	②	③	④
97	①	②	③	④
98	①	②	③	④
99	①	②	③	④
100	①	②	③	④

99 다음 중 지적재조사사업에 관한 기본계획 수립 시 포함해야 하는 사항으로 옳지 않은 것은?

① 지적재조사사업의 시행기간

② 지적재조사사업에 관한 기본방향

③ 지적재조사사업비의 특별자치도를 제외한 행정구역별 배분계획

④ 지적재조사사업에 필요한 인력 확보계획

100 다음 중 지적측량업자의 업무 범위에 속하지 않는 것은?

① 지적측량성과 검사를 위한 지적측량

② 사업지구에서 실시하는 지적재조사측량

③ 경계점좌표등록부가 있는 지역에서의 지적측량

④ 도시개발사업 등이 끝남에 따라 하는 지적확정측량

계산기

다음 ▶

안 푼 문제

답안 제출

01	02	03	04	05	06	07	08	09	10
③	①	④	②	②	①	①	①	②	④
11	12	13	14	15	16	17	18	19	20
①	③	③	①	③	④	①	③	④	③
21	22	23	24	25	26	27	28	29	30
②	③	④	②	④	①	①	③	③	①
31	32	33	34	35	36	37	38	39	40
②	④	③	④	②	①	④	②	④	①
41	42	43	44	45	46	47	48	49	50
②	③	②	①	④	①	②	②	②	①
51	52	53	54	55	56	57	58	59	60
④	②	④	④	③	②	②	①	②	①
61	62	63	64	65	66	67	68	69	70
①	③	②	①	③	④	④	①	②	②
71	72	73	74	75	76	77	78	79	80
③	③	①	③	①	③	①	③	③	②
81	82	83	84	85	86	87	88	89	90
②	③	③	④	②	②	③	③	①	①
91	92	93	94	95	96	97	98	99	100
④	②	①	③	③	①	④	②	③	③

01 정답 | ③

풀이 | 지적기준점성과의 관리자(기관)

구분	관리 기관
지적삼각점	시 · 도지사
지적삼각보조점 지적도근점	지적소관청

③ 지적소관청이 지적삼각점을 변경하였을 때에는 그 측량성과를 시 · 도지사에게 통보하여야 한다.

02 정답 | ①

풀이 | 측량기간 및 검사기간

구분	측량기간	검사기간
기본기간	5일	4일
지적기준점을 설치하여 측량 또는 검사할 때	15점 이하	
	4일	4일
	15점 초과	
	4일에 4점마다 1일 가산	4일에 4점마다 1일 가산

구분	측량기간	검사기간
지적측량의뢰자와 수행자가 상호 합의에 의할 때	합의기간의 4분의 3	합의기간의 4분의 1

03 정답 | ④

풀이 | 평판측량방법에 따른 세부측량을 실시할 때 경계점 기지점을 기준으로 하여 지상경계선과 도상경계선 부합 여부를 현형법 · 도상원호교회법 · 지상원호 회법 또는 거리비교확인법 등으로 확인하여 정한다

04 정답 | ②

풀이 |
- 내각 관측 : 임의 방위각 = 앞측선의 방위각 + 180° - 해당 측선의 내각
- 외각 관측 : 임의 방위각 = 앞측선의 방위각 + 180° + 해당 측선의 내각
- AB의 방위각(V_A^B) = 80°
- BC의 방위각(V_B^C) = 80° + 180° - 100° = 160°
- CD의 방위각(V_C^D) = 160° + 180° + 140°
  = 480° - 360° = 120°
- $\therefore DC$의 방위각(V_D^C) = V_C^D + 180°
  = 120° - 180° = 300°

05 정답 | ②

풀이 | 지적측량성과검사의 검사항목

기초측량	세부측량
• 기지점사용의 적정 여부 • 지적기준점설치망 구성의 적정 여부 • 관측각 및 거리측정의 정확 여부 • 계산의 정확 여부 • 지적기준점 선점 및 표지설치의 정확 여부 • 지적기준점성과와 기지경계선과의 부합 여부	• 기지점사용의 적정 여부 • 측량준비도 및 측량결과도 작성의 적정 여부 • 기지점과 지상경계와의 부합 여부 • 경계점 간 계산거리(도상거리)와 실측거리의 부합 여부 • 면적측정의 정확 여부 • 관계법령의 분할제한 등의 저촉 여부(다만, 각종 인가 · 허가 등의 내용과 다르게 토지의 형질이 변경되었을 경우에는 제외한다.)

CBT 정답 및 해설

정답 | ①

풀이 | 축척 1/1,200인 지적도 도곽크기는 400m×500m이며,

$\triangle X_1 = 400m - 399.5m = 0.5m$

$\triangle X_2 = 400m - 399.5m = 0.5m$

$\triangle X = 400m - \dfrac{0.5 + 0.5}{2} = 399.50$

$\triangle Y_1 = 500m - 499.4m = 0.6m$

$\triangle Y_2 = 500m - 499.9m = 0.1m$

$\triangle Y = 500 - \dfrac{0.6 + 0.1}{2} = 499.65$

도곽선의 보정계수(Z) $= \dfrac{X \cdot Y}{\triangle X \cdot \triangle Y}$

$\qquad\qquad = \dfrac{400 \times 500}{399.50 \times 499.65}$

$\qquad\qquad = 1.0020$

(X : 도곽선 종선길이, Y : 도곽선 횡선길이, △X : 신축된 도곽선 종선길이의 합/2, △Y : 신축된 도곽선 횡선길이의 합/2)

정답 | ④

풀이 | 지적도근점측량의 도선

- 1등 도선은 위성기준점, 통합기준점, 삼각점, 지적삼각점 및 지적삼각보조점의 상호 간을 연결하는 도선 또는 다각망도선으로 한다.
- 2등 도선은 위성기준점, 통합기준점, 삼각점, 지적삼각점 및 지적삼각보조점과 지적도근점을 연결하거나 지적도근점 상호 간을 연결하는 도선으로 한다.

정답 | ①

풀이 | 전파기 또는 광파기측량방법에 따른 지적삼각점의 관측과 계산에서 점간거리는 5회 측정하여 그 측정치의 최대치와 최소치의 교차가 평균치의 10만분의 1 이하일 때에는 그 평균치를 측정거리로 한다.

$\therefore \dfrac{300,000}{100,000} = 3cm$

정답 | ②

풀이 | 지적삼각보조점측량의 수평각 측각공차

종별	1방향각	1측회폐색	삼각형 내각관측의 합과 180°와의 차	기지각과의 차
공차	40초 이내	±40초 이내	±50초 이내	±50초 이내

② 교회법에 따른 지적삼각보조점의 관측은 20초독 이상의 경위의를 사용하여야 한다.

10 정답 | ④

풀이 | 토지의 합병, 지번변경, 지목변경 등의 경우에는 지적측량을 실시하지 않는다.

11 정답 | ①

풀이 | 평판측량방법에 있어서 도상에 영향을 미치지 아니하는 지상거리의 축척별 허용범위는 $\dfrac{M}{10}\text{mm}$ (M : 축척분모)이다.

$\therefore$ 허용범위 $= \dfrac{M}{10} = \dfrac{600}{10} = 60\text{mm}$

12 정답 | ③

풀이 | • $\triangle x = 3,625.48 - 5,218.48 = -1,593.00m$

• $\triangle y = 2,105.25 - 3,945.18 = -1,839.93m$

• 방위(θ) $= \tan^{-1}\left(\dfrac{\triangle y}{\triangle x}\right)$

$\qquad\qquad = \tan^{-1}\left(\dfrac{1,839.93}{1,593.00}\right)$

$\qquad\qquad = 49°06'51''$

$\triangle x$값과 $\triangle y$값 모두 (−)로 3상한이므로,

$\therefore$ QP의 방위각 $= 180° + 49°06'51'' = 229°06'51''$

13 정답 | ③

풀이 | 경위의측량방법과 전파기 또는 광파기측량방법에 따라 교회법으로 지적삼각보조점측량을 할 때에는 3방향의 교회에 따른다. 다만, 지형상 부득이하여 2방향의 교회에 의하여 결정하려는 경우에는 각 내각을 관측하여 각 내각의 관측치의 합계와 180°의 차가 ±40초 이내일 때에는 이를 각 내각에 고르게 배분하여 사용할 수 있다.

14 정답 | ①

풀이 | 지적도를 갖춰 두는 지역의 거리측정단위는 5cm로 한다.

15 정답 | ③

풀이 | 좌표면적계산법(경계점좌표등록부 지역)에 따른 산출면적은 1,000분의 1m² 까지 계산하여 10분의 1m² 단위로 정하고, 전자면적측정기(도해지역)에 따른 측정면적은 1,000분의 1m² 까지 계산하여 10분의 1m² 단위로 정하며, 면적을 측정하는 경우 도곽선의 길이에 5mm 이상의 신축이 있을 때에는 이를 보정하여야 한다.

16 정답 | ④

풀이 | 경위의측량방법으로 세부측량(수치지역의 세부측량)을 시행할 경우 측량대상 토지의 경계점 간 실측거리와 경계점의 좌표에 따라 계산한 거리의 교차 기준은 $3 + \dfrac{L}{10}$ cm이다.

17 정답 | ①

풀이 | 지적도근점측량의 폐색오차 허용범위(공차)

측량방법	등급	폐색오차의 허용범위(공차)
방위각법	1등 도선	$\pm \sqrt{n}$ 분 이내
	2등 도선	$\pm 1.5\sqrt{n}$ 분 이내

※ n : 각 측선의 수평거리의 총합계를 100으로 나눈 수

18 정답 | ③

풀이 | 부정오차(우연오차, 상차)

발생 원인이 불명확하고 부호와 크기가 불규칙하게 발생하는 오차로서 서로 상쇄되므로 상차라고도 하며, 원인을 알아도 소거가 불가능하고, 최소제곱법에 의한 확률법칙에 의해 보정할 수 있다.

19 정답 | ④

풀이 | 세부측량에서 측선장과 방향선의 도상길이

- 도선법 : 도선 측선장의 도상길이를 8cm 이하(광파조준의 또는 광파측거기를 사용할 때에는 30cm 이하로 할 수 있다.)로 한다.
- 방사법 : 1방향선의 도상길이를 10cm 이하(광파조준의 또는 광파측거기를 사용할 때에는 30cm 이하로 할 수 있다.)로 한다.

20 정답 | ③

풀이 | 지적측량 계산에서 끝수처리 원칙은 구하고자 하는 자릿수의 다음 수가 5 미만일 때에는 버리고 5를 초과하는 때에는 올리며, 5일 때에는 구하려는 끝자리의 숫자가 0 또는 짝수이면 버리고 홀수이면 올리는 것으로, 끝수처리 원칙은 면적 · 방위각 · 종횡선수치의 결정에 적용된다.

21 정답 | ②

풀이 | 지성선은 지모의 골격을 나타내는 선으로 지세선이라고도 하며 능선(분수선), 합수선(합곡선, 계곡선), 경사변환선, 최대경사선(유하선)으로 구분된다. 경사변환선은 동일 방향의 경사선에서 경사의 크기가 다른 두 면의 교선이다. 임의의 한 점에 있어서 그 경사가 최대가 되는 방향으로 표시한 선은 최대경사선으로, 물 흐르는 방향을 의미한다.

22 정답 | ③

풀이 | 접선길이$(T.L) = R \cdot \tan\dfrac{I}{2}$

$\rightarrow$ 곡선반지름$(R) = \dfrac{80}{\tan30°} = 138.56$

곡선길이$(C.L) = \dfrac{R\pi I}{180} = 0.01745RI$

$= \dfrac{138.56 \times \pi \times 60}{180} = 145.10$m

23 정답 | ④

풀이 | 터널외 측량은 다른 일반측량과 같이 착공 전에 실시하는 측량으로서 지형측량, 터널 외 기준점측량, 중심측량, 수준측량 등이 있다.

24 정답 | ②

풀이 | 등고선의 종류 (단위 : m)

등고선의 종류	표시	등고선의 간격			
		1/5,000	1/10,000	1/25,000	1/50,000
계곡선	굵은 실선	25	25	50	100
주곡선	가는 실선	5	5	10	20
간곡선	가는 파선	2.5	2.5	5	10
조곡선	가는 점선	1.25	1.25	2.5	5

② 계곡선은 주곡선 5개마다 굵게 표시한다.

25 정답 | ④

풀이 | 완화곡선

고속으로 주행하는 차량을 곡선부에서 원활하게 통과시키기 위해 설치하는 선으로, 직선부와 원곡선 구간 또는 큰 원과 작은 원 구간에 곡률반경을 점차로 변화시켜 설치한다.

26 정답 | ①

풀이 | 터널이 곡선인 경우 터널 내에는 정확한 곡선을 설치하여야 하므로 지상의 곡선설치법을 정확히 따라야 하나 터널 내부가 협소하므로 보통 현편거법과 접선편거법

을 사용하지만 오차의 누적 위험이 있으므로 어느 정도 길어지면 내접다각형법과 외접다각형법을 사용한다.

7 정답 | ①

풀이 | GNSS측량의 오차에는 구조적 요인에 의한 오차(위성시계오차·위성궤도오차·전리층과 대류권에 의한 전파 지연·수신기 자체의 전자파적 잡음에 따른 오차), 측위 환경에 따른 오차[정밀도 저하율(DOP)·주파단절(Cycle Slip)·다중경로(Multipath) 오차], 선택적 가용성(SA), 위상신호의 가변성(PCV) 등이 있다.

8 정답 | ③

풀이 | $\dfrac{a}{R}=\dfrac{\theta''}{\rho''} \rightarrow R=\dfrac{0.004}{10''}\times 206265''=82.5\text{m}$

(a : 기포관 한 눈금의 길이, R : 기포관의 곡률반지름)

9 정답 | ③

풀이 | 축척 1/50,000의 지형도에서 주곡선의 간격은 20m이므로,

$\therefore A, B$ 사이의 등고선 개수 $=\dfrac{520-320}{20}+1=11$개

10 정답 | ①

풀이 | 수준측량에서 전시와 후시의 시준거리를 같게 관측하면 소거되는 오차에는 시준선이 기포관 축과 평행하지 않을 때 발생하는 오차, 레벨 조정 불완전에 의한 오차, 지구 곡률오차(구차), 대기 굴절오차(기차) 등이 있다.

11 정답 | ②

풀이 | 높이차$(\Delta h)=\dfrac{1}{2}\{(a_1-b_1)+(a_2-b_2)\}$

$=\dfrac{1}{2}\{(1.87-1.24)+(0.74-0.07)\}$

$=0.65\text{m}$

$\therefore$ B점의 표고$(H_B)=20+0.65=20.65\text{m}$

12 정답 | ④

풀이 | 사진의 특수 3점이란 주점, 연직점, 등각점을 말하며 모두 사진의 성질을 설명하는 데 중요한 요소이다.

13 정답 | ③

풀이 | 정지측량(스태틱측량)은 2개 이상의 수신기를 각 측점에 고정하고 동시에 4개 이상의 위성으로부터 신호를 30분 이상 수신하는 방법으로 지적삼각점측량 등 고정밀측량에 이용된다.

34 정답 | ④

풀이 | 등고선법은 동일표고의 점을 연결한 곡선, 즉 등고선에 의하여 지표를 표시하는 방법으로 토량의 산정 및 용량 등을 측정하는 데 사용된다. 점고법은 해도, 호소, 항만의 심천을 나타내는 데 이용되며, 임의점의 표고를 숫자로 나타낸다.

35 정답 | ②

풀이 | 고저차$(\Delta h)=l\sin\alpha+H.P-I.H$

$=45\times\sin 15°30'+1.82-1.20$

$\fallingdotseq 12.65\text{m}$

36 정답 | ①

풀이 | • 영선법(게바법) : 게바라고 하는 단선상의 선으로 지표의 기복을 나타내는 방법으로서 게바의 사이, 굵기, 길이 및 방향 등에 의하여 지표를 표시하며 급경사는 굵고 짧게, 완경사는 가늘고 길게 새털 모양으로 표시하므로 기복의 판별은 좋으나 정확도가 낮다.

• 채색법(단채법) : 지리관계의 지도에 이용하며, 고도에 따라 채색의 농도 변화로 지표면의 고저 구분한다.

• 등고선법 : 동일 표고선을 이은 선으로 지형의 기복을 표시하는 방법으로, 비교적 정확한 지표의 표현방법으로 등고선의 성질을 잘 파악해야 한다.

37 정답 | ④

풀이 | Real Time Kinematic(RTK) 방법

실시간 이동측량 방식으로서 위치를 알고 있는 기지점에 고정국을 설치하여 산출한 각 위성의 의사거리 보정값을 이용하여 미지점에 설치한 이동국의 위치결정오차를 개선하여 미지점의 위치를 실시간으로 결정하는 방식이다.

38 정답 | ②

풀이 | 사진측량용 카메라에는 보통각카메라(60°), 광각카메라, 초광각카메라(120°), 협각카메라가 있다. 이 중 광각카메라는 화각(피사각)이 90°이고, 일반도화 판독용으로 사용한다.

39 정답 | ④

풀이 | 곡선시점(B.C)의 길이 $=$ No.32 $+4.0\text{m}=644\text{m}$

곡선길이(C.L) $=0.01745\times RI$

$=0.01745\times 150\times 40°$

$=104.7\text{m}$

곡선종점(E.C)까지의 거리 $=$ 곡선시점(B.C) $+$ 곡선길이(C.L) $=644+104.7=748.7\text{m}$

40　정답 | ①
　풀이 | • 음영법은 태양 광선이 경사 45°의 각도로 비친다고
　　　　가정하여 지표의 기복에 대해 명암으로 입체감을 주
　　　　는 지형표시 방법이다.
　　　　• 점고법은 지면상에 있는 임의점의 표고를 도상에서
　　　　숫자로 표시하는 방법으로 주로 하천, 항만, 해양 등
　　　　의 수심 표시에 사용한다.
　　　　• 등고선법은 동일 표고선을 이은 선으로 지형의 기복
　　　　을 표시하는 방법으로, 비교적 정확한 지표의 표현방
　　　　법으로 등고선의 성질을 잘 파악해야 한다.

41　정답 | ②
　풀이 | 사용자의 비밀번호는 6~16자리까지의 범위에서 사
　　　　용자가 정하여 사용한다.

42　정답 | ③
　풀이 | ISO/TC211은 국제표준화 기구 ISO의 지리정보표준
　　　　화 관련 위원회로서 공간정보 분야의 표준화를 위해 설
　　　　립된 국제기구이다.

43　정답 | ②
　풀이 | 메타데이터의 기본요소에는 개요 및 자료소개, 자료의
　　　　품질, 자료의 구성, 공간참조를 위한 정보, 형상 및 속
　　　　성정보, 정보 획득방법, 참조정보 등이 있다.

44　정답 | ③
　풀이 | 정부는 국가공간정보체계의 구축 · 활용을 촉진하기
　　　　위하여 국가공간정보정책 기본계획을 5년마다 수립 ·
　　　　시행하여야 한다.

45　정답 | ①
　풀이 | 위상구조를 이용한 분석에는 연결성과 인접성 및 포함
　　　　성이 있으며, 연결성은 두 개 이상의 객체가 연결되어
　　　　있는지를 판단하고, 인접성은 두 개의 객체가 서로 인
　　　　접하는지를 판단하며, 포함성은 특정 영역 내에 무엇
　　　　이 포함되었는지를 판단한다.
　　　　① 폴리곤이나 객체들의 포함관계는 포함성이다.

46　정답 | ④
　풀이 | 토털스테이션 측량
　　　　기지점에 설치한 토털스테이션에 의하여 기지점과
　　　　계점 간의 수평각, 연직각 및 거리를 측정하여 소구
　　　　의 위치를 결정하는 측량으로서 높은 위치정확도로
　　　　간자료를 취득할 수 있는 직접측량 방법이다.

47　정답 | ①
　풀이 | 지적공부 중 속성정보는 토지소재 · 지번 · 지목 ·
　　　　정구역 · 면적 · 소유권 · 토지등급 · 토지이동사항
　　　　으로 대장의 등록사항이 대부분이다.
　　　　① 지적도와 임야도의 등록사항인 경계선과 도곽선
　　　　도형정보에 해당한다.

48　정답 | ②
　풀이 | 건축물의 유지 및 보수 현황의 관리 용이성은 한국토
　　　　정보시스템의 구축 효과와 거리가 멀다.

49　정답 | ②
　풀이 | 지적전산자료의 이용 및 활용에 관한 승인권자

구분	승인권자
전국 단위	국토교통부장관, 시 · 도지사 또는 지적소관청
시 · 도 단위	시 · 도지사 또는 지적소관청
시 · 군 · 구 단위	지적소관청

50　정답 | ①
　풀이 | 중첩은 하나의 레이어 위에 다른 레이어를 올려놓고 ㅂ
　　　　교 · 분석하는 기법으로서 입력되어 있는 도형정보오
　　　　속성정보를 활용한다.

51　정답 | ④
　풀이 | 지적도면 전산화의 기대효과에는 지적도면의 효율적
　　　　관리, 지적도면 관리업무의 자동화, 신속하고 효율적
　　　　인 대민서비스 제공, 토지 관련 정보의 인프라 구축
　　　　NGIS와 연계된 다양한 활용체계 구축, 지적측량업두
　　　　의 전산화와 공부정리의 자동화 등이 있다.

52　정답 | ②
　풀이 | 부동산종합공부시스템에는 국토교통부장관의 승인을
　　　　받지 아니한 어떠한 형태의 원시프로그램과 이를 조직
　　　　할 수 있는 도구 등을 개발 · 제작 · 저장 · 설치할 수
　　　　없다.

CBT 정답 및 해설

정답 | ④
풀이 | 격자구조는 그래픽 자료의 양이 많다.

정답 | ④
풀이 | 벡터자료(Vector Data)는 전자평판, 항공사진 등의 측량에 의해 취득하거나 기존의 도면정보를 디지타이저로 취득할 수 있다.

정답 | ③
풀이 | 데이터베이스관리시스템은 데이터의 중복성을 최소화하고, 데이터의 일관성을 유지하며, 데이터베이스의 관리 및 접근을 효율적으로 통제할 수 있지만, 시스템 도입에 필요한 하드웨어와 소프트웨어의 비용이 높다. ①, ②, ④는 파일시스템의 단점이다.

정답 | ②
풀이 | GIS 데이터 교환표준에는 NTF(National Transfer Format), SDTS(Spatial Data Transfer Standard), DIGEST(Digital Geographic Exchange STandard) 등이 있다.

② SQL(Structured Query Language, 구조화 질의어)은 관계형 데이터베이스관리시스템(RDBMS)의 데이터를 관리하기 위해 설계된 특수 목적의 프로그래밍 언어이다.

정답 | ②
풀이 | 종합부동산세 입력 및 수정은 지적정보관리시스템의 사용자권한 등록파일에 등록하는 사용자권한이 아니다.

정답 | ①
풀이 | 벡터데이터는 자료구조가 복잡하고, 중첩기능 수행이 불편하며, 초기 자료구축 비용이 많이 드는 단점이 있다. ②, ③, ④는 래스터데이터의 단점이다.

정답 | ②
풀이 | NGIS 추진목표
- 제1단계(1995~2000년) : GIS 기반조성 단계
- 제2단계(2001~2005년) : GIS 활용확산 단계
- 제3단계(2006~2010년) : GIS 정착 단계

정답 | ①
풀이 | 현장측량방법이 지적도면을 입력하는 방법보다 정확도가 높다.

61 정답 | ①
풀이 | 토지조사사업 당시 사정의 대상은 토지의 소유자와 강계이며, 임야조사사업부터 강계 대신 "경계"라는 용어를 사용하였다.

62 정답 | ③
풀이 | 지번 부여방법의 종류
- 진행방향에 따른 분류 : 사행식, 기우식, 단지식
- 부여단위에 따른 분류 : 지역단위법, 도엽단위, 단지단위법
- 기번위치에 따른 분류 : 북동기번법, 북서기번법

63 정답 | ②
풀이 | 필지는 국가가 결정하는 인위적인 토지단위이다.

64 정답 | ①
풀이 | 공시의 원칙
토지등록의 법적 지위에 있어서 토지의 이동이나 물권의 변동은 반드시 외부에 알려야 한다는 원칙이며, 이에 따라 토지에 관한 등록사항은 지적공부에 등록하고 이를 일반에 공지하여 누구나 이용하고 활용할 수 있게 하여야 하는 것은 지적공개주의의 이념이다.

65 정답 | ④
풀이 | 지번
지리적 위치의 고정성과 토지의 특정화 및 개별화, 토지위치의 확인 등을 위해 리·동의 단위로 필지마다 아라비아숫자로 순차적으로 부여하여 지적공부에 등록한 번호를 말하며, 장소의 기준, 물권표시의 기준, 공간계획의 기준 등의 역할을 한다.

66 정답 | ②
풀이 | 일필지의 성립요건에는 지번부여지역·소유자·지목·축척의 동일, 지반의 연속, 소유권 이외 권리의 동일, 등기 여부의 동일 등이 있다.

67 정답 | ④
풀이 | 토지조사사업 당시 도로, 하천, 구거, 제방, 성첩, 철도선로, 수도선로 등 과세적·경제적 가치가 없는 토지는 조사대상에서 제외하였다.

68 정답 | ①
풀이 | 법지적은 17세기 유럽의 산업화시대에 개발된 제도로서 토지거래의 안전과 소유권보호를 주목적으로 하여

"소유권지적"이라 하며, 소유권의 한계설정과 경계의 복원을 강조하는 위치본위로 운영된다.

69 정답 | ②
풀이 | "경계"란 필지별로 경계점들을 직선으로 연결하여 지적공부에 등록한 선이므로 실지의 구조물이 아닌 지적공부에 등록된 도상경계를 인정한다.

70 정답 | ②
풀이 | 이기는 『해학유서』에서 수등이척제에 대한 개선방법으로 망척제의 도입을 주장하였다.

71 정답 | ③
풀이 | 지목설정의 원칙에는 1필1지목의 원칙, 주지목추종의 원칙, 등록선후의 원칙, 용도경중의 원칙, 일시변경불가의 원칙, 사용목적추종의 원칙 등이 있다.

72 정답 | ②
풀이 | 공시의 원칙은 토지등록의 법적 지위에 있어서 토지의 이동이나 물권의 변동은 반드시 외부에 알려야 한다는 원칙이며, 이에 따라 토지에 관한 등록사항은 지적공부에 등록하고 이를 일반에 공지하여 누구나 이용하고 활용할 수 있게 하여야 하는 것은 지적공개주의의 이념이다.

73 정답 | ①
풀이 | 우리나라는 지번을 북서에서 남동으로 순차적으로 부여하는 "북서기번법"과 가로방향으로 기재하는 "횡서의 원칙"을 채택하고 있다.

74 정답 | ③
풀이 | • 도엽단위법 : 도엽단위로 세분하여 지번을 부여하는 방법으로 지번부여지역이 넓거나 도면매수가 많은 지역에 적합하다.
• 단지단위법 : 1개의 지번설정지역을 지적(임야)도의 단지단위로 세분하여 지번을 부여하는 방법으로 다수의 소규모 단지로 구성된 토지구획, 농지개량사업지역에 적합하다.
• 지역단위법 : 1개의 지번설정지역 전체를 대상으로 하여 순차적으로 지번을 부여하는 방법으로 지번부여지역이 좁거나 도면매수가 적은 지역에 적합하다.

75 정답 | ④
풀이 | 지적 관련 법령의 변천은 토지조사법(1910.08.23.) 토지조사령(1912.08.13.) → 지세령(1914.03.06.) 조선임야조사령(1918.05.01.) → 조선지세령(194 03.31.) → 지적법(1950.12.01.) → 측량 · 수로 조 및 지적에 관한 법률(2009.06.09.) → 공간정보의 축 및 관리 등에 관한 법률(2017.10.24.) 순으로 제되었다.

76 정답 | ①
풀이 | **지적의 발생설**
• 과세설 : 지적이 세금 징수의 목적에서 출발했다는
• 치수설 : 지적이 토목측량술 및 치수에서 비롯되 다는 설
• 통치설(지배설) : 지적은 통치적 수단에서 시작되 다고 보는 설
• 침략설 : 지적은 영토 확장과 침략상 우위를 확보 려는 목적에서 비롯된 것으로 보는 설

77 정답 | ③
풀이 | 지적불부합으로 발생되는 사회적 측면의 영향에는 (②, ④ 외에 토지분쟁의 증가, 국민 권리행사의 지 권리 실체 인정의 부실 초래 등이 있다.

78 정답 | ①
풀이 | 체육용지는 국민의 건강증진 등을 위한 체육활동에 합한 시설과 형태를 갖춘 종합운동장 · 실내체육관 야구장 · 골프장 · 스키장 · 승마장 · 경륜장 등 체 시설의 토지와 이에 접속된 부속시설물의 부지이다 다만, 체육시설로서의 영속성과 독립성이 미흡한 정 장 · 골프연습장 · 실내수영장 및 체육도장, 유수(流기 를 이용한 요트장 및 카누장, 산림 안의 야영장 등의 지는 제외한다.

79 정답 | ③
풀이 | 토지 표시사항의 결정에 있어서 실질적 심사를 취하 이유는 지적사무는 국가사무이며, 이는 거래안전의 가적 책무이기 때문이다.

80 정답 | ②
풀이 | • 양안(量案) : 고려시대부터 시작되어 조선시대를 쳐 일제시대의 토지조사사업 전까지 세금의 징수 목적으로 양전에 의해 작성된 토지기록부 또는 토 대장이다.

CBT 정답 및 해설

- 문기(文記) : 조선시대에 토지 및 가옥을 매수 또는 매도할 때 작성한 매매 계약서를 말하며 "명문 문권"이라고도 하였다.
- 사표(四標) : 고려와 조선의 양안에 수록된 사항으로서, 토지의 위치를 간략하게 표시한 것이다.
- 입안(立案) : 토지가옥의 매매를 국가에서 증명하는 제도로서, 현재의 등기권리증과 같은 지적의 명의 변경 절차이다.

정답 | ②
풀이 | 관측각 및 거리측정과 정확 여부는 기초측량의 검사항목이다.

정답 | ③
풀이 | 토지의 표시는 지적공부에 토지의 소재 · 지번 · 지목 · 면적 · 경계 또는 좌표를 등록한 것을 말하며, 토지의 표시를 새로 정하거나 변경 또는 말소하는 것을 토지의 이동이라 한다.

정답 | ③
풀이 | 청산금을 산정한 결과 증가된 면적에 대한 청산금의 합계와 감소된 면적에 대한 청산금의 합계에 차액이 생긴 경우 초과액은 그 지방자치단체의 수입으로 하고, 부족액은 그 지방자치단체가 부담한다.

정답 | ④
풀이 | 지적도근점측량의 연결오차 허용범위(공차)

측량방법	등급	연결오차 허용범위(공차)
배각법	1등 도선	$M \times \dfrac{1}{100}\sqrt{n}$ cm 이내
	2등 도선	$M \times \dfrac{1.5}{100}\sqrt{n}$ cm 이내

※ M : 축척분모, n : 각 측선의 수평거리의 총합계를 100으로 나눈 수

④ 1등 도선 및 2등 도선의 허용기준에 있어서의 경계점좌표등록부를 갖춰 두는 지역의 축척분모는 500으로 한다.

정답 | ②
풀이 | 대위신청을 할 수 있는 토지의 지목에는 학교용지 · 도로 · 철도용지 · 제방 · 하천 · 구거 · 유지 · 수도용지 등이 있다.

86 정답 | ②
풀이 | 도시개발사업과 관련하여 지적소관청에 제출하는 신고서류

착수 및 변경신고 시	• 사업인가서 • 지번별 조서 • 사업계획도
완료신고 시	• 확정될 토지의 지번별 조서 및 종전 토지의 지번별 조서 • 환지처분과 같은 효력이 있는 고시된 환지계획서(다만, 환지를 수반하지 않는 사업인 경우에는 사업의 완료를 증명하는 서류)

87 정답 | ③
풀이 | 지적도의 도곽크기는 가로 40cm, 세로 30cm의 직사각형으로 한다.

88 정답 | ③
풀이 | 지적재조사사업에서 수령통지 또는 납부고지된 조정금에 이의가 있는 토지소유자는 수령통지 또는 납부고지를 받은 날부터 (60일) 이내에 지적소관청에 이의신청을 할 수 있고, 지적소관청은 이의신청을 받은 날부터 (30일) 이내에 시 · 군 · 구 지적재조사위원회의 심의 · 의결을 거쳐 이의신청에 대한 결과를 신청인에게 서면으로 알려야 한다.

89 정답 | ①
풀이 | 지적재조사에 따른 경계설정 기준
- 지상경계에 대하여 다툼이 없는 경우 토지소유자가 점유하는 토지의 현실경계
- 지상경계에 대하여 다툼이 있는 경우 등록할 때의 측량기록을 조사한 경계
- 지방관습에 의한 경계
- 지적재조사를 위한 경계설정을 하는 것이 불합리하다고 인정하는 경우에는 토지소유자들이 합의한 경계
- 해당 토지소유자들 간의 합의에 따라 변경된 「도로법」, 「하천법」 등 관계법령에 따라 고시 · 설치된 공공용지의 경계

90 정답 | ①
풀이 | 등록전환을 신청할 수 있는 토지에는 ②, ③, ④ 외에 「산지관리법」에 따른 산지전용허가 · 신고, 산지일시사용허가 · 신고, 「건축법」에 따른 건축허가 · 신고 또는 그 밖의 관계법령에 따른 개발행위 허가 등을 받은 경우 등이 있다.

91 정답 | ④

풀이 | "축척변경"이란 지적도에 등록된 경계점의 정밀도를 높이기 위하여 작은 축척을 큰 축척으로 변경하여 등록하는 것을 말한다.

92 정답 | ②

풀이 | ① 신규등록 – 공유수면매립 준공일
③ 도시개발사업 – 토지의 형질변경 등의 공사 준공일
④ 지목변경 – 토지의 형질변경 등의 공사 준공일

93 정답 | ①

풀이 | 조정금은 경계가 확정된 시점을 기준으로 감정평가액으로 산정한다. 「부동산 가격공시에 관한 법률」에 따른 개별공시지가로 산정하는 경우에는 경계가 확정된 시점을 기준으로 필지별 증감면적에 개별공시지가를 곱하여 산정한다.

94 정답 | ③

풀이 | 등기필통지서, 등기필증, 등기부등본·초본, 등기관서에서 제공한 등기전산정보자료 등에 의하는 경우에 소유권변동일자는 등기접수일자이다.

95 정답 | ③

풀이 | 면적측정 대상은 지적공부의 복구·신규등록·등록전환·분할 및 축척변경을 하는 경우, 면적 또는 경계를 정정하는 경우, 도시개발사업 등으로 인한 토지의 이동에 따라 토지의 표시를 새로 결정하는 경우, 경계복원측량 및 지적현황측량에 면적 측정이 수반되는 경우 등이다.

③ 토지를 합병하는 경우에는 면적을 측정하지 않고 합병 전 각 필지의 면적을 합산하여 결정한다.

96 정답 | ①

풀이 | 정당한 사유 없이 측량을 방해한 자, 고시된 측량성과에 어긋나는 측량성과를 사용한 자 등에게는 300만 원 이하의 과태료를 부과한다.

97 정답 | ④

풀이 | 지적측량업의 등록기준

구분	기술인력	장비
지적측량업	• 특급기술인 1명 또는 고급기술인 2명 이상 • 중급기술인 2명 이상 • 초급기술인 1명 이상 • 지적 분야의 초급 기능사 1명 이상	• 토털스테이션 1ㄷ 이상 • 출력장치 1대 이ㅅ – 해상도 : 2,400 DPI × 1200DF – 출력범위 : 600 mm × 1060mm 이상

98 정답 | ②

풀이 | "토지의 표시"란 지적공부에 토지의 소재·지번·목·면적·경계 또는 좌표를 등록한 것을 말한다.

99 정답 | ③

풀이 | 지적재조사사업에 관한 기본계획의 내용에는 ①, ②④ 외에 지적재조사사업비의 연도별 집행계획, 지ㅈ 재조사사업비의 특별자치도를 제외한 대도시별 배ㅂ 계획 등이 있다.

100 정답 | ①

풀이 | 지적측량업자의 업무범위에는 ②, ③, ④ 외에 지적ㅅ 산자료를 활용한 정보화사업 등이 있다.

■ 라용화　yhra123@naver.com

[약력]
- 명지대학교 대학원 토목환경공학과 졸업(공학박사)
- 명지대학교 산업대학원 지적GIS학과 졸업(공학석사)
- 지적기술사
- 토목기사
- (현) 명지전문대 토목과 겸임교수
- (현) 국토지리정보원 제안심사평가 위원
- (현) 용인시 도로명주소위원회 위원
- (현) 기흥구 경계결정위원회 위원
- (현) 용인신문 편집자문위원장
- (전) 한국국토정보공사 국토정보교육원(구 지적연수원)
  교수
- (전) 한국국토정보공사 용인서부지사장, 홍성지사장
- (전) 한양사이버대학교 지적학과 겸임교수
- (전) 한국산업인력공단 출제 및 채점위원
- (전) 한국지적정보학회 이사
- (전) 한국지적학회 사진측량 분과위원장

[저서]
- 『지적측량, 지적학, 지적법규(한국국토정보공사 전문서적)』
  (국토정보사)
- 『지적기능사 이론 및 문제해설』(예문사)
- 『지적(산업)기사 해설』(예문사)
- 『지적기술사 해설』(예문사)
- 『측량 및 지형공간정보기사 필기』(예문사)

■ 신동현　hopecada@naver.com

[약력]
- 서울시립대학교 대학원 공간정보공학과 졸업(공학박사)
- 명지대학교 산업대학원 지적GIS학과 졸업(공학석사)
- 지적기술사
- 측량 및 지형정보기술사
- (현) 명지대학교 부동산대학원 부동산학과 겸임교수
- (현) 서울사이버대학교 부동산학과 겸임교수
- (현) 한국지적기술사회 기술분과위원
- (전) 한국국토정보공사 국토정보교육원 원장
- (전) 한국국토정보공사 강원지역본부장
- (전) 한국국토정보공사 인천지역본부장
- (전) 한국국토정보공사 기획조정실장
- (전) 한국지적학회 이사
- (전) 한국공간정보학회 이사

[저서]
- 『지적측량, 지적학, 지적법규(한국국토정보공사 전문서적)』
  (국토정보사)
- 『지적(산업)기사 이론 및 문제해설』(예문사)
- 『지적기술사 해설』(예문사)

■ **김정민**　seajmk@hanmail.net

[약력]
- 목포대학교 대학원 지적학과 졸업(지적학박사)
- 명지대학교 산업대학원 지적GIS학과 졸업(공학석사)
- 지적기술사
- (현) 한국국토정보공사 천안지사장
- (현) 한국지적정보학회 이사
- (현) 한국지적기술사회 부회장
- (현) 전북ICT 발전협의회 운영위원
- (현) 한국산업인력공단 지적기술사 면접시험위원
- (전) 서울시 도시공간정보포럼 운영위원
- (전) 한국감정평가학회 이사 및 공간정보위원회 위원장
- (전) 한국공간정보산업진흥원 이사
- (전) 한국산업공단 지적직종 직무분석위원
- (전) 한국산업공단 지적기사ㆍ지적산업기사 필기시험 문제검토위원
- (전) 한국지적학회 논문심사위원

[저서]
- 『지적기술사 해설』(예문사)
- 『지적 핵심요론』(예문사)
- 『지적기사 필기 과년도 문제해설』(예문사)
- 『지적산업기사 필기 과년도 문제해설』(예문사)

■ **김장현**　janghyun@lx.or.kr

[약력]
- 명지대학교 산업대학원 지적GIS학과 졸업(공학석사)
- 지적기술사
- 토목산업기사
- (현) 한국국토정보공사 화성동부지사장
- (전) 한국국토정보공사 오산지사장, 평택지사장
- (전) 국토정보교육원 교육운영실장
- (전) 공간정보연구원 연구기획실 근무

[저서]
- 『지적기술사 해설』(예문사)

지적산업기사 필기 기출문제 해설

초 판 발 행	2023년 7월 5일
편 저	라용화, 신동현, 김정민, 김장현
발 행 인	정용수
발 행 처	㈜예문아카이브
주 소	서울시 마포구 동교로 18길 10 2층
T E L	02) 2038 – 7597
F A X	031) 955 – 0660
등 록 번 호	제2016 – 000240호
정 가	25,000원

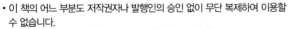

홈페이지 http://www.yeamoonedu.com

ISBN   979-11-6386-202-4   [13530]